普通高等教育风景园林专业系列教材

风景园林植物造景

第 2 版

主　编　江明艳　陈其兵

副主编　周秀梅　刘光立

参　编　孙　浩　李春华　田旭平
　　　　阮　煜

主　审　杨玉培

重庆大学出版社

内 容 提 要

　　本书结合教学实践、实际设计工作经验及大量理论、实例资料编写而成,全书共 14 章;首先综述了传统园林植物造景的理论与实践,阐述相关概念,明确风景园林植物造景的基本原理、基本原则、配置方式、图纸要求及设计程序;其次,对园林植物与水体、山石、建筑等其他要素的组合设计进行了较为细致的归纳与阐述;最后,针对公园绿地、城市道路绿地、城市广场绿地、居住区、工矿企业绿地、废弃地等不同类型绿地的植物造景分设了专项讲解,通过丰富的案例分析,图文并茂、深入浅出地对各个专项绿地的造景原则、植物选择和配置手法进行了系统分析。

　　本书是一本系统的、较完备的讲解风景园林植物景观与造景的教材,旨在培养高校风景园林专业、园林专业、景观设计专业、艺术设计专业及其他相关专业学生的植物造景设计能力,同时也可为园林绿化从业人员的实际工作提供参考。

　　全书配有彩图,可扫描封底二维码"全书彩图资源"查看。

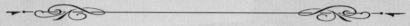

图书在版编目(CIP)数据

风景园林植物造景/江明艳,陈其兵主编. -- 2 版
. -- 重庆:重庆大学出版社,2022.1(2024.7 重印)
普通高等教育风景园林专业系列教材
ISBN 978-7-5689-2984-4

Ⅰ.①风… Ⅱ.①江… ②陈… Ⅲ.①园林植物—景
观设计—高等学校—教材 Ⅳ.①TU986.2

中国版本图书馆 CIP 数据核字(2021)第 196810 号

普通高等教育风景园林专业系列教材

风景园林植物造景
(第 2 版)

主　编　江明艳　陈其兵
副主编　周秀梅　刘光立
主　审　杨玉培

责任编辑:张　婷　　版式设计:张　婷
责任校对:王　倩　　责任印制:赵　晟

*

重庆大学出版社出版发行
出版人:陈晓阳
社址:重庆市沙坪坝区大学城西路 21 号
邮编:401331
电话:(023) 88617190　88617185(中小学)
传真:(023) 88617186　88617166
网址:http://www.cqup.com.cn
邮箱:fxk@cqup.com.cn(营销中心)
全国新华书店经销
重庆长虹印务有限公司印刷

*

开本:787mm×1092mm　1/16　印张:21.25　字数:559 千
2012 年 2 月第 1 版　2022 年 1 月第 2 版　2024 年 7 月第 11 次印刷
印数:27 001—30 000
ISBN 978-7-5689-2984-4　定价:59.00 元

总 序

风景园林学,这门古老而又常新的学科,正以崭新的姿态迎接未来。

"风景园林学"(Landscape Architecture)是规划、设计、保护、建设和管理户外自然和人工环境的学科。其核心内容是户外空间营造,根本使命是协调人与自然之间的环境关系。回顾已经走过的历史,风景园林已持续存在数千年,从史前文明时期的"筑土为坛""列石为阵",到 21 世纪的绿色基础设施、都市景观主义和低碳节约型园林,它们都有一个共同的特点,就是与人们对生存环境的质量追求息息相关。无论东西方,都遵循着一个共同规律,当社会经济高速发展之时,就是风景园林大展宏图之日。

今天,随着城市化进程的飞速发展,人们对生存环境的要求也越来越高,不仅注重建筑本身,而且更加关注户外空间的营造。休闲意识和休闲时代的来临,使风景名胜区和旅游度假区保护与开发的矛盾日益加大;滨水地区的开发随着城市形象的提档升级受到越来越多的关注;代表城市需求和城市形象的广场、公园、步行街等城市公共开放空间大量兴建;居住区环境景观设计的要求越来越高;城市道路在满足交通需求的前提下景观功能逐步被强调……这些都明确显示,社会需要风景园林人才。

自 1951 年清华大学与原北京农业大学联合设立"造园组"开始,中国现代风景园林学科已有 59 年的发展历史。据统计,2009 年我国共有 184 个本科专业培养点。但是,由于本学科的专业设置分属工学门类建筑学一级学科下城市规划与设计二级学科的研究方向和农学门类林学一级学科下园林植物与观赏园艺二级学科;同时,本学科的本科名称又分别有园林、风景园林、景观建筑设计、景观学等,加之社会上从事风景园林行业的人员复杂的专业背景,使得人们对这个学科的认知一度呈现出较混乱的局面。

然而,随着社会的进步和发展,学科发展越来越受到高度关注,业界普遍认为应该集中精力调整与发展学科建设,培养更多更好的适应社会需求的专业人才,于是"风景园林"作为专业名称得到了共识。为了贯彻《中共中央国务院关于深化教育改革全面推进素质教育的决定》的精神,促进风景园林学科人才培养走上规范化的轨道,推进风景园林专业的"融合、一体化"进程,拓宽和深化专业教学内容,满足现代化城市建设的具体要求,编写一套适合新时代风景园林专业高等学校教学需要的系列教材是十分必要的。

重庆大学出版社从 2007 年开始跟踪、调研全国风景园林专业的教学状况,2008 年决定启动"普通高等学校风景园林专业系列教材"的编写工作,并于 2008 年 12 月组织召开了普通高等

学校风景园林类专业系列教材编写研讨会。研讨会汇集南北各地园林、景观、环境艺术领域的专业教师，就风景园林类专业的教学状况、教材大纲等进行交流和研讨，为确保系列教材的编写质量与顺利出版奠定了基础。经过重庆大学出版社和主编们两年多的精心策划，以及广大参编人员的精诚协作与不懈努力，"普通高等教育风景园林专业系列教材"于2011年陆续问世，真是可喜可贺！

这套系列教材的编写广泛吸收了有关专家、教师及风景园林工作者的意见和建议，立足于培养具有综合创新能力的普通本科风景园林专业人才，精心选择内容，既考虑了相关知识和技能的科学体系的全面系统性，又结合了广大编写人员多年来教学与规划设计的实践经验，并汲取国内外最新研究成果编写而成。教材理论深度合适，注重对实践经验与成就的推介，内容翔实，图文并茂，是一套风景园林学科领域内的详尽、系统的教学系列用书，具有较高的学术价值和实用价值。这套系列教材适应性广，不仅可供风景园林及相关专业学生学习风景园林理论知识与专业技能使用，也是专业工作者和广大业余爱好者学习专业基础理论、提高设计能力的有效参考书。

相信这套系列教材的出版，能更好地适应我国风景园林事业发展的需要，能为推动我国风景园林学科的建设、提高风景园林教育总体水平起到积极的作用。

愿风景园林之树常青！

编委会主任　杜春兰

编委会副主任　陈其兵

2010 年 9 月

前　言（第2版）

　　本书自2012年2月出版后，经国内多所高校和四川省高等教育自学考试近9年的使用，受到较多肯定。随着国家社会经济的进步和风景园林行业的发展，园林绿地分类逐渐明晰，城市绿地植物景观日新月异，公园、居住区等相关设计规范、标准更加科学、完善。为了适应风景园林教学、管理工作的实际需要，也为了全面提高本书的质量，在参阅国内同类教材的基础上，结合近年来相继出台的相关标准文件，对本书进行了一次全面修订。

　　关于本书的具体修订工作，特作以下几点说明：

　　1.对第2章2.2.1日本园林造景发展简史进行了修订和勘误，使之更加完整。

　　2.第3章新增了3.4园林植物造景的环境心理学原理。

　　3.对第4章4.3.5观赏竹在园林中的应用方式和第9章9.5竹类公园的植物造景进行了较大调整，对原书中两部分内容的重复之处进行整合，使篇章结构更加合理，同时新增了竹类主题公园规划设计的相关内容。

　　4.第5章将原书中5.1园林植物种植图和5.2园林植物景观设计的程序的编排顺序进行了交换，并对表格中的数据依据现行相关标准和研究进展进行了修订。

　　5.第9章依据《城市绿地分类标准》（CJJ/T 85—2017）、《公园设计规范》（GB 51192—2016）、《植物园设计标准》（CJJ/T 300—2019）等进行了相关内容的修订。

　　6.第14章新增了14.3.3案例三南宁园博园采石场花园。

　　7.将全书彩图通过二维码形式链接，可在相应的章后查阅。

　　8.本书由江明艳、陈其兵任主编，部分章节内容变化较大，新增四川农业大学刘光立作为副主编共同编著与修订。

　　本着对读者负责的原则，编者对原书通篇进行了较为细致的修订，但书中仍可能存在不足和差错，敬请读者批评指正，以便日后进一步完善。本书参考了大量相关教材与资料，在此表示诚挚的谢意。感谢四川农业大学的杨钦、白桐、叶翔、岳琦凌、路阳成等同学为本书的修订工作做出的贡献。向使用本书的广大师生，向给予我们关心、鼓励和帮助的同行专家学者致以由衷的感谢。

编　者

2021年4月

前　言

　　现代城市化进程的加快带来了人口膨胀、建筑密集、环境破坏等负面影响,同时人们对城镇环境加以改善的要求日益增强。园林植物的大量应用是改善生活环境的基本措施之一。

　　园林是在一定的地块上,以植物、山石、水体、建筑等为素材,遵循科学原理和美学规律,创造出可供人游憩和赏玩的现实生活境域。园林植物造景就是应用乔木、灌木、竹类、藤本及草本植物来创造景观,充分发挥植物本身形体、线条、色彩等自然美,创造出与周围环境协调、适宜,并能表达意境或者具有一定功能的艺术空间的活动。园林植物造景是一门融科学与艺术为一体的应用型学科。它既创造了现实的环境,又表达了情感色彩,同时满足了人们对精神世界的追求。因此园林植物景观的创作,需要做到科学性与艺术性的高度统一,在满足植物适应其生长环境的基础上,通过艺术的法则展现出植物的个体与群体之美,创造出形式美与意境美。因此,园林植物造景并不是简单利用植物营造视觉效果上的景观,同时还包含着生态与文化的景观。

　　本书以数位作者多年在教学实践及实际设计工作中积累的经验为基础,结合大量理论、实例资料编写而成。本书首先综述了传统园林植物造景的理论与实践(其中对中国传统园林从意境分析到造园手段的讲解,旁征博引史料丰富,独具特色),并对园林植物造景的相关概念做出了定义,明确了风景园林植物造景的基本原理、基本原则、配置方式、图纸要求及设计程序。其次,本书对园林植物与水体、山石、建筑等其他要素的组合设计进行了较为细致的归纳与阐述。最后,本书针对公园绿地、城市道路绿地、城市广场绿地、居住区、工矿企业绿地、废弃地等不同类型绿地的植物造景分设了专项讲解,通过丰富的案例分析,图文并茂,深入浅出地对各个专项绿地的造景原则、植物选择和配置手法进行了系统讲解。综观全书,这是一本系统的、比较完备的论述风景园林植物景观与造景的教材,旨在培养高校风景园林、园林、景观设计、环境艺术设计及相关专业学生的植物造景设计能力,同时也可为园林绿化从业人员的实际工作提供参考。

　　本书插图丰富,多为照片采集,因篇幅有限,图中未能标出作者,在此向原作者表示感谢。

　　四川农业大学的杨先哲、谢瑞麟、赖丽等同学为本书的编写与统稿工作做出贡献。在此一并向所有给予过编者们支持和帮助的人们表达诚挚的谢意。

　　由于编者水平有限,书中错漏或不妥之处在所难免。竭诚欢迎广大师生及园林工作者批评指正。

主　编

2011 年 6 月

目 录

1 绪 论

现代城市化进程加快,城市环境越来越远离大自然,人口膨胀、建筑密集、人与自然日渐隔离以及城市下垫面的改变导致"热岛效应"产生并不断加剧,使得生态平衡失调,曾经充满生机活力的自然环境正在蜕变成钢筋水泥的"沙漠"。同时,随着社会经济的快速发展以及人们生活水平的提高,人们对生活环境的要求也日益提高。人们开始怀念田园风光,提出"城市可持续发展"的战略构思,并强调没有城市的可持续发展就没有人类经济社会的可持续发展。在呼唤"城市与自然共存""绿色产业回归城市"的背景下,城市园林越来越受到人们的重视,也渐渐成为现代城市文明的重要标志。

园林植物的大量应用是改善城市环境的措施之一。和谐、科学地营造园林植物在现代园林景观设计中越发得到重视,园林植物配置与造景在园林景观设计中的需求及地位也越来越显著。

1.1 风景园林植物造景的概念

1.1.1 园林植物

园林植物是风景园林景观设计中不可缺少的造景要素,在园林建设中起着极其重要的作用。园林植物的定义有:"在所有的植物中,能种植在城市或者风景区中构成园林境域的植物一般称为园林植物。"园林植物首先是有生命的,除了具有组景、衬景等风景艺术价值外,更具有改善局部小气候、环保抗灾的功能和生态的本底化作用。

在结合园林植物功能的基础上,园林植物的综合定义为:一类具有改造环境,有一定观赏价值和生产功能,能用于园林绿地建设的植物。

园林植物就其本身而言是指有形态、色彩、生长规律的生命活体,而对景观设计者来说,又是一些象征符号,可根据符号元素的长短、粗细、色彩、质地等进行应用上的分类。在实际应用中,综合植物的生长类型、分类法则、应用法则,把园林植物作为景观材料分成乔木、灌木、藤本植物、地被植物、草本花卉、草坪6种类型。对景观观赏者而言,园林植物按观赏性能可分为赏

花、赏果、赏叶、赏香和赏形五大类。

我们在营造园林景观时，需综合考虑园林植物的各种特征，将各种不同颜色、不同习性、不同花期、不同栽培要求的植物，根据园林空间的特点，进行科学的栽植与艺术组合，并有节奏、有韵律地利用形、香、色去演绎各种组合景观，营造出优美的园林景观，使环境得到美化与净化。

1.1.2　风景园林植物造景

关于园林植物造景的定义，我国学者有众多提法。

苏雪痕的定义：应用乔木、灌木、藤本植物及草本植物来创造景观，充分发挥植物本身形体、线条、色彩等自然美，搭配出一幅幅美丽动人的画面，供人们观赏。

周武忠的定义：运用自然界中的乔木、灌木、藤本、竹类及草本、地被植物，在不同的环境条件下与其他园林要素有机组合，使之成为一幅既符合生物学特性又具有美学价值的生动画面。

赵世伟的定义：主要展示植物的个体美，应用乔木、灌木、藤本及草本植物包括利用、整理和修饰原有的自然植被以及对单株或植物组合进行修剪整形，考虑各种生态因子的作用，充分发挥植物本身形体、线条、色彩等自然美，创造出与周围环境相适宜、相协调的景观，给人在一定历史条件下带来愉悦的感受。

《中国大百科全书》：按植物生态习性和园林布局要求，合理配置园林中各种植物（乔木、灌木、花卉、草皮和地被植物等），以发挥它们的园林功能和观赏特性。

《园林基本术语标准》：利用植物进行园林设计时，在讲究构图、形式等艺术要求和文化寓意的同时，考虑其生态习性及植物种类的多样性，注重人工植物群落配置的科学性，形成合理的复层混合结构。

综上所述，风景园林植物造景可定义为：应用乔、灌、草、竹、藤及地被植物与其他风景园林要素有机结合，来创造既符合生物学特性，又能充分发挥生态效益，同时又具美学价值的景观。

风景园林植物造景在园林景观设计中的需求和地位也越来越显著，园林植物景观的营造已成为国际造园发展的趋势。

1.2　风景园林植物造景在景观设计中的作用

1.2.1　风景园林植物的景观作用

园林植物是影响园林艺术美的主要因素。作为生命体，园林植物本身具有形态、色彩之美，受朝暮、阴晴、风雪、雨雾等自然条件和四季气候交替变化的影响呈现出不同的景观。合理配置园林植物可以构建多样的空间形式，表现时序美景，美化山石及建筑，影响景观构图及布局的统一性和多样性。园林随着时间推移而发生形态变化，使环境丰富多彩，给人以美的享受。

1)利用园林植物形成空间变化

公共空间的营造是人类整体生存环境营造的核心。园林植物以其特有的形态、习性、色彩多样性在对空间的界定(如将成片的草坪和地被植物供人们玩耍和运动,以矮灌木界定空间或暗示空间的边界)、不同功能空间的连接方面,以及独立构成或与其他设计要素共同构成空间的设计中发挥着不可或缺的功能。

园林植物就其本身而言是空间中的三维实体,是风景园林景观空间结构的主要成分。植物就像建筑、山石、水体一样,具有构成空间、分隔空间、引起空间变化等的功能。植物的生命活力使空间环境充满生机和美感,植物造景可以通过人们视点、视线、视境的改变而让人感受到"步移景异"的空间景观变化。

一般来说,园林植物构成的景观空间可以分为以下几类:

(1)开敞空间

开敞空间是指在一定区域范围内四周景物低于人的视线的植物空间。开敞空间是外向型的,限定性和私密性较小,强调空间的收纳性和开放性,注重空间环境的交流、渗透,讲究对景、借景,与大自然或周围空间的融合。

由大面积的草坪与水体、低矮的灌木构建的开敞空间在城市公园、开放性绿地中比较常见。视线通透、视野辽阔的空间易让人感到轻松开阔、自由舒畅,富有特色的开敞空间能留给人们舒适的记忆。开敞空间也会让城市环境变得更亮丽、和谐,更具时代感,甚至能成为城市的标志。

(2)半开敞空间

半开敞空间是指在一定区域范围内,周围并不完全开敞,而是部分视线被植物遮挡起来的空间。半开敞空间可以是开敞空间到封闭空间的过渡。

半开敞空间中的封闭面能够抑制人们视线的贯通,开敞面呈单方向且开敞度较小,从而可对人的视线进行有效的引导,达到"障景"的作用。例如,在园区的主入口与其他功能区的衔接处,设计者通常会在开敞入口的某一朝向借助地形配置山石及植物、设置园林小品等以阻挡游人的视线,让人们从一个空间进入另一个空间后体会豁然开朗之情,从而丰富游人的游览情感。

(3)封闭空间

封闭空间是指人停留的区域范围内,四周用植物材料封闭的空间。这样的空间里人的视距缩短,视线和听觉受到制约,近景历历在目,景物的感染力加强,容易产生领域感、安全感、私密感。小庭园的植物配置宜采用这种较封闭的空间造景手法,而在一般的绿地中,这样小尺度的空间私密性较强,适宜独处、安静休憩。封闭空间按照封闭位置的不同又可分为覆盖空间和垂直空间。

覆盖空间通常位于树冠下与地面之间,通过树干分枝点的高低层次和浓密的树冠来形成空间感。用植物封闭垂直面,开敞顶平面,就形成了垂直空间。分枝点较低、树冠紧凑的中小乔木形成的树列,修剪整齐的高树篱都可以构成垂直空间。

(4)覆盖空间

利用具有浓密树冠的遮阴树,可构成顶部覆盖而四周开敞的空间。这类空间只有一个水平要素的限定,人的视线和行动不被限定,但有一定的隐蔽感、覆盖感。该空间可以是介于树冠和地面之间的宽阔空间。利用覆盖空间的高度,能形成垂直尺度的强烈感受。

（5）垂直空间

运用高而细的植物能构成具有方向性的,直立、朝天开敞的室外空间。这类空间只有上方是敞开的,令人翘首仰望将视线导向空中,能给人以强烈的封闭感。它是向心的,人的行动和视线被限定在其内部。

（6）动态空间

动态空间也称为流动空间,具有空间的开敞性和视觉的导向性,界面组织具有连续性和节奏性,空间构成形式丰富多样,使视线从一点转向另一点,引导人们从"动"的角度观察周围,将人们带到一个由空间和时间相结合的"第四空间"。

园林景观中的动态空间包括随植物季相变化和植物生长动态变化的空间。植物随着时间的推移和季节的变化,自身经历了生理变化过程,形成了枝形、叶容、花貌等一系列形象上和色彩上的变化,极大地丰富了园林景观的空间构成,也为人们提供了各种各样可选择的空间类型。例如,落叶树在春夏季节形成覆盖空间,秋冬季来临,转变为半开敞空间,更开敞的空间满足了人们在树下活动、晒阳的需要。

园林植物随时间流变化着风貌。其中变化最大的是植物的形态,从而影响了一系列的空间变化序列。如苏州留园中的"可亭"两边有两株银杏,原来矗立在土山包上形成的是垂直空间,但植物经过几百年的生长历程,树干越发高挺,树冠越发茂盛,渐渐转变成了覆盖空间,两棵银杏互相呼应地庇荫着娇小的可亭,与可亭在尺度上形成了强烈的对比。

2）利用园林植物表现时序景观

景观设计中,植物不但是"绿化"的原色,还是万紫千红的渲染手段:春季繁花似锦、夏季绿树成荫、秋季硕果累累、冬季枝干苍劲,这种盛衰荣枯的生命规律为创造四季演变的时序景观提供了条件。根据植物的季相变化,把具有不同季相的植物进行搭配种植,使得同一地点在不同时期具备不同的景观变化。例如,春季观花、夏季观叶、秋季观果、冬季观枝,给人以不同的时令感受。

3）利用园林植物创造观赏景点

园林植物作为营造景观的主要材料,其本身就具有独特的姿态、色彩和风韵。不同的园林植物形态各异、变化万千,既可以孤植来展示植物的个体之美,又能按照一定的构图方式进行配置以表现植物的群体之美,还可以根据各自的生态习性进行合理的安排,巧妙搭配,营造出乔、灌、草、藤相结合的群落景观。

4）利用园林植物形成地域景观

各地气候条件的差异以及植物生态习性的不同,使植物的分布呈现出一定的地域特性,如热带雨林景观、常绿阔叶林植物景观、暖温带针阔叶混交林景观等就具有不同的特色。园林植物的应用还可以减少不同地区中硬质景观给绿地带来的趋同性。在漫长的植物栽培和应用观赏过程中,具有地方特色的植物景观与当地的文化融为一体,甚至有些植物材料逐渐演化为一个国家或地区的象征。运用具有地方特色的园林植物材料营造植物景观,对于弘扬地方文化、陶冶人们的情操具有重要意义。

5)利用园林植物进行意境创作

利用园林植物进行意境创作,是中国古典园林的典型造景风格也是宝贵的文化遗产。中国植物栽培历史悠久,文化灿烂,在很多诗、词、歌、赋中都留下了歌咏植物的优美篇章,并为各种植物材料赋予了许多人格化的内容。人们从欣赏植物的形态美升华到了欣赏植物的意境美。

在园林景观创造中,可以借助植物抒发情怀,寓情于景,情景交融。例如,松苍劲古雅,不畏霜雪严寒的恶劣环境,在严寒中挺立于高山之巅;梅花不畏寒冷,傲雪怒放,"遥知不是雪,为有暗香来";竹则"未出土时先有节,便凌云去也无心"。在园林植物景观营造中,这种意境常常被固化,意境高雅而鲜明。

6)利用园林植物装点山水、衬托建筑小品等

大部分园林植物的枝叶呈现出柔和的曲线,不同植物的质地、色彩在视觉感受上也有区别。柔质的植物材料经常用来软化生硬的几何式建筑形体,如采用基础栽植、墙脚种植、墙壁绿化等形式。喷泉、雕塑、建筑小品等也常用植物材料做装饰,或用绿篱作背景,通过色彩的对比和空间的围合来加强人们对景点的印象,烘托效果。

园林植物配置于堆山、叠石之间,能表现出地势起伏、野趣横生的自然韵味,构成这些区域主要的观赏景点;园林植物配置于各类水岸,则能形成倒影或遮蔽水源,营造出深远的感觉,能够有效补充和强化山水气息。

1.2.2 风景园林植物的生态作用

园林植物在美化环境的同时还能有效改善生态环境。种类丰富、结构稳定、层次合理的园林植物群落能够有效防尘、防风、减弱噪声、吸收有害气体。因此,在有限的城市绿地建设中尽可能多地营造植物群落景观,是改善城市生态环境手段之一。园林植物对环境的生态作用主要体现在以下几个方面:

1)保护与改善环境

科学研究及实践证实:园林植物具有净化空气、净化水体、保持水土,通风防风、增湿降温、改善小气候,防火,杀菌,减弱噪声等多方面的作用。

(1)净化空气

① 固碳释氧:生态平衡是一种相对稳定的动态平衡,大气中气体成分的相对比例是决定生态平衡的重要因素,而维系好这种平衡的关键纽带是植物。二氧化碳是引起温室效应的气体,其浓度的增加会使城市局部温度升高从而产生热岛效应,并促使城市上空形成逆温层,加剧空气污染。利用园林植物消耗二氧化碳并制造氧气的功能,人们大量植树种草以改善空气中的二氧化碳和氧气的平衡状态,净化空气。

② 吸收有害气体:大气中的污染物有二氧化硫、氟化氢、氯化物等一百多种,其中二氧化硫是体量多、分布广、危害大的有害气体。空气中的二氧化硫主要被各种植物表面所吸收,在植物可忍受的限度内,被吸收的二氧化硫可形成亚硫酸盐,然后再氧化成硫酸盐,变成对植物生长有

用的营养物质。悬铃木、垂柳、加杨、银杏、臭椿、柳杉、夹竹桃、女贞、刺槐、梧桐等都有较强的吸收二氧化硫的能力;珊瑚树、厚皮香、广玉兰、棕榈、银杏、紫薇等对二氧化硫有较强的抵抗能力。

③吸收放射性物质、滞尘:植物对尘埃有吸附和过滤作用,对放射性物质有阻挡和吸收作用。植物除尘作用的大小与植物叶片的性质有关,粗糙、皱纹多、绒毛多及能分泌油脂或黏液的叶面都有阻挡、吸附和黏附尘埃的作用,加上高大的树干和茂密的树冠可以减低风速,使空气中的尘埃随风速降低而沉降,从而增强叶片的吸附作用。草坪吸附尘埃的能力比裸露的地面大70倍,而森林则大75倍。在水泥厂附近测定,树木可减少粉尘23%~52%,可减少飘尘37%~60%。

(2)净化水体

许多植物可以吸收水体中的污染物,杀灭细菌,可净化水体的植物见表1.1。

表1.1 可净化水体的植物

类　型	可供选择的植物
水生或湿生植物	凤眼莲、莲子草、宽叶香蒲、水芹菜、莲藕、茭白、慈姑、水稻、西洋菜、水浮莲、水风信子、菱、芦苇、蒲草、水葱、水生薄荷等
陆生植物	丝瓜、金针菜、鸢尾、半枝莲、大蒜、香葱、多花黑麦草等

(3)保持水土、治理土壤

园林树木的树冠能够截留雨水,缓冲雨水对地面的冲刷,减少地表径流,同时植物根系能够疏松土壤。林地上厚而松的枯枝落叶层能够吸收水分,形成地下径流,加强水分下渗,对水土保持起到很重要的作用。园林植物还可以吸收土壤中的有害物质、分泌杀菌素并促进有益微生物生长。

(4)通风防风

城市的带状绿地,如道路绿地及滨河绿地是城市的绿色通风走廊,能有效改变郊区的气流运动方向,使郊区空气流向城市。将园林植物中的乔木和灌木合理密植,也可以起到很好的防风作用。绿地不但可使风速降低,而且可使静风时间较未绿化的地区更长。

(5)增湿降温、改善小气候

园林植物可以通过叶面水分蒸腾作用增加小气候湿度。森林中空气的湿度可比城市高38%,公园的湿度也可比城市中其他地方高27%。由于树木强大的蒸腾作用,使水汽增多,空气湿润,可使绿化区内湿度比非绿化区大10%~20%。

城市绿地可通过蒸腾和光合作用吸收热量,有效调节温度,缓解"热岛效应"。绿林地上植物的枝叶形成浓郁覆地,在酷热的夏季直接遮挡来自太阳的辐射热和来自地面、墙面和其他相邻物体的反射热。同时,城市绿化地段有强烈蒸散作用,它可消耗掉太阳辐射能量的60%~75%,因而能使城市气温显著降低,高温持续时间明显缩短。有研究对城市现状遥感影像和热岛影像进行了抽样统计,并进行了绿化覆盖率与热岛强度的回归分析。结果表明:绿化覆盖率与热岛强度负相关,即绿化覆盖率越高,则热岛强度越低,当一个区域绿化覆盖率达到30%时,热岛强度开始较明显地减弱;绿化覆盖率大于50%时,热岛的缓解现象极其明显。

(6)防火

在城市绿地植物配置中,应用防火树种可以建立隔火带,阻止火势蔓延。常用防火树种有刺槐、核桃、加杨、青杨、银杏、荷木、珊瑚树、大叶黄杨、栓皮栎、苦槠、石栎、青冈栎、茶树、交让木、女贞、五角枫、桤木等。

（7）杀菌

园林植物具有杀菌作用。一方面,大片绿化植物可以阻挡气流,吸附尘埃,空气中附着于尘埃的微生物随之减少;另一方面,很多植物能分泌可杀灭细菌和病毒、真菌的挥发性物质(丁香酚、天竺葵油、柠檬油、肉桂油等)。如桉、松、柏、樟、桧柏等树木会分泌强烈芳香的植物杀菌素;柠檬桉、悬铃木、雪松、云杉、冷杉、橡树、稠李、白桦、槭树、柞树、栎树、椴树等都有一定的杀菌能力;其他一些树种还有夹竹桃、高山榕、樟树、桉树、紫荆、刺槐、桂花、玉兰、千金榆、银桦、厚皮香、柠檬、合欢、银杏、木麻黄、落叶松、云杉、冷杉、圆柏、扁柏、侧柏、柳杉、核桃、核桃楸、假槟榔、木波罗、垂柳、柑橘等。具有杀菌功能的芳香植物有晚香玉、除虫菊、野菊花、紫茉莉、柠檬、紫薇、茉莉、兰花、丁香、苍术、薄荷等。

（8）减弱噪声

植物枝叶对声波具有反射作用,可减弱噪声或阻止声波穿过。通常高大、枝叶密集的树种隔音效果较好,如雪松、桧柏、龙柏、水杉、悬铃木、梧桐、垂柳、云杉、山核桃、柏木、臭椿、樟树、榕树、柳杉、桂花、女贞等。

2）环境监测与指示

指示植物:对环境中的一个因素或几个因素的综合作用具有指示作用的植物或植物群落被称为指示植物。指示植物按其指示的环境因素可以分为土壤指示植物、气候指示植物、矿物指示植物、环境污染指示植物、潜水指示植物。

植物作为自然界生物链中的一环,和周围的环境有着密切的联系,有的植物甚至能“预测”自然界的一些变化,并通过一定的形式表现出来。一些植物对周边环境的污染十分敏感,如雪松对有害气体就十分敏感,特别是春季长新梢时,遇到二氧化硫或氟化氢的危害,便会出现针叶发黄、变枯的现象。因此春季凡有雪松针叶出现发黄、枯焦的地区,在其周围往往可找到排放氟化氢或二氧化硫的污染源。园林植物中的月季花、苹果、油松、落叶松、马尾松、枫杨、加杨、杜仲对二氧化硫反应敏感;唐菖蒲、郁金香、萱草、樱花、葡萄、杏、李等对氟化氢较敏感;悬铃木、秋海棠对二氧化碳敏感。如果我们掌握了不同植物发出的种种“信号”,对空气状况进行辅助监测,既经济便利,又简单易行。

1.2.3 风景园林植物的社会作用

人类的生活离不开自然环境,而园林是利用自然因素对自然环境的重塑,园林植物又是园林的基本要素。由园林植物构建的园林空间,不仅为人们提供休憩场所,还为开展各项有益的社会活动提供舒适的场地。更重要的是,生态园林绿地使植物景观成为城市居民走向自然的第一堂课,以其独特的方式启示人们应自然和谐共处。例如,知识型植物群落激发人们探索自然的奥秘;保健型植物群落让人们同植物和谐相处,热爱生活;观赏型植物群落则激发人们爱美、爱环境、保护自然的意识。

1）提供休憩空间

园林植物景观的社会作用,首先是为人们提供休憩空间。建置于住宅区、医院、公园、广场等处的绿地,为人们提供休憩、活动的场所,尤其为60岁以上的老人和10岁以下儿童提供了主要活动场地。

2）调节人类生理机能

现代社会中,人们的生活节奏逐渐加快,人的精神状态持续高度紧张,工作、学习之余急需放松精神,释放压力。优美的绿化环境为人们提供新鲜的空气和明朗的视野,可以有效阻止病菌的滋生并调节人体神经。有医学研究证明,绿色环境有利于神经衰弱、高血压、心脏病患者的疗养。

3）改善城市面貌和社会环境

整洁优美的城市环境不仅可以提高居民的生活质量,也体现了一座城市的面貌和精神文明程度。园林植物群落空间可陶冶情趣、平静情绪,带给人们美的感悟和享受,也为城市经济发展提供巨大的潜力。

4）表现文化内涵

在园林造园的过程中,通过对不同的园林植物认识、选取与搭配,构造出独特的意向,从而传达文化层面的内容,体现文化内涵,如表达诗情画意的艺术构思和传递天人合一的哲理思辨。

1.2.4 园林植物的经济效益

园林植物的经济效益分为直接经济效益和间接经济效益。直接的经济效益主要表现在城市绿化正在日渐成为社会经济的一个全新的产业体系。园林经济效益应从目前的第三产业收入向着开发园林植物自身资源转化。间接经济效益远远大于其带来的直接经济效益,主要表现在释放氧气、提供动物栖息场地、防止水土流失等方面。据测算,园林植物带来的间接经济效益是其自身直接经济效益的8~16倍。

1.3 我国园林植物资源及其对世界园林的贡献

园林植物资源是风景园林植物造景的基础。我国植物资源相当丰富,可以用于园林中的种子植物就有25 000种以上,其中乔木、灌木类8 000多种。现列举一些中国原产的园林植物种类与世界种类相比较,见表1.2。

表 1.2 我国原产的园林植物种类与世界种类总数比较

属 名	拉丁名	国产数	世界总数	国产所占百分比/%
金粟兰	*Chloranthus*	15	15	100
山茶	*Camellia*	195	220	89
丁香	*Syringa*	25	30	83
石楠	*Photinia*	45	55	82
杜鹃	*Rhododendron*	530	900	58.8
蚊母	*Distylium*	42	15	80
槭	*Acer*	150	205	73
蜡瓣花	*Corylopsis*	21	30	70
含笑	*Michelia*	35	50	70
海棠	*Malus*	25	35	63
木犀	*Osmanthus*	22	40	63
绣线菊	*Spiraea*	65	105	62
报春	*Primula*	390	500	78
独花报春	*Omphalogramma*	10	13	77
菊	*Dendranthema*	35	50	70
兰	*Cymbidium*	25	40	63
李	*Prunus*	140	200	70

我们不仅可以在世界上其他国家发现原产于中国的园林植物,而且中国植物为世界园林培育新的杂交品种起到了重要作用。例如,我国丰富的蔷薇属植物资源为世界蔷薇植物的培育起了决定性的作用,不仅丰富了品种,而且提高了观赏价值;又如,美国近30年来搜集了山茶属及其近缘属的许多野生种与栽培种,利用这些资源,在全世界首次育成了抗寒和芳香的山茶花新品种,但是在培育芳香新品种的杂交育种中,我国的茶梅(*Camellia sasanqui*)、连蕊茶(*Camellia fraterna*)、油茶(*Camellia oleifera*)和希陶山茶(*Camellia tsaii*)是其中最重要的亲本植物。

1.3.1 我国园林植物对世界园林的贡献

威尔逊在1929年所著《中国——园林之母》的序言中提到:中国确是花园之母,因为我们所有的花园都深深受惠于她所提供的优秀植物,从早春开花的连翘、玉兰,夏季的牡丹、蔷薇,到秋天的菊花,显然都是中国贡献给世界园林的珍贵资源。

我国的园林植物资源具有种类繁多、变异丰富、分布集中、特点突出、遗传性好等特点。此外,有些植物种类还具有特殊的抗逆性,是园林植物育种的珍稀原始材料和关键亲本。在育种方面,许多世界名贵花卉如香石竹、月季、杜鹃、山茶、牡丹等都有中国种参加选育。

我国是世界上最早最大的栽培植物起源中心,现在已知有花植物27万种,而中国约有25 000种。据统计,在北半球其他地区早已灭绝的一些古老孑遗类群,仍在中国保存至今的

有银杏、水杉、银杉、金钱松、珙桐、连香树、伯乐树和香果树等。

我国花卉资源丰富。成为欧洲重要观赏植物的杜鹃花,全世界约有900种,中国就有530余种;全世界山茶属约有280种,中国有238种;全世界报春花属约有500种,中国有390余种;木兰科世界总量约90种,中国约有73种;龙胆花属中国原产的约有230种,占世界该属物种数量的50%以上;百合花世界总数约有100种,中国约占60%;金粟兰世界总数15种,都原产中国;蜡梅世界总数6种,也都原产中国。

1.3.2 我国园林植物资源开发利用状况

我国园林植物资源极为丰富,可是大量可供观赏的种类仍然处于野生状态,而未被开发利用,更为突出的问题是植物种类贫乏,园艺栽培品种不足及退化,大大影响了植物造景。

1987年4月,中国园艺学会观赏园艺专业委员会在贵阳召开了全国观赏植物种质资源研讨会。会议认为,当前迫切的任务是进一步开展资源考察,加强和完善自然保护区的工作;对观赏植物种质资源的保存应以就地保存和转地保存相结合;积极引种,开展种质资源研究和选育良种工作。

在花卉生产方面,历史数据记载:1987年全国花卉种植面积约26 700 hm²,1989年全国有22个省、自治区、直辖市花木种植面积已达40 000 hm² 产值升至12亿元,以城市郊区发展尤为迅速,出口花卉的种类主要有菊花、唐菖蒲、香石竹、月季花、小苍兰等鲜切花和相配的观叶植物,占出口金额的60% ~70%。之后,在花卉育种、花卉快速繁殖、开发野生花卉资源等方面都取得了一些很有价值的成果,如对梅花、荷花、菊花、牡丹、山茶、兰花、芍药等都进行了系统的研究,包括来源、资源分布分类、品种及其选育,有的还出版了专著。经过多年努力,各地在观赏植物资源调查及引种、推广中已初见成效。

1.3.3 我国园林植物造景同发达国家的主要差距

我国是一个园林古国、园林大国,是"世界园林之母",在园林方面为世界做出了举世公认的贡献。但由于近代种种历史原因,国家经济极度衰弱,园林被人们遗忘了。改革开放后,随着经济的发展以及认识到生态环境的严重脆弱,政府乃至全社会重新重视园林,致使园林植物造景得到了突飞猛进的发展,但是我国园林植物造景的发展经过了漫长的停滞,在很多方面已与发达国家形成了明显差距,主要表现为以下几点。

1)园林植物种类相对匮乏

追求生态功能是现代园林的重要内涵之一,而只有植物的多样性才能形成植物群落的稳定性。西方发达国家在园林植物的种类收集首先从16世纪葡萄牙人进入中国上海引种甜橙开始,几个世纪以来西方各国从中国大量引种,在此基础上,以其为亲本,培育出的杂交种、栽培变种,数量更是惊人。

据统计我国有高等植物470科,3 700余属,约3万种,占全世界近30万种高等植物的1/10,居世界第三位。但就我国当前园林植物应用的情况来说,植物造景的素材相对较少,多数还是一些传统的植物。

我国园林植物普遍应用种类超过 1 000 种的城市非常少,大多数城市园林植物应用种类在 200~400 种。尤其在北方,由于干旱与寒冷,园林植物种类更为局限,往往应用于城市绿化的品种不足百种。我国人民自己选育的传统名花品种数量可观,如梅花、月季、牡丹、菊花、玉兰、茶花、杜鹃等,但对这些物种丰富的遗传多样性的收集和保护力度很小,目前仅有少数城市建立了资源圃或植物园,其中梅花、牡丹等保存得相对较好,还有很多种类缺乏系统收集和保存。我国植物园中所收集的活植物种类低于 5 000 种。这些与我国植物资源丰富的地位都是极不相称的。

对种质资源的保护和开发力度不够,没有建立起完善的乡土景观植物数据库是我国园林植物贫乏的主要原因。积极引种、培育野生种为栽培种、改善栽培条件,从而丰富我国植物资源,是我国园林的首要任务。

2)园艺水平较低

与发达国家相比,我国园艺水平总体还比较低,在设施园艺和栽培技术的研究开发,特别是高效设施技术的开发与发达国家还有很大的差距。我国设施园艺的面积虽居世界第一,但是以简易类型为主,设施环境可控制程度水平低,抵御自然灾害的能力差;我国园艺科技含量比较低,无论是设施本身还是栽培管理技术,多以传统经验为主,缺乏量化指标和成套技术。具体表现为:较低的育种及栽培养护水平,导致了园艺栽培品种不足并退化;缺乏新品种,尤其是草坪和花卉。

3)植物造景科学性与艺术性的欠缺

我国植物造景历史悠久,但社会发展的同时人们对园林的功能提出了更多要求。机械学习我国古典园林的造园手法、盲目跟随国外陈旧配置风格、过分追求形式而弱化功能要求的植物配置方法都欠缺科学性和艺术性。

(1)园林植物景观单调

由于植物种类贫乏以及养护管理技术的欠缺,在植物配置中所运用的植物种类单薄、层次单一,不能构建丰富稳定的植物群落。同一植物在很多地方重复使用,使游人感觉景观重复没有新鲜感,没有达到"步移景异"的观景效果。

(2)植物造景设计理念欠缺,施工水平不高

从 20 世纪 80 年代我国的园林建设恢复发展以来,特别是 20 世纪 90 年代以后,园林植物景观的营造方式存在很大的争议,其中存在两个极端:一方面是保守地坚持古典园林植物景观营造方式。现代植物景观的欣赏者是人数众多、文化层次高低不同的广大国民,完全坚持过于保守的传统植物造景方式,只适合少数人观赏,不能迎合大众的口味,有时还会给人过于矫揉造作的感觉。另一个极端则是完全抛弃我国古典园林植物景观营造的精华所在,照抄照搬国外植物景观营造的方式,运用大面积的草坪、模纹花坛、整形植物等营造开阔、规则的植物景观。这种完全西化的植物造景方式也不符合我国的国情。

通过这两种极端的碰撞,进入 21 世纪以后,逐渐形成了日趋成熟的中国现代园林植物景观营造方法。我们不能满足于现有传统的植物种类及配置方式,应结合植物分类、植物生态、地植物学等学科,提高园林植物造景的科学性。植物景观的营造应充分吸收融合中外园林的造景手

法,既需要借鉴古典园林中优秀的、体现人与自然和谐相处的造景手法,也需要借鉴西方园林营建大面积植物景观的手法,学习它们明快、简洁、现代的风格。现代的植物景观应兼顾科学性、艺术性,既能推陈出新,又能雅俗共赏。

1.4　现代园林植物造景的发展趋势

当前我国很多城市掀起绿化、美化的热潮,在城市环境建设方面取得了巨大的成绩。随着建设生态园林城市要求的提高,节约型绿地开始被人们重视。现代植物配置的发展趋势就在于,充分认识地域性自然景观中植物景观的形成过程和演变规律,并顺应这一规律进行植物配置。因此,设计师不仅要重视植物景观的视觉效果,更要注重适应当地自然景观风貌的植物类型,使之成为一个地区的特色。在此基础上,当前的园林植物配置理论与实践应从以下几个方面进行深入研究。

1)恢复地带性植被

在城市绿化建设中,开发以地带性植被为核心的多样化绿化植物种类,探索乡土树种以及野花、野草在城市植物配置中的合理应用。在绿地植物景观的设计中,应更好地建设低养护、多样性高的植物群落。

2)自然式植物景观设计

城市绿地植物景观营造模拟自然生境,组织自然植物群落,体现大自然韵味,追求天然之美。

3)全方位绿化空间的开辟

随着城市建筑物、硬化路面或硬质铺装的不断增多,绿地建设受到越来越多的限制,由此带来的城市热岛效应的负面影响日渐突出。要改善城市中心地区的环境状况,有必要使绿化向垂直方向发展,努力开拓城市立体绿化空间。

1.5　园林植物造景涉及的学科和学习方法

1.5.1　园林植物造景涉及的学科

园林植物造景涉及自然科学与社会科学,具有交叉性质。植物造景主要由大农学、生态学及环境艺术3个学科类群支撑,同时还涉及文学、历史学等人文类学科,这些学科互相依存、共同发展。

1）大农学

大农学包含园林树木学、花卉学、园林植物遗传育种学、草坪学分支学科,是了解植物配置、造景用材的基本学科类群。

2）生态学

生态学是研究生物与环境之间相互关系的学科,其原理和方法论成为研究植物造景生态效益的基础,具体又分为植物群落生态学、森林生态学、城市生态学、景观生态学等。

3）环境艺术类学科

环境艺术类学科以设计艺术学和建筑学为基础,从形式美、空间限定、场所感的建立和塑造等方面为植物造景提供新理论。

1.5.2 现代园林植物造景的研究内容

1）以植物造景为主的景观类型

以植物造景为主的景观类型有:
① 国家公园和风景名胜区;
② 植物园、药物园;
③ 以城市公园为核心的绿地系统;
④ 不同规模居住区及组团的绿化系统;
⑤ 其他公共和私人项目。

2）植物造景研究重点

植物造景的研究重点有:
① 园林植物的选育引种与栽培管理;
② 植物群落的建立与稳定;
③ 大树移栽的若干问题;
④ 不同植被恢复类型对生态系统保护与重建的影响;
⑤ 有关专类园建设的若干问题。

1.5.3 园林植物造景的学习方法

体验:景观规划的本质就是规划人们对环境的体验。在进行植物配置时,应充分考虑在环境中人的视觉、听觉、嗅觉甚至触觉感受,从而使我们创造的环境满足人们的需求。

观察:观察生活,从生活之美得到启发;欣赏优秀的植物配置作品,观察其配置手法。

回忆:通过植物与其他园林要素的结合形成追忆空间,唤起情感的认知。

记忆:为了在景观营造中游刃有余地使用植物材料,将本地园林中常用乔、灌木,藤本植物,竹类植物和草本植物的特性熟记是非常有必要的。

模仿:首先应仔细研究一些比较典型的方案图,并将其代表作进行抄绘,坚持一段时间将会取得明显的进步。

借鉴:借鉴已有的造景手法,学习国外先进的植物品种培育和养护管理技术。

写生:书面上的东西永远是不足的,观察并作忠实的记录,才能将理论和实践联系起来。写生不仅需要技法和眼睛的捕捉能力,更需感悟。因而需日积月累地不断练习。

实践:尝试模仿、借鉴典型等方法后,会受益匪浅,但是,那终究是"借",不是创造——纸上得来终觉浅,绝知此事要躬行。

2 传统园林植物造景及其发展

2.1 中国园林植物造景发展简史

中国古典园林因其独到的造园手法,对于自然、人类、环境三者关系的独特见地,在世界园林发展中独树一帜,其中许多造园手法得到现代园林的大力推崇。古人云:艺花可以邀蝶,垒石可以邀云,栽松可以邀风,种蕉可以邀雨,植柳可以邀蝉。植物可以将自然界的鱼虫云光纳入园林之中,园林因为有了植物而更显得丰富多彩,所以植物造景历来在我国古典园林中占有举足轻重的地位。

2.1.1 中国传统文化对植物造景的影响

中国传统园林多钟情于自然式配置,且有两个共同特点:一是种类不多,都是传统偏爱的植物;二是古朴淡雅,追求画意而色彩偏重宁静。这样的植物景观,在古代的诗、画、园中是屡见不鲜的。

1)哲学思想——天人合一

"天人合一"反映了人对自然的认识,也体现了中国传统的崇尚人与自然和谐共生的可持续发展的生态观。在这种质朴的质学思想的指引下,返璞归真、向往自然成为一种风尚。《辋川图》描绘的是唐朝王维(701—761年)的辋川别业,是山林景致与人类居所浑然一体的经典之作。在植物景观创造方面,古人借自然之物(植物),仿自然之形,遵自然之理,显自然之神,创造"清水出芙蓉,天然去雕饰"之美。

(1)自然美学思想

凡不加以人工雕琢的自然事物,凡其声音、色泽、形状都能令人身心愉悦,产生美感,并能寄情于景的,都称之为自然美。追求人与自然的和谐统一,以大自然为审美表达对象,这是中国古代自然美学思想的要旨。

中国传统园林以山水园居多。如水面配置以花取胜的水生植物如荷花、睡莲、散聚相宜,配色协调,倒影成趣。园林中较大的湖、池、溪、湾,随形布置水生植物蒲草、芦苇,高低参差,自成野趣。

自然的景致并非全面照搬"自然",更多是利用艺术手法达到形神兼备的效果,即"本于自然,高于自然"。如扬州个园为烘托四季假山,春景配有竹子、迎春、芍药、海棠;夏山有蟠根垂蔓,池内睡莲点点,山顶种植广玉兰、紫薇等高大乔木,营造浓荫覆盖之夏景;秋景以红枫、四季竹为主;冬山则配置斑竹和梅。这些巧妙的植物应用技法都源于中国古人对自然的崇拜和敬畏,源自中国传统的哲学思想。

(2)生态美学思想

对于园林植物景观设计的生态学原理,我国古代的造园家已有深刻的认识。中国古典园林艺术中的植物配置主要是从景观艺术构成出发,根据植物不同的生物习性,园林配置时各得其所,布置有方,满足各自的生态要求。清代的陈淏子在《花镜》中的"种植位置法"一节里即有很好的见解:"花之喜阳者,引东旭而纳西晖;花之喜阴者,植北囿而领南薰。"且古人非常重视乔木、灌木、草花、攀缘植物和地被植物的应用,使构成的植物群落具有多样性,发挥最大的生态效益。

古人认为对于植物,宜阴、宜阳、喜燥、喜湿、当瘠、当肥者,都应顺其性情而朝夕体验之,才能够园林璀璨,万卉争荣。"若逆其理而反其性,是采薜荔于水中,搴芙蓉于木末,何益之有哉""杜鹃,花极烂漫,性喜阴畏热,宜置树下阴处""芙蓉宜植池岸,临水为佳,若他处植之,绝无丰致"所讲都是植物景观设计只有遵循生态学原理才能取得好的效果。

2)文学绘画——诗情画意

(1)绘画

西方绘画重视对固定视点的把握,强调几何透视的准确。中国山水画讲究意境的表达,构图以移动视点和想象为主。从山水画到山水园林,南方和北方的风格虽都不受透视几何的约束,但又有各自的特点,见图2.1、图2.2。

中国古典园林植物配置讲究入画。明代文人兼画家茅元仪认为"园者,画之见诸行事也"。江南私家园林中常以白墙为纸,竹、松、石为画,在狭小的空间中创造淡雅的国画效果。

(2)诗词

中国园林的植物配置造景很少依靠强烈的视觉效果来吸引人,更多地采用启发式的布置去创造一个可供观赏体验和想象的环境。这一方面要求园林能够成为表达诗词绘画意境的载体,另一方面又要求通过置身园林而获得新的创作灵感。

一句"落霞与孤鹜齐飞,秋水共长天一色",不仅写出了无限秋色,更写出了难以言尽的情感,令人回味无穷。诗词歌赋、楹联匾额也拓宽了园林的内涵和外延,使园林景观产生"象外之象,景外之景"。因此,自古以来,美景与文学就成为永恒的组合,既有因文成景的,也有因景成文的。不少著名的景点都是根据植物配置来命名的,从而又因其富于诗意的题名或楹联闻名于世。苏州留园的"闻木樨香轩":周围遍植桂花,漫步园中,不见其景,先闻其香。此园利用桂花的香气创造一种境界,而令其闻名于世的不仅于此,还在于景点的题名及其楹联——"奇石尽含千古秀,桂花香动万山秋",点明此处怪岩奇石、岩桂飘香的迷人景象。

图2.1　典型的南方风格（舒缓笔调，平远视线，清秀俊雅，平静和谐）

图2.2　典型的北方风格（刚毅笔调，高远视线，雄奇险峻，关山飞渡）

2.1.2　中国古典园林植物配置特点

1）钟情自然，强调寓意

中国人"天人合一"的思想，表现为对自然情有独钟，所谓："山之光、水之声、月之色、花之香……真足以摄招魂梦、颠倒情思。"园林的一木一石，总关乎情，它们的设置、结构都与创作者所要抒发的感情相联系。

（1）常以植物为造景主题

中国古典园林非常重视花木的栽植，"园，所以种树木也"。造园家们认为植物不仅有幼壮苍老之体态差异，而且有春夏秋冬的季节变化，植物之间更是姹紫嫣红、争奇斗艳，所以我国古典园林中以植物为主题的景观极其丰富。

江南园林中许多建筑常以周围的花木命名，用来描述景点的特点，如拙政园的远香堂、雪香云蔚亭、待霜亭、梧竹幽居、十八曼陀罗花馆等。远香堂：面临荷花池，远香即由荷花的清香引申而来，暗示环境的清幽；雪香云蔚亭：雪香即梅花和蜡梅在雪中开放，云蔚指山间树木茂密，云雾缭绕；待霜亭：亭旁植橘树，待霜是取霜降橘始红之意；梧竹幽居：有梧有竹；十八曼陀罗花馆：曼陀罗花指山茶花。

著名的皇家园林承德避暑山庄72景中，以树木花卉为风景及其题名的有：万壑松风、松鹤清趣、梨花伴月、曲水荷香、清渚临境、莆田丛樾、松鹤斋、冷函亭、采菱渡、观莲所、万树园、嘉树

轩、临芳墅等18处之多。

（2）各种植物都有不同的寓意

以物比德、借物寄情，自古以来就是中国人精神生活的一种表达方式。将植物的拟人化是中国人对自然的有情观的重要体现。植物拟人化作用在中国古典园林中的应用较为突出，许多植物不仅仅是观赏对象，被赋予深刻的文化内涵，还成为人们表达情感、祈求幸福的载体。各种植物都具有不同的寓意，许多植物受到古诗的赞咏、古画的描绘，其传统性和大众性至今在不经意之间深深地影响着园林植物的配置。陶渊明"采菊东篱下，悠然见南山"之爱菊，周敦颐"出淤泥而不染"之爱莲，林和靖"疏影横斜水清浅，暗香浮动月黄昏"之爱梅，这种寓情于物的手法在我国根深叶茂，源远流长，为植物配置提供了一个依据，也为游人提供了一个想象的空间。

松——象征坚贞不屈，万古长青的气概，苍劲；

竹——象征虚心有节，清高雅洁的风尚，潇洒；

梅——象征不畏严寒，纯洁坚贞的品质；

兰——象征居静而芳，高风脱俗的情操，典雅；

菊——象征不畏风霜，活泼多姿。

（3）经典组合

梅花清标韵高、竹子节格刚直、兰花幽谷品逸、菊花操介清逸，它们被喻为"四君子"；松、竹、梅配置称为"岁寒三友"，象征着坚贞、气节和理想，代表着高尚的品质；玉兰、海棠、牡丹、桂花齐栽，象征"玉堂富贵"；玉兰、海棠、迎春、牡丹、桂花齐栽，象征"玉堂春富贵"。

2）植物的选择与配置极为讲究

中国古典园林是一种荟萃文化、积淀传统的有力形式，园林中植物选择与配置极为讲究，植物运用时将诗情画意写入园林，这种特点与园林主人独特的身份和地位有相当重要的关系。

（1）诗词意境

明代陆绍珩提到"栽花种草全凭诗格取裁"，即植物配置要符合诗情，具有文化气息，因此中国古典园林中很多景观因诗而得名，按诗取材。如苏州拙政园东入口处的"兰雪堂"（此处兰指玉兰）以李白的"清风洒兰雪"而得名，根据诗意周围种植了大量的玉兰。拙政园小沧浪东北侧的"听松风处"以松为主，取自《南史·陶弘景传》："特爱松风，庭院皆植松，每闻其响，欣然为乐。"拙政园"留听阁"周围种植柳、樟、榉、桂、紫薇等植物，水中种植荷花，而"留听"两字语出唐代李商隐《宿骆氏亭寄怀崔雍崔衮》的"秋阴不散霜飞晚，留得枯荷听雨声"。游人借枯荷、听天籁，将身心融入天地自然之中，从而感受到秋色无边、天地无限，植物、题名、诗词三者相映生辉。

（2）植物选择与配置的讲究

钱泳《履园丛话》中曰："造园如作诗文，必使曲折有法，前后呼应，最忌堆砌，最忌错杂，方称佳构。"园林要达到曲折有致的意境，植物的选择与配置起着很大的作用。宋朝李格非《洛阳名园记》中的园林各园有各园的植物造景特色，如富郑公园以大面积的竹海和小面积的梅台见长，清雅高洁，归仁园则是牡丹、芍药衬以修篁翠竹，浓艳华贵。明末清初，园林常用一种花木成片种植以构成单纯的群体植物景观。明代高濂《遵生八笺》提到园内同种花卉的沿线栽植，所

谓"九径",选取红梅、海棠、桃李、橘、杏、红梅、碧桃、芙蓉9种花木,各种一径,做到"一径花开一径行",以构成局部意境为特色。

植物成片栽植时讲究:两株一丛要一俯一仰,三株一丛要分主宾,四株一丛则株距要有差异。这些同样源自画理,如此搭配自然会主从鲜明、层次分明。拙政园岛上的植物配置讲究高低错落,层次分明,植物种植以春梅、秋菊为主景,樟、朴遮阴为辅,常绿松柏构成冬景。为了增加景观的层次感,植物的高度各有不同,栽植的位置也有所差异,樟、朴居于岛的中部、位于上层空间,槭、合欢等位于中层空间,梅、菊等比较低矮的植物位于林缘、林下空间,隔岸远观、置身其中,都十分入画。

文震亨在《长物志》第二卷花木篇对园林植物的配置提出了见解:"第繁花杂木,宜以亩计。乃若庭除槛畔,必以虬枝古干,异种奇名,枝叶扶疏,位置疏密。或水边石际,横偃斜拔,或一望成林,或孤枝独秀。草木不可繁杂,随处植之,取其四时不断,皆入图画。"针对不同个性的植物,配置应突出其最佳特性,如"桃、李不可植庭除,似宜远望""红梅、绛桃,俱借以点缀林中,不宜多植""梅生山中,有苔藓者移置药栏,最古""杏花差不耐久,开时多值风雨,仅可作片时玩",而"蜡梅冬月最不可少"。

3)植物配置以简洁取胜

中国古典园林以文人私家园林为其主流,皇家园林和寺庙园林都受其影响,皇家园林甚至是各地园林的荟萃。古典私家园林尤以江南园林为其精华。这种传统造园的方式是以有限空间、有限景物造无限意境。植物景观在其中起着重要的作用,如美学大师宗白华所述:"一天的春色寄托在数点桃花,二三水鸟启示着自然的无限生机。"植物景观的特点是贵精不贵多,常以孤植或三四株丛植为主。单株的选择以色、香、姿俱全者为上品;两株为一俯一仰;多株丛植则各有向背,体现动势。这种看似散乱,实则相互呼应的配置手法与中国画的"经营位置"颇为吻合,且常用植物分隔和小径的曲折来增加景点间的游览距离。

4)善于利用植物的形态和季相变化营造景观

中国古典园林中特别善于利用植物的形态和季相变化表达情境。如"岁寒,然后知松柏之后凋也"表示坚贞不屈的精神;"留得枯荷听雨声""夜雨芭蕉"表示寂静的气氛;"浓绿万枝一点红,动人春色不须多"描述以少胜多的点睛之景;"门前杉径深,屋后杉色奇"描述南方地区房前屋后种植杉木之景;"槐荫当庭""院广梧桐"是利用树木本身的特色等植物景观,营造庭园景色。

南宋吴自牧在《梦粱录》中记录杭州西湖的四时之景:"春则桃柳争妍,夏则荷榴竞放,秋则桂子飘香,冬则梅花破玉,瑞雪飞瑶"。南宋陆游《初冬》"平生诗句领流光,绝爱初冬万瓦霜。枫叶欲残看愈好,梅花未动意先香",描绘植物景观随季候的变化。

《园冶》中有许多诗句,也多涉及花木的开谢与时令的变化以及花木配置的句子,如"苎衣不耐新凉,池荷香绾,梧叶忽惊秋落,虫草鸣幽""但觉篱残菊晚,应探岑暖梅先";又如"梧阴匝地,槐荫当庭""插柳沿堤,栽梅绕屋""院广堪梧,堤湾宜柳""风生寒峭,溪湾柳间栽桃;月隐清微,屋绕梅余种竹;似多幽趣,更入深情"。

2.2 日本园林植物造景发展简史

2.2.1 日本园林植物造景发展简史

日本园林与中国园林有着深深的渊源。日本园林善于有选择地吸收外来文化和自己的文化融合,从而形成变化。日本园林善于描绘海岛、丘陵景观,对石的崇拜是根本的内在基因。日本园林史可划分为古代(大和、飞鸟、奈良、平安时代)、中世(镰仓时代、室町时代)、近世(安土桃山、江户时代)。

飞鸟时代:公元6世纪中叶,这一时期是中国文化经由朝鲜半岛开始大量进入日本的时期,中国的汉代佛教经朝鲜传入日本。园林艺术也传入日本,并产生影响,宫廷、贵族出现了中国式的园林——池泉式园林,即池泉庭园,模拟海景和山,有水池,中设岛。如苏我马子在自家园中掘池筑岛"家于飞鸟河之傍,乃庭中开小池,仍兴小岛于池中,故时人曰岛大臣"。

奈良时代:公元710年,日本首都迁到平城京(现奈良),正值中国的盛唐时期,中国唐代文化传入日本。奈良城周围兴建了大量中国式园林,以水为中心,有水源,水中有岛,也是一种池泉式庭园,但规模、法则更加规范化。其水池一面有厅堂,其余三面绿化,规模不大,水不可泛舟。代表作品是奈良城中心三条二坊大坪宅园。平城宫东庭园以广袤的水面为中心,池中,无墙无门的干阑式建筑立于水中,突于水面,园内东南地小山上也建有楼阁,其间则是半岛状的沙洲逶迤伸展于湖面上,沙洲汀岸上立颜色不一的庭石。

平安时代:这是日本园林史上的辉煌时期,园林较发达,舟游式池泉庭园为一个重要类型。文化上,吸收中国唐文化和汉代佛教,摆脱了完全模仿,完成了汉风文化向和风文化的过渡,而形成复合、变异的阶段;反映在园林中,出现了类型、形式上的差异。日本最古老造园书《作庭记》也出现在此时,书中描述了寝殿造园林的构筑方法。

镰仓时代:此时期,日本传统的贵族文化开始衰落,政治中心东移,开始了武士执政的历史,中国元朝禅宗传入日本,结合园林,形成禅宗园林。这类园林不注重具体外形,强调内在精神,枯山水形式为其中一种。此时也形成了回游式庭园,中国北宋水墨山水画大量传入日本,对日本园林产生巨大影响。

室町时代:这一时期寝殿造形式逐渐消失,出现了"书院造建筑"。书院造建筑空间划分自由,非对称,内部空间可分可合,由柱支撑,分隔灵活,内外通过桥廊过渡和联系,敞廊前为枯山水,以"席"为单位,具有乡土风格。书院造后期,枯山水成为一种象征写意式的园林。

安土桃山时代:16—17世纪禅宗佛教影响日本园林,庄严肃穆的佛教礼仪减小了园林的规模,花木被认为是琐屑的东西而被排斥,由被认为是永恒的而不是只有短暂之美的常绿乔木和灌木所替代。同时,出现了茶庭作为茶室的辅助庭园。此时建设的园林须适合于佛教茶艺的精神内涵,对植物自身形体的欣赏已远大于对植物花果的欣赏。例如,杜鹃花在种植的过程中被修剪成各种造型,开花景观成为个别需要,在设计中成为次要的考虑。

江户时代:19世纪中叶德川幕府迁都江户,史称江户时代。这是日本园林的黄金时期,由池泉庭园发展出新的园林形式——回游庭园。此时庭园地势趋向平坦,视野广阔,开凿大面积水池,多运用树形优美的老树进行绿化。后乐园为江户时代的名园之一,园中曾引进许多外来植物品种,于水池周围模拟各地的胜景。其园保留至今,植物繁茂,清幽苍翠。江户时代完成了日本庭园的独特风格的形成。

明治维新时代日本造园受欧洲造园的影响,种植大片草坪,称为"芝庭"。近代又将原来改造过的宫苑进行恢复。如桃山时代的二条城宫苑,明治十七年改为离宫,其内布置大面积草坪,现在依旧留有遗迹。

纵观历史,逐渐发展起来的一套植物配置规则在今天一直影响着日本园林的发展。其种植设计的植物组合力求在自然界中都可以找到原型,通过使用常绿植物展示朴素、严谨、经久不衰的特点,避免海岸植物和高山植物的混合和不同气候区的植物组合,从植物的象征性和季节性变化的角度选择植物,产生一种微妙的颜色层次和形式,使人们在游览时所观赏的景色不是单一的而是富于变化的。

2.2.2　日本园林植物配置特点

由于日本的气候地理条件特点及造园师对庭园植物配置的特殊要求,日本园林植物配置形成了鲜明的特征。

1)常绿树为主,花木少而精练,朴实而不华丽,松树最受欢迎

多数日本的庭园里植物配置以常绿树为主,花木稀少,对植物配置追求的是简单而不繁杂、含蓄而不显露、朴实而不华丽。日本古典园林中选用的植物品种不多,常以一两种植物作主景,再选用一两种植物作配景,层次清楚,形式简洁。通常常绿树木在庭院中占主导地位,不仅可以经年保持园林风貌,也可为色泽鲜亮的观花或色叶植物提供背景。常绿植物为主的园林并不一定色彩单调,它们的绿色也有从黄绿到蓝绿甚至墨绿色的区别。此外,有些常绿植物在春季还会长出浅绿色的针叶和球果,有些在秋季有结红色或蓝色的浆果,从而使园林色彩更为丰富。

日本人喜欢象征长寿的植物和体现生命意义的植物,松、柏、铁树因为它们的长寿而入主园林。在大多数日本园林中,最流行的常绿植物是日本黑松,它也是多数日本人认为最好的树木。黑松有着深绿色坚硬的针形叶,深裂的黑色树皮和无畏、极不规则生长的习性。在日本人看来,正是这样的个性使黑松具有男性化的外部形态。所以,在传统的日本园林设计中,黑松常常是作为男性的象征,往往被置于一座枯山水庭园或一处池泉庭园的中心焦点,成为庭院的主景。

另一种深受日本民众喜爱的植物是日本红松。与黑松相比,红松显得较为纤细、柔美,所以它被认为是女性的化身,常常被用作男性化的黑松的从属树。在日本传统园林中,这两种松树被一起种植于池泉边缘,曲曲折折的枝干悬垂于水面之上,构成优美的画面。

2)彩色植物异色突出,对比鲜明

日本花柏、紫杉、杜鹃、樱花及秋色叶树种,如槭树类植物等,也都是日本园林中常用的

植物品种,将其与周围的草地或常绿树形成鲜明对比,突出异色,成为别致的景观。槭树有着丰富的色叶品种,可在色彩上作为点缀;吊钟花不仅花朵美丽而且秋季叶色发生变化,景观独特;锯缘冬青在落叶后有红色浆果可供观赏。落叶树种中以落叶后树干和枝条姿态优美的树种为佳。

日本人对樱花和红枫的热爱是无与伦比的,它们"青春易逝"的寓意使其在日本园林植物的排行榜上名列前茅。春天一到,整个日本就变成了一个樱花世界。樱花也为古老的园林平添了许多韵味。而与古朴建筑交相辉映的红叶林,又把深秋的绚丽、凝重表现得恰如其分。

3) 日本园林的植物配置多采用自然式,布局成各式树群、树丛,但常对植物进行修剪

日本园林多利用现有地形、湖泊、石组,结合植物进行不规则配置,力求表现自然。庭园中,每一株植物都要求有优美的外形,成丛种植的也要求各株间距能使人们从任何角度都看到全丛各株树木。多株树或每个树丛不仅本身应是优美的,而且要使全园增色,即要彼此协调,树丛之间要能相互平衡。树丛本身不宜过密而影响通风或不利于显露地形起伏,也不宜过于稀疏导致树间的关联中断。

日本园林植物修剪的历史很长,有的植物修整旨在展开树木,使其枝干间的空间层次分明,不仅可强化枝干的自然形态,还可突出空间。

修剪方式有如下几种:一是按画理修剪。如立式枯山水中的大德寺大仙院庭园的背景树修剪成圆头形,前景树不仅小而且没有修剪,取画意中的远树无叶之意。二是以水景为母题。背景树修剪成波浪形,中景树修剪成船形或岛形。三是寺庙园林中为了模仿佛、菩萨等将树冠修剪成圆头或者方形,如槭树类、杜鹃或黄杨等常被修剪成球形。

4) 与湖岸、山麓的岩石配置时非常注重植物的品种和姿态

在假山瀑布的泷口有乔木和灌木丛的配置,部分遮掩瀑布以增进深度感。多采用槭树,可使其枝条伸到瀑布前,似在承受跌落的水流,从而打破瀑布单调的景观,但槭树不可把瀑布全部遮住,也不可掩盖瀑布的美景部分。在石灯笼旁一般种植日本榧、松、柯树,用树枝半遮光线,在池后种植槭树、落霜红等姿态优美的树种以观赏其倒影。桥侧多种植柳、枫、槭树类,树的枝叶部分遮掩桥身。花木类种植在远眺处,中间为开旷地,以欣赏盛花时的整体效果。绿篱常用耐火树种栎树、银杏、皂荚、桃叶珊瑚等。

5) 枯山水、茶亭或某些庭园局部的植物配置有一定的模式

在枯山水中,日本园林特别创立了一种类型,称之为苔园。在这些苔园中用青苔代表大千世界和陆地,用白砂代表海洋。在干燥的地方苔藓不生长,但在大片阴凉潮湿处长得很好,如在茂密的林下的空地。在日本园林中苔藓通常是一种常用的地表覆盖物,因为它既美丽又柔软,很有吸引力。

造园者还常在茶亭的房前屋后种植棕榈科植物或芭蕉等,创造"凭栏听雨声"的意境;水体的源头也常用乔木或灌木部分遮挡,以增加景观的层次感和神秘感,这些手法与中国古典园林非常相似。

6）注重植物搭配

在日本园林中每一种被选取的植物都有其特殊的意义，主要是指形态意义及其所衍生出来的文化意义。如松树因其古干虬枝而受人敬爱，同时它也喻示着长寿，因此，也常与动物象形的龟岛和鹤岛结合在一起。

日本植物的吉配，就是由这种对植物的特殊理解而发展起来的。植物的吉配中趋利避害是配置的主要原则。日本园林植物配置中有一些吉祥组合，如一年三秀、一枯一荣、二友、三益友、三君子、四友、四清、四天王树、五果、五木、六研、八百余春、八草、八仙花、八珍草、九秋、十友、十二客、二十客、三十客、百事大吉、百子长生、百子同室、百事如意、百春平安、百龄食禄、万年祝寿等。

日本园林在主体建筑前的吉祥植物对植，讲究对称而不完全对等。对植的植物可以不同种类、不同树形、不同大小，如京都御所紫宸殿前的对植植物，左边是樱花，右边是橘子，树形树种都不同；清凉殿前面对植植物左为细叶吴竹，右为宽叶汉竹；仙洞御所常御殿前对植植物左边是白梅，右边是红梅。

日本园林的植物造景在其发展过程中，在不断借鉴外国特别是借鉴中国造园手法的同时，仍保持了自身风格的独立完整。现代日本园林的植物造景，在传统的基础上取得了很大的发展，从而达到了世界公认的高水平。

2.3　欧洲园林植物造景发展简史

2.3.1　西方园林植物配置特点

西方古典园林以规整式园林为主，园内的山水树石，出于理性主义哲学的主导而表现一种"理性的自然"和"有秩序的自然"。

古希腊哲学家推崇"秩序是美的"，他们认为野生大自然是未经驯化的，充分体现人工造型的植物才是美的，所以园林中的道路都是整齐笔直的，植物景观多为规则式，形态都修剪成规整几何形式。这些规则的植物景观与园林建筑规则的线条、外形及体量较相协调，给人以雄伟气魄之感，有很高的人工艺术价值。如文艺复兴时期意大利台地园及法国17、18世纪园林中都有大量的规整式植物造型。20世纪初出现了以植物观赏材料为主的自然式、布局的造景方式，选择运用品种繁多的花卉和地被模拟自然环境，使自然再现。

2.3.2　意大利台地园

1）意大利的台地园是世界园林建筑的瑰宝之一

意大利地处亚热带，境内遍布山地和丘陵，其中丘陵占80%。夏季谷地和平原上闷热，而山丘上凉爽，这一地理地形和气候特点促成了意大利的传统园林——台地园。

"台地园"即台地或台阶式园林。在文艺复兴时期,意大利的佛罗伦萨、罗马、威尼斯等地建造了许多别墅园林:以别墅为主体,利用意大利的丘陵地形,由园路、阶梯、水景构成轴线,开辟成整齐的台地;逐层配置灌木,并修剪成图案形的植坛;顺山势运用各种手法,如流泉、瀑布、喷泉等,外围是树木茂密的林园——这种园林通称为意大利台地园。台地园在地形整理、植物修剪艺术和水法技术方面都有很高成就。

2) 植物以绿色为主

台地园中的植物为适应其避暑的功能要求,常以不同深浅的绿色为基调,尽量避免一切色彩鲜艳的花卉,使人在视觉上感到凉爽宁静。台地园常由几层台地组成,主体建筑建在最上层的台地中,台地之间用阶梯相连,沿阶梯对称布置水池和植物种植坛,每层台地中有平整的绿地,绿地中的植物和小品也为对称式布局。

作为意大利园林的代表植物,树形高耸的意大利柏往往在大道旁种植,形成浓荫夹道的景观。此外,大量种植此树种并与树冠伞形的石松搭配,还能够成为建筑或喷泉的背景,有很好的效果。而在其他树种和灌木的选择时,阔叶树常用悬铃木、七叶树等,灌木则以月桂、冬青、黄杨、紫杉等为主,多成片、成丛种植。

3) 造园师视植物为建筑材料,修剪成墙垣、栏杆、门廊、雕塑、绿丛植坛、迷园

月桂、紫杉、黄杨、冬青等耐修剪的植物是组成绿篱和植物雕塑的主要材料,造园师将这些植物作为建筑材料来对待,代替了砖、石、金属等,起到墙垣、栏杆的作用。不同高矮、形状各异的修剪绿篱在意大利园林中的运用十分普遍,可以形成绿丛植坛(台地园的产物,以耐修剪的常绿植物修剪成矮篱,在方形、长方形的地面上组成各种图案、花纹或家庭徽章、主人姓名等)、迷园(绿篱组成的迷宫),还可以形成露天剧场的舞台背景、拱门、绿墙等,还有植物雕塑比比皆是,常修剪成各种人物和动物形象及几何体,点缀在角落或道路交叉处。但是到后来植物修剪的复杂程度愈演愈烈,以至于过分矫揉造作了。

台地园最主要的特点是将一切包括植物"图案化"。为了使规则的植坛与自然的树丛之间形成自然的过渡,造园者经常在方形的地块中规则式栽植未经修剪的乔木,组成"树畦",使园景与自然山林融合。除了露地栽植之外,意大利园林中还常将柑橘、柠檬等果树栽植在陶盆中,摆放在道路两侧、庭院角隅等处,植物叶、果乃至容器等都作为景观的观赏点。

2.3.3 法国平面图案式园林

法国的造园既受到了意大利造园的影响,又经历了不断发展的过程,到17世纪下半叶形成了自己鲜明的特色。法国大部分地区为平原,地形起伏较小,法国园林在意大利台地园的影响下,结合本地的地理特点,形成了象征君权的勒·诺特式园林。勒·诺特的脱颖而出,标志法国园林单纯模仿意大利造园的结束,法国园林从此得到蓬勃发展。

尽管都属于几何式图案化园林形式,法国园林的植物景观比意大利园林更为复杂、丰富,气势更为磅礴。在植物种植方面,花园中精心布置的刺绣花坛和树木都作为建筑要素来处理,方形小林园或丛林独具特色。主要的植物景观类型有以下几种:

（1）花坛

法国园林最注重花坛,花卉的应用比意大利园林丰富,常用鲜艳的花卉材料组成图案花坛,并以大面积草坪和浓密的树丛衬托华丽的花坛。其中刺绣花坛最为精美。刺绣花坛是在花结花坛的基础上,用花草或小绿篱模仿衣服上的刺绣花边,创造出的瑰丽花坛,即现代广泛应用的模纹花坛的前身。

（2）植坛

法国园林中广泛采用黄杨或紫杉组成复杂的图案,并点缀整形的常绿植物。

（3）丛林

法国雨量适中,气候温和,落叶树种较多,故常以落叶密林为背景,使规则式植物景观与自然山林景观相互融合,这是法国园林艺术中固有的传统。

在乔木选择方面,法国式园林广泛采用了丰富的阔叶乔木,有明显的四季变化,往往集中种植在林园中,形成茂密的丛林。丛林式的种植物是法国平原中森林的缩影,只是在边缘经过修剪,或被直线形的道路所规范,从而形成整齐的外观。这种丛林的尺度能与巨大的建筑、花坛相协调,形成统一的效果。

法国园林中常见经过修剪的方块形树丛,作为花园的背景,树丛内有各种几何图案的园路,或者是简单的草坪,可供娱乐休闲,这是法国式园林中最引人之处。

（4）绿篱

在花坛和丛林的边缘种植绿篱,其宽度为 0.5～0.6 m,高度为 1～10 m,树种多用欧洲黄杨、紫杉、山毛榉等。

2.3.4 英国园林

1）规则式园林:广泛应用造型植物,雕刻精细,造型多样

17 世纪以前,英国造园主要模仿意大利的别墅庄园,园林规划设计多为封闭的环境,多构成古典城堡式的官邸,以防御功能为主。这时的英国园林多追求自然风景。17 世纪后,英国园林受法国园林的影响,营建规则式园林成为上流社会的风尚,广泛应用造型植物,雕刻精细,造型多样。

2）风景式园林:模拟自然界的缓坡牧场和孤立树构成的自然景观,表现为疏林草地式、田园式的园林

英国自然风景园是欧洲典型的自然式植物景观的代表。英国自然式园林景观常模拟自然界中的森林、草甸、沼泽等不同景观,结合园林中不同的地形、水体、道路来组织园林景观,以体现植物个体及群体的自然美,给人以宁静、深邃之感。

18 世纪,英国的生物学家们大力提倡造林,文学家、画家也多颂扬自然的树林,出现了浪漫主义思潮,庄园主们对刻板的整形园林也感到厌倦了,加上受中国自然式山水园林的启迪,英国出现了英中式园林。但由于缺乏中国的山水美学理论和深厚的文学底蕴,英中式园林无法达到自然和谐的完美境界,与中国的自然山水式园林相去甚远。所以英国最具特色的还是疏林草地式、田园式的自然式园林。

2.4 中国传统园林与现代园林植物造景之认识及比较

2.4.1 园林植物造景的传统认识

中国传统园林植物造景多由皇家及寺庙园林发展而来,并经私家庭院得以成长和完善,其功能主要是装饰宫苑及私家庭院,美化环境的同时象征主人身份及社会地位。

1)植物是"天人"体系中更重要的一环,是造园造景不可或缺的材料

中国古代的皇家苑囿规模恢弘,宽大的苑囿自然散生着各种植物,在园子中找到原型,生活在其中的宅院主人便可以对自然之景感同身受。西汉董仲舒主张"五行"观点,强调"夫木者农也",木代表了庄稼粮食,是力量的源泉。人类有了树木,庄稼得以生存,一切生命才得以孕育成长。所以植物成为天地之间、人们生活之中不可或缺的自然之物。

2)农耕情怀、托物言志

在农耕社会,人们把发展农业放在极高的位置,古代士人与农耕距离较近,庭园中种植花木果蔬都被看作勤劳自律的美德。例如网师园集虚斋后院种植有一株木瓜海棠,树姿美丽、干皮斑斓、结实离离,颇具古意;拙政园中的枇杷园,更是素负盛名的果树景点。士人常寄心志于天地自然间,料理园林以修身养性,逐渐了解植物的生活习性,一些植物的生物学特性便被赋予了人格化的象征意义。于是在细察静赏中,植物成为人格价值与天地之德的极好的媒介,也成为造园配置的必备材料。

2.4.2 园林植物造景的现代认识

1)强调发挥植物景观的生态效益,将园林植物改善环境的功能放在首位

当今,植物景观在美化环境的同时,更担负起了改善城市生态环境的作用。对植物景观的认识早已超越了单纯的观赏阶段,植物造景的构思不再局限于美化环境,更加看重它对生态环境的贡献。英国造园家 B. 克劳斯顿(B. Clauston)提出:"园林设计归根结底是植物材料的设计,其目的就是改善人类的生态环境。"现在无论东西方国家的园林设计师,都非常重视植物造景的生态意义。

2)有植物学、生态学、美学的科学理论指导植物造景

从现在普遍推崇的"园林植物配置与造景的概念"来看,植物配置与造景是要创造既符合生物学特性,又能充分发挥生态效益,同时又具美学价值的植物景观。

现代的植物造景强调首先要根据所在的地理环境、气候条件,选择能在本地区生长良好的植物材料(所以有"以乡土植物为主,适当引种外来植物"的说法),再根据栽培地点选择喜阳、耐阴、喜湿、耐旱、喜肥、耐瘠薄的植物。而后用美学原理来指导植物景观的营建。

3) 强调植物景观的多样性

现代人追求个性的张扬,因此在植物景观的营造上也反映出风格、形式的多样性。无论是具有东方特色的含蕴的具有意境美的植物景观,还是具有西方特色的通过体量展现美感的植物景观,无论是表现时空变化的植物景观,还是其他各种新颖独特的植物景观,都能找到存在的空间。

只有充足的植物材料才能创造出丰富多彩的植物景观,所以现在各国都很重视本国野生植物资源的开发利用并大量收集引种国外树种,为植物造景服务。

4) 在植物造景中提倡自然美

园林中提倡自然美,创作自然式的植物景观重新成为潮流,这是一种"返璞归真"的趋势。自然式的植物景观可带给人们丰富多彩的季相变化、鸟语花香的秀丽景色。各种各样的专类园也越来越多,如竹园、杜鹃园、牡丹园等,均是以"自然美"为指导思想来营建的。

5) 提倡和鼓励民众参与,体现园林的人性化设计

园林建设不应该刻意采用复杂的设计,给人们遥不可及的感觉。在园林植物配置时,应更多地尊重和考虑使用者的感受和需要,追求自然、简单、和谐,以求提高园林与人的亲和力,培养人们保护环境和亲自参与环境美化的意识。在园林植物造景中,应该推崇人性化设计,设计师应该更多地考虑利用设计要素构筑符合人体尺度和人的需要的园林空间,营造或开阔大气或安逸宁静的多元化植物空间。

2.4.3 中国传统园林与现代园林植物配置的比较

1) 植物景观的审美和使用主体的改变

审美主体由少数封建贵族转向广大人民群众。开放性绿地不仅是市民欣赏与感知的对象,还具有发挥植物景观生态效益、改善环境的功能,并且为户外游憩和交往提供空间。

2) 植物材料选择的改变

现代植物景观设计不应再拘泥于少数具有诗情画意、能够以景寓情的植物,而应更注重植物配置的生物多样性和乡土性原则。

3）植物配置形式的改变

古典园林中的植物配置风格多为自然式,是"以少胜多,咫尺山林"式的高度缩影。而现代植物景观设计手法的更新和植物配置多功能的要求,使植物配置形式正走向多元化。

4）植物配置遵循原则的改变

现代园林中,植物配置强调科学与艺术相结合的原则,应以植物学、生态学、美学的科学理论综合指导植物造景。

3 风景园林植物造景设计基本原理

园林植物造景设计的基本原理主要包含美学原理、生态学原理及经济学原理。植物造景的美学原理主要包括园林植物的美学特征如形态、色彩、质地等以及形式美法则;植物造景的生态学原理是指造景时:一是要选择适宜本地生态环境的植物种类,二是要创造条件满足植物生长发育的各种生态因子的要求;植物造景的经济学原理是在节约成本、方便管理的基础上,以最少的投入获得最大的生态效益和社会效益,在种植设计和施工的环节上从节流和开源两个方面考虑。

完美的植物造景设计必须具备科学性与艺术性两个方面的高度统一,既要满足植物与环境在生态适应性上的统一,又要通过艺术构图原理,体现出植物个体及群体的形式美以及人们在欣赏它们时所产生的意境美。植物景观中艺术性的创造极为细腻而又复杂,不仅要把握整体宏观控制,而且要注重细节完善局部。另外,诗情画意的构思和体现需要借鉴于绘画艺术原理及古典文学的运用。所以,这就要求景观设计者摄取多方面的知识,提高自己的艺术境界,并合理应用和发挥,融入自己的真情实感。

3.1 园林植物造景设计的美学原理

园林美源于自然,是自然美的再现,与艺术美和生活美高度统一在一起。园林艺术是一种把功能与科学相结合的艺术,是有生命的、融多种艺术于一体的综合艺术。

园林植物是园林空间弹性最强的部分,可以按人们的审美、观景需要灵活布局,或此密彼疏,或此高彼低,或此花彼树等,构成园林中极富变化的动态景观。园林植物景观是属于静中有动的景观:一是植物从萌芽到成株、成景,处于不断变化的动态过程;二是春天开花、夏天成荫、秋天落叶、冬天露骨,形成景观四季动态变化的过程。

园林植物的美感可分为自然美和社会美两大方面。自然美是园林植物的色、香、形等自然属性,可直接感受,可使人们快速进入审美状态;社会美是通过使人们联想到刚直、高洁、雅逸、潇洒等美好品格而激发的审美效应。园林植物的自然美拟人化,深化为社会美,使人的情操得以升华。

3.1.1　园林植物的形态特征与观赏特性

植物的形态特征可以通过植株的大小、高矮、外形等参数进行描述,其在园林景观构图与布局上影响着统一性和多样性。

1)园林植株的体量

（1）植株按生长习性分类

按照植株的高度、外观形态、生长习性可以将园林植物分为乔木、灌木、藤本植物、竹类、地被、草本花卉及草坪等几大类。

① 乔木:乔木类型主要有常绿和落叶针叶树、常绿和落叶阔叶树。乔木是园林中的骨干植物,树冠高大,在开阔空间中多以大乔木作为主体景观,构成空间的框架。在植物配置时需要首先确定大乔木的位置,然后再确定中小乔木、灌木等的种植位置。中小乔木也可以作为主景,但经常应用于较小的景观中。

② 灌木:灌木有"常绿"和"落叶"两类。灌木无明显主干,枝叶密集,当灌木的高度高于视线就可以构成视觉的屏障。一些高大的灌木常密植或被修剪成树墙、绿篱等,替代僵硬的围墙、栏杆,进行空间的围合,显得柔和、自然。由于灌木给人的感觉并不像乔木那样"突出",在植物配置中灌木往往作背景,如灌木丛往往作为主体雕塑的背景,起衬托的作用。当然,灌木并非就不能作为主景,一些灌木由于有着美丽的花色、优美的姿态,在景观中也会成为瞩目的对象。

③ 地被植物:高度在 30 cm 以下的植物都属于地被植物。由于接近地面,对于视线完全没有阻隔作用,所以地被植物在立面上不起作用,但是在平面上却有着较高的价值,作为"室外的地毯"可以暗示空间的变化,在草坪与地被间形成明确的界限,确立不同的空间。

④ 藤本植物:也称为攀缘植物,自身不能自立,必须依靠其特殊器官或蔓延特性而依附于其他物体上。藤本植物有草本的,也有木本的,有落叶的,也有常绿的,我国可利用的有 1 000 余种,如地锦、葡萄、紫藤、凌霄、铁线莲、牵牛花、羽叶茑萝等。藤本植物的茎蔓、叶、花、果等都具有较高的观赏价值,其占地少,生长快,蔓叶茂密,遮阴效果好,绿化效益大,主要用于像花架、篱栅、岩石、墙壁的垂直绿化,可以软化建筑物的硬质景观。发挥藤本植物的绿化优势,可仿照天然森林群落结构,与其他树木进行水平混交与垂直混交,以求取得更好的立体绿化效益。

⑤ 竹类:竹类为禾本科的常绿植物。竹竿木质浑圆,中空而有节。竹子不常见开花,一旦开花,大多数于开花后全株死亡。竹类形体优美,叶片潇洒,不仅在生活中用途较广,而且具有重要的观赏价值和经济价值。竹的观赏价值主要体现在其自然美和象征美。自然美的表达:竹个体大小、枝叶疏密、节间形态及时空序列等的相关变化;其皮色,多以绿色为主,此外还有紫竹、金竹和一体多色的黄金间碧玉、碧玉间黄金等。象征美的表达:竹的文化内涵美,如清幽、坚贞、挺拔、刚毅及人文气息等,"高节人相重,虚心世所知""一见此君面,荒村不是村"。

⑥ 草本花卉:一些姿态优美、花色艳丽、花香馥郁的草本花卉具有较高观赏价值。根据其生长期的长短及其根部形态及对生态条件的要求,又可分为:

一年生花卉,春天播种,当年夏秋开花,如一串红、凤仙花、万寿菊等。

二年生花卉,秋天播种,第二年春夏开花,秋末死亡,如金盏菊、羽衣甘蓝等。

多年生宿根花卉,一次栽植能多年生存,年年开花,如芍药、萱草、菊花等。

多年生球根花卉,地下具有膨大变态的茎或根,如大丽花、晚香玉、唐菖蒲等。

水生花卉,生长在水中或浮游于水中,如荷花、菖蒲、浮萍、凤眼莲等。

草本植物一般比较低矮,寿命较短,尤其是一二年生花卉,虽然花色艳丽、花期整齐,但管理工作量大,故多用在重点地区,以充分发挥其色、形、香等几方面的特点。多年生花卉包括很多耐旱、耐湿、耐阴、耐贫瘠、适应范围比较广的特点,可用于花境、花坛,或成丛成片布置在草坪边缘、林缘、林下或散植于溪涧、山石等处,景观效果出色。水生花卉主要用于水面、池边、湖畔等处的绿化布置,能形成优美的水景。

⑦ 草坪:一类特殊的草地。它应具有以下的特征特性:多为低矮匍匐茎或丛生型禾本科植物,生长速度快,覆盖能力强;地上部生长很低,并常有坚韧叶鞘的多重保护,耐修剪(啃食)并且耐践踏;适于各类环境生长,特别是在温度变化剧烈、土壤瘠薄、干旱或土壤酸碱度非理想状态下分布较广。草坪能够发挥景观、生态和运动游憩等功能。其景观功能表现在为造景提供宜人的绿色背景,营造开阔舒坦之感。

(2)大小不同植株的景观效果

园林植物的大小与植物的年龄、生长速度有关,栽植初期和几年后,甚至几十年后的景观效果可能会有较大差异。设计师一方面要了解成龄植物的一般高度,还要注意植物的生长速度,从而预测之后的景观效果。

园林植物是造园作品中的骨架,其大小会直接影响到植物群体景观的观赏效果。大小一致的植物组合在一起,尽管外观统一规整,但平齐的林冠线会让人感到有些单调、乏味;相反,如果将不同大小、高度的植物合理组合,就会形成层次丰富、具有变化的林冠线;低矮的园林植物种植在一起,能形成开放型空间,给人以开阔、自由之感;由大小、高低不同的植物配合,能形成封闭型和方向型空间。所以,在植物选择过程中,植物的大小是首先考虑的一个因素,其他美学特性都是依照已定的植物的大小来加以选择。

2)园林植株的形态

(1)乔灌木的树形

园林植物植株的形态指的是单株的外部轮廓。园林植物姿态各异,常见的木本乔木、灌木的树形有柱形、塔形、圆锥形、伞形、圆球形、半圆形、卵形、倒卵形、匍匐形等,特殊的有垂枝形、曲枝形、拱枝形、棕榈形、芭蕉形等,见表3.1。不同姿态的树种能给人以不同的感受,或高耸入云,或波涛起伏,或平和悠然,或苍虬飞舞。

园林植物之所以能形成不同的姿态,与其本身的分枝习性、萌芽力和成枝力及年龄有关。园林植物的分枝习性有单轴分枝、假二叉分枝、合轴式分枝。植物枝条的角度和长短也会影响树形。大多数树种的发枝角度以直立和斜出者为多;但有些树种分枝平展,如曲枝柏;有的枝条纤长柔软而下垂,如垂柳;有的枝条贴地平展生长,如匍地柏等。

表3.1　园林植物的树形及其代表植物与观赏效果

树　形	代表树种	观赏效果
圆柱形	杜松、塔柏、新疆杨、黑杨、钻天杨、红花槭、直立紫杉、美洲花柏、池杉等	高耸、静谧，构成垂直向上的线条，列植效果最好
塔形	雪松、日本金松、日本扁柏、辽东冷杉、冷杉、沈阳桧、南洋杉、水杉等	庄重、肃穆，有刺破青天的动势，宜搭配尖塔形建筑或山体
圆锥形	圆柏、北美香柏、柳杉、竹柏、罗汉柏、云杉、幼年期落羽杉、金钱松等	严肃、端庄、庄重、肃穆，宜搭配尖塔形建筑或山体上
卵圆形	樟树、苦槠、元宝枫、乌桕、重阳木、加杨、毛白杨、杜仲、白蜡、海桐、球柏、千头柏、大叶黄杨、棣棠、榆叶梅	朴实、浑厚、柔和，给人亲切感，易于调和
广卵形	侧柏、紫杉、刺槐、香花槐等	柔和，易于调和
圆球形	丁香、五角枫、黄刺玫等	柔和，无方向感，易于调和
馒头形	馒头柳、千头椿等	柔和，易于调和
扁球形	板栗、青皮槭、榆叶梅等	水平延展
伞形	老年的油松、落羽杉、合欢等	水平伸展
垂枝形	垂柳、龙爪槐、垂榆、垂枝樱花、垂枝桦、垂枝海棠、垂枝桑、垂枝山毛榉等	优雅、飘逸、柔和，将视线引向地面，给人轻松、宁静感
钟形	老龄桧柏、欧洲山毛榉等	柔和，易于调和，有向上的趋势
倒钟形	槐、牡丹、桑等	柔和，易于调和
风致形	老年的油松（黄山迎客松）	奇特、怪异，宜于山体风口处
龙枝形	龙爪柳、龙爪桑、龙游梅等	扭曲、怪异，创造奇异的效果
棕榈形	棕榈、椰子、可可等	构成热带风光
半球形	大叶榆、金老梅等	柔和，宜于调和
丛生形	玫瑰、金钟花、连翘、红瑞木等	自然，调和
匍匐形	偃柏、鹿角桧、铺地柏、平枝枸子等	伸展，用于覆盖地面

　　园林植物植株不同的外形特征给人的视觉感受是不同的，经过精心的配置和安排，可以产生韵律感、层次感等种种艺术组景效果，可以表达和深化空间的意蕴。如圆柱形、圆锥形、塔形等是向上的符号，能够引导视线向上，给人以高耸挺拔的感觉，具有严肃端庄、高耸静谧的效果，塔形的水杉在设计中就如同一个"惊叹号"，十分醒目。而与此相反，垂枝形树种如垂柳、龙爪槐，因其下垂的枝条而将人们的视线引向地面，最常见的方式就是将其种植在水边，以配合波光粼粼的水面，形成优雅、平和的气氛。呈团簇丛生的球形、扁球形等植株，有素朴、浑实之感，最宜用在树木群丛的外缘，或装点草坪、路缘、屋基等。另外，由于扁球形植株具有水平延展的外形，使景物在水平方向上形成视觉上的联系，表现出扩展性和外延感，在构图上也与高大的乔木形成对比。近似球形的植物，由于圆滑、无方向感，使得它们很容易与其他景物协调。还有一些植物因其外形奇特，可以称得上是植物景观中的"明星"，例如酒瓶椰子和旅人蕉，孤植于园林

中的节点或视线焦点处有亮丽的效果。有的园林树木自然形态并无新意,但经过人工整形修剪后其造型观赏效果会令人耳目一新。

(2)植株形态的应用

了解园林植物的姿态,对植物造景有事半功倍的效果。首先,在园林植物景观设计中,植物的姿态可以加强或减缓地形起伏。例如,为了加强小地形的高耸感,可在小土丘的上部种植垂直向上型植物,在土丘基部种植矮小、扁圆形的植物,借树形的对比与烘托增加高耸之势,也可以节省土方量;反之,则可以减缓小地形的起伏感。其次,合理安排不同姿态的植物可以产生节奏感和韵律感。令外,姿态独特的园林植物孤植点景,可以成为视觉中心或转角标志。例如,为了与远景取得呼应、衬托的效果,可以在广场中央种植一株体量大、树形优美的大树,后方通道两旁种植树形高耸的乔木,强调主景的同时又引起新的层次。

3)叶的观赏特性

园林植物叶片具有丰富多彩的外貌,主要体现在叶的大小、形状、色彩等几个方面。一般原产热带湿润气候的植物叶较大,如芭蕉、椰子、棕榈、琴叶榕等,巴西棕的叶片长达 20 m 以上;而产于寒冷干燥地区的植物叶片多较小,如榆、槐、柽柳、侧柏、樟子松的叶片很小。

根据叶柄上着生的叶片数量可分为单叶和复叶两类。单叶又有针形、条形、披针形、刺形等;复叶又分为羽状复叶和掌状复叶。

叶片除上述基本形状外,又因叶脉序、叶序、叶尖、叶基和叶边缘的变化而更加丰富,不同形状和大小,也具有不同的观赏特性。例如,棕榈、蒲葵、椰子、龟背竹、散尾葵、旅人蕉等具有热带情调;大型的掌状叶给人以朴素的感觉;大型的羽状叶给人以轻快、洒脱的感觉;鸡爪槭的叶形给人轻快感;合欢与凤凰木的叶片有轻盈秀丽的效果。

4)花的观赏特性

园林植物花朵的观赏价值表现在花的形态美、色彩美、芳香美等方面。花的形态美主要表现在花朵或花序本身的形状上,其次也表现为花朵在枝条上的排列方式,即花相。

(1)花形

花朵根据花被的状况,分为单被花(如灰藜、菠菜)、两被花(如油菜、桃花)、裸花(杨、柳、核桃雄花)、重瓣花(月季等)等形状。花朵的着生位置有单生叶腋或枝顶单生,也有数花簇生于叶腋的,多数植物的花按一定的规律排列在花轴上形成花序。花的大小方面,单花较大的有牡丹、菊花、山茶、荷花等,花朵较小的有桂花、米兰等。花序较大、较长的有紫薇、紫藤、金链花、丁香等,较小的有绣线菊等。

花或花序和其附属物的变化,也形成了许多欣赏上的奇趣。如金丝桃花朵上的金黄色小蕊长长地伸出于花冠之外;金链花的黄色蝶形花组成了下垂的总状花序;锦葵科的拱手花篮,朵朵红花垂于枝叶间,好似古典宫灯;带有白色巨苞的珙桐花宛如群鸽栖于枝梢。牡丹、石榴、桂花、梅花等,都有着不同于原始花形的各种变异,如台阁牡丹花、重苔石榴花、重瓣桂花、台阁梅花等。

（2）花相

花相主要对木本植物而言，根据树木开花时有无叶簇的存在，可分为两种形式：一是"纯式"，指在开花时，叶片尚未展开，全树只见花不见叶，如图3.1所示；二是"衬式"，即在展叶后开花，全树花叶相衬。树木的花相类型有以下几种：

图3.1 纯式花相

独生花相：本类较少，形较奇特，花序一个，生于干顶，例如苏铁类。

线条花相：花排列于小枝上，形成长形的花枝。由于枝条生长习性之不同，有呈拱状花枝的，有呈直立剑状的，或略短曲如尾状的，等等。呈纯式线条花相者有连翘、金钟花等；呈衬式线条花相者有珍珠绣球、三桠绣线菊等。

星散花相：花朵或花序数量较少，且散布于全树冠各部。衬式星散花相的外貌是在绿色的树冠底色上，零星散布着一些花朵，有丽而不艳、秀而不媚之效，如鹅掌楸、白兰等。纯式星散花相种类较多，花数少而分布稀疏，花感不烈，但也错落有致。若于其后能植绿树背景，则可形成与衬式花相相似的观赏效果。

团簇花相：花朵或花序形大而多，花感较强烈，每朵或每个花序的花簇能充分表现其特色。呈纯式团簇花相的有玉兰、木兰等，呈衬式团簇花相的有木本绣球。

覆被花相：花或花序着生于树冠的表层，形成覆伞状。呈纯式的有绒叶泡桐、泡桐等，呈衬式的有广玉兰、七叶树、栾树、接骨木等。

密满花相：花或花序密生全树各小枝上，使树冠形成一个整体的大花团，花感最为强烈。呈纯式的有榆叶梅、毛樱桃等，呈衬式的有火棘等。

干生花相：花生于茎干上，形成"老茎生花"的现象。干声花相种类不多，大多均产于热带湿润地区，如槟榔、枣椰、鱼尾葵、山槟榔、木菠萝、可可等。华中、华北地区的紫荆等，也能于较粗老的茎干上开花，但难与典型的干生花相相比拟。

5）果实（种子）的观赏特性

园林植物果实的观赏价值，主要表现为"奇""巨""丰"等方面。奇特的如像耳豆、眼睛豆、秤锤树、腊肠树、神秘果、铜钱树、紫珠等；巨大的如木菠萝、柚、番木瓜、石榴、苹果、柿、梨、木瓜、葡萄、火炬树等；"丰"指果穗或全株结果繁多，如火棘、花楸、葡萄、小果枸子等。有些种类，不仅果实可赏，而且种子又美，并富有诗情画意，如红豆树。王维的"红豆生南国，春来发几枝，愿君多采撷，此物最相思"从古到今一直被有情人传送。儿童更喜欢色彩鲜艳、果实累累的植物环境。如果通过精心布置，形成优美的观果园，可使儿童们流连忘返。

果实还能招引鸟类及小型兽类，能给园林带来更多生机。不同的植物会招来不同的鸟类，如小檗易招引黄连雀、乌鸦、松鸡等鸟，红瑞木等易招引知更鸟等。

6）干和根的观赏特性

根，生于土中，一般无法观赏。但是，某些植物的根会发生变态。在南方，尤其华南地区栽植应用这类特有的树种,能形成极具观赏价值的独特景观。

(1)板根

板根现象是热带雨林中一些乔木树种最突出的特征之一。雨林中的一些巨树,通常在树干基部延伸出一些翼状结构,形成板墙,即为板根。在西双版纳热带雨林中,四数木、高山榕、刺桐等树种都能形成板根。西双版纳勐腊县境内一株四数木,高逾 40 m,有 13 块板根,占地面积 55 m²,其中最大的一块板根长 10 m,高 3 m,吸引游人慕名观看。

(2)膝状根

一部分生长在沼泽地带的植物为保证根的呼吸,一些根垂直向上生长,伸出土层,暴露在空气中形成屈膝状凸起,即为膝状根,又称呼吸根(图 3.2)。广东沿海一带的红树及生长于水边湿地的水松、落羽杉、池杉等都能形成状似小石林的膝状根。华南植物园水榭岸边"龙洞琪林"景观,落羽杉根部长出的棕红色膝状根,粗壮的高约 1 m,大多长得像罗汉,也有兽形、石形。

(3)支柱根

一些浅根系的植物可以从茎上长出许多不定根,向下深入土中,形成能支持植物体的辅助根,称为支柱根。这类植物有榕树、红海榄、秋茄、桐花树等。

图 3.2　膝状根

(4)气生根

榕树的粗大树干上会生出一条条悬挂下垂的气生根,这些气生根飘悬于空中,极具特色。气根向下生长,入地成支柱根,托着主干枝,干枝又长出很多分权,使树冠得以向四面不断扩大,逐步发展,呈现"独木成林"的奇特景观。孟加拉国有一株 900 多年树龄的古榕,冠幅超过 2.7 hm²,是世界上最大的榕树,有 4 300 多条支柱气根,是"独木成林"的典型。

3.1.2　园林植物的色彩特征与观赏特性

1)色彩的心理效应及搭配规律

据心理学家研究,不同的色彩会给人们带来不同的感受。如在红色的环境中,人的脉搏会加快,情绪兴奋冲动,会感觉到温暖;而在蓝色环境中,脉搏会减缓,情绪也较沉静,会感到清冷。为了达到理想的植物景观效果,园林设计师也应该根据环境、功能、服务对象等选择适宜的植物色彩进行搭配。

① 色彩的冷暖感:又称色彩的色性。带红、黄、橙的色调,能使人联想起火焰、阳光,具有温暖的感觉,称为暖色调;带青、蓝、蓝紫的色调,使人联想起夜色、阴影,有凉爽、清冷的感觉,称为冷色调。绿色与紫色介于冷、暖色之间,其温度感适中,是中性色。无彩色系的白色是冷色,黑色是暖色,灰色是中性色。

在园林中应用时,冬季可选用暖色植物,夏季多用冷色植物。公园举行游园晚会时,春秋季多用暖色照明,夏季多用冷色照明。暖色多应用于广场花坛、主要入口或门厅等热烈或正式的环境,给人以积极向上之感,提高游人的观赏兴致,也带有欢迎宾客的含义。冷色多用于空间较

小的环境边缘,以增加空间的深远感。在面积上冷色有收缩感,同等面积的色块,在视觉上冷色比暖色面积感小。要获得同样面积的感觉,就必须使冷色面积略大于暖色面积。冷色与白色和适量的暖色搭配,会产生明朗、舒畅的气氛,可应用于较大广场中的草坪、花坛。

②色彩的远近感:暖色和深色给人以坚实、凝重之感,有着向观赏者靠近的趋势,会使得空间显得比实际的要小些;而冷色和浅色与此相反,在给人以明快、轻盈之感的同时,它会产生后退、远离的错觉,所以会使空间显得比实际的要开阔些。紫、青、绿、红、橙、黄色彩的距离感是由远至近。园林中如果实际的园林空间深度感染力不足,为了加强深远的效果,作背景的树木宜选用灰绿色或灰蓝色树种,如毛白杨、银白杨、桂香柳、雪松等。

③色彩的轻重感和软硬感:明度低的深色具有稳重感,而明度高的浅色具有轻快感。色彩的软硬感与色彩的轻重、强弱感觉有关。轻色软,重色硬;白色软,黑色硬。颜色越深,感觉越重、越硬。建筑的基础部分可种植色彩浓重的植物。

④色彩的运动感:同一色彩,明亮的运动感强,暗淡的运动感弱。橙色给人较强烈的运动感。青色能使人产生宁静的感觉。互为补色的两色结合,运动感最强。在园林中,可以运用色彩的运动感创造安静与运动的环境。如休息场所可以采用运动感弱的植物色彩,创造宁静的气氛;而在活动区、儿童区应多选用具有强烈运动感色彩的植物和花卉,创造活泼、欢快的气氛;纪念性建、构筑物等常以青绿、蓝绿色的树群为背景,以突出其形象。

⑤色彩的华丽与朴素感:色彩的华丽与朴素感和色相、色彩的纯度及明度有关。红、黄等暖色和鲜艳而明亮的色彩具有华丽感,青、蓝等冷色和浑浊而灰暗的色彩具有朴素感;有彩色系具有华丽感,无彩色系具有朴素感。色彩的华丽与朴素感也与色彩的组合有关,对比的配色具有华丽感,其中以互补色组合最为华丽。

⑥色彩的面积感:一般橙色系主观上给人以扩大的面积感,青色系给人以收缩的面积感。另外,亮度高的色彩面积感大,亮度弱的色彩面积感小。同一色彩,饱和的较不饱和的面积感大,两种互为补色的色彩放在一起,双方的面积感均可加强。园林中,相同面积的前提下,水面的面积感最大,草地的面积感次之,而裸地的面积感最小。因此,在较小面积园林中设置水面比设置草地可以取得更多扩大面积感的效果。运用白色和亮色,也可以产生面积扩大的错觉。

⑦色彩的明快与忧郁感:色彩可以影响人的情绪。明亮鲜艳的颜色使人感觉轻快,灰暗浑浊的颜色则令人感觉压抑。对比强的色彩组合趋向明快,对比弱的则相反。在有纪念意义的场所,多以常绿植物为主,一方面常绿植物象征万古长青,另一方面常绿植物的色调以暗绿为主,显得庄重;而在娱乐休闲场所,则应使用色彩鲜艳的花灌木作为点缀,创造轻松愉快的氛围。

偏暖的色系容易使人兴奋,而偏冷的色系使人沉静。色彩中,红色的刺激性最大,容易使人兴奋,也容易使人疲劳;橙色明亮、新鲜、华丽,也会带来焦躁之感;黄色温和、光明、纯净、轻巧,也会带来憔悴、干燥之感;绿色是视觉中最为舒适的颜色,可以帮助消除疲劳。所以,应该尽量提高绿地的植物覆盖面积及"绿视率",尤其是对于医院、疗养院以及老年人活动场所,更应该以绿色植物为主,要尽量少用大面积的鲜艳的颜色。而对于儿童活动场地则可以适当多种植色彩艳丽的植物,吸引儿童的注意力,也符合儿童天真活泼可爱的个性。紫色华贵、典雅端庄,但也会带来忧郁、恐惑、压抑之感;黑色肃穆、安静、坚实,也会带来神秘、忧伤之感;白色纯洁、高雅、轻盈,也会带来寒冷、哀伤之感。

2）色彩的表现特征及搭配规律

所有的颜色都有自己的表现特征。通过不同色彩的搭配,可以增加植物景观的层次感、立体感、季相感和动感等。尤其是彩叶植物,色彩丰富,季相变化明显,与其他常绿植物、落叶树种、花卉、草坪及园林建筑、山石、水体相结合时,通过科学合理的搭配,可以创造出各种优美、迷人的景观效果。"双枫一松相后前,可怜老翁依少年。少年翡翠新衫子,老翁深衣青布被。更看秋风清露时,少年再换轻红衣。莫教一夜霜雪落,少年赤立无衣着,老翁深衣却不恶。"这是杨万里运用拟人的手法形象地描绘了两株枫树和一株青松配置在一起时的四季景观变化。"枫林在城西南隅⋯⋯时夕照已转林腰,横射叶上,光彩如泼丹砂者,正坐吟远上寒山之句,希微间踽踽影动⋯⋯"明朝钟人杰的《过枫林记》描述了红叶随着夕阳光线变化而展现出的动感。又如在林缘、路旁或林中空地栽植金黄色的银杏、无患子、金钱松、金叶刺槐、金叶皂荚等,可使这些地点明亮起来。设计师在进行植物选择、配置时,应根据色彩的特点进行合理的组合。色彩的特征以及使用注意事项见表3.2。

表 3.2　色彩的特征以及使用注意事项

色彩	象征意义及特点	适宜搭配	使用时注意事项
红色	兴奋、快乐、喜庆、美满、吉祥、危险。深红深沉热烈,大红醒目,浅红温柔	红色+浅黄色/奶黄色/灰色	最宜于景观中间且较靠近边沿位置。红色易造成视觉疲劳
橙色	金秋、硕果、富足、华丽、高贵、快乐、幸福	橙色+浅绿色/浅蓝色=响亮+欢乐 橙色+淡黄色=柔和过渡	大量使用橙色容易产生浮华之感
黄色	太阳,财富和权力,温和、辉煌、光明、快活,也有颓废、病态感	黄色+黑色/紫色=醒目 黄色+绿色=朝气活力 黄色+蓝色=美丽清新 淡黄色+深黄色=高雅	大量亮黄色易引起炫目、视觉疲劳,故很少大量运用,多做色彩点缀
绿色	生命,休闲。黄绿色单纯、年轻,蓝绿色清秀、豁达,灰绿色宁静、平和、幼稚	深绿色+浅绿色=和谐、安宁 绿色+白色=年轻 浅绿色+黑色=魅力、大方 绿色+浅红色=活力	可以缓解视觉疲劳
蓝色	天空、大海、永恒、秀丽、清新、宁静、深远,也有忧郁、压抑感	蓝色+白色=明朗、清爽 蓝色+黄色=明快	最冷的色彩,令人感觉清凉
紫色	华贵、典雅、美丽、神秘、虔诚,也有忧郁、迷惑感	紫色+白色=优美、柔和 偏蓝的紫色+黄色=强烈对比	低明度,容易造成心理上的消极感
白色	纯洁、白雪	大部分颜色	有寒冷、严峻的感觉

续表

色彩	象征意义及特点	适宜搭配	使用时注意事项
黑色	神秘、稳重、阴暗、恐怖	红色/紫色+黑色=稳重、深邃 金色/黄绿色/浅粉色/淡蓝色+黑色=鲜明对比	容易造成心理上的消极感和压迫感
灰色	柔和、高雅	大部分颜色	两种色彩之间过渡

天然山水和天空的色彩是人们不能控制的,因此一般只能用作背景色使用,来增加其景观效果。园林中的水面颜色与水的深度、纯净程度、水边植物、建筑的色彩等关系密切,特别是受天空颜色影响较大。通过水面映射周围建筑及植物的倒影,往往可产生奇特的艺术效果,如"丹枫万叶碧云边,黄花千点幽岩下"就是描绘秋日的枫叶和菊花在碧云、幽岩映衬下形成的美妙景观。园林建筑和道路、广场、山石等的色彩,也常作为植物的背景色,江南园林中常见的墙面可起到画纸的作用。

3)园林植物的色彩

(1)干皮颜色

乔灌木枝干也具有重要的观赏特性,特别是当深秋叶落尽和深冬季节,枝干的形态、颜色更加醒目,成为秋冬季节的主要观赏景观。冬季园林中主要观赏树干皮色的树种见表3.3。

表3.3　树木枝干的观赏特性

干皮颜色	代表植物
紫红或红褐色	紫竹、红瑞木、沙梾、青藏悬钩子、紫竹、马尾松、杉木、华中樱、杏、山杏、野蔷薇、樱花、西洋山梅花、稠李、金钱松、柳杉、日本柳杉等
黄色	金竹、黄桦、黄金间碧玉竹等
青绿色	竹、棣棠、梧桐、国槐、青榨槭、迎春、幼龄青杨、河北杨、新疆杨等
白色或灰色	白桦、胡桃、毛白杨、银白杨、朴、山茶、柠檬桉、粉枝柳等
古铜色	山桃、华中樱花、稠李、桦木等
斑驳呈杂色	木瓜、白皮松、榔榆、悬铃木、豹皮樟、天目木姜子、天目紫茎等

(2)叶色

自然界中大多数植物的叶色都为绿色,但仅绿色在自然界中就有嫩绿、浅绿、鲜绿、浓绿、黄绿、赤绿、褐绿、蓝绿、墨绿、亮绿、暗绿等深浅明暗不同的色度。多数常绿树种山茶、女贞、桂花、榕树叶色为深绿色,而水杉、落羽杉、落叶松、金钱松、玉兰等的叶色为浅绿色。即使是同一绿色植物其颜色也会随着植物的生长、季节、环境及本身营养状况影响的改变而变化,如垂柳初发叶时为黄绿色,后逐渐变为淡绿色,夏秋季节为浓绿色。将不同绿色的植物搭配在一起,即能形成美妙的色感,如在暗绿色针叶树丛前,配置黄绿色树冠,会形成满树黄花的效果。

除绿色外,植物的叶色也有彩色的。凡是叶色随着季节的变化出现明显改变,或是终年具备似花非花的彩色叶,这些植物都被统称为色叶植物或彩叶植物。如春季银杏和乌桕的叶子为绿色,到了秋季银杏叶为黄色,乌桕叶为红色。鸡爪槭叶片在春天先红后绿,到秋季又变成红色。根据叶片的呈色时间与部位将色叶植物分为以下几类(表3.4):

表3.4 常见色叶植物

分类	叶 类	叶 色	代表植物
季相色叶植物	秋色叶	红色或紫红色	水杉、黄栌、乌桕、枫香、羽扇槭、三角枫、卫矛、连香树、黄连木、火炬树、柿树、五叶地锦、小檗、樱花、盐肤木、南天竹、花楸、红槲、山楂、榉树、重阳木等
		金黄或黄褐色	银杏、金钱松、黄叶赤松、白蜡、鹅掌楸、加杨、柳、梧桐、榆、槐、白桦、复叶槭、栾树、麻栎、栓皮栎、悬铃木、胡桃、水杉、华北落叶松、楸树、紫薇、椰榆、酸枣、猕猴桃、七叶树、水榆花楸、蜡梅、石榴、黄槐、金缕梅、无患子等
	春色叶	红色或紫红色	臭椿、五角枫、红叶石楠、黄花柳、卫矛、黄连木、枫香、漆树、鸡爪槭、茶条槭、南蛇藤、红栎、乌桕、南天竹、山楂、枫杨、连香树、爬山虎等
		黄色	垂柳、朴树、石栎、樟树、金叶刺槐、金叶皂荚、金叶梓树等
常色叶植物	彩缘	银边	银边八仙花、镶边锦江球兰、高加索常春藤、银边常春藤等
		红边	红边朱蕉、紫鹅绒等
	彩脉	银色脉	银脉虾蟆草、银脉凤尾蕨、银脉爵床、白网纹草、喜阴花等
		黄色脉	金脉爵床、黑叶美叶芋等
		多色脉	彩纹秋海棠等
	斑叶	点状	洒金一叶兰、变叶木、星点木、洒金常春藤、白点常春藤等
		线状	斑马小凤梨、斑马鸭跖草、条斑一叶兰、虎皮兰、虎纹小凤梨、金心吊兰等
		块状	黄金八角金盘、金心常春藤、锦叶白粉藤、虎耳秋海棠、变叶木、冷水花等
		彩斑	三色虎耳草、彩叶草等
	彩色	红色或紫色	美国红栌、红叶小檗、红叶景天、紫叶李、紫叶桃、紫叶欧洲榍、紫叶矮樱、紫叶黄栌、紫叶榛、紫叶梓树等
		黄色或金黄色	金叶女贞、金叶雪松、金叶鸡爪槭、金叶圆柏、金叶连翘、金山绣线菊、金焰绣线菊、金叶接骨木、金叶皂荚、金叶刺槐、金叶六道木、金叶风箱果等
		银色	银叶菊、高山积雪、银叶百里香等
		双色	银白杨、胡颓子、栓皮栎、青紫木等
		多色	叶子花有紫色、红色、白色或红白两色等多个品种

① 春色叶类:指春季萌发出的嫩叶有显著不同叶色的,红色或紫红色如香椿、臭椿、黄连木、栎树等,黄色如朴树、垂柳、石栎、金叶含笑等。

② 新叶有色类:指不论季节,发出新叶都具有美丽色彩,宛如开花一样,如铁力木、领春木、桂花、栾树、乌药、马醉木等。

③ 常色叶类:指叶片常年呈异色,如紫叶小檗、紫叶李、紫叶矮樱、美人梅、红枫、红花檵木、金叶忍冬、金叶鸡爪槭、金叶假连翘、金叶女贞、金叶雪松、金塔柏、矮蓝偃松、翠柏等。

④ 双色叶类:指叶背与叶表的颜色显著不同,如银白杨、胡颓子、紫背桂、木半夏等。双色叶植物在微风中可形成特殊的闪烁变化的效果。

⑤ 斑色叶类:指叶片具有斑点或花纹或叶缘呈现异色镶边,故又称彩斑植物。有学者将其分为5类,分别是:彩斑分布于叶片周围的覆轮斑;带状条斑均布于叶片基部与叶尖间的条带斑;彩斑以块状随机分布于叶片上的虎皮斑;彩斑沿叶脉向外分布直至叶缘的扫迹斑;彩斑分布于叶片中脉的一侧,另一侧为正常色的切块斑。通常可根据彩斑的来源分为遗传性彩斑、生理性彩斑和病毒导致的彩斑等3类。遗传性彩斑是由叶绿体缺失、染色体畸变、嵌合体等方式形成。

⑥ 秋色叶类:指秋季叶片变色比较均匀一致、持续时间较长、观赏价值较高的类型。尽管所有的落叶植物在秋季都有叶片变色现象,但色泽不佳、持续时间短、观赏价值较低者,不宜归入秋色叶类型。

植物的叶色除了取决于自身生理特性之外,还会由于生长条件、自身营养状况等因素的影响而发生改变。如金叶女贞春季萌发的新叶色彩鲜艳夺目,随着植株的生长,中下部叶片逐渐复绿,对这类彩叶植物来说,多次修剪对其形成黄色十分有利。光照也是一个重要的影响因素,如金叶女贞、紫叶小檗,光照越强叶片色彩越鲜艳。但是,一些室内观叶植物,如彩虹竹芋、孔雀竹芋等,只有在较弱的散光下才呈现斑斓的颜色,强光反而会使彩斑严重褪色。

此外,温度会影响叶片中花色素的合成,从而影响叶片呈色。一般来说,在早春的低温环境下,花色素的含量大大高于叶绿素,叶片的色彩十分鲜艳,而秋季早晚温差大,且气候干燥有利于花色素的积累,一些夏季复绿的叶片此时的色彩甚至会比春季更为鲜艳。如金叶红瑞木,春季为金色叶,夏季叶色复绿,秋季叶片呈现极为鲜艳夺目的红色;又如金叶风箱果,秋季叶色从绿色变为金色,与红色果实相互映衬,十分美丽。所以,植物配置的时候,考虑植物正常叶色和季相变化的同时,还要调查清楚植物的生境、苗木质量等因素,从而保证发挥植物的最佳观赏效果。

(3)花色

花色是植物观赏特性中最为重要的一方面,在植物诸多审美要素中,花色给人的美感最直接、最强烈。充分发挥这一观赏特性,需要掌握植物的花色,并且明确植物的花期,同时以色彩理论作为基础,合理搭配花色和花期。正如刘禹锡诗中所述:"桃红李白皆夸好,须得垂杨相发挥。"一些开花植物的花期与花色见表3.5。

需要注意的是,自然界中某些植物的花色并不是一成不变的,有些植物的花色会随着时间的变化而改变。比如金银花一般都是一蒂双花,刚开花时花色为象牙白色,两三天后变为金黄色,这样新旧相参,黄白相映,所以得名金银花。杏花,在含苞待放时是红色,开放后渐渐变淡,最后几乎变成了白色。世界上著名的水生观赏植物王莲,傍晚时分刚出水的蓓蕾绽放出洁白的花朵,第二天清晨,花瓣又闭合起来,待到黄昏花儿再度怒放时花色变成了淡红

色,后又逐渐变成了深红色。在变色花中最奇妙的要数三醉木芙蓉,花可一日三变,清晨刚绽放时为白色,中午变成淡红色,而到了傍晚又变成深红色。另外,有些植物的花色会随着环境的变化而变化,如八仙花的花色随着土壤的 pH 值的不同会有所变化,生长在酸性土壤中的花为粉红色,生长在碱性土壤中的花为蓝色,所以八仙花不仅可以用来观赏,也可以指示土壤的 pH 值。

表 3.5 部分园林植物的花期、花色

花期	花色	代表植物
春季	白色	白玉兰、广玉兰、白鹃梅、珍珠绣线菊、梨、山桃、白丁香、白山茶、含笑、珍珠梅、流苏树、络石、石楠、文冠果、火棘、厚朴、油桐、鸡麻、麦李、接骨木、山樱桃、毛樱桃、稠李等
	红色	榆叶梅、山桃、山杏、红花碧桃、海棠、垂丝海棠、贴梗海棠、樱花、红山茶、红杜鹃、刺桐、木棉、红千层、红牡丹、芍药、瑞香、锦带花、郁李等
	黄色	迎春、连翘、蜡梅、金钟花、黄刺玫、棣棠、相思树、黄素馨、黄兰、天人菊、杧果、结香等
	紫色	紫荆、紫丁香、紫玉兰、羊蹄甲、巨紫荆、映山红、紫花山茶、紫藤、泡桐、瑞香、楝树等
	蓝色	风信子、鸢尾、蓝花楹、矢车菊等
夏季	白色	广玉兰、山楂、玫瑰、茉莉、七叶树、花楸、水榆花楸、木绣球、天目琼花、木槿、太平花、白兰花、银薇、栀子花、刺槐、槐、白花紫藤、木香、糯米条、日本厚朴等
	红色	楸树、合欢、蔷薇、玫瑰、石榴、紫薇(红色种)、凌霄、崖豆藤、凤凰木、楼斗菜、枸杞、美人蕉、一串红、扶桑、千日红、红王子锦带、香花槐、金山绣线菊、金焰绣线菊等
	黄色	锦鸡儿、云实、鹅掌楸、黄槐、金丝桃、金丝梅、金老梅、黄蝉、金雀儿、金链花、双荚决明、鸡蛋花、黄花夹竹桃、银桦、楼斗菜、黄蔷薇、栾树、台湾相思、卫矛、万寿菊、天人菊等
	紫色	木槿、紫薇、油麻藤、千日红、紫花藿香蓟、牵牛花等
	蓝色	三色堇、鸢尾、蓝花楹、矢车菊、马蔺、飞燕草、乌头、楼斗菜、八仙花、婆婆纳等
秋季	白色	油茶、银薇、木槿、糯米条、八角金盘、胡颓子、九里香等
	红色	紫薇、木芙蓉、大丽花、扶桑、千日红、红王子锦带、香花槐、金山绣线菊、羊蹄甲等
	黄色	桂花、栾树、菊花、金合欢、黄花夹竹桃等
	紫色	木槿、紫薇、紫羊蹄甲、九重葛、千日红、紫花藿香蓟、翠菊等
	蓝色	风铃草、藿香蓟等
冬季	白色	白梅、鹅掌柴等
	红色	一品红、山茶(如吉祥红、秋牡丹、大红牡丹、早春大红球等品种)、红梅等
	黄色	蜡梅等

（4）果实或种子的颜色

"一年好景君须记,正是橙黄橘绿时。"自古以来,观果植物就在园林中被广泛使用,如苏州拙政园的"待霜亭",是取唐朝诗人韦应物的"洞庭须待满林霜"的诗意。因洞庭产橘,霜降过后方红,此处原种植洞庭橘十余株,故此得名。很多植物的果实色彩鲜艳,甚至经冬不落,在万物凋零的冬季也是一道难得的风景。常见观果植物果实的颜色见表3.6。

表3.6　常见园林植物果实的颜色

颜　色	代表植物
紫蓝色、黑色	紫珠、葡萄、女贞、白檀、十大功劳、八角金盘、海州常山、刺楸、水蜡树、常春藤、接骨木、无患子、灯台树、稠李、东京樱花、小叶朴、香茶藨子、金银花、君迁子等
红色、橘红色	天目琼花、平枝栒子、小果冬青、红果冬青、南天竹、忍冬、卫矛、山楂、海棠、枸骨、枸杞、石楠、火棘、铁冬青、九里香、石榴、木香、欧洲荚蒾、花椒、花椒、樱桃、东北茶藨子、欧李、麦李、郁李、沙棘、风箱果、瑞香、山茱萸、小檗、五味子、朱砂根、蛇莓等
白色	珠兰、红瑞木、玉果南天竹、雪里果等
黄色、橙色	银杏、木瓜、柿、柑橘、乳茄、金橘、楝树等

4)园林植物的色彩搭配

（1）单色应用

以一种色彩布置于园林中,如果面积较大,则会显得景观大气,视野开阔。所以,现代园林中常采用单种花卉群体大面积栽植的方式形成大色块的景观。但是,单一色彩一般显得单调,若在大小、姿态上取得对比,景观效果会更好,如绿色草地中的孤立树,园林中的块状林地等。

（2）类似色配合

类似色配合在一起,用于从一个空间向另一个空间过渡的阶段,给人柔和安静的感觉。园林植物片植时,如果用同一种植物且颜色相同,则没有对比和节奏的变化。因此,常用同一种植物不同色彩的类型栽植在一起,如金盏菊的橙色与金黄色、月季的深红色与浅红色搭配,可以使色彩显得活跃。例如,住宅小区整个色调以大片的草地为主,中央有碧绿的水面,草地上点缀着造型各异的深绿、浅绿色植物,结合白色的园林设施,显得宁静和高雅。又如,花坛中色彩从中央向外依次变深变淡,具有层次感,舒适、明朗。

（3）双色配合

采用补色配合,如红与绿,会给人醒目的感觉。例如,大面积草坪上配置少量红色的花卉,在浅绿色落叶树前栽植大红的花灌木或花卉,如红花碧桃、红花紫薇和红花美人蕉等,可以得到鲜明的对比。其他两种互补颜色的配合还有玉簪与萱草、桔梗与黄波斯菊、黄色郁金香与紫色郁金香等。

邻补色配合可以得到活跃的色彩效果。金黄色与大红色、青色与大红色、橙色与紫色的配合等均属此类型。

（4）多色配合

多种色彩的植物配置在一起会给人生动、欢快、活泼的感觉，如布置节日花坛时常用多种颜色的花卉配置创造欢快的节日气氛。

3.1.3 园林植物的质地特征与观赏特性

1）园林植物的质地类型

园林植物的质感是指园林植物给人的视觉感和触觉感，是人对自然质地所产生的心理感受。

质感会受到观赏距离等因素影响。植物的质地虽不像色彩、姿态那样引人注目，但其对于景观设计的协调性、多样性、视距感、空间感，以及设计的情调、观赏情感和气氛有着很深的影响。

枝干的形状、大小、粗细、密度及叶的质地不同，会产生不同的质感，观赏效果也就不同。尤其是叶片的质地，对园林植物的质感影响较大。革质的叶片，一般有较强的反光能力，由于叶片较厚、颜色较浓暗，故有光影闪烁的效果，如黄杨、女贞、珊瑚树、香樟、榕树等。纸质、膜质叶片，呈半透明状，给人恬静之感，如木槿、痒痒树、海棠等。粗糙多毛的叶片，多富于野趣，如毛刺槐、毛白杨、糙叶树、枸骨。不同质地的叶片，再与叶形联系起来，使整个树冠产生不同的质感，如绒柏整个树冠有如绒团，呈柔软秀美效果，而枸骨则具有坚硬多刺的效果。

根据在景观中的特性及潜在用途，园林植物的质地可分为粗质型、中质型及细质型。

（1）粗质型

此类型植物通常具有大叶片、疏松粗壮的枝干以及松散的树形。粗质型植物给人以强壮、坚固、刚健之感，粗质与细质的搭配，具有强烈的对比性，会产生"跳跃"之感，故在景观设计中可作为中心物加以装饰和点缀。外观粗糙的植物会产生拉近的错觉，种植在花境的远端，可以产生缩短花境的效果。但过多使用粗质型植物有可能会显得粗鲁而无情调。另外，粗质型植物可使景物趋向赏景者，从而带来空间狭窄、拥挤的感受，狭小空间如宾馆、庭院内慎用。

粗质型园林植物有火炬树、核桃、广玉兰、臭椿、刺桐、木棉等。

（2）中质型

此类植物具有中等大小叶片、枝干以及具有适中的树型。多数植物都属于此类。在进行景观设计时，中质型植物与细质型植物的连续搭配给人自然统一的感觉。

（3）细质型

具有许多小叶片和微小脆弱的小枝以及整齐密集而紧凑的冠形的植物属于此类。细质型植物给人以柔软、纤细的感觉，在景观中容易被人忽视。细质型植物可带来距离扩大的感觉，故宜用于紧凑、狭窄的空间设计。同时，细质型植物叶小而浓密，枝条纤细而不易显露，所以轮廓清晰，外观文雅而细腻，宜作背景材料，以展示整齐、清晰、规则的效果。

细质型园林植物有榉树、鸡爪槭、馒头柳、珍珠梅、地肤、文竹、石竹、金鸡菊、野牛草、结缕草等。

2)园林植物质地在景观设计中的应用

园林植物质地的设计与运用应遵循美学的艺术原则,但因其特殊的植物材料性质,随时间与季节的变化而会表现出不同的性状,故设计者应把握不同植物的质地特征。

(1)园林植物的质地应有利于表达景观意象

质地的选取和使用必须结合植物自身的体量、姿态与色彩,注意变化与协调统一,增强和突出所要表达的景观意象。构图的立意要突出某个焦点,应选用细质型植物材料,在景观上不喧宾夺主。

(2)均衡地使用三种不同类型的植物

在植物造景中,质感种类运用少,布局会显得单调;质感种类过多,布局会显得杂乱。欲创作有重点、有特征的质感效果,整体性与聚合性的质地材料是选择的关键,均衡地把握粗质地、中质地及细质地在方位及量上的合理配置,才能造就赏心悦目的景观。在植物造景中不同质地的植物过渡要自然,比例要合适。

(3)随空间距离、时间和季节的变化,园林植物的质地表现不同

造景中应把握植物不同季节的质感变化,合理运用。如柳树等落叶植物,夏季是细质型,而秋冬落叶以后会呈现粗质型的特征。

(4)不同质地材料的选择要与空间大小相适应、与环境协调

如大空间设计时,粗质型植物应居多,这样空间会因粗糙刚健而契合较好;小空间细质型植物应居多,这样使空间精致细腻。在娱乐区,应种植低矮、花色艳丽、质地小巧的花,使人心情愉悦;在休息区里应种植花色相似、质地较轻的花,使人放松。建筑材料质地表现力较强,故在选择搭配置物时要协调统一。例如,钢筋混凝土结构的栅栏,造型一般都比较粗糙、浑厚,配置的藤本植物要选择枝条粗壮、色彩斑斓的,如藤本月季、金银花、南蛇藤等粗质地的植物。江南地区的竹编篱笆质地柔和、纤巧,配置的藤本植物应柔软、秀丽,如茑萝、观赏葫芦等。

3.1.4 园林植物的芳香特征与观赏特性

1)芳香植物及其类型

凡是兼有药用植物和香料植物共有属性的植物均称为芳香植物,因此芳香植物是兼具观赏、药用、食用价值于一身的特殊植物类型。芳香植物包括香草、香花、香蔬、香果、芳香乔木、芳香灌木、芳香藤本、香味作物8类,见表3.7。

2)芳香植物的应用与禁忌

(1)芳香植物的应用

芳香植物的运用可以拓展园林景观的功能。即可建造以芳香植物为主的芳香植物专类园,也可搭配种植芳香植物。例如,可在开阔的草地中种植白兰花、香樟、玉兰等,如图3.3所示;在游人停留驻足处,可以种植香气较浓的秋天的桂花、冬天的蜡梅等;在路边可以种植低矮的芳香灌

木和亚灌木如迷迭香、鼠尾草、百里香、薰衣草、朝雾草、矮牵牛等,如图3.4所示;水中可种植荷花、香蒲等;还可以适当种植一些具有芳香气味的果树或蔬菜等,如柑橘类、杨梅、苹果、薄荷、茴香、紫苏等。

表 3.7　芳香植物分类表

分 类	代表植物	备 注
香草	香水草、香罗兰、香囊草、香附草、香身草、鼠尾草、薰衣草、排香草、灵香草、碰碰香、留兰香、迷迭香、七里香等	芳香植物具有4大主要成分,即芳香成分、药用成分、营养成分和色素成分 大部分芳香植物还含有抗氧化物质和抗菌成分 按照香味浓烈程度分为幽香、暗香、沉香、淡香、清香、醇香、醉香、芳香等
香花	茉莉花、栀子花、米兰、香珠兰、香雪兰、香豌豆、玫瑰、香芍药、香茶花、含笑、香矢车菊、香万寿菊、香型花毛茛、香型大岩桐、野百合、香雪球、香福禄考、香味天竺葵、豆蔻天竺葵、五色梅、番红花、桂竹香、香玉簪、晚香玉、欧洲洋水仙等	
香果	香桃、香杏、香梨、香李、香苹果、香核桃、香葡萄(如玫瑰香)、柑橘、柠檬、柚、橙等水果	
香蔬	香芥、香芹、香水芹、根芹菜、孜然芹、香芋、香荆芥、香薄荷、胡椒薄荷等蔬菜	
芳香乔木	红荬蓤、金链花、蜡梅、美国香桃、香柏、松、金缕梅、香杨、丁香、欧洲小叶椴、七叶树、天师栗、银鹊树、观光木、白玉兰、紫玉兰、望春木兰、红花木莲、醉香含笑、深山含笑、黄心夜合、玉铃花、暴马丁香等	
芳香灌木	结香、白花或紫花醉鱼草、山刺玫、多花蔷薇、光叶蔷薇、鸡树条荚蒾、紫丁香等	
芳香藤本	扶芳藤、中国紫藤、藤蔓月季、凌霄、金银花等	
香味作物	香稻、香谷、香玉米、香花生、香大豆等	

随着生活水平的提高,植物保健绿地应运而生,它有益于健康,利于人们放松心情。"森林疗法""芳香疗法"等就属此类。有心理学家试验结果表明,香味能消除人的疲劳紧张,还能减少操作失误。

芳香植物也常常成为夜花园或盲人花园的主要建园植物,以嗅觉来弥补视觉的缺憾。在夜花园中,常常选用浅色、具有芳香的植物,如月见草、晚香玉、玉簪、夜来香、茉莉、白丁香、栀子花、含笑、桂花等。盲人园不必过多考虑色彩因素,可适当布置一些对盲人身心健康有利的香花植物,通过嗅觉使盲人能够感觉到植物的存在,使其身心有所放松。

(2)芳香植物的应用禁忌

虽然多数园林植物的香气能使人浑身舒畅,心情愉快,有利于身心健康,甚至可以直接治疗疾病,但应该注意的是,芳香植物也并非全都有益,有些芳香植物对人体是有害的。如夹竹桃的茎、叶、花都有毒,其气味如闻得过久,会使人昏昏欲睡,智力下降;夜来香在夜间停止光合作用

图3.3 玉兰吐芳

图3.4 矮牵牛、迷迭香、朝雾草、
百里香、薄荷花丛

后会排出大量废气,这种废气闻起来很香,但对人体健康不利,如果长期把它放在室内,会引起头晕、咳嗽,甚至气喘、失眠;百合花所散发的香气如闻之过久,会使人的中枢神经过度兴奋而引起失眠;松柏类植物所散发出来的芳香气味对人体的肠胃有刺激作用,如闻之过久,会影响人的食欲,甚至会使孕妇烦躁、恶心、头晕;月季花所散发的浓郁香味,初觉芳香可人,时间一长会使一些人产生郁闷不适、呼吸不畅。园林设计师应该在准确掌握植物生理特性的基础上对其合理利用。

3.1.5 园林植物的音韵美和意境美

1)园林植物的音韵美

在亭阁等建筑旁边栽种荷花、芭蕉等花木,借雨滴淅淅沥沥的声响可创造出园林中的听觉美。如苏州拙政园的留听阁,因诗句"秋阴不散霜飞晚,留得枯荷听雨声"而得名,这是对荷叶产生的音响效果进行了形象的描述。再如杭州西湖十景之一的"曲院风荷",是以欣赏荷叶受风吹雨打而发出的清雅之声为其特色,也可谓"千点荷声先报雨"。拙政园的听雨轩,旁边种植有芭蕉,其轩名取就"雨打芭蕉淅沥沥"的诗意。芭蕉的叶子硕大如伞,雨打芭蕉,清声悠远,如同山泉泻落,令人涤荡胸怀,浮想联翩。唐代诗人杜牧曾写有"芭蕉为雨移,故向窗前种。怜渠点滴声,留得归乡梦",以及白居易的"隔窗知夜雨,芭蕉先有声",都是对此情此景的抒怀。

古人有"听松"之嗜好,"为爱松声听不足,每逢松树遂忘怀"。孤松、对松、群松、小松、大松,在各种气象条件下,会发出不同的声响。成片栽植的松林,则有独特的松涛震撼力量。白居易赞曰:"月好好独坐,双松在前轩。西南微风来,潜入枝叶间。萧寥发为声,半夜明月前。寒山飒飒雨,秋琴泠泠弦。一闻涤炎暑,再听破昏烦。"杨万里写道:"松本无声风亦无,适然相值两相呼。非金非石非丝竹,万顷云涛殷五湖。"

景观设计者在造景过程中应充分考虑植物的声音美学特征,创造出富有趣味又符合生态要求的景观。

2）园林植物的意境美

（1）园林植物的意境美概念

植物本身虽然是自然之物，但是作为富有情感和道德标准的人，却赋予其以品格与灵性，依据植物自身特征，表达人的复杂心态和情感，使植物具有精神韵致美和思想感情美，这称为植物的意境美，又称联想美、人格美、抽象美、社会美、文化美或象征美等，即是植物具有的文化特征。

植物的意境美是通过植物的形、色、香、声、韵等自然特征，创造出寄情于景的环境而实现的。意境美的形成较为复杂，是与民族的文化传统、风俗习惯、文化教育水平、社会历史发展等密不可分的，更加具有民族性和文化色彩。中国历史悠久，文化灿烂，留下了很多将植物人格化的优美篇章，赋予植物丰富的感情和深刻的内涵。从欣赏植物景观形态美到意境美是欣赏水平的升华。

（2）表现意境美的代表植物

松树其形象与姿态可表现出多样的美，如南岳松径、泰山古松、黄山奇松、恒山盘根松等，具有阳刚雄姿，为山川传神，为大地壮色。由于松树具有"遇霜雪而不凋，历千年而不殒"的特性，树苍劲古雅，不畏霜雪风寒的恶劣环境，能在严寒中挺立于高山之巅，具有坚贞不屈、高风亮节的品格，被历代文人视为君子刚直品性的一种象征。松在园林中常用于烈士陵园，如上海龙华公园入口处红岩上就配置了黑松。松针细长而密，在大风中发出犹如波涛汹涌的声响，故园景中常有万壑松风、松涛别院、松风亭等景观。

竹是颇得中国文人喜爱的植物。竹也被视作最有气节的"君子"。白居易的《养竹记》有：竹本固，固以树德；竹性直，直以立身；竹心空，空以体道；竹节贞，贞以立志。苏东坡有"可使食无肉，不可居无竹"。王安石有"人怜直节生来瘦，自许高材老更刚"。郑板桥与竹也是难舍难分，他一生画了很多竹，写了很多咏竹的诗，如："举世爱栽花，老夫只栽竹，霜雪满庭除，洒然照新绿。幽篁一夜雪，疏影失青绿，莫被风吹散，玲珑碎空玉。""咬定青山不放松，立根原在破岩中。千磨万击还坚劲，任尔东西南北风。""乌纱掷去不为官，囊囊萧萧两袖寒。写取一枝清瘦竹，秋风江上作渔竿。""一节复一节，千枝攒万叶。我自不开花，免撩蜂与蝶。"郑板桥眼中的竹子，就是他自己的品种象征，他一方面赞美竹的坚定、坚强、正直、不谄，另一方面也是抒发自己的情怀，展示自己的人品与情操。所以，园林景点中"竹径通幽"最为常用，松竹绕屋更得古代文人之喜爱。

梅花更是中国人喜爱的植物，是园林植物体现高洁精神美的首选花木。梅花可傲霜斗雪，又甘愿淡泊，具有"凌霜雪而独秀，守洁白而不污"的高洁品性。陆游写有"高标已压万花群，尚恐娇春习气存""无意苦争春，一任群芳妒""零落成泥碾作尘，只有香如故"来赞美其品性。陈毅在《冬夜杂咏·红梅》中写道："隆冬到来时，百花迹已绝，红梅不屈服，树树立风雪。"咏叹其坚贞不屈的品格。正如《花镜》所说："盖梅为天下尤物，无论智、愚、贤、不肖，莫不慕其香韵而称其清高。故名园、古刹，取横斜疏瘦与老干枯株，以为点缀。"成片的梅花林具有香雪海的景观，以梅命名的景点极多，有梅花山、梅岭、梅岗、梅坞、梅溪、香雪云蔚亭等。北宋林逋诗中"疏影横斜水清浅，暗香浮动月黄昏"描述的是梅花最雅致的配置方式之一。

兰花生长于深山幽谷中，故有"空谷佳人"之称。梅、兰、竹、菊四君子中，兰花被认为最雅，清香而色不艳。绿叶幽茂，柔条独秀，无矫揉之态，无媚俗之意，幽香清远，馥郁袭衣，堪称清香

淡雅。李白咏之:"幽兰香风远,蕙草流芳根。"苏东坡叹之:"时闻风露香,蓬艾深不见。"康熙吟之:"婀娜花姿碧叶长,风来难隐谷中香。"兰之美,美其神韵。兰有气清、色清、神清、韵清之四大神韵;兰有简单朴素之形态,高雅俊秀之风姿。可谓"惟幽兰之芳草,禀天地之纯精。"

菊花耐寒霜,晚秋独吐幽芳,有着孤芳亮节、高雅傲霜的象征。我国有数千菊花品种,目前除用于盆栽欣赏外,已发展出大立菊、悬崖菊、切花菊、地被菊,应用广泛。晋代陶渊明有"芳菊开林耀,青松冠岩列。怀此贞秀姿,卓为霜下杰。"宋代陆游有"菊花如端人,独立凌冰霜。名纪先秦书,功标列仙方。纷纷零落中,见此数枝黄。高情守幽贞,大节凛介刚。"明代高启有"不畏风霜向晚欺,独开众卉已凋时。"陈毅《秋菊诗》曰:"秋菊能傲霜,风霜重重恶。本性能耐寒,风霜奈其何。"这些都赞赏了菊花不畏风霜适应环境的品性,也用来寄寓人的精神品质。

桂花是秋天的象征,是装点中秋的必备花木。《吕氏春秋》有"物之美者,招摇之桂"。桂花是月中之树,白居易《东城桂三首》有"遥知天上桂花孤,试问嫦娥更要无。月宫幸有闲田地,何不中央种两株。"在李清照心目中桂花更为高雅:"暗淡轻黄体性柔,情疏迹远只香留。何须浅碧深红色,自是花中第一流。梅定妒、菊应羞,画阑开处冠中秋。骚人可煞无情思,何事当年不见收。"意为高雅绝冠的梅花也为之生妒,隐逸高姿的菊花也为它含羞。

荷花被视作"出污泥而不染,濯清涟而不妖"。孟浩然赞其"看取莲花净,方知不染心"。杨万里有"接天莲叶无穷碧,映日荷花别样红"。周敦颐有"予独爱莲之出淤泥而不染,濯清涟而不妖,中通外直,不蔓不枝,香远益清,亭亭净植,可远观而不可亵玩焉。予谓菊,花之隐逸者也;牡丹,花之富贵者也;莲,花之君子者也"。

桃花在民间象征幸福、好运;垂柳有恋恋不舍之意;"桑梓"可指代家乡,植于庭院有表敬意。皇家园林中常用玉兰、海棠、迎春、牡丹、桂花,象征"玉堂春富贵"。凡此种种,不胜枚举,这都是我国植物景观营造留下的宝贵的文化遗产。

在人类社会的发展过程中,从"筑木为巢""钻木取火"等对植物的依附,到把树木看作"社木"等原始崇拜,进而渗透了文化内涵,对植物赋予某些"性格"属性。应用植物材料进行中式植物造景配置时,必定要联系到这些文化现象,形成景中有文、寄情于景的意境;植物材料与厅、堂、亭、榭、阁等建筑物相联系,与题词、作记、诗词、碑刻等形成景点,植物的应用甚至被作为园景雅俗的衡量标准之一。

3.1.6　园林植物造景的形式美法则

形式美是指各种形式元素(点、线、面、体、色彩、音响、质地等)有规律的组合,是许多美的形式的概括反映,是多种美的形式所具有的共同特征。形式美法则是园林植物造景设计中必须遵循的一种重要法则。对形式美法则的研究,就是为了提高美的创造能力,培养我们对形式变化的敏感性。

形式美的外在表现主要有线条美、图形美、体形美、光影美、色彩美等方面。人们在长期的社会劳动实践中,是按照美的规律塑造景物外形的,并逐步发现了一些形式美的规律性,即形式美的多样统一、时空法则和数的法则等。现代园林植物景观设计应在更多的层面上应用这些规律,以求获得优美的景观效果。

1）多样统一法则

多样统一法则是最基本的美学法则,又称变化与统一原则,其主要意义是在艺术形式的变化中,要有其内在的和谐与统一关系。植物造景设计时,植株形态、色彩、线条、质地及比例都要有一定的差异和变化,以显示多样性;同时又要使它们之间保持一定相似性,以引起统一感。多样而不统一,必然杂乱无章;统一而无变化,则呆板单调。在园林植物景观设计中,必须将景观作为一个有机的整体加以考虑,统筹安排,达到形式与内容的变化与统一。例如,长江以南在竹园设计时,可以将众多的竹种统一在相似的竹叶及竹竿的形状及线条中,但是丛生竹与散生竹有聚有散;高大的毛竹、钓鱼慈竹或麻竹等与低矮的箐竹配置,高低错落;龟甲竹、人面竹、方竹、佛肚竹的节间形状各异;粉单竹、紫竹、黄金间碧玉竹、碧玉间黄金竹、金竹、黄槽竹、菲白竹等色彩多变。这些竹种经巧妙配置,能很好地说明统一中求变化的原则。又如,不同形状的秋色叶树种如黄栌、枫香、槭树、栎类等混交形成的秋色林统一在相似的秋色上。

统一法则是以完形理论为基础通过发掘设计中各个元素相互之间内在和外在的联系,运用调和与对比、过渡与呼应、主景与配景以及节奏与韵律等手法,使景观在形、色、质地等方面产生统一而又富于变化的效果。

（1）调和与对比

调和是利用景观元素的近似性或一致性,使人们在视觉上、心理上产生协调感。如果其中某一部分发生改变就会产生差异和对比,这种变化越大,这一部分与其他部分的反差越大,对比也就越强烈,越容易引起人们注意。最典型的例子就是"万绿丛中一点红","万绿"是调和,"一点红"是对比。这也是静与动的调和与对比。

在植物景观设计过程中,应主要从外形、质地、色彩、体量、刚柔、疏密、藏露、动静等方面实现调和与对比,从而达到变化中有统一的效果。

① 外形的调和与对比:利用外形相同,或者相近的植物可以达到植物组团外观上的调和,比如球形、扁球形的植物最容易调和,形成统一的效果。如杭州花港观鱼公园某园路两侧的绿地,以球形、半球形植物搭配,从而形成了一处和谐的景致。又如湖边栽植树形高耸的水杉、池杉,则和枝条低垂水面的垂柳及平直的水面形成强烈的对比。

② 质感的调和与对比:植物的质感会随着观赏距离的增加而变得模糊,所以质感的调和、对比往往针对某一局部的景观。细质感的植物由于清晰的轮廓、密实的枝叶、规整的形状,常用作景观的背景。多数绿地都以草坪作为基底,其中一个重要原因就是经过修剪的草坪平整细腻,不会过多地吸引人的注意。园林配置时应该首先选择一些细质感的植物,如珍珠绣线菊、小叶黄杨或针叶树种等,与草坪形成和谐的效果,在此基础上,再根据实际情况选择粗质感的植物加以点缀,形成对比。而在一些自然、充满野趣的环境中常常使用未经修剪的草场,这种基底的质感比较粗糙,可以选用粗质感的植物与其搭配,但要注意植物的种类不要选择太多,否则会显得杂乱无章,降低景观的艺术效果。

③ 色彩的调和与对比:色彩中同一色系比较容易调和,并且色环上两种颜色的夹角越小越容易调和,如黄色和橙红色等;随着夹角的增大,颜色的对比也逐渐增强。色环上相对的两种颜色,即互补色,对比最强烈,如红和绿、黄和紫等。

对于植物的群体效果,首先应当根据当地的气候条件、环境色彩等因素确定一个基本色调,选择一种或几种相同颜色的植物进行广泛的大面积的栽植,构成景观的基调、背景,也就是运用基调植物。通常基调植物多选用绿色植物,而绿色在植物色彩中最为普遍。在总体调和的基础上,适当点缀其他颜色,构成色彩上的对比。如由桧柏构成整个景观的基调和背景,配以京桃、红瑞木,京桃粉白相间的花朵、古铜色的枝干与深绿色的桧柏形成柔和的对比,而红瑞木鲜红的枝条与深绿色桧柏形成强烈的对比。

④ 体量的调和与对比:各种植物之间在体量上有很大的差别。园林景观讲究高低对比、错落有致。利用植物的高低不同,可以组织成有序列的景观,形成优美的林冠线。将高耸的乔木和低矮的灌木整形成绿篱种植在一个局部环境之中会形成鲜明的对比,产生强烈的视觉效果。如假槟榔与散尾葵、蒲葵与棕竹在体量上形成对比,能突出假槟榔和蒲葵,但因为它们都属于棕榈形,姿态又是调和的。

⑤ 明暗的调和与对比:园林绿地中的明暗使人产生不同的感受,明处开朗活泼,适于活动,暗处清幽柔和,适于休息。园林中常利用植物的种植疏密程度来构成景观的明暗对比,既能互相沟通又能形成丰富多变的景观。

⑥ 虚实的调和与对比:如园林空间中林木是实,林中草地则是虚;树冠为实,冠下为虚。实中有虚,虚中有实,使园林空间有层次感,有丰富的变化。

⑦ 开合的调和与对比:园林中可有意识地创造有封闭又有开放的空间,形成局部的空旷、局部的幽深,互相对比、互相烘托,可起到引人入胜、流连忘返的效果。

各类园林都普遍贯彻调和与对比的原则。首先从整体上确定一个基本形式(形状、质地、色彩),作为植物选配的依据,在此基础上,进行局部适当的调整,形成对比。如果说调和是共性的表现,那么对比就是个性的突出,两者在植物景观造景设计中是缺一不可、相辅相成的。

(2)过渡与呼应

当景物的色彩、外观、大小等方面相差太大、对比过于强烈时,在人的心里会产生一种排斥感和离散感,景观的完整性就会被破坏。利用过渡和呼应的方法,可以加强景观内部的联系,消除或者减弱景物之间的对立,达到统一的效果。无论是图形、体块、色彩,还是空间尺度,我们都可以找到介于两者之间的中间值,将两者联系起来。如果两种植物的颜色对比过于强烈,可以通过调和色或者无彩色,如白色、灰色等形成过渡。

如果说"过渡"是连续的,那么"呼应"就是跳跃的,主要是利用人们的视觉印象,使分离的两个部分在视觉上形成联系。例如,水体两岸的植物无法通过其他实体景物产生联系,但可以栽植色彩、形状相同或类似的植物形成两岸的呼应,在视觉上将两者统一起来。对于具体的植物景观,常常利用"对称和均衡"的方法形成景物的相互呼应。例如,对称布置的两株一模一样的植物,在视觉上相互呼应,形成"笔断意连"的完整界面。再如将向左侧斜展的油松与向右侧倾伏的龙柏,一左一右、一前一后、一仰一伏,交相呼应布置,则能构成非对称的平衡。

(3)主景与配景

植物景观只有明确主从关系才能够达到统一的效果。植物按照在景观中的作用分为主调植物、配调植物和基调植物,它们在植物景观的主导位置依次降低,但数量却依次增加。也就是说,基调植物数量最多,同配调植物一起,围绕着主调植物展开。

在植物配调时,首先确定一两种植物作为基调植物,使之广泛分布于整个园景中;同时还应该根据分区情况,选择各分区的主调树种,以形成各分区的风景主体。如杭州花港观鱼公园,按景色分为5个景区,在树种选择时,牡丹园景区以牡丹为主调树种,鱼池景区以海棠、樱花为主

调树种,大草坪景区以合欢、雪松为主调树种,花港景区以紫薇、红枫为主调树种,而全园又广泛分布着广玉兰为基调树种。这样,全园景观因各景区不同的主调树种而丰富多彩,又因一致的基调树种而协调统一。

在处理具体的植物景观时,应选择造型特殊、颜色醒目、形体高大的植物作为主景,如油松、灯台树、枫杨、稠李、合欢、凤凰木等,并将其栽植在视觉焦点或者主景的位置。例如,在低矮灌木的"簇拥"下,乔木成为视觉的焦点,也就自然而然成为景观的主体。

(4)节奏与韵律

节奏是规律性的重复,韵律是规律性的变化。当形状、色彩有规律地重复就产生了节奏感,如果按照规律变化就形成了韵律感。例如,由同一种植物按照相同间距栽植的行道树就构成了一种节奏感,但多少有点单调,若将乔木、灌木按照相同间距间隔栽植就具有了韵律感,色彩、树形的交替也可有韵律感觉。若把植物按高低错落作不规则重复,花期按季节而此起彼落,让人们全年欣赏,而高低、色彩、季相都在交错变化之中,就如同演奏一曲交响乐,韵律无穷。"杭州西湖六吊桥,一枝杨柳一枝桃"就是讲每当阳春三月,苏堤上红绿相间的垂柳和桃花产生出的活泼跳动的"交替韵律"。春色叶树种和秋色叶树种经过合理配置,也能产生复杂的"季(相)节韵律"。如石楠、金叶女贞、鸡爪槭和黑松等配置而成的树丛,春季石楠嫩叶紫红,夏季金叶女贞叶丛金黄,秋季鸡爪槭红叶如醉,冬季黑松针叶苍翠。再如,水岸边种植木芙蓉、夹竹桃、杜鹃等,倒影成双,一虚一实形成韵律。一片林木,树冠形成起伏的林冠线,与青天白云相映,风起树摇,树冠线随风流动也是一种韵律。植物体叶片、花瓣、枝条的重复出现也是一种协调的韵律,所以园林植物产生的丰富韵律取之不尽。

统一法则是植物造景的基本法则,通过上述的调和与对比、过渡与呼应、主景与配景以及节奏与韵律等得以实现。这些方法在设计中常常综合运用。

2)时空法则

园林植物景观是一种时空的艺术,这一点已被越来越多的园林人所认同。时空法则要求将造景要素根据人的心理感觉、视觉认知,针对景观的功能进行适当的配置,使景观产生自然流畅的时间和空间转换。

在设计植物景观时必须考虑季相变化,通常采用分区或分段配置植物的方法,在同一区段中突出表现某一季节的植物景观,如春季山花烂漫,夏季荷花映日,秋季硕果满园,冬季蜡梅飘香。为了避免一季过后景色单调或者无景可赏的尴尬,在每一季相景观中,还应考虑配置其他季节的观赏植物,或增加常绿植物,做到"四季有景"。如杭州花港观鱼公园,春天有海棠、碧桃、樱花、梅花、杜鹃、牡丹、芍药等,夏日有广玉兰、紫薇、荷花等,秋季有桂花、槭树等,寒冬有蜡梅、山茶、南天竹等,各种花木共达200余种1万余株,通过合理的植物配置,达到了"四季有花,终年有景"的景观效果。

中国古典园林还讲究"步移景异",即随着空间的变化,景观也随之改变,这种空间的转化与时间的变迁是紧密联系的。如扬州个园,利用不同季节的观赏植物,配以假山,构成了具有季相变化的时空序列。个园中,春梅翠竹,配以笋石,寓意春景;夏种国槐、广玉兰,配以太湖石,构成夏景;秋栽枫树、梧桐,配以黄石,构成秋景;冬植蜡梅、南天竺,配以雪石和冰纹铺地,构成冬景。4个景点选择了具有明显季相特点的植物,又与4种不同的山石组合,演绎了一年中4个不同的季节,4个"季节"的景观又被巧妙地布置于游览路线的4个角落,从而在尺咫庭院中,随

着空间的装换,也演绎着一年四季时间的变迁。

3)数的法则

数的法则源于西方。古希腊数学家普洛克拉斯指出:"哪里有数,哪里就有美。"即凡是符合数的关系的物体就是美的物体。如三原形(方形、圆形、三角形),受到一定数值关系的制约因而具有了美感,因此这3种图形就成为设计中的基本图形。圆形或由圆形演化出的图形给人以柔和、富有弹性的审美感觉,因而具有柔性美。造型艺术中圆形的应用非常普遍,如在雕塑、绘画、建筑、植物整形中,利用率很高。方形给人以正规、平实、刚强、安稳、可靠的审美感觉。方形或由方形演变的图形具有一种刚性美。三角形的各种变形也会让人产生不同的感受。正三角形有稳定感,倒三角形有倾危感,斜三角形会形成运动或方向感。在植物景观造景设计中,如植物模纹、植物造型等,都可以适当地运用一些数学关系,以满足人们的审美需求。

(1)比例

2 000多年前,古希腊算学家毕达哥拉斯首先提出了黄金分割,为0.618,成为世界公认的最佳数比关系。此后,以黄金分割比为基础又衍生出了许多"黄金图形",如黄金率矩形和黄金涡线。矩形长、短边符合黄金分割比时,可以被划分成一个正方形和一个更小的黄金率矩形。如把所得正方形的有关顶点用对应正方形内切圆弧连接,就得到黄金涡线,涡线在无限消失点的地方形成矩形的涡眼点。黄金率矩形和黄金涡线因达到了动态的平衡而充满了韵律感。不仅如此,据研究,如果以黄金率矩形的两个涡眼作为人眼平视凝视点,就能得到最佳的视觉效果。

(2)尺度

如果以人为参照物,空间尺度可以分为3种类型:自然的尺度、超人的尺度、亲切的尺度。在不同的环境中,选用的尺度是不同的。一方面要考虑功能的需求,另一方面要注意观赏效果。如,中国古代私家园林属于小尺度空间,所以园中搭配的都是小型的、低矮的植物,显得亲切温馨。而美国国会大厦则属于超大的尺度空间,配之以大面积草坪和高大乔木,显得宏伟庄重。两者植物的尺度有所不同,但都与其所处的环境尺度相吻合,所以形成了各具风格的园林景观。

与其他园林要素相比,植物的尺度似乎更加复杂,因为植物的尺度会随着时间的推移而发生改变。所以,园林设计师应该动态地布置植物及其景观,在设计初期就应该预测到由于植物生长而出现的尺度变化,并采取一些措施以保证景观的观赏效果。现代园林中不乏这样的经典佳作,如杭州花港观鱼公园的雪松草坪,在建成20多年后仍然保持着极佳的观赏效果。

形式美是人类社会在长期的社会生产实践中发现和积累起来的,它具有一定的普遍性、规定性、共同性。但是随着社会的发展,形式美又带有变异性、相对性和差异性。形式美发展的总趋势是不断提炼和升华的,表现出人类健康、向上、创新和进步的愿望。

3.2　园林植物造景的生态学原理

3.2.1　生态因子的概念、类型

1)生态因子的概念

　　植物所生活的空间叫作"生态环境"。植物的生态环境主要包括气候因子、土壤因子、地形与地势因子、生物因子及人类的活动等方面。通常将植物具体所生存于其间的小环境,简称为"生境"。环境中所包含的各种因子中,有少数因子对植物没有影响,或者在一定阶段中没有影响,而大多数的因子均对植物有影响,或共同对植物有影响。这些对植物有直接或间接影响的因子称为"生态因子(因素)"。生态因子中,对植物存活属于必要因素的,即没有它们,植物就不能生存,这些因素叫作"生存条件"。例如,对绿色植物来讲,氧气、二氧化碳、光、热、水及无机盐类这6个因素都是它们的生存条件。

2)生态因子的类型

　　生态因子的类型主要有以下几类:

　　气候因子:温度、湿度、光照、降水、风等。

　　土壤因子:土壤结构、理化性质、土壤生物等。

　　地形因子:地面起伏、坡度、坡向等。

　　生物因子:捕食者,寄生、竞争和共生等生物。

　　人为因子:人类的活动对环境的影响。

　　在研究植物和环境的关系时,必须明确以下几个基本概念:

　　(1)综合作用

　　在进行园林绿化和植物造景时,应充分注意环境中各生态因子相互作用的基本规律。首先,环境中各生态因子[如温、光、水、气、肥(土壤)]对园林植物的影响是综合的,也就是说,植物是生活在综合的环境因子中。单一的生态因子的作用只有在其他因子的配合下才能显示出来,缺乏任一生态因子,园林植物均不能正常生长。环境中各生态因子是相互联系、互相促进、互相制约的。环境中任何一个单因子的变化必将引起其他因子不同程度的变化。例如,光照强度的增加,常会直接引起气温和空气湿度的变化,从而引起土壤温度和湿度的相应变化。

　　(2)主导因子

　　在整个生态环境中,虽然各生态因子都是园林植物生长发育所必需的,缺一不可,但各个因子所处的地位并非完全相同,可以理解为非等价性。对于某一种园林植物,甚至园林植物的某一个生长发育阶段,往往有1~2个因子起着决定性作用,这种起决定性作用的因子称为主导因子。主导因子包括两个方面的含义:其一,就其本身而言,当所有的因子在质和量相等时,其中某一因子的变化,能引起园林植物全部生态关系发生变化,这个对环境起主导作用的因子,即主导因子;其二,对园林植物来说,由于某一因子的存在与否或其数量变化,而使园林植物的生长

发育发生明显的变化,这类因子也称为主导因子。

(3)生存条件的不可替代性

生存条件相互之间是不可代替的,缺乏一种生存条件是不能以另一种生存条件来代替的。

(4)生存条件的可调性

生存条件虽然具有不可替代性,但如果只表现为某生存条件在量方面的不足,则可由其他生存条件在量上的增强而得到调剂,并收到相近的生态效应,但这种调剂是有限度的。

(5)生存条件的阶段性

环境中生态因子不是固定不变的,而是处于周期性变化之中。园林植物本身对生态因子的需要也是不断变化的,在不同的年龄阶段或发育阶段要求也不同。换句话说,园林植物对生态因子的需要是分阶段的。例如,光因子是园林植物生态发育极为重要的因子,但对大多数园林植物来说,在种子萌发阶段其并不重要;园林植物发芽所需要的温度一般比正常营养生长的温度要低,营养生长所需要的温度又比开花结实所需的温度要低。

(6)生态幅

各种植物对生存条件及生态因子变化强度的适应范围是有一定限度的,变化范围超过这个限度就会引起植物死亡。这个范围,叫作生态幅。不同的植物,以及同一种植物不同的生长发育阶段的生态幅常具有很大差异。

环境中各因子与植物的关系是植物造景的理论基础。某种植物长期生长在某种环境里,受到该环境条件的特定影响,通过新陈代谢,形成了对某些生态因子的特定需要,这就是其生态习性。如仙人掌耐旱不耐寒。有相似生态习性和生态适应性的植物则属于同一个植物生态类型。在园林建设工作中也应掌握园林植物与其环境具有相互作用的基本概念,并应加以创造性地运用。

3.2.2 温度对植物的生态作用

1)季节性变温对植物的影响

温度因子对于植物的生理活动和生化反应是极其重要的,以至温度因子的变化对植物的生长发育和分布具有极大影响。

一个地区的植物由于长期适应于该地区季节性的变化,就形成一定的生长发育节奏,称为物候期。物候期不是完全不变的,它随着每年季节性变温和其他气候因子的综合作用而会有一定范围的波动。在园林建设中,只有对当地的气候变化以及植物的物候期有充分的了解,才能发挥植物的园林功能以采取行合理的栽培管理措施。

2)昼夜变温对植物的影响

植物对昼夜变化的适应性称为"温周期"。昼夜变温可以影响植物种子的发芽、植物的生长、植物的开花结实等。

植物的温周期特性与植物的遗传性和原产地日温变化的特性有关。一般而言,原产于大陆性气候地区的植物在日变幅为 10 ~ 15 ℃条件下生长发育最好;原产于海洋性气候区的植物在日变

幅为 5 ~ 10 ℃ 条件下生长发育最好;一些热带植物能在日变幅很小的条件下生长发育良好。

3)突变温度对植物的影响

植物在生长期中如遇到温度的突然变化,会打乱植物生理进程的程序。当温度高于植物能够适应的温度范围的最高点或低于最低点就会破坏植物的新陈代谢,对植物造成伤害甚至导致死亡。

3.2.3　光照对植物的生态作用及景观效果

1)光照强度对植物的影响

根据植物对光照强度的反应,可将植物分成3种生态类型:阳性植物、阴性植物和居于这两者之间的中性植物(又称耐阴植物)。在自然界的植物群落组成中,可以看到乔木层、灌木层、地被层。各层植物所处的光照条件都不相同,这是长期适应的结果,从而形成了植物对光的不同生态习性。

(1)阳性植物

在全日照下生长良好而不能忍受荫蔽的植物称为阳性植物。例如落叶松属、松属(华山松、红松除外)、水杉属、桦木属、桉属、杨属、柳属、栎属的多种树木和臭椿、乌桕、泡桐,以及草原、沙漠及旷野中的多种草本植物。

(2)阴性植物

在较弱的光照条件下比在全光照下生长良好的植物称为阴性植物。如许多生长在潮湿、阴暗密林中的草本植物,又如人参、三七、秋海棠属的多种植物。严格地说,木本植物中很少有典型的阴性植物,而多为喜阴植物,这点是与草本植物不同的。

(3)中性植物

中性植物在充足的阳光下生长最好,但也有一定程度的耐阴能力,高温干旱时在全光照下生长受抑制,这类植物称为中性植物。在中性植物中包括有偏喜光的与偏阴性的种类。如榆属、朴属、榉属、樱花、枫杨等为中性偏阳;槐、木荷、圆柏、珍珠梅、七叶树、元宝枫、五角枫等为中性稍耐阴;冷杉属、云杉属、福建柏属、铁杉属、粗榧属、红豆杉属、椴属、杜英、大叶槠、甜槠、阿丁枫、荚蒾属、八角金盘、常春藤、八仙花、山茶、桃叶珊瑚、构骨、海桐、杜鹃花、忍冬、罗汉松、紫楠、棣棠、香榧等均属中性而耐阴力较强的种类,因为这些树种在温、湿适宜条件下,生长在光线充足处比林下阴暗处强健。中性植物在同一植株上,处于阳光充足部位枝叶的解剖构造倾向于喜光植物,而处于阴暗部位的枝叶解剖构造则倾向于阴性植物。

2)光质对植物的影响

植物在全光范围,即在白光下才能正常生长发育,但白光中的不同波长如红光(760 ~ 626 nm)、橙光(626 ~ 595 nm)、黄光(595 ~ 575 nm)、绿光(575 ~ 490 nm)、青蓝光(490 ~ 435 nm)、紫光(435 ~ 370 nm)对植物的作用是不完全相同的。青蓝紫光对植物的加长生长有抑制作用,对幼芽的形成和细胞的分化均有重要作用,它们还能抑制植物体内某些生长激素的形成因而抑制了

茎的伸长,并产生向光性。它们还能促进花青素的形成,使花朵色彩艳丽。紫外线也有同样的功能,所以在高山上生长的植物,节间短而花色鲜艳。可见光中的红光和不可见的红外线都能促进茎的加长和促进种子及孢子的萌发。对植物的光合作用而言,以红光的作用最大,其次是蓝紫光。红光有助于叶绿素的形成,促进二氧化碳的分解与碳水化合物的合成;蓝光则有助于有机酸和蛋白质的合成;而绿光及黄光则大多被叶子所反射或透过而很少被利用。

3)光照时间对植物的影响

每日光照时数与黑暗时数的交替对植物开花的影响称为光周期现象。按此可将植物分为3类:

(1)长日照植物

植物在开花以前需要有一段时期,每日的光照时数大于 14 h 的临界时数,这样的植物称为长日照植物。如果满足不了这个条件,则植物将仍然处于营养生长阶段而不能开花;反之,日照愈长开花愈早。

(2)短日照植物

植物在开花前需要一段时期,每日的光照时数少于 12 h 的临界时数,这样的植物称为短日照植物。日照时数越短则开花越早,但是每日的光照时数不得短于维持生长发育所需的光合作用时间。有人认为,短日照植物需要一定时数的黑暗而非光照时数。

(3)中日照植物

只有在昼夜长短时数近于相等时才能开花的植物,称为中日照植物。

(4)中间性植物

对光照和黑暗长短没有严格要求,只要发育成熟,无论长日照条件或短日照条件下均能开花的植物,称为中间性植物。

各种植物在长期的系统发育过程中所形成的特性,是对生境适应的结果。大多数长日照植物发源于高纬度地区,而短日照植物发源于低纬度地区,中间性植物则各地均有分布。

日照的长短对植物的营养生长和休眠也有重要的作用。延长光照时数会促进植物的生长或延长生长期,缩短光照时数则会促使植物进入休眠或缩短生长期。

3.2.4 水分对植物的生态作用及相应条件下植物景观的营造

1)水分对植物的重要性

水分是植物体的重要组成部分。一般植物韧皮部都含有 60% ~ 80%,甚至 90% 以上的水分。植物对营养物质的吸收和运输,以及光合、呼吸、蒸腾等生理作用,都必须在有水分的参与下才能进行。水是植物生存的物质条件,也是影响植物形态结构、生长发育、繁殖及种子传播等重要的生态因子。因此,水可直接影响植物能否健康生长,促进形成具有多种特殊效果的植物景观。

2）由于水分因子起主导作用而形成的植物生态类型

（1）旱生植物

在干旱的环境中能长期忍受干旱而正常发育的植物类型称为旱生植物。此类植物多见于雨量稀少的荒漠地区和干燥的低草原地区，个别的也可见于城市环境中的屋顶、墙头，以及危岩陡壁上。根据它们的形态和适应环境的生理特性又可分为以下3类：

① 少浆植物或硬叶旱生植物：体内的含水量很少，而且在丧失1/2含水量时仍不会死亡。

② 多浆植物或肉质植物：植物体内有薄壁组织形成的储水组织，所以体内含有大量水分，能适应干旱的环境条件。根据储水组织所在部位，又可分为肉茎植物和肉叶植物。

多浆植物有特殊的新陈代谢方式，生长缓慢，但因本身贮有充分的水分。故在热带、亚热带沙漠中其他植物难以生存的条件下，仙人掌类、肉质植物类却能很好地适应。

③ 冷生植物或干矮植物：此类植物具有旱生少浆植物的旱生特征，但又有自己的特点，一般均形体矮小，多呈团丛状或垫状。其生长环境依水分条件可划分为两种：一种是土壤干旱而寒冷，因而植物具有旱生性状；另一种是土壤湿润甚至多湿而寒冷，植物也呈旱生性状，其原因是气候寒冷而造成生理上的干旱。前者又可称为干冷生植物，常见于高山地区；后者又可称为湿冷生植物，常见于寒带、亚寒带地区。这是温度与水分因子综合影响所致。

（2）中生植物

大多数植物均属于中生植物，不能忍受过干和过湿的条件，但是由于种类众多，因而对干与湿的忍耐程度方面具有很大差异。耐寒力极强的种类具有旱生性状的倾向，耐旱力极强的种类则有湿生植物的性状的倾向。中生植物特征是根系及输导系统均较发达，叶片表面有一层角质层，叶片的栅栏组织和海绵组织均较整齐，叶片内没有完整而发达的通气组织。

中生植物中的木本植物，如油松、侧柏、酸枣等有很强的耐旱性，但仍然以在干湿适度的条件下生长最佳；而如桑树、旱柳、乌桕、紫穗槐等，则有很高的耐水湿能力，但仍然以在中生环境下生长最佳。

（3）湿生植物

需生长在潮湿的环境中，若在干燥或中生的环境则常致死亡或生长不良，这类植物称为湿生植物。根据实际的生态环境又可分为两种类型：

① 阳性湿生植物：指生长在阳光充足、土壤水分经常饱和或仅有较短的较干期地区的湿生植物，如在沼泽花草甸、河湖沿岸地生长的鸢尾、半边莲、落雨杉、池杉、水松等。

② 阴性湿生植物：指生长在光线不足、空气湿度较高、土壤潮湿环境下的湿生植物。热带雨林或亚热带季雨林中、下层的许多种类均属于此型，如多种蕨类、海芋、秋海棠类及多种浮生植物。

（4）水生植物

生长在水中的植物叫水生植物，又可分为3个类型：

① 挺水植物：植株体的大部分露在水面以上的空气中，如芦苇、香蒲等。红树则生于海岸滩浅水中，满潮时全树没于水中，落潮时露出地面，故称为海中森林。

② 浮水植物：叶片漂浮在水面的植物，又可分为2个类型：一是半浮水型，根生于水下泥中，仅叶及花浮在水面，如萍蓬草、睡莲等，称浮叶植物；二是全浮水型，植株体完全自由地漂浮在水面上，如凤眼莲、萍蓬、槐叶平、满江红等，称漂浮植物。

③ 沉水植物:植株体完全浸没在水中,如金鱼藻、苦草等。

水生植物的形态和特点是植株体的通气组织发达;在水面以下的叶片大,在水中的叶片小;呈带状或丝状,叶片薄;表皮不发达,根系不发达。

3)水分与植物景观

(1)空气湿度与植物景观

空气湿度对植物生长起很大作用。高海拔山上的植物多生长在岩壁上、石缝中、瘠薄的土壤母质上,或附生于其他植物上。这类植物没有坚实的土壤基础,其生长与较高的空气湿度休戚相关。而在高温高湿的热带雨林中,高大的乔木上常附生有大型的蕨类,如鸟巢蕨、书带蕨、星蕨等,这些蕨类都发展了自己特有的贮水组织。如海南岛尖峰岭上,树干、树杈以及地面长满苔藓、地生兰、气生兰。天目山、黄山的云雾草必须在高海拔处,只有达到足够的空气湿度才能附生在树上。花朵艳丽的独蒜兰和吸水性很强的苔藓一起生长在高海拔的岩壁上。黄山鳌鱼背的土壤母质上长着绣线菊等耐瘠薄的观赏植物,依靠较高的空气湿度维持生长。对上述这些自然的植物景观进行模拟时,要保证相对空气湿度不低于80%的环境,如在展览温室中进行人工的植物景观创造,一段朽木上就可以附生很多开花艳丽的气生兰、花与叶子美丽的凤梨科植物以及各种蕨类植物。

(2)水面与植物景观

不同的植物种类由于长期生活在不同水分条件的环境中,形成了对水分需求不同的生态习性和适应性。园林中有不同类型的水面,如河、湖、塘溪、潭、池等,其水的深度及面积、形状不同,必须选择相应的植物来美化。

① 水生植物景观:生活在水中的水生植物,有的沉水,有的浮水,有的部分器官挺出水面,因此在水面上景观不同。由于植物体所有水下部分都能吸收养料,因此根系部分就往往退化了。如槐叶萍属完全没有根;满江红属、浮萍属、水鳖属、雨久花属和大藻属等植物的根形成后,不久便停止生长,不分枝,并脱去根毛;浮萍、杉叶藻、白睡莲甚至都没有根毛。

水生植物的枝叶形状也多种多样,如金鱼藻属植物沉水的叶常为丝状、线状,荇菜、萍蓬草等浮水的叶常很宽,呈盾状口形或卵圆状心形。不少植物,如菱属有两种叶,沉水叶呈线形,浮水叶呈菱形。

② 湿生植物景观:在自然界中,这类植物的根常没于浅水中或湿透了的土壤中,常见于港湾或热带潮湿、荫蔽的森林里。这是一类抗旱能力最小的陆生植物,不适应空气湿度有很大的变动。这类植物绝大多数也是草本植物,木本较少。植物造景中可用的有落羽松、池杉、墨西哥落羽松、水松、水椰、红树、白柳、垂柳、旱柳、黑杨、枫杨、箬棕、沼生海枣、乌桕、白蜡、山楂、赤杨、梨、楝、三角枫、丝棉木、夹竹桃、榕属、千屈菜、黄花鸢尾、驴蹄草,等等。

③ 旱生植物景观:荒漠、沙漠、戈壁等干旱地区带生长着很多抗旱植物。如海南岛荒漠及沙滩上的光棍树、木麻黄的叶都退化成很小的鳞片,伴随着龙血树、仙人掌等植物生长。一些多浆的肉质植物,在叶和茎中贮存大量水分。猴面包树树干最粗可达40人合抱,储水达40 t之多。南美洲中部的瓶子树,树干粗达5 m,也能储藏大量水分。北美沙漠中的仙人掌,高可达15~25 m,可蓄水2 t以上。我国黄土高原土层深厚,一些树种的根系可扎得很深。在沙漠干旱地区的樟子松,由于沙被风蚀,根露出地面高约2 m,风却吹不倒,其水平根的分布长达 17~18 m。

我国樟子松、小青杨、小叶杨、小叶锦鸡儿、柳叶绣线菊、雪松、白柳、旱柳、构树、黄檀、榆、朴、

胡颓子、皂荚、柏木、侧柏、桧柏、臭椿、杜梨、槐、黄连木、君迁子、白栎、栓皮栎、石栎、苦槠、合欢、紫藤、紫穗槐等都很抗旱,是旱生景观造景的良好树种。

3.2.5　土壤对植物的生态作用

土壤是植物生长的基质,其对植物最明显的作用之一就是提供植物根系生长的场所。植物根系在土壤中获取植物需要的水分、养分。

1)成土母质

不同的成土母质的岩石风化后形成不同性质的土壤,不同性质的土壤上有不同的植被,因而就具有了不同的植物景观。

成土母质岩石风化物对土壤性状的影响,主要表现在物理、化学性质上,如土壤厚度、质地、结构、水分、空气、湿度、养分等状况以及酸碱度等。

如石灰岩主要由碳酸钙组成,属钙质岩类风化物。由于风化过程中碳酸钙受酸性水溶解,大量随水流失,土壤中缺乏磷和钾,呈中性或碱性反应,黏实,易干。因此,石灰岩地不宜针叶树生长,宜喜钙耐旱植物生长,上层乔木则以落叶树占优势。砂岩属硅质岩类风化物,在湿润条件下形成酸性土,营养元素贫乏。流纹岩也难风化,在干旱条件下,多石砾或砂砾质,在温暖湿润条件下呈酸性或强酸性,形成红色黏土或砂质黏土。这些环境中适宜生长的植被以常绿树种较多,如青冈栎、米槠、苦槠、浙江楠、紫楠、香樟等,也适合马尾松、毛竹生长。

2)土壤物理性质对植物的影响

土壤物理性质主要指土壤的机械组成。理想的土壤是疏松、有机质丰富、保水和保肥力强、有团粒结构的壤土。植物在理想的土壤上生长得健壮长寿。

城市土壤的物理性质具有极大的特殊性,很多为建筑土壤,含有大量砖瓦与碴土:含量在30%以下时,有利于在城市土壤承受剧烈压踏下的通气,使植物根系能够生长良好;高于30%,则保水不好,不利于根系生长。

人踩车压还增加了土壤的硬度。土壤被踩踏紧密后,造成土壤内孔隙度降低,土壤通气不良,抑制植物根系的伸长生长,使根系上移。一般人流影响土壤深度为 3～10 cm,土壤硬度为 14～18 kg/cm²;车辆影响到深度 30～35 cm,土壤硬度为 10～70 kg/cm²;机械反复碾压的建筑区,影响土壤深度可达 1 m 以上。据调查,油松、白皮松、银杏、元宝枫在土壤硬度 1～5 kg/cm² 时,根系多;5～8 kg/cm² 时较多,15 kg/cm² 时根系量少,大于 15 kg/cm² 时,没有根系。

城市内一些地面用水泥、沥青铺装,封闭性大,留出树池很小,会造成土壤透气性差、硬度大。大部分裸露地面由于过度踩踏,地被植物长不起来。

3)土壤pH值与植物生态类型

土壤酸碱度划分成5级:pH 值<5 为强酸性;pH 值=5～6.5 为酸性;pH 值=6.5～7.5 为中性;pH 值=7.5～8.5 为碱性;pH 值>8.5 为强碱性。

(1)依对土壤酸碱度的适应性划分的植物类型

① 酸性土植物:指在 pH 值小于6.5 的土壤中生长得很好的植物,如马尾松、湿地松、金钱松、华山松、罗汉松、紫杉、杉木、池杉、山茶、杜鹃、檵木、吊钟花、九里香、栀子花、樟树、桉树、冬青、杨梅、茉莉、白兰花、含笑、石楠、苏铁等。其中,适宜弱酸性土的花木(pH 值4~5)有杜鹃、仙客来,栀子花,彩叶草、紫鸭跖草、蕨类、兰科植物等;适宜中性偏微酸土的花木(pH 值5~6)有棕榈科、白兰、五针松、秋海棠、朱顶红、樱草、山茶花、茉莉、米兰、百合、唐菖蒲、大岩桐等。

② 中性土植物:指在 pH 值为6.5~7.5 的土壤中生长得很好的植物,大多数的园林植物均属此类。

③ 碱性土植物:指在 pH 值大于7.5 的土壤中生长的植物,如柏木、柽柳、合欢、紫穗槐、沙棘、木槿等。

④ 含有游离的碳酸钙的土壤称为钙质土,有些碱性土植物在钙质土中生长良好,称为钙质土植物(喜钙植物),如柏木、青檀、臭椿、南天竹等。

(2)依对土壤含盐量的适应性划分的植物类型

我国沿海地区和西北内陆干旱地区中有相当大面积的盐碱土地区,依植物在盐碱土中生长发育的类型可分为以下4 类:

① 喜盐植物:对一般植物而言,土壤含盐量超过0.6% 时即生长不良,但喜盐植物可以在1% 甚至超过6% 氯化钠浓度的土中生长。喜盐植物可以吸收大量可溶性盐类并聚集在体内,这类植物对高浓度盐分已经成为生理需求,如黑果枸杞、梭梭等。旱生喜盐植物主要分布于内陆干旱盐土地区;湿生喜盐植物主要分布于沿海海滨。

② 抗盐植物:这类植物的根细胞膜对盐类的透性很小,因此,很少吸收土壤中的盐类,如田菁、盐地凤毛菊等。

③ 耐盐植物:这类植物能从土壤中吸收盐分,但并不在体内积累,而是将多余的盐分经茎叶上的盐腺排出体外,即泌盐作用,有红树、柽柳等。

④ 碱土植物:这类植物能适应 pH 值8.5 以上和物理性质极差的土壤条件。

(3)依对土壤肥力要求划分的植物类型

绝大多数植物喜生于深厚肥沃而适当湿润的土壤,但从园林植物造景考虑,宜选择出耐瘠薄土地的植物,如马尾松、小檗、锦鸡儿等,这类植物称为瘠土植物。与此相对的是喜肥植物,如梧桐、瑞香等。

3.2.6 空气对植物的生态作用

1)空气中对植物起主要作用的成分

空气中的氧气和二氧化碳都是植物光合作用的主要原料和物质条件。这两种气体的浓度直接影响到植物的健康生长与开花状况。

(1)氧气和二氧化碳

氧气是植物呼吸作用必不可少的,但在空气中它的含量基本上是不变的,所以对植物的地上部分不形成特殊的作用,但是植物根部的呼吸,水生植物尤其是沉水植物的呼吸作用则依靠土壤中和水中的氧气含量。如果土壤中的空气不足,会抑制根的伸长以致影响到全株的生长发

育。因此,在栽培上经常要耕松土壤避免土壤板结。在黏质土壤上,有的需多施有机肥或换土以改善土壤物理性质。在盆栽中,经常要配合更换具有优良理化性质的培养土。

二氧化碳是植物光合作用必需的原料。以空气中二氧化碳的平均浓度为 320 mg/L 计,从植物的光合作用角度来看,这个浓度仍然是个限制因子。有生理试验表明,在光强为全光照 1/5 的实验室内,将二氧化碳浓度提高 3 倍时,光合作用强度也提高 3 倍。但是,如果二氧化碳浓度不变而仅将光强提高 3 倍时,则光合作用仅提高 1 倍。因此,在现代栽培技术中,有些温室采用施用二氧化碳气体的措施。二氧化碳浓度的提高,除有增强光合作用效果外,还有促进某些雌雄异花植物的雌花分化率提高的效果,因此可以用于提高植物的产量。

(2)氮气

空气中的氮虽然占 4/5 之多,但是高等植物却不能直接利用它,只有固氮微生物和蓝绿藻可以吸收和固定空气中的游离氮。根瘤菌是与植物共生的一类固氮微生物,它的固氮能力因所共生的植物种类而不同。据测算,1 km^2 的紫花苜蓿一年可固氮达 200 kg 以上,1 km^2 大豆或花生可达 50 kg 左右。此外,蓝绿藻的固氮能力也较强。

空气中还常含有植物分泌的挥发性物质,其中有些也能影响其他植物的生长。如铃兰花朵的芳香能使丁香萎蔫,洋艾分泌物能抑制圆叶当归、石竹、大丽菊、亚麻等的生长。

2)空气流动对园林植物的影响

风对植物有利的生态作用表现在帮助授粉和传播种子。兰科和杜鹃花科的种子细小,质量不超过 0.002 mg,杨柳科、菊科、萝摩科、铁线莲属、柳叶菜属植物有的种子带毛,榆属、槭属、白蜡属、枫杨属、松属某些植物的种子或果实带翅,这些都借助于风来传播。此外,银杏、松、云杉等的花粉也都靠风传播。

风的有害的生态作用表现为台风、焚风、海潮风、冬春的旱风、夏季的干热风、高山强劲的大风等。沿海城市树木常受台风危害,如厦门市,台风过后,冠大荫浓的榕树被连根拔起,大叶桉主干折断,凤凰木小枝纷纷吹断,盆架树由于大枝分层轮生,风可穿过,只折断小枝,只有椰子树和木麻黄最为抗风。海潮风常把海中的盐分带到植物体上,如抗不住高浓度的盐分,植物就要死亡。青岛海边红楠、山茶、黑松、大叶黄杨、大叶胡颓子、柽柳的抗性就很强。北京早春的干风是植物枝梢干枯的主要原因。由于土壤温度还没提高,根部还没恢复吸收机能,在干旱的春风下,枝梢失水而枯。强劲的大风常在高山、海边、草原上遇到。由于大风经常性地吹袭,使直立乔木的迎风面的芽和枝条干枯、侵蚀、折断,只保留背风面的树冠,如一面大旗,故形成旗形树冠的景观。有些迎风面枝条,常被吹弯曲到背风面生长,有时主干也常年被吹成沿风向平行生长,出现扁化现象。为了适应多风、大风的高山生态环境,很多植物生长低矮、贴地,株形变成与风摩擦力最小的流线型,成为垫状植物。

3)空气中的污染物质及其对植物的影响

(1)空气中的污染物质

工业的迅速发展和防护措施的缺乏或不完善,造成了大气和水源污染。空气中的污染物按其毒害机制可分为 6 个类型:

① 氧化性类型:臭氧、过氧甲酰、硝酸酯类、二氧化氮、氯气等。

② 还原性类型:二氧化硫、硫化氢、一氧化碳、甲醛等。

③ 酸性类型:氟化氢、氯化氢、氰化氢、三氧化硫、四氟化硅、硫酸烟雾等。

④ 碱性类型:氨等。

⑤ 有机类型:乙烯等。

⑥ 粉尘类型:按其粒径大小又可分为落尘(粒径在 10 μm 以上)及飘尘(粒径在 10 μm 以下),如各种重金属无机毒物及氧化物粉尘等。在城市中汽车过多的地方,由汽车排出放的尾气经太阳光紫外线的照射会发生光化学作用变成浅蓝色的烟雾,称为光化学烟雾。

(2)大气污染对植物的影响

被污染的空气中的有毒气体破坏了叶片组织,降低了光合作用,直接影响了生长发育,表现在生长量降低、早落叶、延迟开花结实或不开花结果、果实变小、产量降低、树体早衰等。

3.2.7 自然植物群落结构组成及其启示

1)植物群落

在自然界,任何植物种都不是单独地生长的。这些生长在一起的植物种,占据了一定的空间和面积,按照自己的规律生长发育、演变更新,并同环境发生相互作用,称为植物群落。按其形成可分为自然群落及栽培群落。

自然群落是在长期的历史发育过程中,在不同的气候条件及生境条件下自然形成的群落。各自然群落都有自己独特的种类、外貌、层次、结构,如西双版纳热带雨林群落,在其最小面积中往往有数百种植物,群落结构复杂,常有 6~7 层,林内大、小藤本植物,附生植物丰富;而东北红松林群落的最小面积中仅有 40 种左右植物,群落结构简单,常具 2~3 层。自然环境越优越,群落中植物种类就越多,群落结构也越复杂。

栽培群落是按人类需要,把同种或不同种的植物配置在一起形成的,是服从于人们生产、观赏、改善环境条件等需要而组成的,如果园、苗圃、行道树、林荫道、林带、树丛、树群等。植物造景中栽培群落的设计必须遵循自然群落的发展规律,借鉴丰富多彩的自然群落结构中;切忌单纯追求艺术效果及刻板的人为要求,不顾植物的习性要求拼凑成违反植物自然生长发育规律的群落。

群落是绿地的基本构成单位。科学、合理的植物群落结构是绿地稳定、高效和健康发展的基础,是城市绿地系统生态功能的基础和绿地景观丰富度的前提。近年来在城市绿化的发展过程中,园林植物的合理搭配越来越受到人们的重视。随着城市生物多样性的备受关注,以及绿化水平和质量的不断提高,植物群落在城市绿化中的应用越来越普遍。

同时,随着生态园林的深入发展及景观生态学、全球生态学等多学科的引入,植物造景不再是仅利用植物来营造视觉艺术效果的景观,生态园林建设的兴起已经将园林功能从传统的游憩、观赏发展到维持城市生态平衡、保护生物多样性和再现自然的高层次阶段。在植物景观群落的建植方面,许多城市都进行了乔、灌、草复合配置的尝试。在城市中恢复自然植物的群落或再造近自然植物群落有着生态学、社会学和经济学上的重要意义。

风景园林植物配置造景要遵循生态学原理,充分考虑物种的生态特征,合理选择配置物种类,避免种间直接竞争,形成结构合理、功能健全、种群稳定的复层群落结构,以利于种间互相补

充,既能充分利用环境资源,又能形成优美的景观,建立人类、动物、植物相联系的新秩序,达到生态美、科学美、文化美和艺术美的兼顾。主要应遵循以下几点:

① 尊重植物的生态习性及当地自然环境特征;

② 遵循生物多样性原则合理配置;

③ 适地适树;

④ 符合植被区域自然规律;

⑤ 遵从"互惠共生"原理协调植物之间的关系。

2) 自然植物群落结构的启示

每一种植物群落应有一定的规模和面积且具有一定的层次,才能表现出群落的种类组成。在规范群落的水平结构和垂直结构、保证群落的发育和稳定状态,使群落与环境的相对作用稳定时,才会出现"顶级群落"。群落中的植物组合不是简单的乔、灌、藤本、地被的组合,而应该从自然界或城市原有的、较稳定的植物群落中去寻找生长健康、稳定的植物组合,在此基础上结合生态学和园林美学原理建立适合城市生态系统的人工植物群落。

(1)观赏型人工植物群落

观赏型人工植物群落,是生态园林中植物配置的重要类型。选择观赏价值高且多功能的园林植物,运用风景美学原理进行科学设计及合理布局,才能构成自然美、艺术美、社会美的整体,体现出多单元、多层次、多景观的生态型人工植物群落。在观赏型植物群落中应用最多的是季相变化,园林工作者在设计中通过对植物的合理配置达到四季有景。

(2)抗污染型人工植物群落

以园林植物的抗污染性为主要评价指标,并结合植物的光合作用、蒸腾作用,以及吸收污染物特性等测定指标,选择出适于污染区绿地的园林植物进行合理配置,可组建耐污性的植物群落。该群落以抗性强的乡土树种为主,结合使用抗污性强的新优植物。其种植模式设计以通风较好的复层结构为主,组成抗性较强的植物群落。它既丰富了植物种类、美化了环境,又适应了粗放管理的方式,比较适合污染区大面积绿化养护管理的需要,可有效改善重污染环境局部区域的生态环境。

(3)保健型人工植物群落

保健型人工植物群落,主要利用特殊植物的配置形成一定的植物生态结构,利用植物有益分泌物质和挥发物质,达到增强人们健康,乃至防病、治病的目的。在公园、居住区尤其医院、疗养院等单位,应以园林植物的杀菌特性为主要评价指标,并结合植物吸收二氧化碳、释放氧气、降温增湿、滞尘及耐阴性等测定指标,选择适应相应绿地的园林植物种类,如具有萜烯的松树、具有乔柏素的柏树、具有雪松烯的雪松以及开香花的芳香植物等。

(4)知识型人工植物群落

可以在公园、植物园、动物园、风景名胜区等地方收集多种植物群落,按分类系统或种群生态系统排列种植,建立科普性的人工群落供人们欣赏、借鉴及应用。在该群落中应用的植物不仅着眼于丰富的栽培种类,还应将濒危和稀有的野生植物引入其中。这样既可丰富景观,又保存和利用了种质资源,并能激发人们热爱自然、探索自然的兴趣和爱护环境、保护环境的自觉性。

（5）生产型人工植物群落

可以根据不同的绿地条件建设生产型人工植物群落，以发展具有经济价值的苗圃基地，并与环境协调，既能满足市场的需要，又能增加社会效益。还可在绿地中选用干果或高干性果树如板栗、核桃、银杏、枣树、柿树等，在居住区种植桃、杏、海棠等较低矮的果树等。

3.3 园林植物造景的经济学原理

3.3.1 园林植物的经济特性

园林植物的经济特性包括两个方面：一是植物本身与生俱来的经济价值，如植物的枝、叶、花、果等器官的药用、食用、用材、饲用等直接经济价值；二是应用某种植物之后提高了空间的质量，因而增加了游人数量，提高了经济收入，同时更重要的是使游人在精神上得到休息和满足。这两点之间后者更重要，但却常常为人们所忽视。因此，需要特别指出的是，关注植物本身的经济价值外，在现代城市园林绿化建设中，须以后者为重。

3.3.2 节约型风景园林及园林植物造景的经济学原理

1）建设节约型风景园林

现在，我国大力倡导节约型园林绿化模式，"节约型城市园林绿化"就是"以最少的用地、最少的用水、最少的财政拨款、选择对周围生态环境最少干扰的绿化模式"。设计者一定要根据中国国情特别是目前面临严峻的人地关系，从建设和谐社会和城市居民的切身利益出发，来认识和开展节约型园林植物造景。

我国节约型风景园林设计可以从建设节约和养护节约两方面思考。建设中，应在使用功能、视觉效果、生态性、经济性上寻找性价比高的解决方案；养护上，应充分考虑植物群落的自我稳定，安全管理的方便，设施的耐久和易清洁等。还要注意平衡好建设节约和养护节约之间的关系。例如，充分考虑中国公园内的高密度、高强度使用情况，建设适度投入，确保耐用，同时也是养护上的节约。

2）园林植物造景的经济学原理

园林植物景观以创造生态效益和社会效益为主要目的，必须遵循经济性原则，在节约成本、方便管理的基础上，以较少的投入获得较大的生态效益和社会效益，为改善城市环境、提高城市居民生活环境质量服务。根据园林植物造景的经济学原理，在种植设计和施工的环节上做到节流和开源两个方面，通过适当结合生产以及进行合理配置，来降低工程造价和后期养护管理费用。节流是指通过合理配置、适当用苗等来设法降低成本。开源是指在园林植物配置中妥善合理地结合生产，通过植物的副产品来产生一定经济收入；同时，通过合理地选择改善环境质量的

植物,提高环境质量,也增强了环境的经济产出功能。

(1)科学设计,形成相对稳定的植物景观

园林植物景观的稳定性是指在外界的生态环境和经济条件的多种变异影响下,自身具有的相对稳定性。其稳定程度,主要取决于两个方面,一是植物种类及特性,二是生长环境及人为因素。因为,植物是有生命的园林景观构成要素,随着时间的推移,其形态不断地发生变化。同时,植物群体是由个体组成的,每个个体之间又是相互联系和相互影响的。因此,既要考虑个体,更要顾及群体。如柳树与松柏相配,一个速生,一个慢生,则无长期稳定的景观效果;而用银杏与松柏,二者均生长较慢,则可达到长期稳定的效果。又如行道树配置时,选用苗木的规格要和株行距及树种的生长速度和生命周期中树冠大小变化等相结合,要留出发展空间,制订出变动过程中的措施,即将来当树冠较大时或显得植株较密时应采取的处理措施。

(2)科学选用植物,适地适树

科学合理地选择景观植物,要求:一是适地适树,二是结构合理化,三是多层次利用充分,四是综合效益高(使生物产量高,光合产物利用合理,系统的动态平衡最佳,从而带来较高的生态、经济、社会效益)。因此,应在充分了解和掌握园林植物的生长要求、生物学特性等知识的基础上,根据不同植物的喜阳、耐阴、耐旱、怕涝等不同的生态习性进行选择和搭配。

适地适树,即植物的选择以应地条件为依据,在不同的应地条件下选择不同的植物种类,使用不同的造景方法,使植物与其生长的应地环境条件相适应。园林植物适地适树,首先应选用乡土植物,适当点缀珍稀植物。如调查当地老树、大树,分析其生长良好、长寿的具体生态原因。选用时对照分析预栽地的条件是否适合。这样不仅能充分发挥该树的园林功能,又能反映地方特色。乡土植物,其适应本地风土能力最强,而且种源和苗木易得,且可突出本地园林的地方风格。由于珍稀植物栽培养护困难,成本高,最好少量应用。但是,一些地区不了解植物的习性,盲目大量地从外地购买苗木,结果由于所购苗木不能适应该地区的气候和土壤条件,部分或全军覆没,造成了很大的经济损失。其次是从栽植环境的立地条件来选择适宜的植物,避免因环境不适宜而造成植物生长不良或死亡。如用小苗可获得良好效果,就不用或少用大苗。布置大色块时,要考虑到植物日后的生长状况,不要过密栽植,要合理密植,从而降低造价。

(3)妥善结合生产,注重改善环境质量

在满足设计需要的前提下,即达到美学和功能空间要求的前提下,可适当种植具有生产功能和净化防护功能的植物。如不妨碍植物主要功能的情况下,要注意经济效益。可配置花、果繁多,易采收,价值较高的植物,如凌霄、玉兰、桂花、玫瑰、核桃等。也可利用速生树种生长快的特点,先密植实现近期的绿化效果,以后分批移栽出若干大苗,再栽上名贵树种,从而提高了土地利用率。为了改善环境,合理选择对环境问题具有较好改善效果的植物,如工厂、矿区要选用对污染物具有净化吸收作用的植物,就是一种经济的产出。

(4)最大限度地减少管理养护成本

投入一方面是建设时投入,另一方面是建成后的管理养护投入,两者是相互联系的。

前期建设时,园林植物造景的投入除基本的地形环境改造等投入外,主要的是园林植物苗木的投入。一是要根据总体投资的多少决定选用苗木的种类与规格大小,二是应根据日后的管理能力,分别选择可粗放管理或精细管理的植物。宜粗放管理的植物,以后的管理养护简便,投入少,成本低。反之,需要精细管理的是需要较高的管理养护技术,投入大,成本高。所以,实践上多选用寿命长,生长速度中等、耐粗放管理、耐修剪的植物,以减少资金投入和管理费用。

　　植物景观建成以后的管理养护,目的是让植物最大限度地发挥其对环境改善、保护作用和景观美化功能、生产功能等,为人们生活提供优美舒适的环境。

　　节约管理养护成本,首先是在建设时期要有前瞻的眼光,为建成后的管理减少管理养护难度。科学的植物造景除了满足植物的生理生态、场地功能、视觉景观效果等需求外,还必须对植物造景的效果进行预见。植物景观是活体景观,是随植物生长而发展变化的景观,对植物栽植施工后的景观变化及养护管理的考虑是植物造景的特色。然而在现实问题中却常存在设计、施工、养护脱节甚至矛盾的问题,没有考虑到植物生长所需要的各种因子不能满足时所必须采取的管理养护措施。例如,为提高苗木移栽成活率的措施及所需要材料、设备的成本;为保持植物优美形状所需要整形修剪的频度及所需机械等成本;当植物干旱时,浇水有无水源及水源远近,采取何种灌溉方式及所需要的成本;当植物在不能抵御严寒时所需要采取的御寒措施及所需要的设备、设施及投资成本;植物抗病程度及感病虫时进行防治病虫所需要的设备与材料的成本,等等。在植物景观效果预见中,常常将生长条件很好的植物作为理想效果的标准,而对植物能否达到预期的体量,季相变化、生长速度等却缺少深入细致并结合植物栽植场地、小气候等多因素的考虑。比较明显的是在城市植物造景中,大多数树木的生长体积、生长率都低于同等条件下自然界中的树木,而这一点却没得到设计师们的重视。另外,从乔、灌、草3类植物的绿量和养护难易来看,乔木不但绿量大,而且养护最易,灌木次之,草本绿量最小且养护管理最费工。但是,目前的植物造景中,大草坪泛滥,特别是城市广场绿化中,以求得"开敞景观""热带风光"等效果,其弊端明显。究其原因,除了流行风气外,设计者缺少对绿量的重视,缺乏对园林养护管理的正确认识不可忽视。倘若在设计中将绿量及其产生的生态、社会等多种效益纳入综合考虑中,相信一味追求单一的视觉效果的大草坪流行模式将会得到制止。

　　总之,园林植物造景是一个园林生态经济系统活动的综合体,只有做到科学性、功能性、艺术性和经济性等方面的紧密结合,全面运筹,相互协调,采取一系列综合对策和措施,优化配置各种要素,才能达到最佳的社会效益、环境效益和经济效益。

3.4　园林植物造景的环境心理学原理

3.4.1　环境心理学概述

1)环境感知理论

　　人类对环境的感受系统包括视觉感受系统、听觉感受系统、触觉感受系统、嗅觉感受系统、味觉感受系统等,人类通过各个感受系统全面地接受外部信息,从而了解其所处的环境。在人体各种感觉系统中,视觉感受系统是最为重要的。因此,在环境的设计当中充分发挥使用者的视觉感受信息,使其对环境产生美的感受。

　　感觉是心理和行为活动的重要基础,是联系外部环境和个体的桥梁。感觉具有直接性、零散性、客观性的特点。知觉是对感觉接收到的一系列外部环境信息进行加工整合的过程,通常情况下知觉具有完整性、统一性、选择性、思维性。感知是人对空间的第一反应与初级反应,人

对空间的感知最重要的就是空间的尺度感,而不同的空间给人以不同的尺度感。因而处于感知空间内的植物也应该符合该空间的尺度感,并被进一步强化或调节其尺度感。

2)空间认知理论

环境心理学家认为,个体之所以能够分辨其所处的物理环境,是因为其能够对过往所经历的空间信息进行整理记忆,并在大脑中重现环境的空间意象。为此格式塔派心理学家托尔曼创造性地提出"认知地图"一词来形容个体对具体环境的空间意象的认知。美国麻省理工学院教授凯文·林奇首次把"认知地图"的概念引入城市景观的意象研究中,并于1960年出版了一本对后世景观设计界产生重大影响的巨作《城市意象》。凯文林奇在书中将人对城市环境的意向要素归纳为五种元素:道路、边界、区域、节点和标志物。环境意象总是按照人们易于识别的实际需要在头脑中逐步形成,并带有一定的持久性和稳定性。当园林不同空间类型作为某种环境类型被人们感知之后,就会以环境意象的形式留在人们的脑海中并形成回忆。

一个好的环境意象首先可以使使用者在情感上产生一种良好的安全感,进而能够使使用者与外界环境之间建立一种亲密的协调关系,从而产生对所处环境的强烈认同。植物作为园林中的一个重要组成元素与路径、节点、区域、标志、边界等环境意象的形成之间有着密切的联系。植物本身可以作为主景构成标志、节点或区域的一部分,也可以作为这些要素的配景或辅助部分,帮助形成结构更为清晰、层次更为分明的环境意象。如有序的道路植物景观意象、清晰的边界植物景观意象、象征性的标志植物景观、引人入胜的节点植物景观意象等。

3)环境刺激—反应理论

环境刺激—反应理论认为个体所处的环境为个体提供了各种重要信息感受源。这些信息既含有些声音、光线、色彩、温度等基本环境信息,又含有一些室内外空间、房屋建筑、城市环境等高等级的信息。环境对个体的刺激包括数量和质量上的两个方面。数量上包括刺激的强度、时间以及刺激源的个数等具体数量关系的变动;质量上则包括刺激使个体产生的一定变化,包括心理和生理两个方面。环境刺激反应理论包括唤醒理论、适应水平理论、环境压力理论三个部分。

4)环境控制理论

环境控制理论认为:个体除了能接受环境各种刺激,并相应地适应这些刺激做出一定的行为表现之外,个体还存在着对环境刺激的控制能力。其包含空间上的维度和范围,具体表现为个人空间理论、领域性理论、私密性理论三个方面。在个人环境交往中,个人空间为个体心理所需的最小空间区域,外人对此空间的侵扰都会引起个体强烈的不适。个人之间的差异性(如情绪、个性、年龄、性别、文化生活方式、教育水平等)影响着个人空间的需求,不同类型的个体往往表现出不同个人空间距离。领域性被认为是个体或群体为了一定的心理和生理需要,实质化占有一定的空间区域,并对该区域进行保卫行为以防止其他人群进入。私密性不仅指的是独处的一种环境,更是一种对外在环境的选择性的交流特性。

人们的流动一般具有这样一些特点,如识途性、走捷径、不走回头路、乘兴而行等。人们在社会活动中,不仅希望与某些人保持亲近,也希望与另外某些人保持疏离,也即人与人之间要求具有合适的距离。开放式空间中理想的停住位置是既能让人观看他人的活动,又能与他人保持一定距离的地方,从而使观看者感到舒适泰然的"安全点"。

3.4.2 环境心理学原理应用

　　任何植物景观的营造都是为了更好地服务大众,而是否满足人类的行为心理需求则是衡量植物景观价值的重要因素。通过环境心理学理论可以更全面、科学地了解人与环境的关系,从心理学和行为的角度,研究环境和行为的关系,辨析人对环境的各种需求,把选择环境与创建环境相结合,对各类活动给予相应支持。根据环境心理学特点,一个适宜的植物景观应该符合安全性、私密性、公共性以及美观性的综合需求,人们在植物景观空间中经常发生的行为活动如散步、停留休憩、赏景、健身等,每一种活动类型对于物质环境的要求都大不相同,因此,需要塑造不同的空间类型,如开敞空间、半开敞空间、覆盖空间、封闭空间与垂直空间等,在不同功能区中加以应用,以满足不同年龄层次人群的使用需求,最终构建人与环境共生共荣、互利互惠和谐友好的景观。

4 风景园林植物造景的基本原则与配置方式

4.1 园林植物景观设计的基本原则

4.1.1 园林植物选择的原则

1)以乡土植物为主,适当引种外来植物

乡土植物(Native plant,Local plant)指原产于本地区或通过长期引种、栽培和繁殖已经非常适应本地区的气候和生态环境,生长良好的一类植物。在保证植物种类的多样化基础上,应优先选用乡土植物。乡土植物与引种外来植物相比具有很多优点:一是适应性强。乡土植物经过长期的引种栽培更加适应当地的自然环境条件,抗病虫害、抗污染能力强,苗源多,廉价,易成活。同时,乡土植物更易于和当地的其他生物构成和谐的生态系统,有助于维持生态平衡。二是实用性强。乡土植物可以食用、药用,可以提取香料,可以作为化工、造纸、建筑原材料以及绿化观赏。三是代表性强。乡土植物能够体现当地植物区系特色,代表当地的自然风貌,从而形成具有鲜明乡土文化特色的地域性园林景观,从而避免千篇一律的城市园林景观模式。四是文化性强。乡土植物在漫长的利用历史过程中,与当地其他文化互相影响、互相融合。乡土植物被赋予民间传说和典故,形成了反映当地精神文化内涵的乡土植物文化。如白族地区在新居前种植"风水树",以合欢、黄连木、大青树等为主;在西双版纳的傣族地区将榕树作为佛教教徒崇敬的对象。

园林植物种类的多样化会形成不同的季相,又因各种植物的形态和习性不同,形成了多种层次和色彩的立体的植物景观;其次,在园林绿地中选用多种植物,因地制宜地栽种,可以实现对不同地段多种立地条件合理、充分的利用;同时选择多个植物品种,不仅丰富了植物景观,还有利于组成乔、灌、草、藤等多层结构的植物群落,提高群落的稳定性。为了丰富植物种类,应以选用乡土植物的基础上,有计划地引进一些本地缺少,而又能适应当地环境的或观赏价值高的

树种。适当选用经过驯化的外来树种。应该注意的是,在引种的过程中,注意慎重引种,避免将一些入侵植物引入当地,引发生物入侵。"生物入侵"是指某种生物从外地自然传入或人为引种后成为野生状态,并对本地生态系统造成一定危害的现象。生物入侵应该具备两个要素:一是它是外来的,不是本地原有的物种;二是这个物种对当地生态系统造成危害和威胁。生物入侵的途径多种多样,主要途径有:有意地引进,无意地带入(如随轮船压舱物进入),贸易产品中夹杂植物种子或繁殖体,植物种子或繁殖体借风或动物的力量实现自然扩散等。

我国曾数度因为引种不当引发生物入侵,给当地植物造成巨大伤害。如100多年前我国引进原产南美洲的水葫芦作为观赏物种和饲料,结果水葫芦疯长成令人头痛的恶性杂草,聚集堵塞河道,使水土发臭,并导致鱼类种数急剧减少;1996年加拿大一枝黄花首次登陆在浙江省沿海一带的海塘,短短的十年时间,如今这种外来生物已经随处可见,据有关部门统计,宁波慈溪已有上万亩之多,并向周围城市扩散,在高速公路沿线、荒野地,部分绿化均可见到一枝黄花的踪迹。

在园林植物景观设计中,我们要十分重视生物入侵这一问题:一是植物配置时尽量设计乡土植物;二是引种新的园林植物时要特别谨慎,并加强对已引进物种的管理;三是要及时了解和掌握我国现有的外来有害物种的种类及危害状况;四是要加强对已知外来有害物种的防治及综合治理工作。

2)以总体规划和基地条件为依据,选择适合的园林绿化植物

(1)以总体规划为依据

各细部景点的设计都要服从总体规划,植物景观的营造也要服从主体立意或为园林绿地的主要功能服务。如道路绿地应选择树干高大、树冠浓密、深根性、耐干旱、清洁无臭的树种;学校、医院附属绿地应多选用有较好防护作用和消减噪声能力的植物,可栽植密林;布置开敞空间及层次丰富的疏林时则要选择姿态优美、色彩鲜明或花香果佳的树种。园林中所植的一草一木,都要最大限度地满足园林功能上的要求。

(2)适地适树、因地制宜

在种植设计时,应该对当地的立地条件进行深入细致的调查分析,包括光照、气温、水湿、土壤、风力影响等,结合植物材料的自身特点和对环境的要求合理地安排,使不同习性的植物与其生长的立地条件相适应。一般来说,乡土植物更容易适应当地的立地条件,应注重开发和应用乡土植物,而不要盲目地引进和推广外地园林植物。

3)乔灌木为主,草本花卉点缀,重视草坪地被、攀缘植物的应用

木本植物,尤其乔木是城市园林绿化的骨架。高大雄伟的乔木给人挺拔向上的感受;优美的形体易使其成为景观的主体,成群成林栽植又有浑厚淳朴、林木森森的效果。乔木结合灌木,在防护、美化,以及生产功能上起到首要作用。优美的植物景观,不仅需要高大雄伟的乔木,还要有多种多样的灌木、花卉、地被。乔木是绿色的主体,而丰富的色彩则来自灌木及花卉。通过乔、灌、花、草的合理搭配,才能组成平面上成丛成群、立面上层次丰富的季相多变、色彩绚丽的植物栽培群落。

乔木以庞大的树冠形成群落的上层,但冠下空间尚有很大利用价值,当乔、灌、草结合形成

复层混交群落,叶面积系数极大地增加,此时,释放氧气、吸收二氧化碳、降温、增湿、滞尘、减菌、防风等生态效益就能更大地发挥。因此从植物景观的完美性,从生态效益的发挥程度等方面考虑,都需要乔木、灌木、花卉、草坪、地被、攀缘植物的综合应用。

乔灌比例以 1:1 或 1:2 较为适宜,即一份乔木数量配以 1~2 份灌木数量,而草坪的面积不超过总栽种面积的 20%。

4）速生树与慢生树相结合,常绿树与落叶树相结合

速生树种如杨、桦等短期内就可以成形、见绿,可快速达到园林绿化效果。但速生树寿命短、衰减快,对风雪的抗逆性差,增加了施工和养护管理的负担,也对城市园林绿地植物多样性的稳定与持久缺乏贡献。与之相反,慢生树种如柏、银杏等生长缓慢,但其寿命长,对风雪、病虫害的抗逆性强,更易于养护管理,与前者正好形成互补。为达到快速且稳定的园林绿化效果,应该以速生树种为主,搭配一部分慢生、长寿树种,尽快进行普遍绿化;同时要近、远期结合,有计划、分期分批地使慢生树种替换衰老的速生树种。其次,在不同的园林绿地中,因地制宜地选择不同类型的树种是必要的,如行道树以速生树为主,游园、公园、庭院绿地中可以慢生树种为主。

四季常青是园林绿化普遍追求的目标之一。落叶乔木绿量大、寿命长、生态效益高,搭配一定数量的常绿乔木和灌木,可以创造四季有景的园林景观。对常绿树种的选择应做到因地制宜。南方地区气候条件好,常绿植物种类多,可以常绿树为主。北方地区气候条件较差,应以适应当地气候的落叶树为主,适当点缀常绿树种,既能保持冬季有景,又能兼顾北方冬季植物采光,塑造有地域特色的植物景观。

4.1.2 园林植物景观配置的原则

1）生态性原则

植物配置要遵循生态学的原理,在充分掌握植物的生物学、生态学特性的基础上,合理布局,科学搭配,形成结构合理、功能健全、种群稳定的乔灌草复层群落结构。植物配置既要充分地利用环境资源,又要形成优美的景观,创造植物与植物、植物与环境、植物与人的和谐的生态关系,使人在植物构成的空间里能够感受生态、享受生态、理解和尊重生态。

2）自然原则

自然原则包括两个方面,第一在植物的选择方面,以植物的自然生长状态为主,在配置中要参照地带性植物群落的结构特征,模仿自然群落的组合方式和配置形式,师法自然,避免单一物种、整齐划一的配置形式,使植物如同生长于自然生活的环境中。第二,要考虑到人与自然的和谐关系,要尽量按照不规则的、自然式的布局来设计园林植物景观,促进人与自然的接触和交流。

3）文化性原则

园林艺术通过对植物的造景应用体现着城市的历史文脉,是城市精神内涵的重要表达形式。植物配置的文化原则,是在特定的环境中通过各种植物配置使园林绿化具有相应的文化气

氛,形成不同种类的文化环境型人工植物群落,使人们产生各种主观感情与客观环境之间的景观意识,即所谓情景交融。园林中的植物花开草长、流红滴绿,漫步其间,人们不仅可以感受花草芬芳,而且可以领略诗情画意,不同审美经验的人也会产生不同的审美心理——意境。如李清照诗曰:"暗淡轻黄体性柔,情疏迹远只香留",体现出桂花的形态、香味,蕴藏着隐逸高贵的意境之美。利用园林植物进行意境创作是中国传统园林的典型造景风格和宝贵的文化遗产,我们应该挖掘整理并且发扬光大。在现代园林中植物意境美的创造并不是鼓励建造古典园林,它应该被赋予新的时代意义。在现代城市建设中,植物配置应多赋予草木以情趣,才能使人们更乐于亲近自然,享受自然,陶冶情操,使生活更加丰富多彩。

4)艺术性原则

园林植物景观的配置是反映人们审美意识的创作行为,使各种植物通过艺术配置,体现出景观中的自然美和意境美。在植物景观配置中应遵循多样与统一、对比与调和、节奏与韵律、比例与尺度、均衡与稳定5大形式美法则,充分体现出植物的个体美与群体美,充分利用植物的形态、色彩、质地、线条进行空间组织构图,并通过植物的季相变化及生命周期的变化达到预期的景观效果。

5)以人为本原则

园林植物景观的服务对象是人,因此它的设计应以满足人的心理需求、行为需求和审美需求为根本要求。在植物配置时,应当充分考虑园林绿地的功能,如观赏、娱乐功能,供游人参与、使用功能,或是生产防护功能等,满足人们的使用需求;其次,还应该考虑到人对环境的心理需求,如私密感、安全感、稳定感、开放感,通过合理的植物配置使人与环境达到最佳的互适状态;最后,植物景观不能仅局限于实用功能,还应该满足人们的审美要求以及追求美好事物的心理,让人们在美好的环境中放松心情,陶冶情操。

6)功能性原则

植物种植是为实现园林绿地的各种功能服务的,实现功能性是营造绿化景观的首要原则。首先应明确设计的目的和功能,如侧重庇荫的绿地种植设计应选择树冠高大、枝叶茂密的树种;侧重观赏作用的种植设计中应选择色、香、姿、韵俱佳的植物;高速公路中央分隔带的种植设计,为达到防止眩光的目的,对植物的选择以及种植密度、修剪高度都有严格的要求;城市滨水区绿地种植设计要选择吸收和抗污染能力强的植物,保证水体及水景质量;陵园种植设计为了营造庄严、肃穆的气氛,在植物配置时常常选择青松翠柏,采用对称布置等。

在绿地内进行乔、灌、草等多种植物复层结构的群落式种植,是在园林内实现植物多样性和生态效益最大化的有效途径和措施。但如果绿地全被植物群落占据,园林景观会由于空间缺乏变化而显得过于单调,且园林绿地的许多功能如文化娱乐、大型集体活动等也难以实现。因此,城市园林绿地内的植物种植,应从充分发挥园林绿地的综合功能和效益出发,进行科学的统筹设计,合理安排,使绿化种植呈现出宜密则密、当疏则疏、疏密有致、开合对比、富于变化的合理布局,从而实现园林绿地多种多样的功能。

7) 经济性原则

经济性原则是指以适当的经济投入,在设计、施工和养护管理等环节上开源节流,从而获得景观效果,以及社会、经济效益最大化。主要途径有:合理地选择乡土树种和合适规格的树种,降低造价;审慎安排植物的种间关系,避免植物生长不良导致意外返工;妥善结合生产,注重改善环境质量的植物配置方式,达到美学、生产和净化防护功能的统一;适当选用有食用、药用价值等经济植物与旅游活动相结合。同时要考虑绿地建成以后的养护成本问题,尽量使用和配置便于栽培管理的植物。

4.2 风景园林植物配置方式

园林植物种植设计的基本形式包括种植方式和种植类型。按种植的平面关系及构图艺术分,种植方式有规则式、自然式和混合式。按种植的景观分,各类植物种植类型多种多样,棕榈类、乔木、灌木、藤本、竹类、草本花卉和草坪及地被等各自有不同的种植类型。

规则式是指在栽植植物时按几何形式和一定的株行距有规律地栽植,特点是布局整齐端庄、秩序井然、严谨壮观,具有统一、抽象的艺术特点。在平面布局上,根据其对称与否又分为两种:一种是有明显的轴线,轴线两边严格对称,组成几何图案,称为规则式对称;另一种是有明显的轴线,左右不对称,但布局均衡,称为规则式不对称,这类种植方式在严谨中流露出某些活泼。在规则式种植中,乔木常以对称式或行列式种植为主,有时还刻意修剪成各种几何形体,甚至动物或人的形象。灌木也常常等距直线种植,或修剪成规整的图案作为大面积的构图,或作为绿篱,具有严谨性和统一性,形成与众不同的视觉效果。另外,绿篱、绿墙、绿门、绿柱等绿色建筑也是规则式种植中常用的方式。所以,在规则式种植中,植物并不代表本身的自然美,而是刻意追求对称统一的形体,错综复杂的图案,来渲染、加强设计的规整性,形成空间的整齐、庄严、雄伟、开朗的氛围。欧洲的法国、意大利、荷兰等国的古典园林中,植物景观主要是规则式的,植物被修剪成各种几何形体以及鸟兽形体,体现人类征服一切的思想。我国皇家园林主要殿堂前也多采用规则式的栽植手法,以此与规则式的建筑的线条、外形,乃至体量相协调,体现端庄、严肃的气氛。

自然式是指效仿植物自然群落构成如自然森林、草原、草甸、沼泽及田园风光,结合地形、水体、道路进行的配置方式,没有突出的轴线、一定的株行距和固定的排列方式,其特点是自然灵活,参差有致,显示出自然的、随机的、富有山林野趣的美。布局上讲究步移景异,常运用夹景、框景、对景、借景等手法,形成有效的景观控制。自然式种植中,树木配置多以孤植、树丛、树群、树林等形式,不用修剪规则的绿篱、绿墙和图案复杂的花坛。当游人畅游其间时可以充分享受到自然风景之美。草本花卉等布置则以花丛、花群、花境为主。自然式种植的植物材料要避免过于杂乱无章,要有重点、有特色,在统一中求变化,在丰富中求统一。随着人们艺术修养的不断提高,加之不愿再将大笔金钱浪费在养护管理费工、费时的整形景观上,而是向往自然,追求丰富多彩、变化无穷的植物美,所以自然式植物景观配置已经成为新的浪潮。

混合式是规则式与自然式的结合,是为了满足造景或立意的需要。如在近建筑处用规则式,远离建筑物处用自然式;在地势平坦处用规则式,在地形复杂处用自然式;在草坪周边用规则式绿篱,在内部用自然式树丛或散点树木等。混合式主要在于开辟宽广的视野,引导视线,增加景深和层次,并能充分表现植物美和地形美。

4.3 不同生态习性植物的应用方式

4.3.1 乔木在园林中的应用方式

园林绿化,乔木当家。乔木是园林植物景观营造时使用的骨干材料,其形体高大,枝叶繁茂,绿量大,寿命长,景观效果突出。所以,植物景观设计中,乔木是决定植物景观营造成败的关键。乔木树种的种植类型也反映了一个城市或地区的植物景观的整体形象和风貌。乔木在园林中的应用方式有以下几种:

1)孤植

(1)园林功能与布局

孤植指在空旷地上孤立地种植一株,或几株同一树种紧密地种植在一起,以表现单株栽植效果的种植类型。一般均为单株种植,也可以2~3株合栽成一个整体树冠。西方庭院中称为标本树,在中国习称孤植树。某些种类则呈单丛种植,如龙竹等。孤植的乔木在园林中既可作主景构图,展示其个体美,也可作遮阴之用。

孤植的目的是充分表现树木的个体美,如奇特的姿态、丰富的线条、浓艳的花朵、硕大的果实等。所以,孤植的树种在色彩、芳香、姿态上具有较高的欣赏价值。

(2)配植要点

孤植树作为园林构图的一部分,必须与周围环境和景物相协调,要与周围景物互为配景。如在开敞宽广的草坪中、高地或山岗上、水边湖畔、大型建筑物及广场等处栽种孤植树,所选树木必须特别巨大,这样才能与广阔的天空、水面、草坪有差异,使孤植树在姿态、体形、色彩上突出。然而,在小型林中的草坪、较小水面的水滨以及较小的院落之中种植孤植树,其体形必须小巧玲珑,可以应用体形与线条优美、色彩艳丽的树种。山水园中的孤植树,则必须与假山石相调和,树姿应选盘曲苍古的类型。孤植树常用于庭院、草坪、假山、水面附近、桥头、园路尽头或转弯处等,广场和建筑旁也常配置孤植树。如苏州网师园"小山丛桂轩"西侧的羽毛枫、留园"绿荫轩"旁的鸡爪槭、狮子林"问梅阁"东南水池边的大银杏、郑州市人民公园之"牡丹园"中的三角枫、上海植物园的五角枫(图4.1)等,都是非常优美的孤植树。

图4.1 孤植——五角枫

建造园林时,也必须考虑利用原地的成年大树作为孤植树。如果绿地中已有上百年或数十年的大树,必须使整个公园的构图与这种有利的条件结合起来。如果没有大树,则可利用原有

中年树(10~20年生的珍贵树)作为孤植树。

（3）树种选择

常用作孤植树的树种主要有雪松、白皮松、油松、圆柏、黄山松、侧柏、冷杉、云杉、银杏、南洋杉、悬铃木、七叶树、臭椿、枫香、国槐、栾树、柠檬桉、金钱松、凤凰木、樟树、广玉兰、玉兰、木瓜、榕树、海棠、樱花、梅花、山楂、白兰、木棉、鸡爪槭、三角枫、五角枫、垂柳等。

2）对植

（1）园林功能与布局

对植是指用两株或两丛相同或相似的树木，按照一定的轴线关系，作相互对称或均衡的种植方式，主要用于强调公园、建筑、道路、广场的出入口，同时结合庇荫和装饰美化的作用，在构图上一般形成配景和夹景，很少做主景。对植可采用单株形式，如图4.2所示，也可采用双株对植和树丛对植，如图4.3、图4.4所示。

图4.2　单株对植——乌桕

图4.3　双株对植——海棠

图4.4　对植竹丛

（2）配植要点

在规则式种植中，一般采用树冠整齐的树种，而一些树冠过于扭曲的树种则需使用得当。一般乔木距建筑物墙面要在5 m以上的距离，小乔木和灌木可酌情减少，但不能太近，至少2 m。在自然式种植中，对植不是对称的，但左右仍是均衡的。在自然式园林入口两旁、桥头、蹬道的石阶两旁、河道的进口两边、闭锁空间的进口、建筑物的门口，都需要自然式的入口栽植和诱导栽植。自然式对植是最简单的形式，是与主景物的中轴线支点取得均衡关系的配置方式。在构图中轴线的两侧可用同一树种，但大小和姿态必须不同，动势要向中轴线集中，与中轴线的垂直距离,大树要近,小树要远;也可以采用数目不相同而树种相同的配置,如左侧是一株大树,右侧为同一树种两株小树;也可以是两边相似而不相同的树种,如两种树丛,树种必须相似,双方既要避免呆板的对称的形式,又要对应。对植树在道路两旁构成夹景,利用树木分支状态或适当加以培育,就可以构成相依或交冠的自然景象。在桥头两边对植,能增强桥梁的稳定感。

(3)树种选择

适宜作对植的树种很多,常见的有苏铁、松柏类、云杉、冷杉、雪松、银杏、龙爪槐、大王椰子、棕榈、白兰、玉兰、桂花等及整形的大叶黄杨、石楠、水蜡、海桐、六月雪等。如广州中山纪念堂前左右的两株大白兰花,植株体量与建筑物体量相称,常绿、白花、芳香,能体现对伟人的追思和哀悼,寓意万古长青、流芳百世。

3)列植

(1)园林功能与布局

列植,又称行列栽植或直线配置,是指乔木按一定的株行距成排成行地种植,有单列、双列、多列等类型,行内株距也可有变化。行列栽植形成的景观比较整齐、单纯、气势大。行列栽植是规则式园林绿地,如道路、广场、工矿区、居住区、办公大楼绿化、防护林带、农田林网等处应用最多的基本栽植形式,如图4.5、图4.6、图4.7所示。园林中常见的灌木花径和绿篱从本质上也是列植,只是株行距太小。行列栽植具有施工、管理方便的优点。

图4.5 列植梨树行道树

图4.6 列植——水杉

图4.7 列植——金枝国槐

（2）配植要点

行列栽植时宜选用树冠体形比较整齐的树种,如圆形、卵圆形、倒卵形、椭圆形、塔形、圆形等,而不宜选用枝叶稀疏、树冠不整形的树种。行列栽植的株行距,取决于树种的特点、苗木规格和园林用途等。一般乔木采用3~8 m,甚至更大,而灌木为2~5 m,过密就成了绿篱。

在设计行列栽植时,要处理好与其他因素的矛盾。行列栽植多用于建筑、道路、上下管线较多的地段。行列栽植与道路配合,可起夹景作用。行列栽植的基本形式有两种:一是等行等距,即从平面上看是呈正方形或品字形的种植点,这多用于规则式园林绿地中。二是等行不等距,即行距相等,行内的株距有疏密变化,从平面上看是成不等边三角形或不等边四边形,可用于规则式或自然式园林局部,如路边、广场边缘、水边、建筑物边缘等,也常应用于从规则式栽植到自然式栽植的过渡带。

（3）树种选择

常用作列植的树种有无患子、栾树、银杏、国槐、白蜡、重阳木、三角枫、五角枫、女贞、垂柳、龙柏、雪松、水杉等。如杭州西湖苏堤中央大道两侧以无患子、重阳木和三角枫等分段列植,效果很好。

4）丛植

（1）园林功能与布局

丛植是由两株至十几株同种或异种的树种比较紧密地以不等距离种植在一起,其树冠线彼此密接而形成一个整体外轮廓线的种植方式,又称为树丛。丛植有较强的整体感,少量株数的丛植也有孤赏树的艺术效果。丛植的目的主要在于发挥集体的作用,即在艺术上强调整体美。但由于植株数量有限,除群体美外,还要注意个体美。

树丛在功能上除作为组成园林空间构图的骨架外,有用作庇荫的,有用作主景的,有作诱导的,也有作配景的。庇荫用的树丛最好采用单纯树丛形式,通常以树冠开展的高大乔木为宜,一般不与灌木相配。人可以入游,但不能设道路,可设石桌、石凳和天然坐石。而作为构图艺术上的主景、诱导与配景用的树丛,则多采用乔灌木混交树丛。

作为主景用的树丛常布置在公园入口、主要道路的交叉口、弯道的凹凸部分、草坪上或草坪周围、水边、斜坡及土岗边缘等处,以形成美丽的立面景观和水景画面。在人视线集中的地方,也可以利用具有特殊观赏效果的树丛作为局部构图的全景。在弯道和交叉口处的树丛,又可作为自然屏障,起到十分重要的障景和导游作用。

树丛作为建筑、雕塑的配景或背景,可突出雕塑、纪念碑等景观的效果,形成雄伟壮丽的画面。但是,应注意体形、色彩与主体景物的对比、协调。

对于比较狭长而空旷的空间或水面,为了增加景深和层次,可利用树丛做适当的分隔,以消除景观单调的缺陷,增加空间层次。如视线前方有景观可赏,可将树丛分布在视线两旁,或在前方形成夹景、框景、漏景等。

（2）配植要点

① 2株配合:2株树木配置成丛,构图上必须符合多样统一的原理,既要有调和,又要有对比。因此,2株树的组合,必须既有变化又有统一。凡差别太大的2种不同的树木,两者间无相通之处,便形成不协调的景观,其效果也不好,如一株棕榈和一株马尾松,一株桧柏和一株龙爪槐配置在一起,对比太强便失掉均衡。因此,2株结合的树丛最好采用同一树种,并且最好在姿

态、动势、大小上有显著的差异,这样才能使树丛生动活泼起来。不同的树木,如果在外观上十分相似,可考虑配置在一起,如桂花和女贞为同科同属的植物,且外观相似,又同为常绿阔叶乔木,配置在一起将会十分调和,且最好把桂花放在重要位置,女贞作为陪衬。同一个树种下的变种和品种,其差异更小,一般可以一起配置,如红梅与绿萼梅相配,就很调和。但是,即便是同一种的不同变种,如果外观上差异太大,仍不适宜配置在一起,如龙爪柳和馒头柳,虽然同为旱柳的变种,但由于外形相差太大,故配在一起就会不调和。

②3株配合:3株配合中,如果用2个不同的树种,最好同为常绿树或同为落叶树,如图4.8所示。3株配合最多只能用2个不同树种,忌用3个不同树种(如果外观不易分辨不在此限)。古人云:"三树一丛,第一株为主树,第二第三为客树"3株配置,树木的大小、姿态都要有对比和差异。栽植时,3株忌在同一条直线上,也忌按等边三角形栽植。3株的距离要不相等,其中最大的一株和最小的一株要靠近些,使其成为一个小组,但这两组在动势上又要呼应,这样构图才不致分割。例如,1株大乔木广玉兰之下配置2株小灌木红叶李,或者2株大乔木香樟下配置1株小灌木紫荆,由于体量差异太大,配置在一起对比太强烈,构图效果就不

图4.8 三株丛植

统一。再如,1株落羽杉和2株龙爪槐配置在一起,因为体形和姿态对比太强烈,构图效果不协调。因此,3株配置的树丛,最好选择同一树种中体形、姿态不同的树进行配置。

③4株配合:4株配合,应用1个树种,称为通相。但在体形、形态、大小、距离、高矮上应力求不同,栽植点标高也可以变化,这称为殊相。如果用2个树种,最好选择外形相似的不同树种,否则就难以协调。如果应用3种以上的树种,大小悬殊的乔木就不易调和。如果是外观极相似的树木,选用也可超过2个树种。所以,原则上4株的组合不要乔灌木合用。

4株树组合的树丛,不能种在一条直线上,要分组栽植,但不能两两组合,也不要任意3株成一直线,可分为2组或3组。分为2组,即3株较近1株远离;分为3组,即2株1组,而另一株稍远,再有1株远离些。树种相同时,在树木大小排列上,最大的1株要在集体的1组中。当树种不同时,其中3株为一种,另一株为其他种,这另一株不能最大,也不能最小,不能单独成1个小组,必须与其他1种组成1个3株的混交树丛。在这一组中,这一株应与另一株靠拢,并居于中间,不要靠边。

④5株的配合:5株树丛可用同一个树种,但每株树的体形、姿态、动势、大小、栽植距离都应不同。最理想的分组方式为3∶2,就是3株1组,2株1组。如果按照大小分为5个号,3株的小组应该是1,2,4成组,或1,3,4成组,或1,3,5成组。总之,主体必须在3株的一组中。其组合原则是:3株的小组与3株的树丛相同,2株的小组与2株的树丛相同。但是,这两小组必须各有动势,两组动势又须取得和谐。另一种分组方式为4∶1,其中单株树木不要最大的,也不要最小的,最好是2,3号树种,但两小组不宜过远,动势上要有呼应。

5株树丛也可由2个树种组成,一个树种为3株,另一个树种为2株,这样比较合适。如果一个树种为1株,另一个树种为4株就不适当了。

⑤6株以上配合:6株的配合,一般是由2株、3株、4株、5株等基本形式交相搭配而成。株数越多,就越复杂。孤植树是一个基本单元,2株树丛也是个基本单元,3株是由2株和1株组成的,4株又由3株和1株组成,5株则由1株和4株或2株和3株组成,六七株、八九株同样类推。其关键仍在调和中要求对比差异,差异太大时要求调和。所以,株数越少,树种越不能多用;株数增加时,树种可逐渐增多。但是,树丛的配合,在10~15株以内,外形相差太大的树种,最好不要超过5种,而外形十分类似的树木可以增多种类。

(3)树种选择

以观赏为主的树丛,为了延长观赏期,一般同时选用几种树种,并注意树丛的季相变化。可将春季观花、秋季观果的花灌木及常绿树种配合使用,并可于树丛下配置常绿地被,形成四季常绿、三季有花的优美景观,还应注意生态习性互补。例如,在华北地区,油松-元宝枫-连翘树丛、黄栌-丁香-珍珠梅树丛可配置于山坡,而垂柳-碧桃树丛可布置于溪边池畔和水榭附近。配置树丛的地面,可以是自然植被或是草坪、草花地,也可是山石或台地。树丛设计必须以当地的自然条件和总的设计意图为依据,充分掌握其植株个体的生物学特性及个体之间的相互影响,以取得理想的效果。

5)聚植

(1)园林功能与布局

聚植又称组栽,是由两三株至一二十株不同种类的树种组配成一个景观单元的配置方式;也可以用几个树丛组成聚植。聚植既能充分发挥树木的集团美,又能表现出不同种类的个性特征,并使这些个性特征很好地协调组合在一起,是在景观上具有丰富表现力的一种配植方式,如图4.9所示。

图4.9　聚植——黄金香柳、蒲葵等

(2)配植要点

与树丛的不同之处在于,聚植所形成的植物组团通过不同树种形态、体量、高度、色彩的不同来表现对比和变化,景观更显层次与趣味。其可做主景或配景,应用广泛,具有一定的空间分隔的作用。

(3)树种选择

聚植树种的选择灵活多样。好的聚植设计要从各个树种的观赏特性、生活习性、种间关系、与周围环境的关系及栽培养护管理等多方面进行综合考虑。

6)群植

(1)园林功能与布局

由二三十株以上至数百株的乔、灌木成群配置时称为群植,这个群体称为树群。它可由单一树种组成,也可由数个树种组成。树群表现的是植物的群体美,主要观赏它的层次、外缘和林冠等,如图4.10所示。

图4.10　群植——大叶榕、广玉兰、天竺桂、紫叶李、蒲葵等

树群由于株数较多,占地较大,用以组织空间层次,划分区域,可以作为背景、伴景用,在自然景区中也可以作为主景。两组树群相邻时,可起到透景、框景的作用。

树群不但有形成景观的艺术效果,还有改善环境的效果。在设计树群时,不仅应注意树群的林冠线轮廓以及色相、季相效果,更应该注意树木种类间的生态习性关系,以使能保持景观较长时期的相对稳定性。树群的外貌,要有高低起伏的变化。

树群也可作构图的主景。当树群作为主景时,应该布置在有足够距离的开敞场地上,如靠近林缘的大草坪、宽广的林中空地、水中的小岛屿、宽阔水面的水滨、小山的山坡与土丘等地方。其主立面前方,至少在树群高度的4倍、树宽度的1倍半距离上,要留出空地,配合林下灌木和地被,增添野趣,以便游人欣赏。

(2)配植要点

树群的配置因树种的不同可以组成单纯树群或混交树群。后者是园林中树群的主要形式,所用的树种较多,能够使林缘、树冠形成不同层次。混交树群的组成一般可分为4层,最高层是乔木层,应该是阳性树,是林冠线的主体,要求有起伏的变化;乔木层下是亚乔木层,应选中性树,这一层要求叶形、叶色都要有一定的观赏效果,与乔木层在颜色上形成对比;亚乔木层下面是灌木层,布置在接近人们的东、南、西三面外缘的向阳处,以阳性花灌木为主,而在北侧应选中性或阴性灌木;最下一层是耐阴的草本植物层。

树群内栽植距离要有疏密变化,要呈不等边三角形,不宜成排、成行、成带等距离栽植。常绿、落叶、观叶、观花的树木,因面积不大,不宜用带状混交,也不可用片状混交,应该用复合混交、小块交与点状混交相结合形式。树群内树种选择要注意各类树种的生态习性。在树群外缘的植物受环境影响大,在内部的植物相互间影响大。树群内的组合要很好地结合生态条件。喜光的阳性树不宜植于群内,更不宜用作下木;阴性树宜植于树群内。所以,作为第一层乔木,应该是阳性树;第二层亚乔木可以是半阴性的;而种植在乔木庇荫下及北面的灌木则应是半阴性或阴性的。喜暖的植物应该配置在树群的南方和东南方。

(3)树种选择

大多数园林乔木均适合布置树群,且其外貌要有季相变化。如以常绿乔木广玉兰为上层,落叶乔木白玉兰、红枫等为第二层,灌木层用紫玉兰、山茶、含笑、火棘、麻叶绣线菊,最下层用草坪。这样配成的树群,广玉兰作背景,2月山茶花先开;3月份玉兰的白花、紫玉兰的紫色花更鲜明;4月中下旬麻叶绣线菊和火棘的白花又和大红山茶形成鲜明对比;此后含笑又开花吐芳;10月间火棘的红果硕丰,红枫叶色转红。这样,整个树群显得生气勃勃、欣欣向荣。又如秋色叶树种,枫香、元宝枫、黄连木、黄栌、槭树等群植,可形成优美的秋色。南京中山植物园的"红枫岗"以黄檀、榔榆、三角枫为上层乔木,以鸡爪槭、红枫等为中层形成树群,林下配置洒金珊瑚、吉祥草、土麦冬、石蒜等灌木和地被,景色十分优美。

7)片植(林植)

(1)园林功能与布局

片植(林植)是指单一树种或两个以上树种大量成片种植。栽植单一树种的称为纯林,栽植两种或两种以上树种称为混交林。片植(林植)多可形成几百上千株的林地,也可以少到几十株。片植(林植)模仿森林景观,多用于风景名胜区、大中型公园及绿地或休、疗养区及卫生防护林带等。

片植(林植)可根据园林面积的大小,按适当的比例因地制宜植造成片的树林,也可以是在园林范围内适当地利用原有的成片树木,加以改造。许多公共园林绿地都是以林木取胜,园林内需要有成片的林地营造绿树成荫的优美环境,此时,可以选用落叶乔木成片种植,利用植物的季相变化,营造不同时序的植物季相景观。除人工林之外,有不少公园利用了所在山地的原有树林,如长沙岳麓山、广州越秀山、南京紫金山等。

(2)配植要点

园林片植时的布置要领是:树木不必成排成行,要有疏有密;小片林地四周按不同生态条件种植一些灌木;林间小路崎岖自然,路边种植一些耐阴植物;林缘不为直线,整个林地不为几何图形。片植(林植)可分为密林和疏林两种。

① 密林

密林多用于大型公园和风景区,郁闭度在0.7~1.0,阳光很少投入林下,土壤湿度很大。其地被植物含水量高、组织柔软、脆弱,经不住踩踏,不便于游人活动。如长沙的岳麓山、广州的越秀山等地。

密林又分单纯密林和混交密林。单纯密林是由一个树种组成,它没有垂直郁闭景观和丰富的季相变化,如图4.11所示。为弥补这一缺陷,可以采用异龄树种造林,可以结合起伏的地形变化,使林冠得以变化。林区外缘还可配置同一树种的树群、树丛和孤植树,以增强林缘线的曲折变化。林下可配置一种或多种开花华丽的耐阴或半耐阴草本花卉,或是低矮开花繁茂的耐阴灌木。单纯配置一种花灌木可以取得简洁之美,多种混交则可取得丰富多

图4.11　单纯密林白桦

彩的季相变化。为了提高林下景观的艺术效果,水平郁闭度不可太高,最好在 0.7 ~ 0.8,这样有利于林下植物的正常生长。单纯密林栽植时可为规则式,也可为自然式,前者经若干年后分批疏伐,渐成为疏密有致的自然式纯林。纯林多选用观赏价值高的乡土适生树种,如马尾松、油松、白皮松、黑松、水杉、枫香、侧柏、元宝枫、毛白杨、黄栌等。

混交密林是一个具有多层结构的植物群落,大乔木、小乔木、大灌木、小灌木、高草、低草等,它们各自根据自己的生态要求,形成不同的层次,其季相变化比较丰富,如图 4.12、图 4.13 所示。供游人欣赏的林缘部分,其垂直成层构图要十分突出,但又不能全部塞满,以致影响到游人的欣赏。为了能使游人深入林地,密林内部有自然路通过,但沿路两旁的垂直郁闭度不宜太大,必要时还可以留出空旷的草坪,或利用林间溪流水体,种植水生花卉,也可以附设一些简单构筑物,以供游人作短暂休息之用。

图 4.12　混交密林与林下地被

图 4.13　混交密林

密林种植,大面积可采用片状混交,小面积的多采用点状混交,一般不用带状混交。密林种植时不仅要注意常绿与落叶、乔木与灌木的配合比例,还要注意植物对生态因子的要求等。单纯密林和混交密林在艺术效果上各有其特点,前者简洁,后者华丽,两者相互衬托,特点突出,因此不能偏废。从生物学的特点来看,混交密林比单纯密林好,故园林中纯林不宜太多。如华北山区,常见油松、元宝枫、胡枝子三者模仿天然混交林的林植。

② 疏林

疏林多用于大型公园的休息区,并与大片草坪相结合,郁闭度为 0.4 ~ 0.6,并常与草地结合,故又称草地疏林,如图 4.14、图 4.15 所示。这是园林中应用最多的一种形式,不论是鸟语花香的春天,浓荫蔽日的夏天,或是晴空万里的秋天,游人总是喜欢在林间草地上休息、游戏、看书、摄影、野餐、观景等,即便在白雪皑皑的严冬,草地疏林仍别具风味。所以,疏林中的树种要具有较高的价值,树冠宜开展,树荫要疏朗,生长要强健,花和叶的色彩要丰富,树枝线条要曲折多变,树干要好看,常绿树与落叶树的搭配要合适。树木的种植最好三五成群,疏密相间,有断有续,错落有致,使构图上显得生动活泼。林下草坪应含水量少,坚韧耐践踏,最好秋季不枯黄,尽可能地让游人在草坪上多活动,一般不修建园路。但作为观赏用的嵌花草地疏林,则应该有路可走。有时,城市周围、河流沿岸的防护林、护岸林,多用自然式林带,宽度随环境而变化。疏林常用的树种有银杏、金钱松、水杉、白桦、枫香、毛白杨、白蜡、栾树等。

图 4.14　疏林草地——毛白杨

图 4.15　疏林草地——乌桕林

4.3.2　棕榈型植物在园林中的应用方式

　　棕榈型植物包括苏铁科和棕榈科的全部树种。一般人以为棕榈型植物只是适合于高温潮湿之热带地区种植,其实部分较耐寒的棕榈植物已被引至亚热带及温带地区种植及繁殖,并得到成功。目前,据记录,最耐寒的棕榈植物可在-22 ℃下存活,数十个品种都能耐寒至-50 ℃。

　　有些棕榈型植物树型多样、独特,颇具南国风光特色,高大的树种达数十米,树姿雄伟,茎干单生,苍劲挺拔,加上叶型美观,与茎干相映成趣,可做主景树;有些种类,茎干丛生,树影婆娑,宜作配景树种;低矮的种类,株型秀丽,宜栽种于盆中,作盆景观赏。棕榈型植物可以单植、列植或群植,广泛应用于道路、公园、庭院、厂区及盆景绿化。

　　棕榈型植物以其形态优美、生命力顽强及容易种植等优点,早就流行于欧美园林界。目前许多国际名城都广泛采用棕榈型植物作为行道树、庭院树、室内摆设及游泳池边用树。棕榈科植物的树干富有弹性,不易折断,不易掉叶,所以非常适合园林绿化。近几年,我国的海南、广州、上海等城市园林绿地中也积极引种了很多棕榈型植物,营造了许多优美的景观。

　　棕榈型植物几乎成了热带风光的标志,在植物造景的意境构思上,为设计者提供了极佳的素材。它不仅见于传统园林,而且更多地出现于现代园林中。棕榈型植物在园林设计中的应用主要有以下几种方式:

1）主题点景

　　棕榈型植物以其优美的形态给人们留下了深刻印象。无论是高大挺拔的华盛顿葵,霸气十足的加拿利海枣,还是清秀婀娜的美丽针葵,都在园林配置上占有重要地位。在众多植物中,它们常常是人们视线的焦点,成为园林设计者的宠爱之物,设计师常常有意将棕榈型植物摆在重要位置,如图 4.16 所示。一片绿茵茵的草坪,或聚或散种

图 4.16　棕榈天井列植——铁树丛植

植一两组棕榈科植物,在其挺拔粗壮的树干下栽植修剪成形的灌木,通过高低、形态、色彩、体量的对比和谐,构造出点景主题。这也是近年来园林设计营造疏朗空间常用的手法之一。如福建厦门植物园和深圳仙湖植物园的棕榈景观,极受游人的喜爱。一些立交桥和交通岛绿地,也常用棕榈型植物作为主景。

2)行列式种植加重气势

棕榈型植物行列种植,能使人因其整齐划一而产生联想,树干如两排队列整齐的仪仗队,而树干顶端蓬松散开的巨大叶片,又不失其活泼性格。如植株高大雄伟的大王椰子、华盛顿棕、皇后葵、加拿利海枣、董棕、贝叶棕、棕榈等列植成的行道树,气势雄伟壮观,如图4.17所示。

图4.17　棕榈类植物主题点景　　　　图4.18　棕榈类植物水边风景线防风林

3)湖水岸边配置

棕榈型植物特色之一是"秀",不仅有美丽针葵的婀娜,三药槟榔的多姿,就连高大的加拿利海枣、华盛顿葵等,硬朗中也透着秀气。在园林设计上,棕榈型植物常被安排在水边草地上。人们不仅可以欣赏树冠的天际线,还可以看水中美丽的倒影。棕榈型植物不易落叶,游泳池边常以几株点缀,既增添绿意,又是很美的竖向景观。如果配合建筑小品、景石,立面则更丰富多彩。由于树干极富弹性,于强风中不易折断及掉小叶,特别适于用作沿海台风地区海滨的防风林带树种,如图4.18所示。

4)与其他景物相互衬托

棕榈型植物的叶片呈现一种自然的曲线,园林中往往利用它的质感及独特的形态来衬托人工硬质材料构成的规划式建筑形体,这种对比更加突出两种材料的质感。建筑物旁选用有一定姿态的品种,如散尾葵、美丽针葵、三药槟榔等中小型种类,安置在入口两侧墙边。一般体型较大、视线开阔的建筑物附近也选用体型较大、挺拔的种类。而小小庭园,在墙前廊边栽植几株散尾葵、美丽针葵、棕竹等,以求"粉墙作纸,植物作画"的效果,也别有一番情趣。厅堂也可用木桶栽植棕榈、鱼尾葵、刺葵、欧洲矮棕等,室内可盆栽棕竹、蒲葵、小琼棕、散尾葵等,增添生趣。建筑物前、建筑的天井院内,可丛植或台植几丛棕榈类植物,以美化和衬托建筑的宏伟和整洁,如图4.19、图4.20所示。

图 4.19 棕榈丛植

图 4.20 棕榈类庭院台植

5)阻隔遮挡或分隔空间

园林设计上常用植物遮挡手法令建筑与绿化有机地结合,最简便的方法就是种上几丛鱼尾葵或几株华盛顿葵,使被遮挡的构筑物若隐若现。散尾葵也常被种于屋角、墙角以改变本来生硬的建筑线条,同时也是一景。棕竹较耐阴,种在半阴的位置最为合适。

在公园里,棕榈型植物除了作为园中道路绿化树种外,还可种植形成棕榈科植物区或棕榈岛,或点缀于公园山石、门窗、景亭等景观之中,如图 4.21 所示。通常在公园中较开阔的地带,选择适宜生长的棕榈型植物种类,如假槟榔、大王椰子、蒲葵、海枣、董棕、青棕等,单种群植,也可多种混植,栽植成片的具热带、南亚热带绮丽风光的棕榈型植物区。

图 4.21 棕榈类植物的遮挡作用

6)专类公园

棕榈型植物一直受到世界各地园林及植物学者的重视和喜爱,被广泛引种收集,多建成棕榈型植物专类园,如图 4.22、图 4.23 所示。如巴西的里约植物园,美国的热带植物园,印度尼西亚的茂物植物园,英国的邱园,新加坡、澳大利亚及我国南方的几个植物园,都建有世界闻名的棕榈类植物专类园。

图 4.22 棕榈科植物专类公园

图 4.23 棕榈类植物园

4.3.3　灌木在园林中的应用方式

1)灌木在园林中的作用

灌木是构成城市园林系统的骨架之一。如果说整个城市是一个大园林系统,那么灌木就构成了这个系统中的基本骨架。灌木在城市中广泛用于广场、花坛及公园的坡地、林缘、花境及公路中间的分车道隔离带、居住小区的绿化带、绿篱等。一般来说,植物群落是以乔木为主体的乔木—灌木—草本结构,但在城市中除一些大的自然风景区和一些主干道路的隔离带以外,很少有大片的乔木林存在。这是因为乔木的生长受空间的制约较大,成片的乔木在城市的外围更能发挥其良好的生态作用,而灌木则不论土地面积的大小、土壤的贫瘠与肥沃,都能顽强地生长。通过点、线、面各种形式的组合栽植,灌木将城市中一些相互隔离的绿地联系起来,形成一个完整的园林系统。

2)灌木在植物造景中的主要应用方式

灌木的应用方式有篱植、孤植、丛植、片植、对植、列植等,不同的栽植类型适用于不同的环境,并且能表达不同的意境,构成不同的功能。

（1）篱植

凡是由灌木(也可用小乔木)以近距离的株行距密植,栽成单行、双行或多行,形成结构紧密的规则种植形式,称为篱植,又称绿篱或绿墙。篱植起着阻隔空间和引导交通的作用。

①绿篱按高度分类:根据绿篱栽植高度的不同,可以分为绿墙、高绿篱、中绿篱和矮绿篱4种。

a.绿墙:高度在一般人眼(约1.7 m)以上,阻挡人们视线通过的属于绿墙或树墙。用作绿墙的材料有珊瑚树、桧柏、枸橘、大叶女贞、石楠等,如图4.24所示。绿墙的株距可采用100～150 cm,行距150～200 cm。

b.高绿篱:高度为1.2～1.6 m,人的视线可以通过,但其高度是一般人所不能跃过的,称为高绿篱。其作用主要用以防噪声、防尘、分隔空间。用作高绿篱的材料有构树、柞木、珊瑚树、小叶女贞、大叶女贞、桧柏、锦鸡儿、紫穗槐等,如图4.25所示。

图4.24　绿墙——珊瑚树

图4.25　高绿篱——女贞编篱

c.中绿篱:比较费事才能跨越而过的绿篱,高度为 0.5～1.2 m,称为中绿篱,这是一般园林中最常用的绿篱类型,如图 4.26 所示。用作中绿篱的植物主要有洒金千头柏、龙柏、刺柏、矮紫杉、小叶黄杨、小叶女贞、海桐、火棘、枸骨、七里香、木槿、扶桑等。

d.矮绿篱:凡高度在 50 cm 以下,人们可以毫不费力一跨而过的绿篱,称为矮绿篱,如图 4.27 所示。除作境界外,还可用作花坛、草坪、喷泉、雕塑周围的装饰、组字、构成图案,起到标志和宣传作用,也常作基础种植。矮篱株距为 30～50 cm,行距为 40～60 cm,矮绿篱的材料主要有千头柏、六月雪、假连翘、菲白竹、小檗、小叶女贞、金叶女贞、金森女贞等。

图 4.26　矮绿篱

图 4.27　矮篱

篱植的宽度和高度根据具体情况不同而不同。一般来说,在城市空间中,篱植灌木的高度不要超过 1.5 m,这是因为考虑到人站立时视平线的高度,超过此高度,人将无法看见灌木后面的空间,且会给人们造成威慑感,而缺少安全感。篱植的宽度和高度根据不同的要求可作不同的规划。

②绿篱按观赏功能分类:根据绿篱功能要求与观赏要求不同,可分为常绿绿篱、落叶篱、花篱、果篱、刺篱、蔓篱与编篱等。

a.常绿绿篱:由常绿树组成,为园林中最常用的绿篱,常用的主要树种有桧柏、侧柏、罗汉松、大叶黄杨、海桐、女贞、小蜡、锦熟黄杨、雀舌黄杨、冬青、月桂、珊瑚树、蚊母、观音竹、茶树等。

b.花篱:由观花灌木组成,是园林中比较精美的绿篱,多用于重点绿化地带。常用的主要树种有桂花、栀子花、茉莉、六月雪、金丝桃、金老梅、迎春花、云南黄素馨、溲疏、木槿、锦带花、金钟花、紫荆、郁李、珍珠梅、绣线菊类等。

c.果篱:许多灌木植物在长成时,果色鲜艳,可作观赏,且别具风格,如紫珠、枸骨、火棘、构橘、金银木、花椒、月季等,如图 4.28 所示。果篱以不规则整形修剪为宜,如果修剪过重,则结果较少,影响观赏效果。

d.刺篱:在园林中为了防范,常用带刺的植物作绿篱,如图 4.29 所示。常用的树种有枸骨、构橘、花椒、小檗、黄刺玫、蔷薇、月季、胡颓子、山皂荚等。其中构橘用作绿篱有"铁篱寨"之称。

e.落叶篱:由一般落叶树组成,东北、华北地区常用,主要树种有榆树、木槿、紫穗槐、柽柳、雪柳、茶条槭、金钟花、紫叶小檗、黄刺玫、红瑞木、黄瑞木等。

图 4.28　果篱——月季之果

f.蔓篱:在园林或住宅大院内,为了防范和划分空间的需要,一时得不到高大的树苗时,常常建立竹篱、木栅围墙或铁丝网篱,同时栽植藤本植物。常用的植物有凌霄、金银花、山荞麦、爬行蔷薇、地锦、蛇葡萄、南蛇藤、茑萝、牵牛花、丝瓜等。

g.编篱:为了增加绿篱的防范作用,避免游人或动物穿行,有时把绿篱植物的枝条编结起来,做成网状或格状形式,如图4.30所示。常用的植物有木槿、杞柳、紫穗槐、小叶女贞等。

图4.29 刺篱——重瓣黄刺玫　　　　图4.30 对植的迎春花

③ 绿篱的种植方式:在道路两旁,根据需要可以对称种植,也可以一侧种植;可以是单层种植,也可以是多层种植。单层种植方式也是多变的,可水平直线带状,即上部水平、两侧沿路呈直线状,这是道路两旁最常见的篱植形式;也可以呈水平波浪带状或菱形带状,还可以呈高度不同的立面波浪带状等。这类种植方式在公园及居住绿地中应用较为广泛。不同的篱植长度可以根据人的视觉效应来决定,人对事物凝视30~50 s可以产生深刻的印象,而对于缺乏变化的景观延续5~6 min,则会使人产生漫长感,按一般人每分钟前行40~80 m,相同植物采用相同的种植方式,其长度应控制在30~50 m为最好,太长则容易使人产生厌烦情绪,太短则不会在大脑中留下太多印象,但这个长度不是绝对的,与植物本身的醒目程度也有关。一般说来,越是鲜艳醒目的植物,其种植长度可以相对短些,因其鲜艳的色彩本身可以加深印象。

篱植和列植还可搭配在一起种植,如选用中低高度的小叶女贞、杜鹃等植物进行篱植,再用较高大的定型植物如山茶、海桐等植物在其中定距列植,可收到不同的效果。有些植物既可列植,又可篱植,完全在于不同的栽植方式和修剪,如小叶女贞和红檵木,既可修剪成球形或圆柱形,又可密植成植篱。

(2)孤植

孤植灌木多用于庭院、草坪、假山、桥头、建筑旁、广场、花坛中心等处,多用经过修剪整形的形式,也可用自然形。常用的灌木有苏铁、千头柏、桂花、大叶黄杨、小叶黄杨、小叶女贞、法国冬青、枸骨、蜡梅、紫薇、石榴、迎春花、结香、贴梗海棠、红花檵木等。

(3)对植

一般在公园、建筑物、假山、道路、广场的出入口等位置将修剪整形的灌木,或灌木丛按照中轴线成对称栽植,或按照自然式对称种植,如图4.30所示。常用的树种有大叶黄杨、桂花、小叶女贞、绣线菊、月季、石榴、山茶、南天竹、枸骨、牡丹、迎春花等。

(4)列植

列植就是按照一定的株行距将灌木成队列式栽植。大灌木造型丰富,形态多样,为丰富景观效果,可根据大灌木的生长特性将其修剪成不同的几何图形如球状、圆柱状、棱柱体、杯状等。一些大的灌木植株的高度超过150 cm时,就超过了人的正常视线,应单行排列,密度不宜过大,

并可在两株之间设置座椅,供路人休息。这种种植形式,在公园、私家庭院、道路和运动场地中运用较多,可以给人们提供私密的空间和庇荫的场所。高度在100～150 cm的灌木植物在道路两旁应用时,由于高度和宽度的限制,可以起到阻隔空间、引导交通及美化道路的作用,如图4.31所示。

用于列植的灌木主要有小叶女贞、小蜡、山茶、紫薇、七里香、红檵木、海桐、蚊母树、寿星桃、榆叶梅、紫叶矮樱、龙柏球、千头柏等一些自然有形或耐修剪的植物,能保持长久的生命力。

图4.31　榆叶梅列植路旁　　　　　图4.32　灌木片植

（5）片植

一般是指低于150 cm的灌木,即不超过人的站立视线大面积密集栽培的方式,主要用于较大型的公用绿地及林下、坡面的栽培,如图4.32所示。灌木进行片植时的一个最重要的生态功能是覆盖地表,即作为地被植物,既能保持水土,又能形成具有观赏价值的植物景观。因此,要求植株低矮、密集丛生,耐修剪,观赏期长,容易繁殖,生长迅速,并具有适应力强,便于养护,种植后不需经常更换,能够保持连年持久不衰。灌木片植作为地被覆盖植物,面积可大可小,形式灵活多样,在相同的种植面积内,灌木的光合作用强度远远大于草本的光合强度,对改善空气质量有更大的作用。

灌木片植时的美学功能是对人的视觉空间产生影响。高度50 cm以下的灌木植物在片植时,紧贴地表空间,其自身没有围合空间的作用,由于它没有方向感,不会阻碍人们的视线,并具有引导作用,可以扩大人们的空间感,在视觉上还能起着连接和铺垫的作用。通过灌木植物可以将景观空间中相对独立的一些因素从人们的视觉上将其连接成一个完整统一的空间环境,使人们从视觉上能感受到在高楼林立的城市中具有的一片较为广阔的空间。从心理学上来说,能降低人们由于快节奏工作带来的精神压力,舒缓人的烦恼情绪。灌木片植时,色彩可以一致,也可以有不同的变化。片植同一种灌木植物时,延续一定的面积可以使观察者凝视相当长的时间,从而在头脑中留下深刻的印象。但如果面积过大,则可以采取多种植物组合配置的形式,在配置时不仅种类、颜色和形态发生变化,其高度也可以成层地变化,构成模纹图案,从而避免视觉疲劳的发生。灌木还可与草坪结合,作为草坪的花灌木点缀。

在乔木林下空间进行灌木植物配置时,灌木种类要根据上层乔木林的种植密度决定,同时要考虑到林下空间的高度。林下的空间,其高度是有限的,上层植物的枝下高达到一定的高度时,如100～150 cm范围内可以选择一定高度的灌木填补空间,但所选灌木不能太高,否则会使空间感到拥挤。

（6）散植和丛植

对于高大的树形优美的乔木可以采用孤植来体现其秀美,而对于一些外形秀美的小型灌木植物,则常用散植的方式来表现其秀美。如可将山茶、红檵木、小叶女贞、苏铁等修剪成一定的形状,三五成群分散种植于绿地中作为上层植物,而丝兰、月季等小型植物作为中层植物散植在绿地中作为点缀能收到较好的效果。

丛植通常采用 3 ~ 7 株同种类的较大灌木或小乔木按一定的几何平面组合,自然式栽植在一起,平面几何形状可以是三角形、四边形、五边形和六边形等,但为了避免单调,常采用不等边形式。或是不同形状和种类的植物按一定的群落布置方式集中栽种在绿地中,并常与其他乔木一起种植,如紫荆与红叶李、梨等植物搭配,如图 4.33 所示。

如图 4.34 所示,雕塑与背景植物散植和丛植常可以结合起来运用,与草坪绿地一起能构成一个自然的植物群落,不但能充分展示这些植物的多姿,也能构成一个和谐静谧的自然生态环境。这种自然式的园林构成方式在公园、学校及住宅小区等公用绿地极为适用。

图 4.33　丛植灌木——梨树紫荆与红叶李

图 4.34　雕塑与背景植物

3）灌木的造景功能

（1）分割空间,屏障视线,组织游览路线

园林的空间有限,往往又需要安排多种活动用地,为减少互相干扰,常用绿篱进行分区和屏障视线,以便分割不同的空间。这种绿篱最好组成高于视线的绿墙,如把儿童游戏场、露天剧场、运动场等与安静休息区分隔开来。局部规则式的空间,也可以用绿篱隔离,这样对比强烈、风格不同的布局形式可以得到缓和。

（2）用作规则式园林的区划线

灌木用作规则式园林的区划线时多以中篱作分界线,以矮篱作花境的边缘,或作花坛和观赏草坪的图案花纹。一般装饰性矮篱可选用黄杨、六月雪、大叶黄杨、桧柏、日本花柏、雀舌黄杨、紫叶小檗、金叶女贞、龟甲冬青、假连翘等。其中以雀舌黄杨最为理想,其生长缓慢,纹样不易走样,比较持久。

（3）用作花境、喷泉、雕塑的背景

园林中常绿树修剪成各种形式的绿墙,作为喷泉和雕塑的背景,其高度一般要与喷泉和雕塑的高度相称,色彩以选用没有反光的暗绿色树种为宜。作为花境背景的绿篱一般均为常绿的高篱及中篱。

（4）美化挡土墙

在各种绿地中，为避免挡土墙里面的枯燥，常在挡土墙的前方栽植绿篱，以便把挡土墙的立面美化起来，如可用法国冬青、海桐、耐冬、石楠、蚊母树、桂花、南天竹等。

（5）用作色带或形成纹样图案

中、矮绿篱，按栽植的密度，宽窄设计因纹样而定。但是，宽度过大将不利于修剪操作，设计时应考虑工作小道。在大草坪和坡地上可以利用不同的观叶木本植物（灌木为主，如小叶黄杨、红叶小檗、金叶女贞等），组成有气势、尺度大、效果好的纹样。如北京天安门观礼台、三环路上立交桥的绿岛等，就是由宽窄不一的中、矮篱组合成不同图案的纹饰。

4.3.4 藤本植物在园林中的应用方式

1）藤本植物特点及常见类型

藤本植物是指主茎细长而柔软，不能直立，以多种方式攀附于其他物体向上或匍匐地面生长的藤木及蔓生灌木。据不完全统计，我国可栽培利用的藤本植物约有1 000种。

藤本植物依攀附方式不同可分为缠绕类、钩刺类、吸附类、卷须类、蔓生类、匍匐类和垂吊类等。

自古以来，藤本植物一直是我国造园中常用的植物材料，应用已经有2 000多年的历史，著名的古籍《山海经》和《尔雅》中就记载有栽培紫藤的描述。唐代诗仙李白曾被棚架下的串串紫藤花所折服，留下了"紫藤挂云木，花蔓宜阳春。密叶隐歌鸟，香风流美人"的诗篇。当前城市园林绿化的用地面积越来越少，充分利用藤本植物进行垂直绿化是拓展绿化空间、增加城市绿量、提高整体绿化水平、改善生态环境的重要途径。

要提高城市的绿化覆盖率，增加城市绿量，改善城市的环境质量，不仅需要平面绿化，还要把平面绿化和垂直绿化有机地结合起来。构成垂直绿化主体的藤本植物，在园林绿化中应充分发挥其优势。利用藤本植物发展垂直绿化，可提高绿化质量，改善和保护环境，创造景观、生态、经济三相宜的园林绿化效果。

在垂直绿化中常用的藤本植物，有的用吸盘或卷须攀缘而上，有的垂挂覆地，用其长长的枝和蔓茎、美丽的枝叶和花朵组成了优美的景观。许多藤本植物除观叶外还可以观花，有的藤本植物还散发芳香，有些藤本植物的根、茎、叶、花、果实等还可以提供药材、香料等。藤本植物具有的绿化优势有：

① 占地面积少，绿化面积大，不易遭受无意的破坏。只要有约50 cm^{2}的一穴之地，就可以种植和生长。在城市人口众多，建筑密度大，可供绿化空闲土地渐少，利用墙面等大搞垂直绿化，对扩大绿化面积具有重要作用。

② 生长快，蔓叶茂密，绿化见效快。如人工栽植的爬山虎、紫藤等，在长江流域一年可长到3～8 m，在北方也可长3 m以上。许多草质藤本一年生长可达10 m以上。

③ 遮阴降温效果好。夏季藤本植物形成的遮阴面积大，降温效果显著。尤其是用于墙面绿化时，不仅可阻挡阳光直晒，而且由于叶面蒸腾可降低温度。

④ 有利于防火、滞尘和防污，覆盖、遮挡、掩护作用明显。

2)藤本植物的常见应用方式

（1）棚架式绿化

附着于棚架进行造景是园林中应用最广泛的藤本植物造景方法，其装饰性和实用性很强，既可作为园林小品独立成景，又具有遮阴功能，有时还具有分隔空间的作用。在中国古典园林中，棚架可以是木架、竹架和绳架，也可以和亭、廊、水榭、园门、园桥相结合，组成外形优美的园林建筑群，甚至可用于屋顶花园。棚架形式不拘，繁简不限，可根据地形、空间和功能而定，"随形而弯，依势而曲"，但应与周围环境在形体、色彩、风格上相协调。在现代园林中，棚架式绿化多用于庭院、公园、机关、学校、幼儿园、医院等场所，既可观赏，又给人提供了纳凉、休息的理想场所，如图4.35所示。

棚架、绿亭，可选用生长旺盛、枝叶茂密，可观花观果的藤本植物，如紫藤、木香、藤本月季、七姊妹、油麻藤、炮仗花、金银花、三角梅、葡萄、凌霄、铁线莲、猕猴桃、使君子等。

（2）绿廊式绿化

选用攀缘、匍匐垂吊类，如葡萄、美叶油麻藤、紫藤、金银花、铁线莲、三角梅、炮仗花等，可形成绿廊、果廊、绿帘、花门等装饰景观。也可在廊顶设置种植槽，使枝蔓向下垂挂形成绿帘。绿廊具有观赏和遮阴两种功能，还可在廊内形成私密空间，故应选择生长旺盛、分枝力强、枝叶稠密、遮阴效果好且姿态优美、花色艳丽的植物种类。在养护管理上，不要急于将藤蔓引至廊顶，注意避免造成侧方空虚，影响观赏效果。

（3）墙面绿化

藤本植物绿化旧墙面，可以遮陋透新，与周围环境形成和谐统一的景观，提高城市的绿化覆盖率，美化环境。附着于墙体进行造景的手法可用于各种墙面、挡土墙、桥梁、楼房等垂直侧面的绿化。城市中，墙面的面积大，形式多样，可以充分利用藤本植物加以绿化和装饰，以打破墙面呆板的线条，柔化建筑物的外观，如图4.36所示。

图4.35　紫藤花架　　　　　　　　　图4.36　楼房墙面绿化

植物选择时，在较粗糙的表面，可选择枝叶较粗大的吸附种类，如爬山虎、常春藤、薜荔、凌霄、金银花等，以便于攀爬；而对于表面光滑细密的墙面，则宜选用枝叶细小、吸附能力强的种类，如络石等。对于表层结构光滑、材料强度低且抗水性差的石灰粉刷墙面，可用藤本月季、木香、蔓长春花、云南黄素馨等种类。有时为利于藤本植物的攀附，也可在墙面安装条状或网状支架，并辅以人工缚扎和牵引。

（4）篱垣式绿化

篱垣式绿化主要用于篱笆、栏杆、铁丝网、栅栏、矮墙、花格的绿化,形成绿篱、绿栏、绿网、绿墙、花篱等。这类设施在园林中最基本的用途是防护或分隔,也可单独使用构成景观,不仅具有生态效益,显得自然和谐,并且富于生机,色彩丰富。篱垣高度较矮,因此几乎所有的藤本植物都可使用,但在具体应用时应根据不同的篱垣类型选用不同的材料。如在公园中,可利用富有自然风味的竹竿等材料,编制各式篱架或围栏,配以茑萝、牵牛、金银花、蔷薇、云实等,结合古朴的茅亭,别具一番情趣。

（5）立柱式绿化

城市立柱形式主要有电线杆、灯柱、廊柱、高架公路立柱、立交桥立柱,及一些大树的树干、枯树的树干等,如图4.37所示。这些立柱可选择地锦、常春藤、三叶木通、南蛇藤、络石、金银花、凌霄、铁线莲、西番莲等观赏价值较高、适应性强、抗污染的藤本植物进行绿化和装饰,可以收到良好的景观效果。生产上要注意控制长势,适时修剪,避免影响供电、通信等设施的功用。

（6）假山、置石、驳岸、坡地及裸露地面绿化

用藤本植物附着于假山、置石等上的造景手法,"山借树而为衣,树借山而为骨,树不可繁要见山之秀丽"。悬崖峭壁倒挂三五株老藤,柔条垂拂、坚柔相衬,会使人更感到假山的崇高俊美。利用藤本植物点缀假山、置石等,应当考虑植物与山石纹理、色彩的对比和统一。若主要表现山石的优美,可稀疏点缀茑萝、蔓长春花、小叶扶芳藤等枝叶细小的种类,让山石最优美的部分充分显露出来。如果假山之中设计有水景,在两侧配以常春藤、光三角梅等,则可达到相得益彰的效果,如图4.38所示。若欲表现假山植被茂盛的状况,则可选择枝叶茂密的种类,如五叶地锦、紫藤、凌霄、扶芳藤。

图4.37　枯树绿化

图4.38　常春藤绿化山石

利用藤本植物的攀缘、匍匐生长习性,如络石、地锦、常春藤等,可以对陡坡绿化形成绿色坡面,既有观赏价值,又能形成良好的固土护坡作用,防止水土流失。然而在我国园林中,很少选用藤本类用作地被植物,这是一大遗憾。藤本植物也是裸露地面覆盖的好材料,其中不少种类可以用作地被,而且观赏效果更富自然情趣,如地瓜藤、紫藤、常春藤、蔓长春花、红花金银花、金脉金银花、地锦、铁线莲、络石、薜荔、凌霄、小叶扶芳藤等。所以,作者大力提倡,多用这些藤本蔓木类地被,以及其他低矮灌木类地被和多年生草本地被,少用草坪。

(7)门窗、阳台绿化

装饰性要求较高的门窗利用藤本植物绿化后,柔蔓悬垂,绿意浓浓,别具情趣,或人工造型,增加观赏效果。随着城市住宅迅速增加,充分利用阳台空间进行绿化极为必要,它能降温增湿、净化空气、美化环境、丰富生活,既美化了楼房,又把人与自然有机地结合起来。适用的藤本植物有木香、木通、金银花、金樱子、蔓性蔷薇、地锦、络石、常春藤等。

为了弥补单一藤本类植物观赏特性的缺陷,可以利用不同种类间的搭配以延长观赏期,创造四季皆有景可赏的景观。如爬山虎与络石、常春藤或小叶扶芳藤合栽,可以弥补单一使用爬山虎的冬季萧条的景象,同时络石、常春藤或小叶扶芳藤在爬山虎叶下,其喜阴的习性也得以满足。这种配置也可用于墙面、石壁、立柱等的绿化。紫藤与凌霄混栽,可用于棚架造景。春季紫藤花穗悬垂,清香四溢;夏秋凌霄朵朵红花点缀于绿叶中,十分引人。蔓生蔷薇与不同花色品种的藤本月季搭配,最适于栅栏、矮墙等篱垣式造景,不同花色品种间花色相互衬托,深浅相间,或分段种植,能够形成几种色彩相互镶嵌的优美图案。凌霄与爬山虎可用于墙面、棚架、凉廊、矮墙绿化,如拙政园的四季漏窗。凌霄与络石或小叶扶芳藤搭配可用于枯树、灯柱、树干或阳面墙的绿化。一些藤本植物经整形修剪后,可形成灌木状形态,在欧洲及日本均有此作法,我国也在应用。这样能使观赏价值大大提高,可以作为地栽或盆栽、盆景材料,如硬骨凌霄、迎春花、连翘、羊蹄甲、藤本月季、金银花、云南黄素馨、胡颓子、三角梅、木香、葡萄等。

4.3.5 观赏竹类在园林中的应用方式

1)常用观赏竹的类型

我国是"竹子王国",竹子种类繁多,分布地域极广。据记载全世界竹类植物有70余属,1 500余种。而我国自然分布的竹种就有50余属,700余种。竹类不仅是重要的林业资源,也可用于风景园林建设。观赏竹是园林植物中的特殊分枝,主要是以姿态美、色彩美、风韵美与时空节奏美等来表现。

竹子在园林绿化中的地位及其在造园中的作用,非树木所能取代。不论是古典园林,还是近代园林,竹都是重要的园林植物材料,是园林绿化配置的要素,也是园林建筑物资之一。除按植物学分为合轴型(丛生竹)、单轴型(散生竹)和复轴型(混生竹,既有丛生又有散生)外,为了在庭园及各类园林中栽植方便,常按形态、色彩、配置应用等将竹进行分类。如按竹竿的竿型高矮分为大型竹、中型竹、小型竹、矮型竹、低型竹及地被竹等6个类型。按竹秆的秆色分为紫秆竹、白秆竹、黄秆竹和斑纹秆类等。按竹叶色彩分为绿叶具白纹类(如小寒竹、菲白竹等)和叶具其他色彩条纹类(如菲黄竹、黄纹倭竹等)。竹竿畸形的竹类有方竹、罗汉竹、龟甲竹、佛肚竹、球节苦竹、螺节竹等。

竹类以分株、播种、埋鞭及扦插繁殖为主,多数喜深厚肥沃且湿润的土壤,生长成林快,适应性强,在我国主要分布于秦岭、淮河以南广大地区,北方多为栽培种。

2)观赏竹的常见应用方式

与观赏树木的配置方法一样,竹类不论自然式或整齐式栽培,不外乎有孤植、丛植、片植、群植或竹林、绿篱、列植、隔植、地被、盆栽或盆景等景观方式。

（1）孤植

部分竹类具有色泽艳丽，清秀高雅的形态，可单独种植，如佛肚竹、黑竹、孝顺竹、凤尾竹、黄金间碧玉竹、碧玉间黄金竹、银丝竹、湘妃竹、花竹、金竹等，充分利用足够空间以显示其特性，同时适当搭配造型多变的景石或交织栽种一二年生草花。

（2）丛植

较大面积的庭园可栽植较为高大的丛生形态竹类，如图4.39所示。如慈竹，成群姿态特别引人入胜，同时还可配以美丽别致的景石或交织栽种一二年生草花。

（3）片植

片植多以秆形奇特，姿态秀丽的竹类为好，如斑竹、紫竹、方竹、黄金间碧玉竹、碧玉间黄金竹、螺节竹、罗汉竹、金镶玉竹等。

（4）群植与竹林

形态奇特、色彩鲜明的竹种，以群植、片植的形式栽于重要位置，构成独立美丽的竹林景观，营造清净、幽雅的气氛，并具有观赏憩息的功能。群植或竹林常在小路转弯处、大面积草地旁、建筑物后方及园林中较大的一隅布置，如图4.40所示。栽植竹林常用的竹种有毛竹、毛金竹、厚皮毛竹、早园竹、麻竹、淡竹、桂竹、刚竹、茶杆竹、慈竹、龙竹、粉单竹、紫线青皮竹、花毛竹等。

图4.39　慈竹丛植

图4.40　泪痕竹林

竹林景观在时间和空间演变上能表现出一种生物艺术活动，具有时空序列节奏。时间演变上，一年四季中竹子经历了出笋、成竹、抽枝、展叶、换叶的演变，形成季节性的林相。这种季节性林相变换的竹林景观，线条优美、主次分明，前后景相缓慢过渡，能引起人们潜意识的联想。在不同天气情况下也有不同的景观，如雪竹高洁，雨竹洒脱，雾竹缥缈，风竹摇曳等。在空间演变上，竹子形成的层次、密度、动态和静态的变化等，在空间上构成优美和谐的景观，产生美的效果。如竹竿形态、大小、颜色、竹枝形态、竹叶类型、竹笋出土和拔节等，从不同角度展现出竹子的洒脱、素雅、挺拔、婀娜、刚强、高洁、古朴、奇特之美。

（5）竹篱

选用竹类作为绿篱既美观又实用，庭园中使用竹篱可提供视觉的屏障，又具防风、降尘功能。竹类生长快速，因此枝条与竹叶致密，能创造令人愉快的微气候环境，也可应用于街道旁与屋舍边，起到隔离作用，如图4.41所示。营造绿篱，以丛生竹和混生竹为好，可用孝顺竹、青皮竹、慈竹、吊丝竹、凤尾竹、小琴丝竹、观音竹、大节竹、大明竹等。作为防范及围护用的竹篱，多

选用中型竹种,密植于建筑物四周形成不整形的高篱或绿墙;也可用秆具较强韧性的竹种编成绿篱以丰富景观。用作建筑中的照壁、屏风或围墙以组织空间时,选用中型竹形成高于视线的绿墙,即可达到分割功能区、隔绝噪声、减少干扰的功能。若作花境、喷泉、雕塑等的背景,应选用高度相当、叶色暗绿的竹种,以营造安静、和谐的景观。竹篱也可用于美化挡土墙,使生硬的围墙变得生动起来,避免其立面上的单调枯燥。

图4.41　竹篱

(6)列植

列植是沿着规则的线条等距离栽植的方法,可协调空间,显出整齐美,以强调局部风景,使之更为庄严宏伟。如凤尾竹,一般用于园林区界四周,以清界限,但应注意视线通透,稍有曲度,勿流于呆板。成行种植观赏竹类是快速营造生态环境的最佳方法。而将观赏竹类成行种植与品字形相互结合,将同种或多种观赏竹立体交叉结合,则有利于营造一个随风飘动,满目诗情画意,清幽而通透,万物生机的绿色大世界。

(7)隔植

为了使建筑物与四周自然物更好地联系起来,以增加美感,常栽植观赏性强且四季常绿的竹类,如佛肚竹营造景观。隔植之竹往往与石头相配,顽石卧于竹下,石笋与竹为伴,特别富有情趣。

(8)竹径

竹径是一种别具风格的园林小径,自古以来都是园林中经常应用的配置方式,如杭州的三潭印月和成都的望江公园都是此种的典范。古诗中也有"绿竹入幽径,青萝拂行衣""竹径通幽处,禅房花木深"等。营造竹径,可形成曲折、幽静、深邃的园路环境,能取得雅静、清凉之效。竹径通幽重点在"幽",故竹径宜曲不宜直,宜窄不宜宽,以达意境深远,空间无限之感。但是,清幽竹径也不宜过长,否则沉闷单调,易使游人丧失游兴。故竹径设计时要时常创造峰回路转、柳暗花明的境地,空间时而开阔,露出青山绿水,时而转折出花红柳绿或亭台微露,勾起游人的游兴,如图4.42所示。适宜竹径的竹种最好枝叶临空横展,竹竿修长。路稍宽,用竹宜高大,如楠竹、青竹、慈竹、斑竹、绵竹、麻竹等;路稍窄,用竹宜低矮,如琴丝竹、孝顺竹、粉单竹、小黄苦竹、大黄苦竹、水竹等。如新西湖十景之一的"云栖竹径"就选用了毛竹,竹径长达800 m,高达20 m,宽望不到边。游人穿行在曲折的竹径中,会自然地产生一种"夹径萧萧竹成枝,去深幽邃媚幽姿"的幽深感。

图4.42　竹林与竹径

（9）地被、镶边

以竹类为地被植物搭配草坪与土壤,具有延续视觉的功能。耐修剪的种类可剪成短而厚实的高度,具耐阴特性的可栽种于乔木、灌木以下,具观叶效果的可作配色之用。宜用作低矮地被的竹种有铺地竹、箬竹、菲白竹、菲黄竹、鹅毛竹、倭竹、山白竹、黄条金刚竹等。竹子地被可设计成大面积图案式景观应用于水边缓坡等视野开阔的园林空间,突出表现竹子的群体美。栽于树群或孤植树下的竹子地被,则成林间野趣,如图4.43所示。

图4.43　竹地被

图4.44　佛肚竹盆栽

（10）盆栽

在缩龙成寸、聚景于钵的盆景中,竹是极佳的品类。观赏盆栽竹种以秆形奇特、枝叶秀丽、竹竿叶片具色彩的中小型及地被竹类为佳,包括观秆形、观秆色、观叶色、观株形几大类。观秆形类有罗汉竹（人面竹）、小佛肚竹、大佛肚竹、方竹和箬竹等,如图4.44所示。观秆色类有紫竹（墨竹）、斑竹（湘妃竹）、金明竹、黄秆乌哺鸡竹和黄纹竹等。观叶色类有白纹阴阳竹、菲白竹、黄条金刚竹、和箬竹等。观株形类有凤尾竹、小琴丝竹（花孝顺竹）和橄榄竹等。

3）观赏竹的常见应用环境

（1）庭院式造景

庭院式造景吸收我国传统园林造园之精华,种竹于窗前、院中、角隅、路旁、池边、岩际、树下、坡上,以及街头绿地、滨河绿地、公园绿地、居住区绿地等,以诗画立意,构成传统的园林竹景,如图4.45所示。

图4.45　隔植竹

图4.46　成都望江楼公园

（2）竹类专题园

竹类专题园主要指竹类公园和竹类植物园。以竹类植物做专题布置，在色泽、品种、秆形、大小上加以选择相配，可取得良好的景观效果。成都望江楼公园（图4.46）、北京紫竹院公园等属于竹类公园。竹类植物园主要是满足科学研究、教学参观和实习需要，并可供人游玩，如安吉竹种园、陕西楼观台竹类植物园、南京林业大学竹类标本园、福建农林大学百竹园（图4.47）等。

（3）风景竹林

风景竹林指以竹景为主的风景竹林景观，如四川蜀南竹海（图4.48）、浙江莫干山竹海、九华山闵园竹海等。

图4.47　福建农林大学百竹园　　　　图4.48　四川蜀南竹海

4.3.6　草本花卉在园林中的应用方式

草本花卉是园林绿化的重要植物材料。草本花卉种类繁多、繁殖系数高、花色艳丽丰富，在园林绿化的应用中有很好的观赏价值和装饰作用。它与地被植物结合，不仅能增强地表的覆盖效果，更能形成独特的平面构图。利用艺术的手法加以调配，可突出体现草本花卉在园林绿化美化中的价值和特点。

草本花卉是以其花、果、叶、茎的形态、色泽和芳香取胜。它与树木一样不仅是营造生态环境的重要使者，还是造就多彩景观的特有植物，即所谓"树木增添绿色，花卉扮靓景观"，当绿色滋润着环境时，景观的亮点常常唯花卉莫属了。在城市的绿化美化植物中，草本花卉以其鲜艳亮丽的色彩，创造五彩缤纷的空间氛围，往往总是成为植物景观中的视觉焦点。在现实生产中，由于草本花卉种类繁多、生育周期短、易培养、更换，因此在城市的美化中更适宜配合节日庆典、各种大型活动等来营造气氛。草本花卉在园林中的应用是根据规划布局及园林风格而定，有规则式和自然式两种布置方式。规则式布置有花坛、花池和花台、花箱等；自然式布置有花境、花池和花台、花丛和花群等。

1）花坛

（1）花坛的特点与作用

花坛是指在一定范围的畦地上，按照整形式或半整形式的图案栽植观赏植物以表现花卉群体美的园林景观设施。花坛是一种古老的花卉应用形式，其最初含义是把花期相同的多种花

卉,或不同颜色的同种花卉种植在具有几何形轮廓的植床内,并组成图案的一种花卉布置方法。花坛是运用花卉的群体效果来体现图案纹样,可供观赏盛花时的绚丽景观,它以突出鲜艳的色彩或精美华丽的图案来体现其装饰效果。

从景观的角度来看,花坛具有美化环境的作用。在由高楼大厦所构筑的灰色空间里,设置色彩鲜艳的花坛,可以打破建筑物所造成的沉闷感,带来蓬勃生机。在公园、风景名胜区、游览地布置花坛,不仅美化环境,还可构成景点。花坛设置在建筑墙基、喷泉、水池、雕塑、广告牌等的边缘或四周,可使主体醒目突出,富有生气。如北京中山公园孙中山纪念碑的基座四周设置的模纹花坛,增添了人们对于这位伟人的敬仰之情。在北京植物园门口的喷泉四周设置花坛,虽说简单,但渲染气氛的作用却表现得淋漓尽致。在剧院、商场、图书馆、广场等公共场合设置花坛,可以很好地装饰环境。若设计成有主题思想的花坛,还能起到宣传的作用。

从实用的方面来看,花坛则具有组织交通、划分空间的功能。交通环岛、开阔的广场、草坪等处均可设置花坛,用来分隔空间和组织游览路线。如在公园入口处的中央空地上设置的花坛,既可装点环境,又可以疏导游客。

(2)花坛的分类

花坛分类有以下几种分类方法:

① 按形态分类:分为平面花坛、斜面花坛和立体花坛3类。平面花坛指花坛表面与地面平行,主要观赏花坛的平面效果。如英国海德公园内的花坛为平面花坛。平面花坛又可按构图形式分为规则式、自然式和混合式3种。斜面花坛是指设置在斜坡或阶地上的花坛,也可布置在建筑物的台阶上,花坛表面为斜面,是主要观赏面。如北京植物园在台阶旁边设有斜面花坛。立体花坛是指花坛向空间延伸,具有纵向景观,利于四面观赏。可将植物材料和雕塑结合,形成生动活泼的立体花坛。

② 按观赏季节分类:分为春花坛、夏花坛、秋花坛和冬花坛。

③ 按栽植材料分类:分为一二年生草花坛、球根花坛、水生花坛、专类花坛(如菊花花坛、翠菊花坛)等。

④ 按表现形式分类:分为盛花花坛、模纹花坛、标题式花坛、立体造型花坛、混合花坛等。

盛花花坛,又称花丛花坛,是以观花草本植物花期中的花卉群体的华丽色彩为表现主题,可由同种花卉不同品系或不同花色的群体组成,也可由花色不同的多种花卉的群体组成,用中央高、边缘低的花丛组成色块图案,以表现花卉的色彩美,如图4.49所示。英国海德公园就用不同植物、不同花色组成了自由式盛花花坛,色彩艳丽,造型富有创意。

图4.49　盛花花坛

模纹花坛又叫绣花式花坛,主要由低矮的观叶植物或花、叶兼美的植物组成,以群体形式构成精美图案或装饰纹样,不受花期的限制,并适当搭配些花朵小而密集的矮生草花,观赏期特别长。

标题式花坛,指用观花或观叶植物组成具有明确的主题思想的图案,如文字图案、肖像图案、象征性图案等。

立体造型花坛,指以枝叶细密的植物材料种植于具有一定结构的立体造型骨架上从而形成的一种花卉立体装饰。

混合花坛,指不同类型的花坛,如盛花花坛和模纹花坛等可以同时在一个花坛内使用。如法国凡尔赛宫花园和英国 Hampton Court 公园中都有规整式花坛,是由修剪整齐的矮篱和蓬勃开放的鲜花组成的,花与叶、动与静完美统一。

⑤ 按花坛的运用方式分类:分为单体花坛、带状花坛、连续花坛和组群花坛。现代又出现了移动花坛,是由许多盆花组成,适用于铺装地面和装饰室内。

单体花坛,即独立花坛,一般设在较小的环境中,既可布置为平面形式,也可布置为立体形式,小巧别致。单体花坛一般作为主景,可以是花丛花坛模纹花坛、标题式花坛、立体造型花坛。

带状花坛,指长短轴之比大于 4:1 的长形花坛,可作为主景或配景,常设于道路的中央或两旁,以及作为建筑物的基部装饰或草坪的边饰物。如英国摄政公园的大型带状花坛,气势宏伟壮观。也可在路边设简单的带状花坛,起装点的作用。

连续花坛,指由若干个小坛沿长轴方向连续排列组成一个有节奏的不可分割的构图整体的栽培形式。

花坛群是由两个以上的个体花坛组成的,在形式上可以相同也可以不同,但在构图及景观上具有统一性,多设置在较大的广场、草坪或大型的交通环岛上。如英国伦敦 Hampton Court 公园有一组花坛群,在形式上统一,但在色彩上又富有变化。

(3)花坛植物材料的选择

花坛花卉的选择主要从以下两个方面来考虑:

① 花坛类型和观赏特点

单色花坛一般表现某种花卉群体的艳丽色彩。选植的花卉必须开花期一致,分枝较多、开花繁茂,花期较长,植株花枝高度一致,鲜花盛开时但见花朵不见枝叶最佳。那些叶大花小、叶多花少或花枝参差不齐的花卉则不宜选用。

模纹花坛或标题式花坛需维持纹样的不变,突出装饰美。配植的花卉最好是生长缓慢的多年生植物,植株生长低矮,叶片细小,分枝要密,还要有较强的萌蘖性,以耐经常性的修剪。观叶植物观赏期长,可以随时修剪,因此,模纹花坛或标题式花坛一般多用观叶植物布置;如果是观花花卉,要求花小而多。

② 花卉观赏期与其长短

装饰性花坛有明显的目的性,例如,用于某庆祝日的环境装饰和气氛烘托,这要求严格选择花卉的观赏期。同一种花卉,在各地有不同的开花期,各地都应该有准确的统计资料。当然,也可以用催花的办法,在一定限度内调控其开花期的变化,以满足特定日期、特定目的的需要。

花坛在种植材料和技术要求上都比较严格,开支也比较大。从经济角度考虑,永久性花坛要比季节性、短时性花坛经济。观赏期长的花卉,以及既能投入较少的人力、物力,又能体现花坛功能的那些品种在必选之列;观赏期短,但繁殖容易、管理简便,或者具有特殊色彩效果的花卉品种也常选用。

(4)花坛的设计要点

① 花坛的布置形式:花坛与周围环境之间存在着协调和对比的关系,包括构图、色彩、质感的对比。要考虑花坛自身轴线与构图整体轴线的统一,平面轮廓与场地轮廓相一致,风格、装饰纹样与周围建筑物的性质、风格、功能等相协调。

② 花坛的色彩设计:花坛的主要功能是装饰性,即几何图形、形体的装饰性和色彩的装饰性。因此在设计花坛时,要充分考虑所选用植物的色彩与环境色彩的关系,花坛内各种花卉间色彩、面积的关系。通常花坛应有主调色彩,切忌没有主次,杂乱无章。

③ 花坛的造型、尺度要符合视觉原理:在设计花坛时,应考虑人视线的范围,保证能清晰观赏到不变形的平面图案或纹样。如采用斜坡、台地或花坛中央隆起的形式设计,使花坛具有更好的观赏效果。

④ 花坛的图案纹样设计:图案纹样应该主次分明、简洁美观。模纹花坛纹样应该丰富和精致,但外形轮廓应简单。由五色草类组成的花坛纹样最细不可窄于 5 cm,其他花卉组成的纹样最细不少于 10 cm,常绿灌木组成的纹样最细在 20 cm 以上,这样才能保证纹样清晰。当然,纹样的宽窄也与花坛本身的尺度有关,应以与花坛整体尺度协调且以适当的观赏距离内纹样清晰为标准。装饰纹样风格应该与周围的建筑或雕塑等风格一致。标志类的花坛可以各种标记、文字、徽志作为图案,但设计要严格符合比例;纪念性花坛还可以人物肖像作为图案;装饰物花坛可以日晷、时钟、日历等内容为纹样,但需精致准确,常做成模纹花坛的形式。

2)花境

(1)花境的特点与作用

花境是模拟自然界中林地边缘地带多种野生花卉交错生长的状态,运用艺术手法提炼、设计成的一种花卉应用形式。它在设计形式上是沿着长轴方向演进的带状连续构图,是竖向和水平的综合景观。平面上看是各种花卉的块状混植,立面上看高低错落。每组花丛通常由 5 ~ 10 种花卉组成,一般同种花卉要集中栽植。花丛内应由主花材形成基调,次花材作为补充,由各种花卉共同形成季相景观。花境表现的主题是植物本身所特有的自然美,以及植物自然景观,还有分隔空间和组织游览路线的作用。

花境是以多年生花卉为主组成的带状地段,花境中各种花卉配置比较粗放,也不要求花期一致,但要考虑到同一季节中各种花卉的色彩、姿态、体型及数量的协调和对比,整体构图必须严整。因此,花卉应以选用花期长、色彩鲜艳、栽培管理粗放的草本花卉为主,常用的有美人蕉、蜀葵、金鱼草、美女樱、月季、杜鹃等。

(2)花境的分类

① 根据植物材料划分

a.专类植物花境:是指由同一属不同种类或同一种不同品种植物为主要种植材料的花境。要求花卉的花色、花期、花型、株形等有较丰富的变化,从而充分体现花境的特点,如芍药花境、百合类花境、鸢尾类花境、菊花花境等。如英国威斯利花园,仅用单子叶植物来做花境,也形成了特别的景观。

b.宿根花卉花境:花境全部由可露地过冬的宿根花卉组成,因而管理相对较简便。常用的植物材料有蜀葵、风铃草、大花滨菊、瞿麦、宿根亚麻、桔梗、宿根福禄考、亮叶金光菊等。如英国爱丁堡植物园的宿根花卉花境,种类多,花色丰富,形成了五彩缤纷的景观。

c.混合式花境:花境种植材料以耐寒的宿根花卉为主,配置少量的花灌木、球根花卉或一二年生草花。这种花境季相分明,色彩丰富,植物材料也易于寻找。园林中应用的多为此种形式,常用的花灌木有杜鹃类、鸡爪槭、凤尾兰、紫叶小檗等;球根花卉有风信子、水仙、郁金香、大丽花、晚香玉、美人蕉、唐菖蒲等;一二年生草花有金鱼草、蛇目菊、矢车菊、毛地黄、月见草、毛蕊花、波斯菊等。如英国威斯利花园的大型混合花境,主要由宿根花卉和一二年生草花组成,自然、和谐;而由木本植物和宿根花卉组成的混合花境,则表现出质感上的差异。

② 根据观赏部位划分

a. 单面观赏花境:多临近道路设置,常以建筑物、围墙、绿篱、挡土墙等为背景,前面为低矮的边缘植物,整体上前低后高,仅供游人一面观赏,如图4.50所示。在建筑物前以观赏葱、蔷薇等组成观赏花境,里高外低,相互不遮挡视线,可很好地装饰建筑物的基础。在公园道路的一侧,可以浓密的树丛为背景设置花境,在树丛和花境之间用小叶黄杨篱加以分隔,既拉开了层次,又不致过于凌乱。所用的植物材料主要为一二年生草花,如红色的杂种矮牵牛,黄色的万寿菊,银灰色的雪叶菊等。

图4.50 单面观赏花境

b. 两面观赏花境:多设置在草坪上、道路间或树丛中,没有背景。植物种植形式中央高、四周低,供两面观赏。如英国伦敦海德公园在两条道路的中间设置供两面观赏的混合花境,在其两侧的行人都可以驻足观赏。花境设置在草坪上,一侧紧临道路,因为没有浓密的背景树将其遮挡起来,游人可以从多个角度欣赏景致,保持了一定的通透性,不显得空洞无物。所选用的材料高度要适中,可选择玉簪、鸢尾、萱草等。

c. 对应式花境:在公园的两侧、草坪中央或建筑物周围设置相对应的两个花境,在设计上作为一组景观统一考虑。多采用不完全对称的手法,以求有节奏和变化。在带状草坪的两侧布置对应式的一组花境,它们在体量和高度上比较一致,但在植物种类和花色上又可各有不同,两者既变化,又统一,成为和谐的一组景观。如英国多在充满乡野气息的花园小路两旁布置一组花境,一侧以整齐的绿篱为背景,一侧则以爬满攀缘植物的墙壁为背景;一侧是绿叶茵茵,一侧是花团锦簇,相映成趣;其中的每一个单体也具有独立性和可视性。

(3)花境植物材料的选择

花境主要体现花卉的立体美,那些花朵硕大,花序垂直分布的高大花卉在花境内种植非常理想。花境内的花卉,一般为多年生,种植量较大。为了节省养护管理费用,一方面要求适地适生,另一方面还要求一年四季可以观赏,避免某段时间土地裸露或枯枝落叶满地。最好能选择花叶兼赏、花期较长的花卉。花境中各种花卉配植比较粗放,不要求花期一致,但要考虑同一季节中各种花卉的色彩、姿态、体形及数量的协调和对比。每组花丛通常由5~10种花卉组成,一般同种花卉要集中栽植。花丛内应由主花材形成基调,次花材作为补充,由各种花卉共同形成季相景观。花境应选用花期长、色彩鲜艳、栽培管理粗放的草本花卉为主,常用的有美人蕉、蜀葵、金鱼草、美女樱、玫瑰、月季、杜鹃、百合、唐菖蒲等。

(4)花境的设计要点

花境可设置在公园、风景区、街头绿地、居住小区、别墅及林荫路旁,可在小环境中充分利用边角、条带等地段,营造出较大的空间氛围。另外,花境是一种兼有规则式和自然式特点的混合构图形式,因而适宜作为建筑道路、树墙、绿篱等人工构筑物与自然环境之间的一种过渡。如英国 Wakehurst 沿建筑物四周布置混合式的花境,充分利用空间,在创造丰富景观的同时又节约了土地。园林中常见的花境布置位置及背景如下：

① 建筑物墙基前：楼房、围墙、挡土墙、游
廊、花架、栅栏、篱笆等构筑物的基础前都是设
置花境的良好位置，可软化建筑物的硬线条，
将它们和周围的自然景色融为一体，起到巧妙
的连接作用，如图4.51所示。如英国常在建筑
物的外围设置一定宽度的混合花境，起到基础
绿化的作用。但它所选用的植物材料在株高、
株形、叶形、花形、花色上都有区别，如叶色有
浅绿、浓绿、彩叶之分，叶形有线条状和圆形之
别，花色更是有白色、红色、黄色等不同，因而
所产生的效果是五彩斑斓的群体景观。在英

图4.51　楼前花境

国威斯利花园，用各种宿根花卉做成花境配置在轻盈明快的建筑物墙基前，植物高度控制在窗
台以下，鲜花和绿叶既美化了单调的建筑物，又不影响房屋采光。英国牛津大学植物园，在一堵
古老的围墙前布置花境，将围墙置于鲜花绿树丛中，显得不那么突兀。这里，花境起到一种恰到
好处的掩饰作用。

② 道路的两侧：道路用地上布置花境有两种形式：一是在道路中央布置两面观赏的花境；
二是在道路两侧分别布置一排单面观赏的花境，它们必须是对应演进，以便成为一个统一的构
图。尤其当线路较长、两旁景观较单一时，体量适宜的花境可以起到很好的活跃气氛的作用。
道路的旁边设置大型的混合花境，不仅丰富了景观，而且可使各种各样的植物成为人们瞩目的
对象。公园内在园路的一侧，以浓密的树群为依托设置花境，坐在花境下面的人可以尽情地欣
赏花之美，而从树群走出的人则有"柳暗花明又一村"的感觉。当园路的尽头有喷泉、雕塑等园
林小品时，可在园路的两侧设置对应花境，烘托主题。如在英国 Chelsely 公园内，一尊雕塑处于
绿树环抱之中，越发显得富有生命力。其花境材料的选择以低矮的植物为主，不影响人们观看
雕塑的视线；色彩也与周围的环境协调，既不过分华丽，也不喧宾夺主。

③ 绿地中较长的绿篱、树墙前：这类人工化的植物景观显得过
于呆板和单调，让人感觉沉重，如果以绿篱、树墙为背景来设置花
境，则能够打破这种沉闷的格局，绿色的背景又能使花境的色彩充
分显现出来。英国爱丁堡植物园以高达 7～8 m 的绿墙为背景设
置花境，显得颇为壮观。花境自然的形体柔化了绿墙的直线条，同
时又将道路(草坪)和绿墙很流畅地衔接起来。由不同植物形成的
花境，其风格是不同的，如欧洲荚蒾、八仙花等，形成充满野趣的花
境。但在追求庄严肃穆意境的绿篱、树墙前，如纪念堂、墓地陵园
等场合，不宜设置艳丽的花境，否则对整体效果会有一种消极的
作用。

④ 宽阔的草坪上及树丛间：这类地方最宜设置双面观赏的花
境，以丰富景观，增加层次，如图4.52所示。在花境周围辟出游步

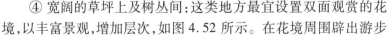

图4.52　树丛间花境

道，既便于游人近距离地观赏，又可开创空间，组织游览路线。在草坪中央可布置花境，以草坪
为底色，绿树为背景，形成蓝天、绿草、鲜花的美丽景致。公园中可以高大的乔木作背景在草坪

上设置花境,由高到低逐渐过渡,使树木花草浑然一体。如英国伦敦 Wakehurst 在草坪中间辟出空地,布置双面观赏、对应式的花境,无论身在何处,都有美景映入眼帘。这里花境在布置上简洁,仅用两种植物材料,即叶片丛生、坚挺、花序棒状、红色的火炬百合和叶椭圆形、花序半球形、蓝紫色的八仙花。

⑤ 居住小区、别墅区:将自然景观引入生活空间,花境便是一种最好的应用形式。在小的花园里,花境可布置在周边,依具体环境设计成单面观赏、双面观赏或对应式花境。沿建筑物的周边和道路布置花境,则四季花香不断,能使园内充满大自然的气息。在空间比较开阔的私家园林的草坪上布置混合式的花境,可为园景增光添彩。如可在建筑物旁边,设计色块团状分布的花境,使用黄色的矮生黑心菊、白色的小白菊、紫色的薰衣草,以体现花境的群体之美。

⑥ 与花架、游廊配合:花架、游廊等建筑物的台基,一般均高出地面,台基的正立面可以布置花境,花境外再布置园路。花境装饰了台基,游人可在台基上闲庭信步,甚至流连忘返。

3)花丛

(1)花丛的特点及应用

花丛是指根据花卉植株高矮及冠幅大小之不同,将数目不等的植株组合成丛配置于阶旁、墙下、路旁、林下、草地、岩隙、水畔等处的自然式花卉种植形式,其重在表现植物开花时华丽的色彩或彩叶植物美丽的叶色,如图 4.53 所示。

花丛是花卉自然式配置的最基本单位,也是花卉应用得最广泛的形式。花丛可大可小,小者为丛,集丛为群,大小组合,聚散相宜,位置灵活,极富自然之趣。因此,花丛最宜布置于自然式园林环境中,也可点缀于建筑周围或广场一角,对过于生硬的线条和规整的人工环境起到软化和调和的作用。

图 4.53　花丛

(2)花丛植物材料的选择

用作花丛的植物材料应以适应性强,栽培管理简单,且能露地越冬的宿根和球根花卉为主,既可观花,也可观叶或花叶兼备,如芍药、玉簪、萱草、鸢尾、百合、玉带草等,以及一二年生花卉及野生花卉。

(3)花丛的设计要点

花丛的设计,要求平面轮廓和立面轮廓都应是自然式的,边缘不用镶边植物,与周围草地、树木没有明显的界线,常呈现一种错综自然的状态。

花丛在园林中的种植形式,根据环境尺度和周围景观,既可以单种植物构成大小不等、聚散有致的花丛,也可以两种或两种以上花卉组合成丛。但是,花丛内的花卉种类不能太多,应有主有次,高矮有别,疏密有致,富有层次,达到既有变化又有统一。值得注意的是,花丛最忌大小相等、等距排列、配置无序、杂乱无章。

4)花台与花池

凡种植花卉的种植槽,高者即为台,低者则称为池。花台是将花卉栽植于高出地面的台座上,花池则一般平于地面或稍稍高出地面,但其周围多用砖石等围起,形成一种池型的封闭空间,类似花坛但面积较小。

(1)花台

中国传统观赏花卉的形式是花台,多从地面抬高 40～100 cm 形成空心台座,以砖或石砌边框,中间填土种植观赏植物。它以观赏植物的体形、花色、芳香及花台造型等综合美为主,有时在花坛边上围以矮栏,如图 4.54、图 4.55 所示。

图 4.54　牡丹台

图 4.55　花台

花台的形状是多种多样的,有单个的,也有组合型的;有几何形体,也有自然形体。一般在上面种植小巧玲珑、造型别致的松、竹、梅、丁香、南天竺、铺地柏、枸骨、芍药、牡丹、月季等,中国古典园林中常采用此种形式,现代公园、花园、工厂、机关、学校、医院、商场等庭院中也常见。花台还可与假山、坐凳、墙基相结合作为大门旁、窗前、墙基、角隅的装饰,但在下面必须设有盲沟以利排水。

(2)花池

花池是在边缘用砖石围护起来的种植床内,灵活自然地种上乔木、灌木或花卉,往往还配置有山石配景以供观赏。这种花木配植方式与其植床统称为花池。花池是中国式庭园、宅园内一种传统的植物配置手法。花池土面的高度一般与地面标高相差甚少,最高为 40 cm 左右。当花池的高度达到 40 cm 以上,甚至花池脱离地面为其他物体所支撑时就称为花台,但最高高度不宜超过 1 m。

花池常由草皮、花卉等组成一定图案画面,依内部组成不同又可分为草坪花池、花卉花池、综合花池等。

① 草坪花池:指一块修剪整齐而均匀的草地,边缘稍加整理或布置成行的瓶饰、雕像、装饰花栏等。它适合布置在楼房、建筑平台前沿形成开阔的前景,具有布置简单、色彩素雅的特点。

② 花卉花池:在花池中既种草又种花,并可利用它们组成各种花纹或动物造型。池中的毛毡植物要常修剪,保持 4～8 cm 的高度,形成一个密实的覆盖层。它适合布置在街心花园、小游园和道路两侧。

③ 综合花池:指池中既有毛毡图案,又在中央部分种植单色调低矮的一二年生花卉的花

池。可把花色鲜艳的花卉种在花池毛毡图案中央,鲜花盛开时能充分显示其特色;也可在中央适当点缀低矮的花木或花丛,获得另种趣味。

花池常与栏杆、踏步等结合在一起,也有用假山石围合起来的,池中可利用草本花卉的品种多样性组成各种花纹。花池也适合布置在街心花园、小游园和道路两侧。

5)花箱与花钵

用木、竹、瓷、塑料制造的,专供花灌木或草本花卉栽植使用的箱称为花箱,如图4.56所示。花箱可以制成各种形状,摆成各种造型的花坛、花台外形,机动灵活地布置在室内、窗前、阳台、屋顶、大门口及道旁、广场中央等处。花箱的样式多种多样,平面可以是圆形、半圆形、方形、多边形等,立面可以分单层、多层等。

为了美化环境,近年来出现许多特制的花钵来代替传统花坛,如图4.57所示。由于其装饰美化简便,被称作"可移动的花园"。这些花钵灵活多样,随处可用,如在一些商业街、步行街、景观大道、广场、商场室内或室外等公共活动场所、户外休闲空间等,应用一些碗状、杯状、坛状或其他形状的种植器皿与其内部栽植的植物共同装点环境。

图4.56 花箱

图4.57 花钵

美化环境时,可根据钵、箱样式、大小的不同,进行多种多样的艺术组合。组合的形式可以是几何式、自然式、混合式、集中布置、散置等,具体布局形式要由美化地点的具体情况决定。在较宽敞的地方,如厂前区、广场、大型建筑门前、道路交叉口、停车场等处,可布置为样式多变、五彩缤纷的小花坛,在商店、住宅的门前可随机点缀一二。

6)花柱

利用铁架、花盆配以各种花草而完成特定的立式柱状景观称为花柱,可用于广场、道路、绿化带、公园、商业场所、大型会展、街道、社区、路口等处的摆放,烘托热烈气氛,如图4.58所示。现代的组合式塑料花柱,较传统的用铁焊接的花柱有较多优点,如:制作周期缩短、难度降低;更美观更耐用,不会因铁锈产生锈水;种花牢固,换花简便;浇水方便、透气性好。例如,北京2008年十一黄金周期间,60组花柱从北四环一直延伸至奥林匹克森林公园南门,穿插其间的花卉祥云

图4.58 花柱

使其与奥林匹克公园整体环境自然融为一体,同时位于景观大道上的"九州同庆"和"祥云彩球"两座巨型主题花坛喜庆节日。

总之,草本花卉在园林绿化中的配置和其他植物景观设计一样,必须做到"景观与生态共生,美化与文化兼容"。使用草花造景时,在种类的选择上既要在色彩、线条、质地及比例方面有一定的差异和变化,显示出多样性,又要使各类草花之间有一定的和谐性,保持统一。这种统一不仅包含内部的统一,而且包含外部的统一,整体景观艺术风格要与周围环境相协调。在较自然的环境中,可采用自然均衡布局;在广场、大门两侧,则要采用规整布局,花柱、花球、花钵的摆放就要求规整对称。在配置中,有意识地将草花进行一些有规律的变化,则会产生韵律感。

4.3.7　草坪及地被在园林中的应用方式

草坪与地被植物在园林绿化中的作用虽不如高大的乔木、灌木及明艳的花卉作用效果那么明显,但却是不可缺少的。草坪与地被植物由于密集覆盖于地表,不仅具有美化环境的作用,而且对环境有着更为重要的生态意义,如保持水土,占领隙地,消灭杂草;减缓太阳辐射,保护视力;调节温度、湿度,改善小气候;净化大气,减少污染和噪声;用作运动场及游憩场所,预防自然灾害等。

1)草坪的分类及常见草坪草

(1)草坪的概念

草坪是园林中人工铺植的草皮或播种草籽培养形成的整片绿色地面。严格地讲,草坪即草坪植被,通常是指以禾本科草或其他质地纤细的植被为覆盖,并以它们大量的根或匍匐茎充满土壤表层的地被,是由草坪草的地上部分以及根系和表土层构成的整体。

(2)草坪按配置形式分类

① 缀花草地:在草坪的边缘或内部点缀一些非整形式成片栽植的草本花卉而形成的组合景观。常用的花卉为球根或宿根花卉,有时也点缀一些一二年生花卉,使草坪上既有季相变化,又不需要经常大面积更换。常用的草本花卉主要有水仙属、番红花属、香雪兰属、鸢尾属、玉帘属、玉簪属、绵枣儿属、铃兰属等。

② 野趣草坪:指人工模仿的天然草坪。道路不加铺装,草坪也不用人工修剪,路旁的平地上有意识地撒播各种牧草、野花,散点石块,少量模仿被风吹倒的树木,起伏的矮丘陵上种植些灌木丛,甚至模拟少量野兔的巢穴,如同人迹罕至的荒原一样。要选择乡土树种、野花、野草,疏密有致,自然配置,杂而不乱,荒而不芜,与四周人工造园的景象恰成明显对比,别有情趣。

③ 规则式草坪:多见于规则式园林中,采用图案式花坛与草坪组合,或使用修剪整齐的常绿灌木图案为绿色草坪所衬托,清晰而协调。无论花坛面积大小,草坪均为几何形,对称排列或重复出现。西方古典城堡宫廷中常利用这种规则的草坪,以求得严整的效果。

④ 疏林草坪:指落叶大乔木夹杂少量针叶树组成的稀疏片林,分布在草坪的边缘或内部,形成草坪上的平面与立面的对比、明与暗的对比、地平线与曲折的林冠线的对比。这种组合,春季嫩芽吐芳,夏季树荫横斜疏林,秋季叶片斑斓,冬季阳光遍布草坪。这类景观在欧美自然型园林中占有很大的比例。

⑤ 乔、灌、花组合的草坪:乔、灌木、草花环绕草坪的四周,形成富有层次感的封闭空间,如图4.59所示。草坪可居中,草花沿草坪边缘,灌木作草花的背景,乔木作灌木的背景,在错落中互相掩映,尤其花灌木的配置要适当,花期、花色千变万化,成为一幅连续的长卷,虽与外界不够通透,但内部自成一局,草坪上散点顽石、安置雕塑小品,甚至茅亭一座,孤树一株等都很得体。

图4.59 乔、灌、花草坪

⑥ 高尔夫球场式草坪:起伏的草坪,视线通透开敞,中间偶然设有水池、沙坑,边缘有乔木、灌木形成的防护林带,少数精美的休息室或小亭点缀其间。

(3)草坪按用途分类

① 游憩型草坪:是指供人们散步、休息、游戏及其他户外活动的草坪。这类草坪形状自然,人可进入活动,管理粗放,可选取台湾二号、细叶结缕草等适应性强、耐践踏、质地柔软、含水量低的草种。草坪面积较大时还可配置乔木、山石、小路、花丛等。

② 观赏性草坪:也称为装饰性草坪。这类草坪形状多规则整齐,人不能入内,管理严格精细。可选择黑麦草等生长整齐、植株低矮、绿色期长的草种。观赏性草坪内可以散置少量低矮草花,形成缀花草坪。

③ 运动草坪:是指专供开展体育运动(各种球类、射击等)的草坪。这类草坪可选取耐践踏、韧性强、耐修剪、高弹性的草种,管理较精细。

④ 环保草坪:是指主要用于防水土流失、防扬尘等,发挥其保护和改善生态环境作用的草坪。这类草坪可选取适应性强、根系发达、草层紧密、抗旱、抗寒、抗病能力强的草种。

(4)草坪植物及其特点

草坪植物是组成草坪的植物总称,又叫草坪草。草坪草也属于地被植物的范畴,然而由于草坪对植物种类有特定的要求,且建植与养护管理与地被植物差异较大,已经形成了独立的体系,已从园林地被植物中分离出来了。草坪草多指一些适应性较强的矮生禾本科及莎草科的多年生草本植物,如结缕草、野牛草、狗牙根、高羊茅、早熟禾、黑麦草等。

草坪草按生态类型分为两类:冷季型草坪草,暖季型草坪草。

冷季型草坪草主要分布于华北、东北、西北等地区,最适生长温度11~20 ℃。目前生产上使用最多的草种为黑麦草属、早熟禾属、羊茅属、剪股颖属等。冷季型草坪草种的品种很多,如早熟禾、高羊茅、黑麦草、野牛草、狗牙根等,适应性强,春、秋生长旺盛,抗寒力较强,但抗热力较差,绿期较长,适宜在北方使用,在南方使用则表现为抗湿热性差,病虫害严重,有夏枯现象发生。高羊茅因很耐寒,绿色期高达300天,故近年发展很快。

暖季型草坪草主要分布于长江流域及其以南的热带、亚热带地区,最适生长温度25~30 ℃。目前生产上常用的草种有双穗狗牙根、结缕草、沟叶结缕草、细叶结缕草、中华结缕草、地毯草、假俭草、野牛草等。暖季型草种,夏季生长旺盛,抗热力强,抗寒力相对较差,绿期较短,适宜在南方栽植,其中尤以细叶结缕草色鲜而叶细,绿色期可冬夏不枯,在华北中部也可达150天以上,俗称"天鹅绒草",曾被广泛运用,但由于易出现"毡化现象",外观起伏不平,目前已逐步被外来的优质草种代替而有所减少。

根据我国夏季酷热期长的气候特点及各地土壤条件的差异,草坪草区域大致划分为:长江流域以南,主要应用狗牙根、假俭草、地毯草、钝叶草、细叶结缕草、结缕草等暖季型草坪草;黄河流域以北,主要应用匍茎剪股颖、草地早熟禾、加拿大早熟禾、林地早熟禾、紫羊茅、意大利黑麦草、苇状羊茅等冷季型草坪;长江流域至黄河流域过渡地区,除要求积温较高的地毯草、钝叶草和假俭草外,其他暖季型草坪草及全部冷季型草坪草都可使用。

2)草坪在园林中的应用

（1）草坪的景观特点

草坪是园林景观的重要组成部分,不仅有着自身独特的生态学特点,而且有着独特的景观效果。在园林绿化布局中,草坪不仅可以做主景,而且能与山、石、水面、坡地以及园林建筑、乔木、灌木、花卉、地被植物等密切结合,组成各种不同类型的景观空间,为人们提供游憩活动的良好场地。同时,其绿色的基调,还是展示其他园林景观元素的背景。草坪在园林景观中具有如下特点:

① 具有空旷感:草坪草生长低矮,贴近地面,即便是芳草连天,也处于人们的视线之下。因此,草坪绿地给人以开阔、空旷的感觉,如图4.60所示。园林中,为了烘托建筑物或其他主体景观的雄伟高大,通常要利用草坪的开阔特性,形成视觉的高低宽窄的对比感。

② 具有独特的背景作用:草坪的基调是绿色,蓝天白云下的绿草地会使白色、红色、黄色、紫色的景物更加凸显。草坪将各式各样、多种颜色的建筑、植物和谐地统一在一起,通过绿色底色的衬托与对比使景观更加突出。如在雕像、纪念碑等处常

图4.60　草坪的空旷感

常用草坪来做装饰和陪衬,可有力地烘托主景,又如在喷泉的周围布置草坪,白色的水珠在饱和的绿色反衬下更加醒目;再如在缓坡草地上配以鲜花、疏林,可构成优美舒缓的田园景。

③ 具有季相变化:有些草坪草的生长具有明显的季节性,利用其季相的变化,可创造各种园林景观。如在北方初秋,日本结缕草即开始进入休眠状态,此时其叶色由绿转褐,最后变成枯黄色。在这种褐色和枯黄色的映衬下,松、柏等常绿植物会显得更加青翠。

④ 具有可塑性:不同的草坪草种叶姿不同,色泽有异,质地也差别很大。利用这些特性,加以适当的组合,可以使草坪呈现出更大的可塑性。如通过草坪的修剪和滚压来形成花纹,利用不同草种色泽上的差异来进行造型,构成文字或图案。

⑤ 具有可更新性:与其他园林植物形成的景观相比,草坪容易更新。

⑥ 具有过渡作用:草坪可用于镶边,草坪镶边使树丛或花灌木与道路之间过渡自然。

（2）草坪的设计原则

① 草坪景观既要有变化,又要有统一:虽然茵茵芳草地令人舒畅,但是大面积的空旷的草坪也容易使景观显得单调乏味。因此,园林中草坪应在布局形式、草种组成等方面有所变化,不

宜千篇一律,可利用草坪的形状、起伏变化、色彩对比等以求丰富单调的景观。例如,在绿色的草坪背景上点缀一些花卉或通过一些灌木等构成各种图案,便会产生扁平的美学效果。当然,这种变化还必须因地制宜,因景而宜,做到与周围环境的和谐统一。

② 草种选择要适用、适地、适景:草坪最主要用于游憩和体育活动的场地,因而应选择那些耐踏性强的草种,即为适用;不同草坪草种所能适应的气候和土壤条件不同,因此必须依据种植地的气候和土壤条件选择适宜在当地种植的草种,即为适地;同时,选择草种还要考虑到园林景观,如季相变化、叶姿、叶色与质感特征等,力求与周围景物和谐统一,即为适景。如对于封闭型草坪,可选择叶姿优美、绿色期长的草种,北方多选择草地早熟禾,南方多选择细叶结缕草。开放型草坪,则要选择耐践踏性强的草种,北方可选择日本结缕草、高羊茅等,南方可选择狗牙根、沟叶结缕草等。疏林草坪需要选择耐阴性强的草种,北方可用日本结缕草、粗茎早熟禾、紫羊茅等,南方可用沟叶结缕草、细叶结缕草等。

3)地被及地被植物的分类

(1)地被的概念与功能

地被是指以植物覆盖园林空间的地面形成的植物景观。这些植物多具有一定的观赏价值及环保作用。紧贴地面的草皮,一二年生的草本花卉,甚至是低矮、丛生、紧密的灌木均可用作地被。地被与植物学中以植物群落覆盖一个地区的植被是不同的。美国学者奥斯汀在其《植物景观设计元素》一书中提到:"地被这个词汇可用来描述几乎所有的园林植物。但它主要指高度在 46 cm 以下,匍匐生长,遮盖裸露地表的植物。"地被植物是现代城市绿化造景的主要材料之一,也是园林植物群落的重要组成部分。多种类观赏植物的应用,多层次的绿化,使得地被植物的作用也越来越突出。

地被有两个层次的功能:第一个层次是替代草坪,用于覆盖大片的地面,给人以类似草坪的外观,利用这类自然、单纯的地被植物来烘托主景或焦点物。地被要求和草坪一样细心地做好土壤准备,同样的前期除草要求,而且还要和草坪一样能抵抗冬季严寒气候的影响。第二个层次是装饰性的地被。我们可利用这类色彩或质地明显对比的地被植物并列配置来吸引游人的注意力。它可以装点园路的两旁,为树丛增添美感和特色。2006 年沈阳世博园内一林间小径的边缘装饰性地被,一眼望去,轮廓分明的花境非常引人注目,让游人感到园路步道线形的优美。沈阳世博园大量采用花卉地被植物来饰边,如大草坪边缘的石竹、三色堇、地被月季等。颜色各异的盛花地被既烘衬了热烈的气氛,又很好地分隔了空间,引导游览路线。

组成地被植物的种类包括多年生草本,自播能力很强的少数一二年生草本植物,以及低矮丛生、枝叶茂密的灌木和藤本、矮生竹类、蕨类等。

(2)按生态习性分类

① 喜光地被植物:在全光照下生长良好,遮阴处茎细弱,节伸长,开花减少,长势不理想,如马蔺、松果菊、金光菊、常夏石竹、五彩石竹、火星花、金叶过路黄(图4.61)等。

② 耐阴地被植物:在遮阴处生长良好,全光照条件下生长不良,表现为叶片发黄、叶变小、叶边缘枯萎,严重时甚至全株枯死,如虎耳草、狮子草、庐山楼梯草等。

③ 半耐阴地被植物:喜欢漫射光,全遮阴时生长不良,如常春藤、杜鹃、石蒜、阔叶麦冬、吉祥草、沿阶草等。

④ 耐湿类地被植物:在湿润的环境中生长良好,如溪荪、鱼腥草、石菖蒲、三白草等。

⑤ 耐干旱类地被植物:植物在比较干燥的环境中生长良好,耐一定程度干旱,如德国景天、宿根福禄考、百里香、苔草、半支莲、垂盆草等。

⑥ 耐盐碱地被植物:此类植物在中度盐碱地上能正常生长,如马蔺、罗布麻、扫帚草等。

⑦ 喜酸性地被植物:如水栀子、杜鹃等。

(3)按植物学特性分类

① 多年生草本地被植物:如诸葛菜、吉祥草、麦冬、紫堇、三叶草、酢浆草、水仙、铃兰、葱兰等。

图4.61 金叶过路黄地被

② 灌木类地被植物:植株低矮、分枝众多、易于修剪选型的灌木,如八仙花、桃叶珊瑚、黄杨、铺地柏、连翘、紫穗槐等。

③ 藤本类地被植物:指耐性强,具有蔓生或攀缘特点的植物,如爬行卫矛、常春藤、络石等。

④ 矮生竹类地被植物:指生长低矮、匍匐性、耐阴性强的植物,如菲白竹、阔叶箬竹等。

⑤ 蕨类地被植物:指耐阴耐湿性强,适合生长在温暖湿润环境的植物,如贯众、铁线蕨、凤尾蕨等。

(4)按观赏部位分类

① 观叶类地被植物:叶色美丽,叶形独特,观叶期较长,如金边阔叶麦冬、紫叶酢浆草等。

② 观花类地被植物:花期较长,花色绚丽,如松果菊、大花金鸡菊、宿根天人菊等。

③ 观果类地被植物:果实鲜艳,有特色,如紫金牛、万年青等。

4)地被在园林中的应用

(1)地被的景观特点

丰富多彩的地被植物形成了不同类型的地被景观,如可以形成常绿观叶地被、花叶及彩叶地被、观花地被等。不同质感的地被植物可以创造出柔和的、或质朴的地被植物景观。

① 园林地被景观具有丰富的季相变化。除了常绿针叶类及蕨类等,大多数一二年生草本、多年生草本及灌木和藤本地被植物均有明显的季相变化,有的春华秋实,有的夏季苍翠,有的霜叶如花。

② 地被可以烘托和强调园林中的景点。一些主要景点,只有在强烈的透景线的引导下,或在相对单纯的地被植物背景衬托下,才会更加醒目并成为自然视觉中心。

③ 地被可以使园林中景观中不相协调的元素协调起来。如生硬的河岸线、笔直的道路、建筑物的台阶和楼梯、庭园中的道路、灌木、乔木等,都可以在地被植物的衬托下显得柔和而变成协调的整体。用作基础栽植的地被,不仅可以避免建筑顶部排水造成基部土壤流失,而且可以装饰建筑物的立面,掩饰建筑物的基部,同时对雕塑基座、灯柱、座椅、山石等均可以起到类似的景观效果。

（2）地被在园林中的应用原则

① 因地制宜，适地选用

要根据不同栽植地点的光照、水分、温度、土壤等条件的差异，选择相应的地被植物种类，尽量做到适地适种。例如，德国鸢尾应种植在地势高的地方；蜀葵要栽在通风条件好的地方；荷兰菊宜栽于土壤瘠薄的地方；金鸡菊适于阳光充足的地方；紫萼、玉簪、蝴蝶花、萱草等最适于庇荫处栽植。

② 要注意季相、色彩的变化与对比

地被植物种类繁多，花期有早有晚，色彩也极其丰富。种植设计时要配合得当，注意季相的变化，又要考虑到同一季节中彼此的色彩、姿态，以及与周围色彩的协调和对比，才会起到事半功倍的效果。例如，在以红色主调的同时，选用粉色的蛇鞭菊与粉色的大丽花搭配，能给人以协调温馨的感觉。

③ 要与周围环境相协调，并与功能相符合

不同的绿地环境，其功能和要求也不同。如居民小区和街心公园，一般以种植宿根花卉为主，适当种植花灌木、易修剪造型、树姿优美的小乔木等植物材料，来营造优雅的街区小景观。如在树林里、房屋背阳处及大型立交桥下，应该多选用耐阴湿的地被植物，并求得与乔木的色彩和姿态搭配得当，如八角金盘、洒金珊瑚、十大功劳、蕨类、葱兰、石蒜、玉簪等，使这些一般乔、灌、草难以生长良好的地方，处处生意盎然，得自然之趣。在林缘或大草坪上多采用枝、叶、花色彩变化丰富的品种，可用大量的宿根花卉及亚灌木整形成色块组成图案，显得构图严谨、生动活泼而又大方自然、色彩丰富。在一些大手笔、大绿化的空旷环境中，则宜选用一些具有一定高度的喜阳性植物作地被成片栽植，而在空间有限的庭院中，则宜选用一些低矮、小巧玲珑而耐半阴的植物作地被。岸边、溪水旁，则宜选用耐水湿的湿地植物作地被。

④ 地被植物种类的选择和开发应用要有乡土特色

不同地区，要遵守"立足本地，适当引进外来新优品种，以本土植物为主"的原则，这样可建成有地方特色的风景园林景观。现以北京地区为例，说明这一原则。

北京地区绿化发展中，特别强调绿地生态效益的发挥，明确规定在各种大型绿地中提倡以乔木为主，乔、灌、藤、花、草结合复层绿化模式。对于高质量的绿地，在地被植物的应用上更加强调其覆盖性、多样性、生态性、美化性及对管理要求上的粗放性，尤其是地被植物应用的多样性，将有利于绿地生态系统的稳定及其功能的发挥、适应当前粗放式的管理水平，有利于景观丰富，形成城市特色，促进种苗生产。在提出的"黄土不露天"工程中，要求减少硬质铺装，特别是林下铺装，因此无论是大面积单一结构的绿地还是复层结构的绿地，无论小面积的见缝插绿、立交桥护坡绿化，还是大面积的观赏草坪、绿化隔离带都离不开地被植物的覆盖。几乎是有绿地的地方，就有地被植物的存在。因此，地被植物已成为各种类型绿地的基础材料。北京市绿地中使用的地被植物大多是从当地野生种群中进行筛选，或是引进国内外的一些新优品种。适合北京地区发展的地被植物品种有：

紫花地丁，3—4月开花，花淡紫色。

匍枝委陵菜，4—5月开出小黄花，秋季叶色变红。

蛇莓，4—5月开黄花，结红果。对自然环境要求不严，耐寒性强不耐涝。

点地梅，花期4—5月，植株低矮，叶丛生平铺地面，种子能自播繁殖。

藿香蓟，花期7—10月，一年生草本植物，头状花序淡紫色，浅蓝色或白色。

二月兰,花期3—5月,花蓝紫色。

半支莲,花色丰富,有紫红、大红、黄、橙黄、纯白等多种色,花期3—9月。

孔雀草,花色金黄或橙黄,带红斑,花期7—9月。

细叶美女樱,多年生草本,茎常匍匐状,花期4—10月。

雏菊,多年生草本植物,植株低矮,头状花序,花白、粉红、深红色,花期3—6月。

玉簪类,多年生草本,白色,花期6—7月。

萱草类,花形喇叭状,花色橘红色、浅黄色,6—10月开花。

鸢尾类,花瓣蓝色、紫色、白色。鸢尾种植物品种丰富,色彩淡雅,叶形自然可布置花坛、花境或自然点缀草坪、山石。

红花酢浆草,常绿或半常绿多年生草本,4—10月花期。

麦冬,多年生常绿草本。总状花絮,淡紫色,浆果圆形,蓝黑色,小气候好的条件下冬季可保持常绿。

白三叶,多年生草本。丛生低矮,分枝多,根分生能力再生能力均强,花期6—11月。

沙地柏,匍匐灌木,耐旱性强,可用于林缘、岩石旁,或作护坡地被,配置在草坪边缘。

平枝枸子,4—5月开花,粉红色或红色。

金山绣线菊,落叶低矮灌木,株型紧密,叶绿黄色或白色,花粉红色,花期5月。

金焰绣线菊,叶形及习性,用途同金山绣线菊。春季叶色黄红色,夏季叶色绿色,秋冬叶紫红色似火焰。

京八号常春藤,常绿藤本植物。北京小气候条件下经3~5年的养护,根深后可露地越冬。

扶芳藤,常绿藤本植物。低矮匍匐,枝上常生根。叶卵圆形至椭圆状卵形,表面浓绿色。

五叶地锦,落叶藤本植物。适应性强,耐寒又耐暑热,耐贫瘠、干旱、耐阴,抗性强,入秋后叶色变红。

山葡萄,枝叶茂盛,覆盖率强,叶形漂亮,晚秋经霜后叶片鲜红,可栽于林下任其生长,是良好的耐阴观叶藤本地被。

第4章彩图

5 风景园林植物景观设计图纸要求及设计程序

5.1 园林植物景观设计的程序

5.1.1 现状调查与分析

为了有序而成功地达到规划目标,在着手项目前,设计师应该尽可能详尽地了解项目的相关信息,将甲方的需要和项目的情况进行综合分析,并编制设计意向书。

1)了解法律法规

在进行园林植物种植设计之初,应该先了解行业情况以及最新的法律法规,让设计符合国家相关规定、符合任务书所涵盖的范围,从而更好地完成植物种植设计任务。

我国的园林法规体系是园林行业制度的核心,为园林绿化的行政体系和实施运作体系提供法律法规和法定程序。现行的法律法规根据立法主体和法律效力,可划分为宪法、法律、行政法规和规章、地方性法规和规章4个层面。

2)获取项目信息

(1)确定规划目标

在项目开发初期,要充分了解甲方对植物景观的要求、喜好、预期效果以及造价、工期等情况。

(2)获取图纸资料

设计委托意向确定后,委托方应提供与设计有关的图纸资料,设计师根据图纸和要求进行植物景观的规划和设计。

① 地形图:根据面积大小,提供 1:2 000,1:1 000,1:500 基地范围内总平面地形图。图纸

应该明确显示:设计范围(红线范围、坐标数字);基地范围内的地形、标高及现状物的位置(包括现有建筑物、构筑物、山体、水系、植物、道路、水井,还有水系的进出口位置、电源等)。现状物中,要求保留利用、改造和拆迁等情况要分别注明;注明主要道路名称、宽度、标高点数字以及走向和道路、排水方向;注明周围机关、单位、居住区的名称、范围,以及今后发展状况等。

② 局部放大图(1:200):主要为局部详细设计用。该图纸要满足建筑单位设计及其周围山体、水系、植被、园林小品及园路的详细布局。

③ 要保留使用的主要建筑物的平、立面图。平面图注明室内、室外标高;立面图要标明建筑物的尺寸、颜色等内容。

④ 现状树木分布位置图(1:200,1:500):主要需标明保留树木的位置、品种、大小、密度、生长状况和观赏价值等,以及现有的古树名木情况、需要保留植物的状况等。有较高观赏价值的树木最好附彩色图片。

⑤ 地下管线图(1:500,1:200):一般要求与施工图比例相同。图内包括要保留的地下管线及其设施的位置、规格以及埋深深度等。

(3)获取基地的其他信息

① 基地的自然状况:地形、土壤、水文、气象等方面的资料,包括地形坡度,土壤厚度和酸碱度,地下水位,水源位置、流动方向和水质,年最高、最低温度及其分布时间,年最高、最低湿度及其分布时间,年、月降雨量,主导风向,最大风力,风速以及冰冻线深度等。

② 植物状况:该地区内乡土植物种类、群落组成以及引种植物情况等。

③ 历史人文资料调查:基地过去以及现在的利用情况,基地周围有无名胜古迹、人文资源,当地的风俗、传说故事、居民人口和民族构成等。

在这个阶段所搜集资料的深度和广度将直接影响随后的分析与决定,因此必须注意多方搜集资料,尽量详细、深入地了解与基地环境植物景观规划相关的内容,以求全面掌握可能影响植物生长的各个因子。

3)现场调查与测绘

(1)现场踏勘

确定设计任务后,设计师要以客户提供的相关资料为依据进行现场踏查。一方面对现有资料进行核对,对缺失资料进行补充;另一方面,对设计的可行性进行评估,就实地环境条件对植物景观的大致轮廓和构成形式进行艺术构思,发现并记录可利用、可借景的景物以及不利于景观的物体,在规划过程中分别加以适当处理。现场踏查的同时拍摄现状照片,以供总体设计时参考。有必要的时候,踏查工作要进行多次。

(2)现场测绘

当图纸资料缺失或不符合要求时,设计师要根据实际需要进行现场测绘,并根据测绘结果绘制基地现状图。基地现状图包括现有的建筑物、构筑物、道路、铺装、植物等。对于基地中要保留的或有特殊价值的植物,要测量并且在图纸上记录其位置、冠幅、高度、胸径等。

为了防止在现场调查过程中出现遗漏,设计师应提前将调查内容制成表格,按规定内容进行调查和填写。另外,建筑物的尺度、位置以及视觉质量等可以直接在图纸中进行标示,或者通过照片加以记录。

4)现状分析

（1）专项分析

基地的现状分析关系到植物的选择、生长状况、景观塑造以及功能发挥等一系列问题，是进行植物景观设计的基础和依据。对于植物景观设计而言，凡是与植物相关的因素都应该在现状分析中有所考虑，通常包括自然条件分析（地形、土壤、光照、植被等），环境条件分析，景观定位分析，服务对象分析，经济技术指标分析等多个方面。

① 小气候分析：小气候指基地中特有的气候条件，是有限区域内的光照、温度、水文、风力等条件的综合反映。每一个小范围地域中有不同程度的各种小气候，这取决于基地的地形地段、方位、风向与风速、土壤性质、植被以及直接围绕地段的自然和人为的环境（如林带、池塘、灌溉渠、建筑物等）。在小气候温和，或地形有利、四周有遮挡的地方可以选择种植稍不耐寒的植物种类；如果小气候恶劣，则应该选用在该地区最寒冷的气温条件下也能正常生长的植物种类。

② 光照分析：光照是影响植物生长的重要因子，因此设计师需要分析基地中日照的状况，尤其掌握太阳高度角和方位角两个参数的变化规律。通过太阳高度角和方位角分析基地的光照强度、遮阴强度、阴影范围，从而调整植物配置以适应不同的光照条件。如将喜阳植物栽植在阳光较为充足的建筑南面或安排在群落上层；将耐阴植物种植在墙的北面、林内、林缘或树荫下。

③ 风力分析：小环境中的风向通常与当地主导风向一致，但有时也会受到基地中建筑物、地形、大面积的水面、林地的影响而发生变化。如突变的地形会引起空气湍流；平滑的地形使空气平稳地流动；温和的微风通过整齐排列的建筑物或植物后会变得急促。多风的地区应选用深根性、生长快速的植物种类，或用常绿植物组成防风屏障，阻挡强烈的冷风或空气湍流；而空气流通不良的地方，应种植分枝点高的乔木，结合开阔的水面、绿地形成通风渠道。

④ 人工设施分析：人工设施包括基地内的建筑物、构筑物、道路、铺装、各种管线等，这些设施往往也会影响到植物的选择和配置的形式。植物的色彩、质感、高度与人工设施的外观和用途相匹配。如庄严肃穆的建筑物外常栽植高大乔木；体量轻巧的亭子前常栽植低矮的乔木和花灌木；地下管线集中的地方只能种植浅根性植物，如地被、草坪、花卉等。

⑤ 视觉质量分析：视觉质量评价也就是对基地内外的植被、水体、山体和建筑等组成的景观从形式、历史文化及其特点等方面进行分析和评价，并将景观的平面位置、标高、视域范围以及评价结果记录在调查表或者图纸中，以便做到"佳则收之，俗则屏之"。通过视线分析可以确定今后观赏点位置，从而确定需要"造景"的位置和范围。

（2）综合分析

现状分析常采用叠图法进行，即将不同方面的分析结果分别标注在不同图层之上，通过图层叠加进行综合分析，并绘制基地的综合分析图。这种分析图不仅可以表示、分析二元关系，还可以对景观场地内的多因子关系进行分析。根据已掌握的全部资料，经分析、整理、归纳后，分成若干空间，对现状作综合评述，可用圆形圈或抽象图形将其概括地表示出来。现状分析通过对基地条件进行评价，得出基地中有利于或不利于植物栽植和景观创造的各个因素，并提出解决的方法。

5)编制设计意向书

设计师将所收集到的资料，经过分析、研究，定出总体设计原则和目标，并制订设计意向书

在设计中用以指导。设计意向书主要包括以下 8 个方面：

① 设计的原则和依据；

② 项目的类型、功能定位、性质特点等；

③ 设计的艺术风格；

④ 对基地及外围环境条件的利用和处理方法；

⑤ 重要的功能区以及面积估算；

⑥ 投资概算；

⑦ 预期的目标；

⑧ 设计时需要注意的关键问题。

5.1.2 功能分区

1）功能分区草图

设计师根据现状分析以及设计意向书，画出基地的功能区域草图，草图属于示意说明性质，可用抽象的图形或圆圈图案表示，即泡泡图。在此过程中需要明确以下问题：

① 基地中需要设置哪些功能，每一种功能所需的面积有多大。

② 各个功能区之间的关系如何，哪些必须联系在一起，哪些必须分隔开。

③ 各个功能区服务对象都有哪些，需要何种空间类型，例如是私密的还是开敞的等。

在功能分区示意图的基础上，根据各分区的功能确定植物主要配置方式，即确定植物的功能分区，如入口种植、视觉屏障、隔音屏障、空间围合、空间界定等。

2）功能分区细化

在植物功能分区的基础上，将各功能分区分解为若干区段，并进一步确定各区段内植物的种植形式、类型、大小、高度、形态等内容。

（1）确定种植范围

用图线标示出各种植物种植区域和面积，并注意各个区域之间的联系和过渡。

（2）确定植物的类型

根据植物种植分区规划图选择植物类型，如常绿或者落叶的乔、灌、草、藤、花卉等。

（3）分析植物组合效果

明确植物的规格，绘制植物组合立面图，分析植物高度配置。一方面判定植物配置能否形成优美、流畅的林冠线；另一方面判断植物配置能否满足功能需要，如防风、视觉阻挡、空间界定等。

（4）选择植物的颜色和质地

在分析植物组合效果的时候，可以适当考虑植物的颜色与质地的搭配，以便在下一环节能够选择适宜的植物。

在功能分区阶段不须具体确定植物种类和栽植地点，而是宏观确定植物分布状况，建立整体轮廓。

5.1.3 植物种植设计

1)植物种植设计的原则

园林植物配置首先要从园林绿地的主题、立意和功能出发,选择适当的树种和配置方式来表现主题,体现设计意境,满足功能要求。为避免植物配置东拼西凑、杂乱无章,应坚持"先面后点,先主后宾,远近结合,高低结合"的原则。

(1)先面后点

须先从整体考虑,大局入手,然后再考虑局部穿插细节。即从整体布局的面到区域的局部的点,做到"大处添景,小处添趣",大处着眼,小处着手。

(2)先主后宾

种植设计要主宾分明。首先确定植物的主体(主体植物或叫主景、主调树)以及主要观赏区,再选择配置树种和次要景区,处理好主宾关系。

(3)远近结合

植物配置时,不但要考虑一个景区内树木搭配协调,同时要与相邻空间或远处的树木、背景及其他景物彼此呼应,取得艺术构图上的完整性。

(4)高低结合

一般来说一个园林空间,或一个栽培群落内,乔木是骨干树种,配置时应先设计乔木,后灌木,再花卉、地被植物。往往乔木是骨干,或孤植,或树丛,或树群。应先定乔木的树种,数量和分布位置,再由高到低分层配置灌木和地被,也可根据设计需要由高低层次(乔木和地被)组成,取消中间灌木层次,从而形成完美的立体层次轮廓线(林冠线与林缘线)。

2)植物种植设计的步骤

(1)初步设计

① 确定孤植树:孤植树是园林景观空间中的构图重心和骨架,一般单株种植于视线焦点处或开敞空间中,以突显树木的个体美。有时为了艺术构图的需要和增加雄伟气势,可两株或三株紧密种在一起,形成一个单元,效果如同一株三干。种植设计的第一步就是要确定孤植树的位置、外观形态和名称规格。孤植树一般使用形体高大、姿态优美、树冠开阔、树冠轮廓线富于变化,或开花繁茂、香气浓郁、叶色有丰富季相变化的树种,还需考虑树种生长健壮、寿命长、无严重污染环境的落花落果、不含有害于人体健康的毒素等因素。在种植设计时,可以利用原有大树,特别是一些古树名木作为孤植树来造景。在没有现成大树可利用的情况下,也尽量就近选取。常见适宜作孤植树的树种有香樟、悬铃木、朴树、雪松、银杏、七叶树、广玉兰、金钱松、白皮松、枫香、枫杨、乌桕等。孤植树的选择可以在详细设计阶段进一步调整。

② 确定配景植物:主景一经确定,就可以考虑其他的配景植物了。配景植物常以树木丛植体现群体效果,与孤植树形成呼应或对比,增添园中的情趣。配景植物还可以与周围建筑环境相结合,形成空间标示或视觉焦点。如云杉与桧柏配置,组成灰绿与墨绿的单色调,显得和谐一致;将云杉和月季栽植在一起,云杉深灰色的叶子与月季的红花组成鲜艳的对比

色调。

③ 选择其他植物:在确定主、配景植物之后,根据现状分析和绿地功能分区选择配置其他植物。例如,用侧柏、冬青、女贞、海桐组成绿篱界定边界或围合空间;在建筑、挡土墙、园墙上栽植攀缘植物,如凌霄、常春藤、牵牛花、藤本月季等遮蔽不雅景观,调节日照和通风;在道路两旁种植花境或绿墙组织游览路线等。

最后,在设计图纸中用图例标示出植物的类型、规格、种植位置等。

(2)详细设计

这一阶段是对照设计意向书,结合现状分析、功能分区,对初步设计方案进行修改和调整。详细设计阶段应该从植物的形状、色彩、质感、季相变化、生长速度、生长习性等多个方面进行综合分析,还应该参考有关设计规范、技术规范中的要求:

① 核对每一区域的现状条件与所选植物的生态特性是否匹配,是否做到了"适地适树"。这一点在前面的章节中已经反复强调过了,在这里就不再重复。

② 从平面构图角度分析植物种植方式是否适合。首先植物的布局形式应该与基地总体景观风格相协调,如规则式和自然式的园林风格在植物布局形式上风格迥异。其次,植物的布局形式应与其他构景要素相协调,如就餐空间的形状为圆形,若要突出和强化这一构图形式,植物最好采用环植的方式。确定植物的平面布局形式还应该综合考虑周围环境情况、设计意图和功能用途等方面,使植物景观与环境达到和谐。

③ 从立面构成角度分析所选植物是否满足观赏的需要,植物与其他构景元素是否协调。

可以通过立面图或效果图来分析植物景观的立面效果。首先,观察植物品种是否使植物景观层次丰富,界限清晰。若植物品种不足,景观效果过于单一,应增加植物品种,使植物景观层次更为丰富;若植物品种冗余,景观杂乱无章,则应删减或调整植物品种,使景观层次清晰和谐。

其次,调整植物栽植密度,使植物景观达到最佳效果。植物栽植密度指植物种植间距的大小。理想的植物景观效果应该在满足植物正常生长的前提下,植物成熟后相互搭接,形成植物组团。种植间距过大,会使植物以单体形式孤立存在,景观缺少统一性;种植间距过密则影响植物正常生长(见表5.1)。

表5.1 绿化植物栽植间距

名 称		下限(中-中)/m	上限(中-中)/m
一行行道树		4.0	6.0
双行行道树		3.0	5.0
乔木群植		2.0	—
乔木与灌木混植		0.5	—
灌木群植	大灌木	1.0	3.0
	中灌木	0.75	2.0
	小灌木	0.3	0.5

注:节选自《居住区环境景观设计导则》(住建部住宅产业化促进中心编写,2006版)

最后,还应该注意植物的规格大小与其他构景元素的搭配,根据景观效果选择规格合适的园林植物。要说明的是,在园林植物景观施工时使用幼苗要确保成活率,降低施工成本,但在详

细设计中,却不能按照幼苗规格配置,而应该按照成龄植物(成熟度75%~100%)的规格加以考虑。图纸中的植物图例也要按照成龄苗木的规格绘制,如果栽植规格与图中绘制规格不符时还应该在图纸中给出说明。

④ 满足技术要求:在详细设计确定植物具体种植点位置的时候应该参考相关设计规范、技术规范的要求,如道路绿化种植中注意安全视距的要求;植物种植点位置与管线的最小间距;植物种植点与建筑的最小建筑等问题(见表5.2—表5.4)。

表5.2　绿化植物与管线的最小间距

管线名称	最小间距/m	
	乔木(至中心)	灌木(至中心)
给水管	1.5	不限
污水管、雨水管、深井	1.0	不限
煤气管、深井、热力管	1.5	1.5
电力电缆、电信电缆	1.5	1.0
地上杆柱(中心)	2.0	不限
消防龙头	2.0	1.2

注:节选自《园林植物造景》(第2版)(臧德奎主编,2021)

表5.3　绿化植物与建(构)筑物的最小间距

建(构)筑物名称		最小间距/m	
		至乔木中心	至灌木中心
建筑物外墙	南窗	5.5	1.5
	其余窗	3.0	1.5
	无窗	2.0	1.5
挡土墙顶内和墙角外		2.0	0.5
围墙(2 m高以下)		1.0	0.75
道路路面边缘		0.75	0.5
人行道路面边缘		0.75	0.5
排水沟边缘		1.0	0.3
体育用场地		3.0	3.0
测量水准点		2.0	1.0

注:节选自《居住绿地设计标准》(CJJT 294—2019)

表5.4　道路交叉植物种植规定

交叉道路类型	非植树区最小尺度/m
行车速度≤40 km/h	30
行车速度≤25 km/h	14

续表

交叉道路类型	非植树区最小尺度/m
机动车道与非机动车道交叉口	10
机动车道与铁路交叉口	50

注：节选自《居住区环境景观设计导则》（住建部住宅产业化促进中心编写，2006版）

⑤ 进行图面的修改和调整，完成植物种植设计详图，并填写植物表，编写设计说明。植物种植设计涉及自然环境、人为因素、美学艺术、历史文化、技术规范等多个方面，在设计中需要综合考虑。但由于篇幅有限，本章中对于植物种植的方法和步骤的论述也不可能涵盖所有的情况，后面章节的案例分析中针对不同的设计项目总结出了一些植物选择、配置的建议，供读者参考。

5.2　园林植物种植图

园林植物施工设计的标准应参考《建筑场地园林景观设计深度要求》（06SJ805）的要求来完成。施工图设计文件应包括设计说明和图纸两个部分。园林种植图纸是施工的依据，图面内容需要满足施工安装及植物种植需要，它比用语言和文字所表达的意思更加精确和直接，用于指导园林种植工程有计划、有秩序地进行。

5.2.1　植物种植图分类

1）按照表现内容及形式进行分类

（1）平面图

平面图即平面投影图，用以表现植物的种植位置、规格、数量及种植类型等，以圆点表示出树干位置，树冠大小按成龄后冠幅绘制。

（2）立面图

立面图有正立面投影或者侧立面投影，用以表现植物之间的水平距离和垂直高度。

（3）剖面图和断面图

用一个垂直的平面对整个植物景观或某一局部进行剖切，并将观察者和这一平面之间的部分去掉，如果绘制剖切断面及剩余部分的投影则称为剖面图，如果仅绘制剖切断面的投影则称为断面图，用以表现植物景观的相对位置、垂直高度，以及植物与地形等其他构景要素的组合情况。

（4）透视效果图

透视包括一点透视、两点透视、三点透视。透视效果图用以表现植物景观的立体观赏效果，分为总体鸟瞰图和局部透视效果图。

2）按照对应设计环节进行分类

（1）植物种植规划图

植物种植规划图应用于初步设计阶段，绘制植物组团种植范围，并区分植物的类型（常绿、阔叶、花卉、草坪、地被等）。

（2）植物种植设计图

植物种植设计图用于详细设计阶段，利用图例确定植物种类、植物种植点的具体位置、植物规格和种植形式等。

（3）植物种植施工图

植物种植施工图用于施工图设计阶段，标注植物种植点坐标、标高，确定植物的种类、规格、栽植或养护的要求等。

5.2.2　植物种植图绘制要求

图纸应按照制图国家标准《房屋建筑制图统一标准》《总图制图标准》《建筑制图标准》以及《风景园林图例图示标准》规范绘制。图纸、图线、图例、标注等应符合规范要求。图纸内容要全面，标准的植物种植平面图中必须注明图名，绘制指北针、比例尺，列出图例表，并添加必要的文字说明。另外，绘制时要注意图纸表述的精度和深度对应设计环节及甲方的具体要求。不同设计环节种植图具体绘制要求如下：

（1）植物种植规划图

植物种植规划图的目的在于表示植物分区和布局的大体状况，一般不需要明确标注每一株植物的规格和具体种植点的位置。植物种植规划图只需要绘制出植物组团的轮廓线，并利用图例或者符号区分出常绿针叶植物、阔叶植物、花卉、草坪、地被等植物类型。植物种植规划图绘制应包含以下内容：

① 图名、指北针、比例、比例尺。

② 图例表：包括序号、图例、图例名称（常绿针叶植物、阔叶植物、花卉地被等）、备注。

③ 设计说明：植物配置的依据、方法和形式等。

④ 植物种植规划平面图：绘制植物组团的平面投影，并区分植物的类型。

⑤ 植物群落效果图、剖面图或者断面图等。

（2）植物种植设计图

植物种植设计图包含植物种植平面图之外，往往还要绘制植物群落剖面图、断面图或效果图。植物种植设计图绘制应包含以下内容：

① 图名、指北针、比例、比例尺、图例表。

② 设计说明：包括植物配置的依据、方法、形式等。

③ 植物表：包括序号、中文名称、拉丁学名、图例、规格（冠幅、胸径、高度）、单位、数量（或种植面积）、种植密度、其他（如观赏特性、树形要求等）、备注。

④ 植物种植设计平面团：利用图例标示植物的种类、规格、种植点的位置以及与其他构景要素的关系。

⑤ 植物群落剖面图或者断面图。

⑥ 植物群落效果图：表现植物的形态特征，以及植物群落的景观效果。

⑦ 在绘制植物种植设计图的时候,一定要注意在图中标注植物种植点位置,植物图例的大小应该按照比例绘制,图例数量与实际栽植植物的数量要一致。

（3）植物种植施工图

植物种植施工图是园林绿化施工、工程预（决）算编制、工程施工监理和验收的依据,并且对于施工组织、管理以及后期的养护都起着重要的指导作用。植物种植施工图绘制应包含以下内容:

① 图名、比例、比例尺、指北针。

② 植物表:包括序号、中文名称、拉丁学名、图例、规格（冠幅、胸径、高度）、单位、数量（或种植面积）、种植密度、苗木来源、植物栽植及养护管理的具体要求、备注。

③ 施工说明:对于选苗、定点放线、栽植和养护管理等方面的要求进行详细说明。

④ 植物种植施工平面图:利用图例区分植物种类,利用尺寸标注或者施工放线网格确定植物种植点的位置——规则式栽植需要标注出株间距、行间距以及端点植物的坐标或与参照物之间的距离:自然式栽植往往借助坐标网格定位。

⑤ 植物种植施工详图:根据需要,将总平面图划分为若干区段,使用放大的比例尺分别绘制每一区段的种植平面图,绘制要求同施工总平面图。为了读图方便,应该同时提供一张索引图,说明总图到详图的划分情况。

⑥ 文字标注:利用引线标注每一组植物的种类、组合方式、规格、数量（或者面积）。

⑦ 植物种植剖面图或断面图。

对于种植层次较为复杂的区域应该绘制分层种植施工图,即分别绘制上层乔木的种植施工图和中下层地被的种植施工图。绘制要求同上。

其中,植物种植设计图和植物种植施工图在项目实施过程中必不可少的,而植物种植规划图则可根据项目的难易程度和甲方的要求绘制或者省略。

6 园林水体与园林植物造景

"智者乐水,仁者乐山",寄情山水的审美理想和艺术哲理,深深地影响着中国园林,秀美的山川湖泊,浓郁的地域乡土风情,创造了诗情画意般的中国古典园林,水成了其不可缺少的要素之一,"无水不成园"。

自然界中植物与水相依相连;园林中,水也是不可缺的。本章讲述园林植物与水体的关系,着重讨论植物和水如何组成一个生机盎然的景观,如何绘就一幅优美的天然图画。

6.1 中外古典园林水体植物造景方式

6.1.1 中国古典园林水体植物造景方式

宋朝的郭熙、郭思在《林泉高致·山水训》中描写:"水,活物也,其形欲深静、欲柔滑、欲汪洋、欲回环、欲肥腻、欲喷薄、欲激射、欲多泉、欲远流、欲瀑布插天、欲溅扑入地,欲渔钓怡怡、欲草木欣欣、欲挟烟云而秀媚、欲照溪谷而光辉。此水之活体也。"堪称对水体多姿绝妙的刻画,同时也刻画水与其他元素的联系。中国古典园林是极注重园林意境与空间营造的,在植物与水的配置上非常注重画意,水边的每一棵树或每一丛花木在各个观赏方向都要恰到好处地表现该植物,该植物或是主景,或是不可缺少的前景,也可能是建筑物的背景,其姿态有风姿绰约之美。

1)以水为镜,倒映植物与湖光山色

在中国古典园林里,极富诗意的一个举措是利用水平如镜的水面来倒映水边的景观,如亭台楼阁的翘角飞檐、假山石、树木花草等的影子在波光粼粼的水面上随风而动,颇有静中生动之美。

(1)小型水面

小型水面,常常倒映有树木的轮廓或是单株植物的姿态。在一些空间比较小的庭院里往往采用庭院中心布置水池,而在池岸上布置亭廊桥榭,形成一个空间相对封闭而景观又可外泄的庭院空间,一些姿态优美的花木在池岸边、亭廊水榭等建筑的前面或角落种植,与建筑形成丰富

的立面轮廓线与平面轮廓线,参差不齐的轮廓就会倒映在水中,丰富了水面,在人的心理上放大了实际空间,给人小中见大之感。典型的例子就是苏州网师园的水面景观,如图 6.1 所示,池面面积 400 m² 左右,水面上没有种植任何水生植物,四周环绕着各种形式的建筑翘角飞檐,在池边植以柳、碧桃、玉兰、黑松、侧柏、白皮松等,疏密有致,轮廓层次丰富,视景线清晰。古木交柯的黑松的虬枝伸向水面,倒影生动,颇具画意,在驳岸上配置了云南黄素馨、紫藤、络石、薜荔、地锦等,使得驳岸显现悬崖野趣。

图 6.1　网师园水面上的倒影,虚实相映,生动活泼,游人分外喜欢

在这样的空间里游玩,并不觉得园小,反而觉得景色丰富多变,处处有景,亲切宜人。

（2）大型水面

在自然园林、公园里的湖泊边上也常常种植各种乔木、灌木与花草,在配置时,着重注意的是树形、枝干姿态,而不是花色,如图 6.2 所示。但并不否定色彩丰富的花木,可以使用柳树、桃、松、桂花、石榴、紫藤、云南黄素馨、蔷薇、菖蒲等乔灌草形成一个立体的倒影。如拙政园、颐和园昆明湖、杭州西湖等都采用这种倒影,为园林增添了几分趣味。

图 6.2　凭栏远眺对面的树木及远处青山的倒影,层次分明,非常宁静

2）用植物丰富水面

（1）植物分割水面空间

空阔的水面给人视野开阔、坦荡的感觉,但看久了就会因静而寂,因寂而觉呆板。因此,人们往往会在水面上构筑岛屿、架设桥梁或种植植物,来丰富水面空间,强化景深。古典园林中,在水面上种植的往往是荷花、睡莲、荇菜等传统水生植物,而且这些植物往往不占满水面,只是占某一局部,一般形成三分植物七分水的布局,植物往往聚集种植,这样既有天光云影在水,又有香远益清的荷花水面景观,如图 6.3 所示。或者是将这些植物分开几丛来配置,形成一幅小舟畅游莲叶间的水乡氛围。

图 6.3　睡莲丰富了水面空间

（2）植物季相变化

在使用植物点缀水面时，往往会特别注意水面植物的季相变化，因为水面上的植物往往是我们视线的焦点，当我们不经意间看到水面上的植物，就能感受到生长变化着的景观。

3）用植物来丰富池岸的边际线

（1）规则驳岸

古典园林中，对水岸处理是别具匠心的，在有建筑的一侧，可使用整齐的条石砌筑规则的石岸，或使用假山石驳岸，在这些驳岸内，种植一些不阻挡视线的花木，如迎春、探春或云南黄素馨、薜荔等垂挂于驳岸上，或在假山石上攀爬地锦、络石等。乔木往往采用樟树、朴树、银杏、刺槐、无患子、垂柳等大型乔木，散植在驳岸的场地上，间或点缀碧桃、梅花、玉兰、海棠、松树、鸡爪槭等中型花木，并选择一些飘枝斜伸向水面，形成柔条拂水、相映成趣的画面。

（2）自然驳岸

远离建筑的驳岸采用自然的山石驳岸或草岸，往往采取缓坡的方式，如图6.4所示，在岸边浅水区种植水菖蒲、芦苇、慈姑、凤眼莲等。如此，我们在环湖游玩时，感受到的是不同的驳岸与植物，不会感受到单调呆板。

图6.4　自然的山石与青草缓坡土岸，种植金钟花、云南黄素馨、紫叶桃等

4）以水生植物为载体，构筑意境

水生植物多为轻盈灵秀，古人也多有偏爱，如周敦颐的《爱莲说》："出淤泥而不染，濯清涟而不妖，中通外直，不蔓不枝，香远益清，亭亭净植，可远观而不可亵玩焉。"《洛阳名园记》的"三分水，二分竹，一分屋"，是士大夫追求雅逸的配置手法。苏州拙政园的远香堂、芙蓉榭、荷风四面亭、留听阁，怡园的藕香榭，扬州瘦西湖的莲花桥等，都以荷花为主题，构筑意境空间。在颐和园的水木自亲极目四望，山岛葱茏，湖水潋滟，鸢飞鱼跃，一派生机，令人赏心悦目；颐和园的知春亭岛上种满了杨柳、桃杏，在融融春水中，在和煦的春风里，以绽放的桃花、含绿的柳丝向人们报以春的讯息。

在古代水景园中，用来造景的植物常有荷花、紫菱、荇菜、菰、萍花、芦苇、蓼花及藻类，同时还有衬托园林水景的岸边植物，如柳、竹、石榴、桃、槐、松、木芙蓉等。利用这些植物承载的文化语言，将中国古典园林文化与现代园林景观有机结合，使游客感受到传统文化底蕴和中国古典园林的写意风格与诗情画意。

6.1.2　外国古典园林水体植物造景特点

水在外国古典园林中表现得也是极富韵味与各异，各国根据自己的地理区域特征营造了千姿百态的水景，颇具代表的是法国、英国、意大利、伊斯兰、日本等国家的园林水景。

1）法国

法国巴黎地处平原,湖泊沼泽众多。由勒诺特主持设计的凡尔赛宫花园以水景作为整个庭院的灵魂,应用了多种形式的喷泉、引水道、叠水、游泳池,将人的视线由近及远,由狭窄到开敞,由人工水景到自然水景引导开来,表达了一种人工与自然的和谐。庭院中的植物种类相当丰富,水池边是修剪得很规整的几何花坛以及修剪成圆锥形的小树。喷泉周边的植物多以草坪、绿篱、毛毡花坛等植景为主,用以突出喷泉及各种雕塑。湖泊周围多是自然形的树林,展现生机盎然的自然风光。除了当地本土温带植物以外,还有意大利及葡萄牙的橙树、柠檬树、欧洲夹竹桃和棕树,远远望去一片热带风光。

2）意大利

在意大利台地式园林里,水景多为跌水、瀑布、喷泉,还有一些水机关,营造让人惊奇的水氛围。在这样的设计中,植物一般都是来衬托水景的,使用整齐的整形灌木做成树墙,或用球形灌木列植或对植在喷泉或水池前,以色彩、形式来烘托主景水景的壮观,强化中轴对称的秩序感,形成以水、建筑为主题及主体的园林。

3）英国

在英国风景式园林里,水景多为弯曲的小溪、池塘、湿地与湖泊,植物配置的总体风格多为清新自然,注重表现植物自然生长的风景。如湖泊边多布置石楠、玫瑰、杜鹃花、水仙、水百合、风铃草、报春花、金雀花、红升麻和各种野花交织在一起,延龄草、报春花等生长在茂盛的蕨类植物丛中,可有垂柳、日本枫树、黑杨树、日本落叶松、山毛榉、橡树、桦树、胡桃等树木环绕。花园池塘的配置还可展现四时景观的变化。如英国谢菲尔德公园的4个湖面:两个湖的湖边植物绚丽,湖面倒影丰富,以松、云杉、柏的绿色为乔木层,春季突出红色杜鹃花、白色北美唐棣花,水边粉红色的落新妇、黄花鸢尾及具黄色佛焰苞的观音莲,夏季欣赏睡莲,秋季北美紫树、卫矛、北美唐棣、落羽松、水杉等,暖色相拥。四季都呈金黄色的金黄叶美洲花柏,春夏秋3季都为红色的红枫。另两个湖周围以各种绿色树种作为基调树,只点缀几株秋色叶树种,形成宁静、幽雅的水面。

4）古波斯

古波斯园林里,水景多采用十字水渠,象征"水、乳、酒、蜜"4条河流,十字形水渠将庭院分成4块,形成方形的田字,在交叉处设置喷水池,在4块空地上栽植花木,反映心目中的天堂是一个潺潺流水环绕绿树鲜花的景观,这是典型的地域特点带给干旱环境下居民对美好生活的向往。

6.2 各类水体的植物造景

园林里的水体形式多种多样,有水平如镜的湖泊,也有婉转欢快奔流的小溪、激荡动人的瀑布,还有勃勃生机的池塘湿地,为了表现不同的水景观氛围,在各种水体的植物配置上,其配置种类和方式多种多样,手法各异。

6.2.1　湖

湖是园林中最常见的水体景观,一般多在自然园林、皇家园林或大型私家园林里,如杭州西湖、武汉东湖、北京颐和园昆明湖、南宁的南湖、济南大明湖、南京玄武湖、扬州瘦西湖、拙政园、广州流花湖公园等都有大小不等的湖泊。

1)反映湖光山色

湖岸边的植物一般较多,水面上的植物较少甚至没有,以保持水面的平静与洁净,如此,才能倒映岸上的亭台楼榭与树木花草。侧重于树群的树形轮廓与层次,一般多选树冠浑圆的高大树木,它们交织在一起此起彼伏,在水中形成优美的曲线。湖水映衬更能突出植物的季相景观。

杭州西湖,沿湖景点重点突出季节景观,如苏堤春晓、曲院风荷、平湖秋月等,早春时节,垂柳、悬铃木、枫香、水杉、池杉等新叶一片嫩绿,紧接着碧桃、东京樱花、日本晚樱、垂丝海棠、迎春、云南黄素馨等先后吐艳,在嫩绿的云烟中万点红色透迤在西湖沿岸,夏季,深绿色笼罩在西湖的雨雾中,秋色更是绚丽多彩,无患子、悬铃木、银杏、鸡爪槭、红枫、枫香、乌桕、三角枫、柿、油柿、重阳木、紫叶李、水杉等组成了色彩斑斓的景观。颐和园昆明湖三四月间,桃柳湖畔报春,溶溶碧水,垂柳丝丝带给人浓浓的春意;夏天,荷花盛开,雨天时雨点像万斛明珠倾洒在翠绿的荷叶上,奏出悦耳的乐声,近处的荷花,远处的山、水、岛、堤,在雨中水天一色,浑然一体;晚秋,瑟瑟芦花带来秋的凉意;隆冬时节,冰雪垂挂在树枝,冰面洁白,又是一番风景。

2)植物分割水面空间

湖泊面积很大时,往往要利用岛屿、桥、堤等来分割水面,使得每一部分的水域主次分明,各具特色,也可以利用一种简单的方法来分割水面,就是在水面种植荷花、芦苇等大型水生植物,如图6.5所示。荷花分割水面,是割而不断,一般在种植荷花等水生植物时,不要将湖面全部铺满荷花等植物,应该留出有七分的空白水面,以保持虚实结合的意境。

图6.5　植物分割水面空间

3)选择乡土植物

湖泊边一般应该优先选择当地的乡土植物,充分利用当地本土化、乡土化的野生植物资源,这样能充分表现地域自然景观,使得地区的整体景观协调。如北方湿地常见的有荷、香蒲、芦苇、慈姑、芡实、茭白、碧桃、山桃、丝棉木、桑树、榆树等。对乡土植物的利用是发展当地湖泊个性化景观的重要手段,尤其是在表现水乡风貌的设计时,如颐和园耕织图在乾隆时期是一组江南民居风格的建筑,并且修建在酷似江南的水网地带上,环境幽静,水禽出没于菰蒲芦苇之中,乡土植物为主,不求新求异,突出自然野趣,减少人工痕迹,成片栽植,用建筑结合环境创造出水乡野居的情调,以淡雅、明快的色调烘托江南气氛。

6.2.2 池

池与湖相比多是指较小的水体,在自然环境或村野中的一般被称为池塘,而在园林里或广场上的称为水池。城市公园中常见的池的形式可分为规则式与自然式。根据其形式及周边环境的不同、要营造的氛围不同,池周边的植物配置也是不尽相同的。

1)庭院

在较小的园林院落中布局一池碧水,周边安排亭台楼榭、假山、花草树木,能获得"小中见大"的效果,植物配置常突出个体姿态或利用植物分割水面空间,增加层次,同时也可创造活泼和宁静的景观。典型例子如苏州网师园,池面才 410 m²,水面集中,池边植以柳、碧桃、玉兰、黑松、侧柏、白皮松等,疏密有致,既不挡视线,又增加了植物层次。池边一株苍劲、古拙的黑松,树冠及虬枝探向水面,倒影生动,颇具画意。在叠石驳岸上配置了云南黄素馨、紫藤、络石、薜荔、地锦等,使得高于水面的驳岸略显悬崖野趣。另有颐和园谐趣园、无锡寄畅园、苏州环秀山庄等都采用这种方式。杭州植物园百草园中的水池四周,植以高大乔木,如麻栎、水杉、枫香等。岸边的鱼腥草、蝴蝶花、石菖蒲、鸢尾、萱草等作为地被,在面积仅 168 m² 的水面上布满树木的倒影,水面空间的意境颇显幽静。

2)广场

在广场上布局水池时,水面多有喷泉等点状的水景,为了突出该喷泉,水池多采用几何式形状,驳岸也是规整的石块砌筑,水池边植物的配置是以简洁为主,一般不种植,或是以绿篱环绕,也可是孤植 1 到 2 株姿态优美的植物,如图 6.6 所示。

图6.6 规则式水池,岸边植物配置稀少,突出水池形式,水池内喷泉、鱼、睡莲等组成一个生态系统

图6.7 杭州西溪湿地某池塘,睡莲、雨久花、菖蒲、鸢尾等组成多变的景观

3)郊野

若是在模拟乡村自然池塘景观,就要营造一个生机勃勃的池塘水生态系统,如图 6.7 所示。

要注意岸边、水面的植物种植,往往是春夏鲜花不断,秋季是残荷败柳,冬季则是萧条景观。

6.2.3　泉

泉水喷吐跳跃,非常活泼,能强烈吸引人们的视线,可作为景点的主题,再配置合适的植物加以烘托、陪衬,效果更佳。以泉城著称的济南,趵突泉、珍珠泉等各名泉的水底摇曳着晶莹碧绿的各种水草,尽显泉水清澈。杭州西泠印社的"印泉",面积仅 1 m²,水深不过 1 m,池边叠石间隙夹以沿阶草,边上植一丛孝顺竹,一株梅花俯身探向水面,形成疏影横斜、暗香浮动、雅静幽深的景观。在大理蝴蝶泉边,如图 6.8 所示,是一株古树横卧,几株灌木陪衬,古树浓荫翠盖,

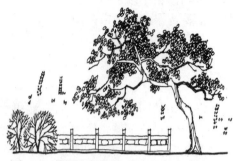

图6.8　蝴蝶泉植物景观(毛培琳,1993)

在春末开花时,20 多种蝴蝶就会聚集在树上,上下翩翩起舞,在农历四月十五,蝴蝶会首尾相连,成串地从树上一直垂到水面,倒映在水中,犹如盛开的花朵。

在现代园林中,天然的泉已经很少见了,目前多使用的是喷泉。喷泉波动的水面不适合种植水生植物,但在喷泉周围种植深色的常绿植物会成为很好的喷泉背景,并形成更加清凉的空间范围。

6.2.4　溪涧与峡

溪一般泛指小河;涧为谷中有水,如无锡寄畅园"八音涧",利用水声来造景;峡多为两面峭壁或陡山夹峙立中有江河水道,出名的是长江三峡、黄河三门峡等,峡的景观往往表现为急流险滩、危崖峭壁、瀑布深潭、枯藤老树、奇峰异涧。在园林中,这 3 种水景多交织在一起,并不细分,往往是以瀑布或泉作为水源,这三者作为水身来处理,共同的特点是它们最能体现山林野趣。

但三者在细节设计上还是有所差异的,植物景观配置也稍有不同,溪涧表现的是流水淙淙,河床山石高低不同形成大小各异的水池,因此,溪涧旁边多是野花丛丛、碧草青青,在一些石块的缝隙中,也多有旺盛的绿草生长着,在岸边的石头上偶有绿苔附着,增添了几分古意与禅意。峡往往是结合假山来创造峡的意境,在两岸山上多是巨石耸立,树木浓荫盖顶,可还是会留下一线天,垂藤植物附着在石上,垂在水面,石缝中生长着蕨类或杂草。

自然界这种景观非常丰富,如北京百花山的三叉垯就是 3 条溪涧。溪涧石隙旁长着野生的华北楼斗菜、升麻、落新妇、独活,草乌以及各种禾草,溪涧上方或有东陵八仙花的花枝下垂,或有天目琼花、北京丁香。

杭州玉泉溪为一条人工开凿的弯曲小溪涧,溪长 60 多米,宽仅 1 m 左右,两旁散植樱花、玉兰、女贞、云南黄素馨、杜鹃、山茶、贴梗海棠等花木,溪边以湖石为岸,春季成为一条蜿蜒美丽的花溪。

北京颐和园中谐趣园的玉琴峡长近 20 m,宽 1 m 左右,两岸巨石夹峙,有数株挺拔的乔木,岩石缝隙间杂生荆条、酸枣、蛇葡萄等,形成了一种朴素、自然的清凉环境,保持了自然山林的基本情调。峡口配置了紫藤、竹丛,颇有江南风光。

溪涧两岸的植物配置要根据岸边的空间氛围来营造,植物景观可疏朗开阔,也可曲折幽深,如图6.9所示。

图6.9　人工模拟的小溪,溪水中放置石块,
岸边乔木稀疏,幽静而不郁闷,人可静思

图6.10　河流两岸都是乡土植物,
亲切自然,富有野趣

6.2.5　河流

河流是带状的水,比溪流水面要宽阔,从水源头激流汹涌地穿过峡谷,一路奔腾到了湖泊,河面逐渐变宽,流量变小,形成了各种河滩、三角洲等堆积地貌,同时水也逐渐注入湖泊。

在园林中,直接运用河的形式不常见。颐和园昆明湖后湖是个典型例子,在全长1 000多米的河道上,两岸种植高大乔木,两岸的峡口、石矶形成高低起伏的岸线,河道宽窄变化,曲折有致,形成一连串有收有放、具有不同特色的几个段落,在收窄的河边植上庞大的槲树,树枝伸向水面,分隔的效果尤为显著。沿岸的柳树、白蜡、油松、黄栌、元宝枫、侧柏、椴树等构成基调树,散植的榆树、刺槐、山桃、山杏点缀其间,一年里,行舟漫游,尽得山重水复、柳暗花明之趣。沿途还有江南水乡情趣的苏州街,给人宛若乘船游览苏州的错觉。

溪流与河流岸边的植物配置,一般要采用乡土树种,表现自然的地域景观,如图6.10所示。18世纪英国造园师布朗曾把200多个规则式园林改造成自然式园林,取消了直线条,代之以曲线条,把规则式的河道改成曲折有致、有收有放的自然形式的河流。两岸配置当地自然式的树丛、孤立树和花灌木。一些倒木也可不予清除,任其横向水面,颇有自然野趣。对于水位变化不大的相对静止的河流,两边植以高大的植物群落形成丰富的林冠线和季相变化;而以防汛为主的河流,则宜以固土护坡能力强的地被植物为主,如百三叶、禾本科、莎草科、蒲公英等。

6.3　堤、岛、桥的植物造景

堤、岛和桥是大型湖泊或河流上重要的设计元素,它们不仅是划分水面空间的主要手段,而且也是水面上重要的焦点。它们周边的植物配置,有助于丰富水面空间的层次、水面的色彩,活跃了景观氛围。

6.3.1　堤

堤本来是筑土挡水的,长久以往就逐渐兼具了路的通行功能,在园林中不多见。杭州西湖的苏堤与白堤、颐和园的西堤、避暑山庄的"芝径云堤"这些都是著名的景点,广州流花湖公园及南宁南湖公园都有长短不同的堤。堤常与桥相连,故也是重要的游览路线之一。

1)杭州西湖

(1)春季桃红柳绿景观

以西湖苏堤为例,苏堤上的植物配置采用桃红柳绿的间配手法,形成苏堤春晓的春季景观,桃的种类很多,有山桃、桃、碧桃、紫叶桃等,而且这些桃的花期搭配也很成功,从早春三月一直能到4月末,真正实现了"桃红柳绿"的景观。在种植桃与柳的基础上,还辅以其他冠大荫浓的乔木如樟树、悬铃木、无患子等作为行道树,用以遮蔽夏日的暴晒。林下种较耐阴的二月兰、玉簪、八角金盘、红花酢浆草等,岛边配置蔷薇、云南黄素馨、红花檵木、石楠、桂花、山茶、十大功劳、黄杨、贴梗海棠、夹竹桃等花木,浅水中种植黄花鸢尾等,既供游客赏景,也是水禽良好的栖息地。

(2)步移景异

为了营造步移景异的效果,在苏堤的一些节点处设置交通岛,多处交通岛的植物配置都是不一样的,有应时花坛,也有永久性花坛,使得四时鲜花不断,步游苏堤时,有助于人们的心情高涨。在节点处往往设置有码头,在码头处,植物配置很简洁,多是几株冠达荫浓的乔木如樟树种植在码头的场地上,既可在树荫下等待游船,又可眺望远景,如白堤的平湖秋月处。堤又是道路,因此苏堤上有的地段也设置了分车带,步游道和车行道分开,步游道放在水边,水边种植云南黄素馨、梅花、菖蒲、鸢尾等。

(3)植物疏密有致

苏堤两旁的植物种植密度也是不同的,有疏有密,密处往往见于桥的两端,如上桥前的一段路,堤的宽度就变窄了,种植的密度很大,用以收缩视线,把桥作为夹景来组织景观;而到了桥上,凭栏远眺,雷峰塔雄伟壮观,远山逶迤迷蒙。苏堤大多数路段植物种植都是比较稀疏的,垂柳下垂的枝条形似一幅天然的取景框。

2)其他

颐和园西堤以杨、柳为主,玉带桥以浓郁的树林为背景,更衬出桥身洁白。广州流花湖公园湖堤两旁各植两排蒲葵,由于水中反射光强,蒲葵的趋光性导致朝向水面倾斜生长,极具动势。

6.3.2　岛

岛是水中的陆地,可为山地,也可筑土为岛而外围岩石堆砌,岛的类型众多,大小各异,如半岛及湖中岛。湖中岛,人一般不入内活动,只远距离欣赏。湖中岛通常要四面皆有景可赏,以岛屿上植物群的整体轮廓、整体层次与优美的天际线为重;而岛内的植物,可按广场或庭院的植物配置方式来配置,并无特殊要求。半岛,人可入内活动,远、近均可观赏。半岛上多种植树林为游人提供活动或休息空间;临水边或透或封,种植密度不能太大,要能让观景视线穿透;植物配置时还应考虑到导游路线,不能妨碍交通。

北京北海公园琼华岛,孤悬水面东南隅。全岛植物种类丰富,环岛以柳为主,间植刺槐、侧柏、合欢、紫藤等植物。四季常青的松柏将岛上的亭、台、楼、阁掩映其间,并以其深绿的色彩烘托出岛顶白塔的洁白。杭州三潭印月岛内由东西、南北两条堤将岛划成田字形的4个水面空间,堤上植大叶柳、香樟、木芙蓉、紫藤、紫薇等乔灌木,疏密有致,高低错落,增加了湖岛的层次、景深和丰富的林冠线,构成了整个西湖的湖中有岛,岛中套湖的奇景,如图6.11所示。

图6.11　杭州西湖中的岛屿,树木立面景观层次丰富,与远处的现代建筑的轮廓呼应

6.3.3　桥

园林中的桥既是园林建筑的一种,又是一种兼具通行功能的特殊道路。桥在园林中多作为景点来设计,如颐和园的玉带桥与十七拱桥等,都是湖面上的著名风景;桥也是一个良好的观景点,可站在桥上俯视湖水侧影成远眺湖岸。

对于桥周边的植物配置,主要从3个方面入手,就能巧妙地配置出优美的景观:首先考虑的是桥的造型,为了表现拱桥的结构美与倒影美,在桥头两侧种几株垂柳或几株小的圆球形的灌木如黄杨球等;其次,对于桥的植物配置,注重桥头和桥基部的植物配置,桥头可参照前述西湖苏堤上桥头的植物配置,桥基部可种植鸢尾、菖蒲、水葱、慈姑、小型红枫等姿态优美花色花型漂亮的植物,如图6.12所示;最后,要考虑桥与植物结合形成的立面轮廓,注意植物对桥身的遮掩,以及树木的高低起伏,疏密有致,如图6.13所示。

图6.12　桥头基础种植,坐船游览时,岸边的菖蒲、红枫、枫杨、云南黄素馨等色彩丰富的植物群落

图6.13　桥、榭、树木、远山组成连绵起伏的轮廓与层次

6.4 园林水体植物造景常用植物

园林中的各种水体随着不同的自然条件和造园意图产生多种形式,各种水体不论它在园林中是否占主要地位,或成主景,或成配景,或成小景,无不借助植物创造丰富多彩的水体景观。对水体植物的设计最终归结于两处,一处是水边的植物配置,另一处是水面的植物配置。

6.4.1 水边常用植物

水边的植物配置与其他园林要素结合的艺术构图对水面空间起着重要作用,但必须建立在选择耐水湿的植物材料和符合植物生态条件的基础上,方可获得理想的效果。

1)驳岸的植物配置

驳岸有土岸(图6.14)、石岸(图6.15)、混凝土岸(图6.16)等。自然式岸边的植物配置应结合地形、道路、岸线配置,有近有远、疏密有致、有断有续、曲折动人,达到一种自然野趣之妙。

图6.14 青草驳岸,适合于静水与浅水

图6.15 山石驳岸,廊近水侧用黄石筑岸,种植羽毛枫、梅等小型树木,不遮视野,丰富立面

土岸常少许高出最高水面,站在岸边伸手可及水面,便于游人亲水、戏水。

杭州植物园山水园的土岸边,一组树丛具有4个层次,高低错落,延伸到水面上的合欢枝条以及水中倒影颇具自然之趣。早春有红色的山茶、红枫,黄色的云南黄素馨、黄菖蒲,白色的毛白杜鹃及芳香的含笑;夏有合欢;秋有桂花、枫香、鸡爪械;冬有马尾松、杜英。规则式驳岸多用整齐的条石砌筑,岸线生硬枯燥,柔软多变的植物枝条可补其拙。苏州私家园林中规则式的石岸边多种植垂柳、云南黄素馨、夹竹桃、薜荔等进行局部淡遮掩,增加了活泼多变的动感。

2)岸上植物对水面景观的组织

岸边植物配置很重要,既能使山和水融为一体,又对水面空间的景观起着主导的作用。栽植片林时,留出透景线,利用树干、树冠框以对岸为景点。如颐和园昆明湖边利用侧柏林的透景线,框万寿山佛香阁这组景观。颐和园借西山峰峦和玉泉塔为景,是通过在昆明湖西堤种植柳树和丛生的芦苇,形成一堵封闭的绿墙,遮挡了西部的园墙,使园内外界线无形中消失了。西堤上6座亭桥起到空间的通透作用,使园林空间有扩大感。当游人站在东岸,越过西堤,从柳树组成的树冠线望去,玉泉塔在西山群峰背景下,似为园内的景点。

图 6.16　水面上方的树与建筑、驳岸成一有机整体

3)淹水区植物

沿岸地带处于水陆交界处,土壤湿润,雨期来临时某些地方会淹入水中,选用的植物材料不仅要具备耐湿耐淹的性能,还要有与自然山水相协调的景观效果。在陆地与近水区之间可以种植湿地松、水杉等乔木,在近水区种植落羽杉、池杉、垂柳等落叶乔木,林下种植白及、斑叶金钱蒲、吉祥草、蓝蝴蝶、白蝴蝶等耐湿植物,美化环境,固持水土。

4)营造岸上植物空间

远离水域的岸上可作为滨水地带进行设计,根据植物种植种类与密度的不同,可分为以下几种形式进行植物造景:

(1)开敞空间

由地被和草坪覆盖大面积平坦地或缓坡地,场地上基本无乔灌木,或仅有少量的孤植风景树的配置方法使岸上空间开阔明快,通透感强,方便了水域与陆地空气的对流,可以改善陆地气温与湿度,适于游人聚集,往往成为滨河游憩中的集中活动场所,如图 6.17 所示。

(2)半开敞空间

由乔、灌、草丛植或小片群植组成的稀疏型林,形成分散于绿地上的小型林地斑块,通透性较开敞植被带稍差,介于虚实之间,创造了一种似断似续、隐约迷离的特殊效果。水岸半开敞空间通透,有少量遮阴树,是炎热季理想的游憩场地,如图 6.18 所示。

图 6.17　水边大草坪,背景为密林,开敞空间

图 6.18　岸边鸢尾、草地、疏林,半开敞空间

（3）密闭空间

水岸密闭空间多由郁闭型密林地形成,郁闭型密林是由乔、灌、草组成的结构紧密的林地,郁闭度在0.7以上,这种林地结构稳定,有一定的林相外貌,往往成为滨水绿带中重要的背景风景林。在景观上,郁闭型密林往往做水面的背景,形成层峦叠嶂的轮廓线或天际线,同时也保证了水体空间的相对独立性。密林具有优美的自然景观效果,是林间漫步、寻幽探险、享受自然野趣的场所。在生态上,郁闭型密林具有保持水土、改善环境、提供野生生物栖息等作用。

5)水边植物种类

水边绿化树种在我国从南到北常见应用的有:水松、蒲桃、棕榈、小叶榕、高山榕、羊蹄甲、木麻黄、椰子、蒲葵、落羽松、池杉、水杉、大叶柳、垂柳、旱柳、乌桕、苦楝、无患子、栾树、湿地松、七叶树、悬铃木、夹竹桃、香橼、碧桃、卫矛、金钱松、糖槭、枫香、云南黄素馨、金钟花、枫杨、三角枫、四照花、八仙花、鸡爪槭、五角枫、羽毛枫、椰榆、桑、梨属、白蜡属、花楸属、山楂属、柽柳、紫叶小檗、八角金盘、十大功劳、构骨、梅、海棠、银杏、香樟、无患子、蔷薇、紫藤、连翘、棣棠、夹竹桃、桧柏、丝棉木等。

6.4.2　水面常用植物

1)水面布局

水生植物分为挺水植物、浮叶植物、沉水植物、漂浮植物。对这些植物的配置,要宏观布局,挺水植物与浮叶植物要相互协调,沉水植物与挺水植物的分布比例要恰当,如果任其生长蔓延,不加以控制,会使水体面积缩小,产生不良的视觉效果;要注意水生植物与空白水面保持一定的比例,留出足够空旷的水面来展示倒影,如图6.19所示;另外,水面的植物要突出某一种或两种,高矮应根据周围的背景来搭配,体现简洁、流畅、和谐的美化效果。杭州植物园裸子植物区旁的湖中种植一片萍蓬,北京北海公园东南部的一片湖面遍植荷花,西双版纳热带植物园多种植王莲,其他水生植物则是陪衬点缀。

图6.19　睡莲占据水面一部分,留下的空白仍然可以倒映建筑花木等立面景观

2)合理种植

水生植物栽植时要按照不同植物的生态习性,根据水深情况、水位的变化等因素,设置深水、中水、浅水栽植区。如伞草在浅水区及湿地里生长旺盛,水深不宜超过30 cm,菖蒲生长旺盛,繁殖较快,常栽植于浅水与中水区交界处,水深不宜超过70 cm。利用水生植物造景,如能充分考虑其生态习性,生长过程中就无须经常人为管理,并能保持景观的稳定性。

（1）浅水区

沼泽及岸边卵石滩浅水区主要为沼生植物和挺水植物群落,如图6.20所示。沼生植物主要有慈姑、金钱蒲、泽泻、芦苇、花叶芦竹、芦竹、海寿花、雨久花、旱伞草、美人蕉、紫露草、花叶菖蒲、黄菖蒲、干屈菜等,挺水植物主要有花叶水葱、水葱、香蒲、再力花、花叶芦苇、花叶芦荻、斑茅、蒲苇等。浅水区以有利于保持原有生物种群、结构及其功能特征不变的同时体现生物多样性为目的,创造了大片富有野趣、休闲的人工湿地景观,如图6.21—图6.23所示。

图6.20 岸边浅石滩的挺水植物种植,
石矶、植物散置

图6.21 天目琼花与黄菖蒲、水草、
藻类的搭配,水质洁净

图6.22 天目琼花与黄菖蒲的搭配,
姿态与花色的对比

图6.23 池塘浅水处芦苇等植物,自然,富有野趣

(2)中水区

中水区是浅水区向深水区过渡的中间层次,挺水植物与浮叶植物均可以在该区内种植,一些狸藻、茨藻、小茨藻、菹草等沉水植物也可以间种在它们之间,形成高低起伏的层次,丰富季相。

(3)深水区

深水区是许多水生观赏植物适宜生长的区域,多为挺水植物与浮叶植物,如荷花、睡莲、萍蓬草、芡实等,最为典型的代表作是西湖"曲院风荷"水生区的植物配置。"曲院风荷"以突出夏景为主题,结合西湖的人文特色,配置各品种的荷花、睡莲,夏季来临,荷花清香扑鼻,睡莲娇容秀丽,一派悠闲飘逸之感。

颐和园昆明湖挺水植物种类丰富,主要有荷花、菖蒲、香蒲、水葱、千屈菜、红蓼、芦苇等。这些挺水植物以其姿韵、线条、色彩的自然美态,形成了稳定的野趣横生的景观。颐和园西堤六桥

大片的护堤芦苇在衬托出六桥亭台的同时也点缀了水面。芦苇自然蔓延使人工化的昆明湖展现出更为野趣横生的艺术效果。"夹岸复连沙,枝枝摇浪花。月明浑似雪,无处认渔家。"茫茫芦花,浑似白雪,与阵阵涟漪的昆明湖一起构成了一幅绝美的深秋景色。在昆明湖、后溪河以及院落中的放生池中,到处都有浮叶植物的身影,如睡莲、荇菜、萍蓬、芡实、紫萍等。

荷花对水深也有着一定的要求,最深处与最浅处相差不能超过 0.5 m,涨水时水深不能超过 1.5 m,枯水期不低于 0.7 m。在荷花的出苗期,尤其需要稳定的水位,如果荷花的生长速度赶不上水位的升降,新长出来的幼叶就会被水淹没,不利于生长。在养护过程中也要注意花后不能修剪打掉荷花,否则水会灌入茎秆中,使荷花烂掉。

沉水植物常定植在比较深的水域中,可配置在浮叶植物间或浮叶与挺水植物之间的空隙处,以增加水生植物的景观层次。但要注意控制上层的浮叶与挺水植物在垂直水平面投影上的遮阴面积,以免沉水植物因缺乏光照而生长不良。水面以下和水面以上的水生生物均需保持合理的生态平衡,否则水体将变得浑浊并发出恶臭。

3)净化水质

在流动水域,如河道、水体的进水口处,可以选用黑藻、苦草、马来眼子菜、金鱼藻等能适应流水环境的种类,用它们来净化水质,将水中的一些污染物拦截或吸收。为了更好地净化水质,可以将进水口区域设计成弯曲的河流,大力种植水生生物,如美人蕉、千屈菜、菖蒲、香蒲、芦苇等挺水植物,对污染物的截留非常有帮助。

对一些污染严重、具有臭味的水面,宜配置抗污染能力强的植物,如凤眼莲、水浮莲以及浮萍等,将其布满水面,隔臭防污,但是也要注意这些植物对水体富营养化的影响,控制种植数量。目前,成都的活水公园和后滩公园均采用生态修复的方法来净化园林水体,取得良好的社会效益。常见的植物配置形式为水生植物群落层片结构,以及水生植被沉水-浮叶-挺水-湿生植物群落演替系列。

4)栽植方式

(1)自然种植

在一些大型水域,如杭州西湖等地,沿湖边浅水区可种植各种沼生、水生植物,但是要注意湖水涨潮时对它们的冲刷,因此,要种植耐水淹的植物。我们常见种植的是芦苇、荷花、菖蒲、鸢尾、香蒲、千屈菜等植物,任其自由生长,但以不破坏景观为限。

(2)盆栽种植

水生植物种于盆或其他容器中,沉入水底。水的深度可由池底砖墩、混凝土墩的高度来调节。也有在池底设种植床栽种,如图 6.24 所示。此类种植方式多在小型水域使用,如我国的私家园林里多用盆栽植睡莲、用池种植荷花,防止荷花、睡莲的过度繁殖,占据整个水面。在北方寒冷地区,也有助于冬季对之越冬的管理。

图 6.24　荷花种植床

5）常用水生植物

（1）挺水植物

挺水植物常见的种类有：菖蒲、花叶菖蒲、石菖蒲、花叶石菖蒲、金钱蒲、黄菖蒲、花菖蒲、燕子花、金鸢尾、西伯利亚鸢尾、马蔺、鸭舌草、千屈菜、慈姑、荸荠、雨久花、水葱、水芹、水芋、水蕨、灯芯草、香蒲、小香蒲、荷花、睡莲、芦苇。

（2）浮水植物

浮水植物常见的种类有：王莲、绿萍、荇菜、水浮莲、萍蓬草。

（3）沉水植物

沉水植物常见的种类有：眼子菜、黑藻、玻璃藻、莼菜、苦草。

（4）漂浮植物

漂浮植物常见的种类有：田字萍、满江红、水鳖、凤眼莲、浮萍、大藻、粗梗大蕨。

6.5　水景专类园植物造景

6.5.1　小型水景园植物造景

小型水景园是区别于我国传统的小型庭院山水园林的，它是以丰富多彩的水生植物组成的小型水景，如面积仅几百平方米或几十平方米的池塘，也可是小型的喷泉或溪流，或是一些趣味型的盆钵水景，多应用于空间较小的环境，在国外私人住宅花园中多见。近年来随着园林业的发展、与国外交流的增加，小型水景园在国内也得到了较为广泛的应用，在公园局部景点、居住区花园、街头绿地、大型宾馆的花园、屋顶花园、展览温室内都有建造。

小型水景园的设计关键在于盛水容器的设计，容器可用混凝土修建水池，也可用防水衬布如聚乙烯、聚氯乙烯、尼龙布等修建，或者用极富趣味的一些盆、碗、缸等容器来设计。无论采用何种容器，都表现的是生机勃勃、色彩丰富、高低搭配错落有致、趣味盎然的小型水生态系统，例如，在水池里有小鱼畅游，水草摇曳，挺水的菖蒲、千屈菜、花蔺等吐露花容，池水洁净可照。

6.5.2　沼泽湿地园植物造景

沼泽湿地是指天然或人工、长久或暂时性沼泽地、泥炭地或水域地带，带有或静止或流动，或为淡水或为半咸水体者，包括低潮时不超过 6 m 的水域。沼泽湿地有丰富的野生动植物资源，既是陆地上的天然蓄水库，在蓄洪防旱、调节气候、控制土壤侵蚀、促淤造陆、降解环境污染等方面起着极其重要的作用，又是众多野生动植物，特别是珍稀水禽的繁殖和越冬地。

目前对沼泽湿地园的建设是按保护区规划建设管理的方式运行，一般规划为国家湿地公园或城市湿地公园，其目的是以湿地的自然复兴、接纳大量的动植物种类、形成新的稳定的生物群

落生境为主要目的,同时为游人提供生机盎然的、多样性的游憩空间。其重点内容在于恢复湿地的自然生态系统并促进湿地的生态系统发育,提高其生物多样性水平,实现湿地景观的自然化。规划的核心任务在于提高湿地环境中土壤与水体的质量,协调水与植物的关系。

对于沼泽湿地园的植物造景方法,可按本章前述内容介绍的方法进行设计,关键在于要营造一个动态平衡的生态系统,深水区、中水区、浅水区为各种水生、湿生植物创造了条件。荷兰、英国等国的园林中常有大型、独立的沼泽园。我国近年来也规划建设了不少湿地公园,有名的是杭州西溪国家湿地公园。

6.5.3 水生植物园植物造景

水生植物园是用以收集各地或当地的水生植物,并以保护或研究为目的的一类专类植物园。我国西双版纳热带植物园内就辟有 15 亩的水生植物区,已收集有浮水植物睡莲家族的王莲、睡莲;挺水植物荷花、碗莲;漂浮植物如雨久花、满江红、美洲槐叶萍、紫萍、大漂、眼子菜等;沉水植物有金鱼藻;湿生植物纸莎草、畦畔莎草、水葱、长节淡竹芋、白粉塔里亚、水芋、水生马蹄、撒金泽泻、泽泻、黄花蔺等 233 种水生植物。

水生生物园占地面积一般较大,水域也广,植物配置可按本章前述内容介绍的方法配置。但重要的是要发挥植物园的科普教育的功能,因此,要标示水生植物的名称。

第 6 章　彩图

7 园林山石与植物造景

7.1 山石与植物造景

宋代画家郭熙《林泉高致》中有"山以水为血脉,以草木为毛发,以烟云为神彩。故山得水而活,得草木而华,得烟云而秀媚"。中国古典园林造景深受历代山水诗、山水画、哲学思想乃至生活习俗的影响,崇尚自然,园林构图一般以山水为主,其他景物围绕山水来布局,山石是不可缺少的造园要素,在园林中起着十分重要的构景作用。植物作为表现山林景观的素材,多注重色、香、形、韵,不仅为了绿而绿,而且还力求能入画,意境上求深远、含蓄、内秀,情景交融,寓情于景。

山石的植物配置多与山的类型有关。山主要有土山、石山、土石结合 3 类,一般大山用土,小山用石,中山土石结合并用。山石与植物造景要根据全园的整体布局、造园意图、山石的特性来进行植物配置,形成符合要求的氛围。

7.1.1 土山植物造景设计

土山就是用土堆筑而成,一般山体较大,如果不用岩石做骨架或挡土墙的话,山体一般比较舒缓,形不成高耸峭立之感,如果用岩石做骨架或挡土墙,可模仿山体的各种地形地貌。我国假山的堆造是从秦汉开始的,《太平御览》中有"秦始皇作长池,引渭水,东西二百丈,南北二十里,筑土为蓬莱山"。到了汉代,有关人工堆山的记载渐多。多模仿自然山林泽野,无论形态、体量都追求与真山相似,规模庞大,创作方法以单纯写实为主,一切仿效真山,在尺度上也接近真山的大小。如《后汉书·梁冀传》记载梁冀"广开园囿,采土筑山,十里九坂,以像二崤(崤山,在河南境内),深林绝涧,有若自然……"。从先秦到汉,假山大多是绵延数里或数十里的山冈式造型,过分追求自然,还不能概括和提炼自然山水的真意。后来经过长久的发展,逐步从写实转变到了模仿大山一角的让人联想大山整体形象的做法,追求形象真实、意境深远并且可入可游。土山在自然风景区、公园等地多见。土山表现自然的山林景观,因此,土山的植物种类丰富,色彩多变,季相变化很明显,具体的配置要求如下。

1)分层配置

土山的植物配置多采用分层混交方式，旨在构成自然山林景观，上层以高大的乔木为主，如银杏、朴树、榉树、榆树、榔榆、刺槐等，中层配置一些小乔木或灌木丛，疏朗开阔，其下层配以较低矮的灌木丛或草花之类，人坐在山顶亭中，能够俯视或平视远处的景观（图7.1）。如拙政园岛上的林丛，主次分明，高低层次配合恰当，樟树、朴树高居上层空间，榉树、合欢等位于中层，梅、橘等则在林丛的外缘和下层，书带草、云南黄素馨等铺地悬垂，立体组合良好，空间效果佳妙，颇有"横看成岭侧成峰，远近高低各不同"的趣味。

图7.1　植物分层配置，上中下层次搭配合理，视线开朗

2)结合地形

用土堆筑的山体缓坡较多，为了表达山体的高大，在山脚以草地或稀疏的几株小乔木或灌木来护土，也可用密植的灌木种植，用于保护山坡，免于水土流失。山坡上多以乔灌草结合，而在山顶上，根据视线安排，可形成密林，也可形成疏林。在配置植物时，低山不宜栽高树，小山不宜配大木，以免喧宾夺主，植物的体量要结合土山的地形地貌来选择。

3)乡土树种

地方的地域风格主要是由乡土树种表达。如北方，土山上植物主要有油松、圆柏、国槐、金雀儿、桑、刺槐、国槐、银杏、榆树、三角枫、元宝枫、黄栌、杏树、栾树、合欢、火炬树、小叶朴、丁香、连翘、珍珠梅、黄刺玫、榆叶梅、桃、碧桃、山桃、紫叶李、樱花等，笼罩了整个土山，彼此交错搭配更具天然群落之感。南方，乡土植物有香樟、罗汉松、银杏、马尾松、圆柏、南天竹、榔榆、白皮松、女贞、广玉兰、云南黄馨、海棠、梅花、桂花、山茶、南天竹、蜡梅、雀舌黄杨、杜鹃、乌桕、无患子等种植在一起，非常有助于表现南方景色。

使用乡土树种可有效地表现出季节更替的季相景观，绘画理论对四时山景的描述尤为精妙，宋代韩拙《山水纯全集》提出"木有四时：春英、夏荫、秋毛、冬骨"，郭熙《山水训》有"春山淡冶而如笑，夏山苍翠而如滴，秋山明净而如妆，冬山惨淡而如睡"。夏季，叶密而茂盛，千山万树繁茂蓬勃，生意盎然中绿荫如盖，炎暑中添加了几分凉意，拙政园远香堂是夏游赏荷之地，南有广玉兰叶大浓荫，东有枫杨，池面北侧有高阜乔林，西则修竹参天，浓荫匝地。秋毛者，叶疏而飘零，有明净如妆的感觉，由绿而黄，由黄而褐，由褐而棕红（枫叶、枫香、鸡爪槭、三角枫等），丰富了色彩，乌桕、银杏紧随其后显露出片片金黄，煞是好看。冬骨者，叶枯而枝槁，这是落叶树的冬态，落叶阔叶树冬季落叶后，枝干裸露，如同树木的骨架，是冬骨，小园地狭，不宜多栽常绿树，而以落叶树为基调，拙政园岛上的林丛，主次分明，春梅秋橘是主景，樟树、朴树遮阴为辅，柏树常绿是冬景。

4)要有起伏的轮廓线

凡把山林之景作为远视欣赏的,都是从稀不从密,林丛林冠线要高低起伏,参差变化,所以树种选择要有高有低、有大有小,林冠线有了层次起伏,远视时,天际线起伏变化,配合古建的飞檐翘角,整个画面极富画意。

7.1.2　石山植物造景

石山就是用石堆叠而成,多是在园中做主景,叠山一般较小,单纯地用石堆叠的假山不多见。石山的植物配置主要有以下一些注意事项:

1)构筑画意

石质假山旁多种植观赏价值高的花木,为了显示山石峭拔,多选择枝干虬曲的花木,以与假山呼应。石山少土,怪石嶙峋,植物种植也少,选择姿态虬曲的松、朴或紫薇等。因这些树木为了接受阳光,枝条向外发展,再加适当修剪,自然斜出壁外,形成优美的形态。山石上宜采用平伸和悬垂植物,注意体形枝干与山石的纹理对比,一般不用直立高耸的植物,攀缘植物也不宜过多,如图7.2所示,要让石山优美的部分充分显露出来。

图7.2　深秋的假山,以柏树与古建筑为背景,爬山虎爬满假山

计成的《园冶》中有记"或有嘉树,稍点玲珑石块;不然,墙中嵌理壁岩,或顶植卉木垂萝,似有深境也",造成一种似有深境的艺术效果。这种做法的代表作是北海静心斋假山,它表现了山峦、溪水、峭壁、岫、峡谷……,假山基部种植大乔木圆柏等,石的缝隙处野草嵌植,爬山虎爬在石壁上,景色丰富、真实,似有千丘万壑。苏州环秀山庄的湖石大假山,以玲珑剔透、清奇古怪为特征,沟壑、溪涧、洞穴、悬崖景观无所不具,在主峰处不栽植高大乔木,只植些爬山虎从高处垂下,而在山腰有松斜伸出来,在主峰后,种植高大乔木朴树、桂花、槭树等,朴树树冠高大,营造了层峦叠嶂的景色,桂花槭树通过叶色的对比,与朴树等落叶树木有助于形成季相明显的咫尺山林景观,使我国假山艺术达到了新的高峰。

2) 前景与背景

石质假山重点表现的是假山的形态,因此,在假山前景与背景方面,极其要注意烘托假山,假山前,多以低矮的灌木如山茶、蜡梅、杜鹃、黄杨、沿阶草等,背景则是大乔木如樟树、朴树、银杏、榉树、椰榆、桂花等形成的浓荫,通过色彩对比、林冠线的起伏突出石质假山,如图7.3、图7.4所示。扬州片石山房的假山则是"一峰突起,连冈断堑,变幻顷刻,似续不续""峰与皱合,皱自峰生",而在假山腰部与顶部的穴中植入小松、垂藤等,植物与山石交错在一起,营造出了一片绿意。

图7.3　湖石假山群,远处植物为背景　　　　　图7.4　山水相依,以樟树、白皮松等大乔木构成山顶的上层,用以强化石质假山的山林氛围

7.1.3　土石结合的山体植物造景

园林中的山多是土石结合的,有以土为主的,也有以石为主的。土石相间叠山的栽植应结合地形和山石恰当配置,如采用自然栽植法、悬崖栽植法、竖向插入法、侧向种植法、缝隙栽植法、攀爬培植法等。

1) 土多石少山

真正的土山在园林中并不多见,多是以土山带石的假山形式出现,如北宋徽宗时期的艮岳以及现存的北海琼岛假山,拙政园中假山等,皆是以土带石形成的,土山带石易形成规模庞大、地形地貌复杂多变、层峦叠嶂、松桧隆郁、秀若天成的山林景观。土山带石是在土山写实的基础上,逐步走向写意的假山形式,计成掇山主张要有深远如画的意境,余情不尽的丘壑,倡导土山带石的造山手法,追求"有真为假,作假成真"的艺术效果。李渔也赞成计成倡导的土山带石的造山手法,他认为用石过多会违背天然山脉构成的规律,使假山造型过于做作,他擅长土山带石法,使树与石浑然一色,达到了混假山于真山之中的效果。

土多石少山,也叫土山带石,就是山体用土堆筑,石头散落于土壤表面,或者是在局部以石堆叠形成悬崖峭壁景观,石头基部一般要深埋在土中,似有石从土中生的感觉,石头置于山体的位置有山脚、山坡、山顶等,配置植物也多根据石的位置来进行。

(1)山脚

如果山的自然安息角比较大,土容易崩塌,所以在地势较陡的地方,岩石就以天然露头的形式形成挡土墙或简单的护坡。在挡土墙内植物可是稀疏的乔木,也可是低矮的灌木,或是两者结合,在岩石外围,可种植灌丛或宿根花卉等,与山石参差交错,相互烘托,如图7.5、图7.6所示。

图7.5 湖石做挡土墙

图7.6 挡土墙内斜伸的树木

在一些土坡草地的边缘可有意地植入几块散石,周围不种植大的乔木,多是小型乔木或灌木等,用以陪衬草地的开阔,或形成路边的一个小型植物景观。

(2)山坡

在中国古典园林中,山坡上的岩石放置多与山道结合在一起,用岩石形成蹬道,在蹬道旁散置一些中型石块,或者是用石块堆叠形成蜿蜒曲折的上山路,如图7.7、图7.8所示。如拙政园的雪香云蔚亭所在的山体的蹬道,为了表现山林氛围,周围种植有梅花、橘树、竹子等小型乔木,而岩石表面攀爬有薜荔、络石等垂藤植物。

在现代园林中,土山的山坡上多放置一些岩石,形成散置的石组,周围的植物多是以山坡靠

图7.7 蹬道入口,植物有竹子、金丝桃、梅,搭配错落有致

图7.8 蹬道入口,石缝中有杂草,旁边有大树,突出简洁明快

近顶部的丛林为背景,以草地为底,重点表现石组,也可在石组周围点缀 2～3 株乔木或灌木,用以突出石组,或以一些爬藤植物攀附在岩石表面,但不能让过高的植物遮蔽山石。

（3）山顶

中国古典园林中,山顶多有亭或轩,因此,在这些建筑的周围放置有散生的岩石,或者建筑的基础就是以岩石堆叠而成。植物与岩石的搭配没有特殊的要求,形成山林景观即可,如图 7.9 所示。

图 7.9　树木与山石、建筑的协调
统一,山林氛围浓郁

图 7.10　石多土少山,植物从山腰山顶生长

2）石多土少山

石多土少山,就是山体是用石堆叠而成,山的骨架是石头,岩石多是在山的四周堆筑,土多是在岩石缝隙中存在,如图 7.10 所示。对于这种山的植物配置,一般要考虑以下因素:石多土少山为了表现石的特点,植物尽量不要遮挡岩石,因此植物种植得比较稀疏,在山坡上多是小乔木或灌木、爬藤等;或者是岩石堆叠成悬崖峭壁,不形成山坡,如苏州环秀山庄大假山,岩石悬崖上种植些爬山虎、黑松斜伸出悬崖,山顶种植大树朴树,用大树的树冠压顶,形成咫尺山林的氛围。但是山顶的树木不能种植得太多,只能稀疏地种植,配合亭等建筑,形成一个既幽深又开朗的空间。在耦园中,黄石假山堆叠雄奇,错落有致地显现了石骨嶙峋之壮健气势,所有树木均配置在山腰石隙之中,榉、榆、柏等大乔木或缘石隙山腰而生,或参差盘根镶嵌在石缝之中,如同山林中自生的一般。在榆、柏等大乔木的间隙处,疏植桂花、山茶等花木,以丰富景观,又用薜荔、常春藤等蔓性植物攀缘在石壁、树干上,掩饰斧凿痕迹成为层峦叠翠的山林景象,狮子林山巅的白皮松,因有峰石点植其旁不露根系,故虽在山顶却如山腰,自然野逸。

7.1.4　孤赏石植物造景

孤赏石又称特置石、立峰,特置山石大多由单块山石布置成独立性的石景,常在环境中作局部主题。特置石在盛唐以后出现,经历了宋元明清的发展,形成了独特的艺术效果,是中国园林走向壶中天地的写意山水的常见做法。禅宗在中国的兴起影响了中国士大夫的心理,促使他们心里追求宁静、和谐、清幽、恬淡与超脱的审美情趣,以直觉观感、沉思思想为创作的构思,以自然简练、含蓄为表现手法。白居易的"聚拳石为山,围斗水为池",李渔的"一卷代山,一勺代水",这些艺术手法促使石体现了抽象的意境,石的色彩、结构、线条与广泛驰骋的形象联想凝聚在一起。孤赏石常在园林中作入口的障景或对景,或置于视线集中的廊间、天井中间、漏窗后面、水边、路口或园路转折的地方。此外,还可与壁山、花台、草坪、广场、水池、花架、景门、岛屿、驳岸等结合起来使用。

孤赏石常常在空间中成为焦点,多是为了表现石的形态美,或是为了表现石与植物交错共生的整体美,而不是为了单纯表现植物,因此,对孤赏石的植物配置,要根据石的种类、形态、大小、摆放位置、景观要求等来选择与配置植物。

1)表现孤赏石

重点突出孤赏石时,植物要起到陪衬配合的作用。一般在大型的孤赏石周围不种植大型乔木,如图7.11、图7.12所示,多在石旁配置一二株小乔木,或栽植多种低矮的灌木及草本植物如沿阶草、马蔺、红花酢浆草、鸢尾、芍药、牡丹、石榴、红枫、紫薇、桂花、竹子、山茶等。通过植物的形态、大小、色彩等与孤赏石对比,表现孤赏石的魅力,如图7.13、图7.14所示。例如苏州留园东花园的冠云峰以及上海豫园玉华堂前的玉玲珑,都是自然式园林中局部环境的主景,具有压倒群芳之势。

图7.11　水边大树下的湖石,以落叶乔木为主,光线丰富

图7.12　大树下的孤赏石,树木栽植较多,柏树、大叶黄杨、龙爪槐等陪衬

图7.13　竹林陪衬孤赏石

图7.14　花木陪衬山石,但花木也表现了特色

2)表现石与植物的结合之美

有些时候,孤赏石身上局部有瑕疵,需要遮挡,可搭配种植金银花、地锦、薜荔、络石、凌霄、爬藤蔷薇、紫藤等藤本植物,也可在石前种植一些小型乔木或灌木,借助树木遮挡,让石体美观的部分呈现出来。也要选择姿态优美、叶型漂亮或叶色突出等有明显特点的树种来配置,如松树、石榴、红枫、竹子、八角金盘、山茶、南天竹等,使得植物与山石呈现出起伏交错的立面轮廓线,如图7.15—图7.17所示。

图7.15　墙边的石笋,竹子太多,而且竹子与石笋没有紧密结合

图7.16　海棠春坞

图7.17　小型花木陪衬巨石

7.2　岩石园植物造景

中国传统园林中常以山石本身的形体、质地、色彩及其意境作为欣赏的主要对象,植物在其中作为点缀,这与起源于西方的岩石园是不相同的。我国的岩石园有其历史渊源,也达到了很高的艺术境界。但在如今普遍强调园林生态效益的前提下,如何借鉴西方岩石园中以植物和山石为共同主体,以植物景观为展示的主要内容,利用我国丰富多彩的旱生植物、岩生植物、沼泽及水生植物,结合我国优秀的山石布置艺术和技术,创造出具有中国特色和时代特色的岩石园,是很有意义的。

7.2.1　岩石园的发展史及应用概况

1）定义

岩石园是起源于欧洲的一种园林形式,它以岩石及岩生植物为主,结合地形选择适当的沼生、水生植物,经过合理的构筑与配置,模拟高山、山地植物群落、岩崖、碎石陡坡、峰峦溪流及高山草甸等各种岩石景观和岩生植物群落景观的一种专类园。此外利用花园中的挡土墙或特别构筑墙体,在缝隙中种植岩生花卉,甚至在置于庭院一角的容器中种植高山花卉,一些高山植物展览室中展示高山花卉的形式也归于此类。岩石园在欧美各国常以专类园的形式出现。

2）起源

岩石园最早兴起于18世纪的欧洲,发展的动力主要有两个:第一,一些植物学家和园艺学家为引种阿尔卑斯山上部丰富多彩的高山植物使其再现于园林之中,在植物园中开辟和修筑了高山岩石植物园,成为现代岩石园的前身。第二,在文艺复兴的思想潮流影响下,人们开始崇尚自然之美,高山植物鲜艳的花色、顽强的生命力、鲜明的季节更替,以及粗放、棱角分明的石块,呈现出别具一格、自然朴素的视觉效果,强烈地吸引着人们呼吸自由的空气。岩石园一兴起,就在富裕的阶层中流传开来,体现着一种高贵生活的趣味,这促使那些热爱园艺的人们广泛兴造岩石园。

3）发展历史

1864年奥地利植物学家马瑞劳(Kerner Von Marilaum)写了一本论述高山植物的专著,为引种栽培高山植物提供了良好的理论和实践的基础。19世纪末,英国植物学家罗宾森(William Robinson)把他的自然式园林的思想与英国的高山植物栽培相结合,提出了更完善、系统的引种和驯化高山植物的原理与栽培方法,使得维多利亚式的装饰烦琐、华丽的规则式岩石园走向自然式。英国植物学家法瑞尔(Reginald Farrer)在此基础上,根据自然的高山景观外貌,推动了岩石园的发展。

由于高山植物多姿多彩,深为广大游人所喜爱,岩石园就逐渐发展为西方园林中具有特色的景观之一。但岩石园中人工创造的生态环境往往不能完全满足高山植物生长的需要,人们发现不少高山植物不能忍受低海拔的环境条件而死亡,因此就寻找一些非高山地区所产的类似高山植物的灌木、多年生宿根、球根花卉来代替,并且开始人工育种,培育低矮的灌木与花卉,推动了岩石园的发展。

一些围绕高山植物及岩石园的学术团体也纷纷成立,如英国的高山植物园学会及苏格兰岩石园俱乐部,美国的岩石园学会等。经过这些团体的指导与推广,岩石园在欧美得到了大规模的建设。

世界上许多历史久远、规模较大的著名植物园都建有岩石园,英国爱丁堡皇家植物园内的岩石园(始建于1860年)历经150多年的建设不断完善,其规模、地形、景观在世界上最为有名;邱园(始建于1759年)也有一个著名的岩石园,院内种有引自中国西南山区的许多植物,如杜鹃花科与

报春花科的植物;法国巴黎自然历史博物馆植物园(始建于 1635 年)的岩石园也很有名。

在东方,首次以植物园专类园形式出现的是 1911 年在日本东京大学理学部建立的岩石园。20 世纪 30 年代陈封怀先生在庐山植物园创建了中国第一个岩石园,收集种植有各类岩石植物 600 余种,其设计思想为:利用原有地形,模仿自然,依山叠石,做到花中有石,石中有花,花石相夹,沿坡起伏,磊磊石垛,丘壑成趣,远眺可显出万紫千红、花团锦簇,近视怪石峥嵘,参差连接形成绝妙的高山植物景观。至今还保存有石竹科、报春花科、龙胆科、十字花科等高山植物约 236 种。

4)中国现代岩石园的发展方向

随着时代的进步和发展,现代岩石园的内容和形式也在不断地发生变化。现代岩石园的植物品种越来越多,一大批各种低矮、匍匐生长,具有高山植物体形特点的栽培变种(灌木、宿根花卉、球根花卉)越来越多;现代岩石园的出现形态开始多元化,既又延续着植物园内具有科学研究性、观赏价值性的高山植物区,又有公园一角因造景需要由大量仿高山植物组成的景区,也有街道绿地中的岩石园小景,还有私人花园中简单的花草岩石小景。

中国的现代岩石园应该在总结西方岩石园传统形式精华的基础上与我国的园林造景理论相融合,创造新的时代形式、风格。中国常用"咫尺山林"来形容人们从山石园林中获得的犹如置身于深山茂林之中的意境,这就需要我们做出探索,发展出具备中国不同地方风格特点的岩石园,主要是从植物与岩石选材,以及设计形式等方面入手,使得每座岩石园都有自己的特色。这个工作是一个具有探索与挑战的工作,如何突破中国山水园的风格成为关键。

7.2.2 岩石园植物景观设计

1)岩石园规划风格

岩石园在发展中形成了多种类型。作为园的外貌形式出现,其风格有自然式和规则式。作为具体栽植方式有山地式、墙园式及容器式。另外结合温室植物展览,还专辟有高山植物展览室。在这些形式中,处处表现师法自然、高于自然,提炼和模拟自然界的高山岩生植物景观和群落结构的理念。

(1)规则式岩石园

规则式岩石园指结合建筑角隅、街道两旁及土山的一面做成一层或多层的台地,在规则式的种植床上种植高山植物。从整体上看,其外形呈山丘一样,适合四面观赏。这种岩石园一般面积规模较小,景观和地形简单,以欣赏植物为主,多选择色彩艳丽的岩生植物进行规则式栽植。

(2)自然式岩石园

自然式岩石园以展示高山的地形及植物景观为主,模拟自然山地、峡谷、溪流、碎石坡、干涸的河床、山径等自然山水地貌和植物群落。一般面积较大,可达 1 hm²,植物种类丰富。园址多选择在向阳、开阔、空气疏通之处,不宜在墙下或林下。园中的小径呈现弯曲多变的自然路线,小径上铺设平坦的石块或碎石片,边缘和缝隙间种植花卉,小径伸向每一处景点,既可远观,又可近赏,更具自然野趣。种植床的位置、大小、朝向及高低要结合地形变化,种植床边缘用山石镶嵌。种植床要力求自然,床内也可散置山石或碎石,如图7.18所示。

（3）墙园式岩石园

墙园式岩石园是利用各种护土的石墙及分隔空间的墙面岩石缝隙种植各种岩生植物,一般和岩石园相结合或可在园林中单独出现,形式灵活。墙园依据墙体高度的不同,可有高墙和矮墙两种,高墙要做40 cm深的基础,矮墙可在地面直接叠起。在设计时,墙面不能垂直,要向护土方向倾斜;石块插入土壤固定时也要由外向内稍朝下倾斜,以免水、土流失,也便于承接雨水,使岩石缝里保持足够的水分供植物生长;石块之间的缝隙不宜过大,并用肥土填实;垂直方向的岩石缝隙要错开,以免土地冲刷及墙面不牢固。

图7.18 以白沙为前景,鲜花为中景,绿树为背景,表现山脚的景观

（4）容器式微型岩石园

容器式微型岩石园多采用石槽及各种废弃的水槽、石碗、陶瓷器等各种容器,用各种砾石与岩生植物相配种于容器中,常为庭院中的趣味式栽植。这种形式可出现在公园中的角落、道路边、街道绿地中或者私人庭院中。种植的容器多种多样,但多是使用些质感比较厚实的石质容器、粗陶容器等。种植前,一定要在容器底部凿出排水孔,植物选择要注意根系与体量,使之适合在容器中栽植,这种形式小巧别致,可以移动布置,便于各种节日等临时性布置景观,如图7.19所示。

（5）高山植物展览室

高山植物展览室是结合温室专类植物展览的形式建造的,设计建造的方法同露天自然式岩石园相似,这种形式多出现在气候炎热的地方,一般公园中比较少见,多是植物园中出现。

图7.19 容器式栽植

2）岩石园植物的选择

岩生植物多为喜旱或耐旱、耐瘠薄、植株低矮、叶密集、生长缓慢、生活期长、抗性强、管理粗放的多年生植物,能长期保持低矮而优美的姿态,适宜在岩石缝隙中生长。从目前已建岩石园岩生植物的选择来看,主要是从宿根草花或亚灌木中进行选择,原则包括以下3个方面:

① 植株矮小,结构紧密:一般以直立不超过45 cm为宜,且以垫状、丛生状或蔓生型草本或矮灌为主。对应乔木也应考虑具有矮小、生长缓慢的特点。一般来讲,木本植物的选择主要取决于高度;多年生花卉应尽量选用小球茎和小型宿根花卉;低矮的一年生草本花卉常用作临时性材料,是填充被遗漏的石隙最理想的材料。日常养护中要控制生长苗壮的种类。

② 适应性强:特别是具有较强的抗旱、耐瘠薄能力,生长健壮。

③ 具有一定的观赏特性:要求株美、花艳、叶秀,花朵大或小而繁密,适宜于与岩石搭配。

3）常见岩石园植物种类

世界上已应用的岩石植物有 2 000 ~ 3 000 种,主要包括以下种类。

（1）苔藓植物

苔藓植物大多为阴生、湿生植物,其中很多种类能附生于岩石表面,不仅具有点缀作用,还能含蓄水分和养分,使岩石富有古意与生机。

（2）蕨类植物

很多蕨类植物种类常与岩石伴生,是一类别具风姿的观叶植物,如石松、卷柏、紫萁、铁线蕨、石韦、岩姜和抱石莲、凤尾蕨等。

（3）裸子植物

裸子植物中的松柏类树木均适合布置岩石园,可作岩石园外围背景布置,矮生松柏植物如铺地柏和铺地龙柏等无直立主干,枝匍匐平卧岩石上生长,一些垂直性强的树种如圆柏、柳杉、雪松、云杉、冷杉、铁杉等都可培育成各种形式。该类植物可体现地域风格。

（4）被子植物

被子植物多选一些花色鲜艳、耐瘠薄、低矮的种类,如石蒜科、百合科、鸢尾科、天南星科、酢浆草科、凤仙花科、秋海棠科、野牡丹科、马兜铃科的细辛属、兰科、虎耳草科、堇菜科、石竹科、花荵科、桔梗科、十字花科的屈曲花属、菊科的部分属、龙胆科的龙胆属、报春花科的报春花属、毛茛科、景天科、苦苣苔科、小檗科、黄杨科、忍冬科的六道木属和荚蒾属、杜鹃花属、紫金牛科的紫金牛属、金丝桃科的金丝桃属、蔷薇科的栒子属、火棘属、蔷薇属和绣线菊属等,都有很多种类具很高的观赏价值。在具体选择的时候,一般选择当地具有野生种的种类,容易管理,也可引进一些外地品种。配置在一起的植物花期要有交替,花色要有对比,形成一个季相丰富多变的自然景色。

一般在较大岩石之侧,可植矮生松柏类植物、常绿灌木或其他观赏灌木,如紫杉、粗榧、云片柏、黄杨、瑞香、十大功劳、常绿杜鹃、荚蒾、六道木、箸竹、南天竹等。在石的缝隙与洞穴处可植石韦、书带蕨、铁线蕨、虎耳草、景天等。在阴湿面可植苔藓、卷柏、苦苣苔、岩珠、斑叶兰等;阳面可植石吊兰、垂盆草、红景天、远志等。在较大石隙间可种植匍地与藤本植物,如铺地柏、平枝栒子、络石、常春藤、薜荔、海金沙、石松等,使其攀附于石上。在较小石块间隙的阳面可植白及、石蒜、桔梗、沙参、淫羊藿、酢浆草、水仙、各种石竹等;阴面可植荷包牡丹、玉簪、玉竹、八角莲、铃兰、兰草、蕨类植物等。在高处冷凉小石隙间可植龙胆、报春花、细辛、重楼、秋海棠等。在低湿溪涧边可种植半边莲、通泉草、唐松草、落新妇、石菖蒲、湿生鸢尾等。

4）岩石的选择

（1）岩石种类

岩石要多孔透气,能为植物根系提供凉爽的环境,石隙还要有储水的能力,并能吸收湿气。坚硬不透气的花岗岩是不适合的,大量使用表面光滑、闪光的碎石也不适合,应选择表面起皱、美丽、原实、自然的石料。目前岩石园中运用广泛的岩石有:

① 石灰岩:含钙化合物,外形美观,长期沉于水底的石灰岩在水流的冲刷下形成多孔且质地较轻、容易分割,是最适合的一类。

② 砾岩:造价便宜,含铁高,有利于植物生长,但岩石外形有棱角或圆胖不雅,没有自然层

次,所以较难建造及施工。

③ 砂岩:颜色斑驳,内部构造孔隙率大,拥有良好的吸水、保水性,是理想的岩石园石材。

④ 凝灰岩:主要成分是火山灰,质地疏松多孔,保水透气,富含磷、钾元素,可加强植株抵抗疾病和抗霜冻的能力,适合用于岩石园。

（2）岩石设计

石块要有大有小是同一类型,石色、石纹、质感、形体等要有统一感。暴露在土壤表面的石块摆放要有疏有密,力求自然。岩石露出土面的部分一定要向栽种植物的一面倾斜,而不能与坡地同一个方向,这样,雨水会顺着石块表面流向植物,否则就会沿着土坡将水流失了。每块石料放入土中的部分是整个石块的 1/3 ~ 1/2,只能横卧不能直插,基部及四周要与土壤紧密结合。石与石之间要留有放置土壤的空间。

5）土壤的选择

岩石园中对土壤的质地要求较高:既能排水又能保水,矿质成分多、肥沃、酸碱度适宜。如对喜酸性植物宜选用泥炭土或腐殖土,在石灰岩为主的岩石园中,因为含钙多,要考虑填入较多的苔藓、泥炭、腐叶土等混合土,以减低 pH 值,适宜酸性土植物的要求。对喜碱性植物宜选用石灰岩、风化土,要在土壤中适量加入骨粉、石灰及粗沙砾等。总之,土壤要根据所要栽培的植物,提供最好的生长条件。

第7章 彩图

8 园林建筑与园林植物造景

园林建筑是独特的园林要素,是供人们游憩或观赏的建筑物。它强调人与生活的关系,是平易的、接近日常生活的内部空间组合,以庭院为单位构成组群建筑,既是景观的一部分,也是观景的视点和场所。建筑与植物的搭配是人工美与自然美的代表性的结合,植物所能赋予的视觉感官上的丰富色彩、柔和多变的线条、优美各异的姿态,都能为建筑增添颇具变化的美感与韵味。这种动态的构图使得建筑与周围环境更为和谐。随着城市建筑密度的不断增加,人民生活水平的提高及旅游事业的发展,对园林环境的要求也越来越高。因此,除了搞好公园中园林植物与园林建筑的配置外,提高宾馆、办公大楼、超级市场、机场、车站、民居等处的绿化水平,用多变的建筑空间留出庭院、天井、走廊、屋顶花园、底层花园、层间花园等进行美化,甚至将自然美引入卧室、书房、客厅等居住环境,已是目前面临解决的课题。

8.1 植物造景对园林建筑的作用

《园冶》云:"花间隐榭,水际安亭。""围墙隐约于萝间,架屋蜿蜒于木末。"园林建筑掩映于高低错落的树丛中,使人产生欲观全貌而后快的心情。园林建筑要与园林植物搭配起来,并且搭配适宜,才可以发挥其景观的最大影响力。植物造景对园林建筑的作用主要体现在以下几点:

① 突出主题:园林中有许多风景是以植物命题以建筑为标志的,如杭州西湖十景之中的柳浪闻莺、曲苑风荷、花港观鱼。

② 协调建筑与周围的环境:植物的枝条呈现一种自然的曲线,可以软化建筑物的突出轮廓和生硬的线条,同时使建筑与周边环境进行更好地衔接,形成一种过渡。

③ 丰富建筑的艺术构图:一方面是线条与形状的协调与均衡,建筑物的线条一般多笔直,而植物枝干多弯曲,植物配置得当可使建筑物旁的景色取得一种动态均衡的效果;另一方面是色彩的调和,树叶的绿色是调和建筑物各种色彩的中间色。在庭院中植物植于廊旁曲折处,可打破空间单调之感,虚中有实,实中有虚,有步移景异之妙。广州双溪宾馆上廊中配置的龟背竹,犹如一幅饱蘸浓墨泼洒出的画面,不仅增添走廊中活泼气氛,并使浅色的建筑色彩与浓绿的植物色彩及其线条形成了强烈的对比。

④ 赋予建筑物以时间与空间的季相感:建筑物是固定不变的实体,植物的四季变化与生长发育可使景观更丰富,而使建筑也产生变化的感觉,从而更好地赋予了建筑生命力和时空的流动变化之感。

另外,植物的枝干也可以用来框借远处的建筑,甚至山峦,以植物为景,颐和园昆明湖旁数株老桧以远处的佛香阁、玉泉塔为框景就是一例。有时园林建筑本身并不起眼,但配置植物后,常能使其与周围自然环境融为一体,弥盖纰漏,成为一处完整的景观。

8.2　不同风格的建筑对植物造景的要求

我国造园历史悠久,各类园林众多,由于园林所属性质不同以及园林功能和地理位置的差异,导致园林建筑风格各异,空间细分形式和色彩不同,故对植物配置的要求也有所不同。在古典园林中,建筑居于次要地位,表现出自然化的特点,但在局部上,它往往又成为构图中心;现代园林中的建筑是全园的有机组成部分,力求自然美与人工美的统一,建筑材料多样化,建筑形式多样,风格迥异。在建筑色彩上,古典园林多以暖色调为主,而现代园林则依据用地功能的不同,设置形式多样的颜色以满足人们的需求。在园林中植物种类的选择应与建筑风格相协调,植物的形态、色彩都要仔细考虑。

8.2.1　北方园林建筑对植物造景的要求

北方园林以建筑的浓墨重彩弥补植物色彩的不足,多用高大、苍劲的松柏科树种为基调,酌量用些槐、榆,这些树种耐旱、耐寒,叶色浓绿,树姿雄伟,并配置白玉兰、海棠、牡丹、芍药、石榴、迎春、蜡梅、柳树等。总的来说是大量选用华北的乡土树种,并配置成针阔叶混交的人工群落,植于楼北蔽阴处。作为下木者有蒙椴、栾树、君迁子、白蜡、山楂、黄栌、五角枫、桧柏、珍珠梅、金银木、天目琼花、欧洲琼花、木本绣球、丁香属、绣线菊屑、香荚蒾、太平花、溲疏属、枸杞、六道木属、小蜡、棣棠、胡枝子、白玉棠、金银花、地锦等。草本有垂盆草、二月兰、紫花地丁、麦冬、萱草、玉簪、芍药、铃兰等。

还可引种广玉兰、冬树、枸骨、石楠、蚊母、海桐、云南黄素馨等乔灌木及阔叶麦冬、沿阶草、富贵草、中华常春藤等常绿地被。乔、灌、草的比例及色块地被的应用甚为重要,可大量繁殖花灌木种类,如丰花月季中黄色、白色、深红色的栽培品种,大花及小花溲疏、绣线菊类、猬实、糯米条、木本绣球、天目琼花、欧洲荚蒾、香荚蒾、太平花、海州常山、毛樱桃、丁香属、金缕梅、醉鱼草、贴梗海棠、麦李、郁李、棣棠、迎春等种类,加之当前常用的珍珠梅、榆叶梅、连翘、金银木等。增加地被植物种类,大力发展缀花草地,可引种的种类有鸢尾类、石蒜类、百合属、水仙类、白头翁、秃疮花、毛地黄、米口袋、金莲花、石竹、侧金盏、荷包牡丹、芍药、玉簪、耧斗菜、红旱莲、落新妇、草莓、三叶草、孔雀草、百里香、一月兰、紫花地丁、垂盆草、地被菊。为了提高单位绿地面积的生态环境效益,进一步扩大垂直绿化面积及增加群落设计,最有效的办法是充分利用墙面乃至屋顶,并在平地上结合周围环境设计栽培多层次结构的群落,大大增加单位面积的叶面积。垂直绿化可用地锦、五叶地锦、金银花、美国凌霄、三叶木通、葡萄、蛇葡萄、乌头叶蛇葡萄、短尾铁线莲、山荞麦、猕猴桃、深山木天蓼、紫藤、蝙蝠葛、葛藤、木香、十姐妹、南蛇藤、五味子、花旗

藤及胶东卫矛等。

8.2.2 南方园林建筑对植物造景的要求

南方园林建筑色彩淡雅,植物配置多根据意境要求进行布置,种类多,常采用小中见大的手法,通过"咫尺山林"再现自然景观。配置上常采用桂花、海棠、玉兰、丁香、茶花、紫薇等花木,或间植梧桐与槐、榆等。南方园林常呈现以常绿阔叶树种为主,常绿与落叶阔叶树种混交的基本外貌,可利用樟科、山毛榉科、冬青科、金缕梅科、山茶科、槭树科、木兰科、杜鹃花科、豆科、灰木科、小檗科等观赏树种来造景。大量开发利用乡土的植物资源,如枫香、香樟、银杏、白玉兰、紫玉兰、珠砂玉兰、凸头木兰、广玉兰、含笑、红茴香,还引入了不少鹅掌楸、厚朴、莫氏含笑、木莲等观赏价值很高的种类。山茶科中除山茶被大量应用外,还栽种了很多浙江红花油茶、油茶、厚皮香,引入了少量杨桐、梨茶、尾尖山茶、紫茎属和柃属种类。

另外常运用毛白杜鹃、锦绣杜鹃、杂种杜鹃、映山红、满山红、马银花、麂角杜鹃、云锦杜鹃、石岩杜鹃以及马醉木、米饭花、小果南烛等其他杜鹃花种植物。众多的杜鹃花配置在林下、林缘、路旁、水际、石隙,以其艳丽鲜亮的色彩装点春色。蔷薇科中各种海棠、碧桃、樱花、月季、棣棠、绣线菊等使春色更加艳丽。小檗科中南天竹、十大功劳、小檗等观果种类也大量用作下木配置。灰木科很多野生树种都是良好的观赏树种,如白檀、川山矾、老鼠矢,尤其是留春树早春三月一树白花,常绿的树冠圆正端庄。以植物结合地形起伏分隔空间,并应用大片草坪及地被植物如与土地环境相适应、花色鲜艳又常绿的葱兰、韭兰、鸢尾等地被植物,成片群植或小丛栽种,组成花径或花境,种植半耐阴的紫酢浆草,春、秋二季花叶并茂,艳丽多彩。

乡土地被植物最能体现本地区植被特色,可保持较长时期的相对稳定,具事半功倍之效。但就地取材中,必须注意适当挖取,挖大留小,保护种源。为进一步美化地面,今后还可发展观花地被植物,尤其是多年生宿根地被植物,如落新妇、白及、秋牡丹、大金鸡菊、金鸡菊、耧斗菜、桔梗类、石蒜类、水仙类、雪滴花、雪钟花、绵枣儿类、紫菀类,还可增添自插繁衍能力强的洋甘菊、蛇目菊等,以及观叶的万年青、石菖蒲、大吴风草、爬行卫矛和蕨类植物等。

南方园林最值得称道的是在植物造景中艺术性运用非常高超,景点立意、命题恰当、意境深远,季相色彩丰富,植物景观饱满,轮廓线变化有致。常通过植物配置为建筑增加内涵。如苏堤和白堤突出春景:苏堤为反映"苏堤春晓""六桥烟柳"的意境,主要栽种垂柳和碧桃,并增添日本晚樱、海棠、迎春、溲疏等开花乔灌木,配以艳丽的花卉及碧草;白堤为体现"树树桃花间柳花"的桃柳主景,以碧桃、垂柳沿岸相间栽植;孤山放鹤亭,伴随着优美动人的"梅妻鹤子"传说,成片栽植梅花,体现香雪海的冬景。由于夏日梅花叶片易卷曲、凋落,故可配置些蜡梅、迎春、美人蕉等植物予以补偿。曲院风荷为突出整体建筑与植物的意境美,充分利用水面,并在"荷"字上做文章。为体现"接天莲叶无穷碧,映日荷花别样红"的意境,选择了荷花(水芙蓉)、木芙蓉、睡莲及荷花玉兰(广玉兰)作为主景植物,并配置紫薇、鸢尾等,使夏景的色彩不断。

8.2.3 岭南园林建筑对植物造景的要求

岭南园林建筑轻巧、通透,色彩淡雅宜人,自成流派,具有浓厚的地方风格,多用翠竹、芭蕉、棕榈科植物,配以水、石组成南国风光。岭南园林多以阔叶常绿林景观为主,并创造一些雨林景

观,更充分地体现出热带风光,可配置成具有垂直层次、热带景观的人工群落。

主要采用的木本耐阴植物有竹柏、长叶竹柏、罗汉松、香榧、三尖杉、红茴香、米兰、九里香、红背桂、鹰爪花、山茶、油茶、大叶茶、桂花、含笑、夜合、海桐、南天竹、十大功劳属、小檗属、草绣球、毛茉莉、冬红、八角金盘、栀子花、水栀子、虎刺、云南黄素馨、桃叶珊瑚、枸骨、紫珠、马银花、紫金牛、罗伞树、百两金、杜茎山、六月雪、坚荚树、朱蕉、浓红朱蕉、金粟兰、忍冬属、棕竹、丛生鱼尾葵、散尾葵、燕尾棕、棕榈、三药槟榔、软叶刺葵、木兰及胡枝子等。

藤本耐阴植物有龟背竹、麒麟尾、绿萝、花叶绿萝、深裂花烛、掌裂花烛、三裂树藤、花叶三裂树藤、中华常春藤、洋常春藤、长柄合果芋、络石、南五味子、球兰、蜈蚣藤及地锦等。耐阴草本及蕨类植物有仙茅、大叶仙茅、一叶兰、花叶一叶兰、水鬼蕉、虎尾兰、金边虎尾兰、石蒜、黄花石蒜、海芋、广东万年青、万年青、石菖蒲、吉祥草、沿阶草、麦冬、阔叶麦冬、假金丝马尾、玉簪、紫萼、假万寿竹、紫背竹子、花叶竹芋、斑豹竹芋、天鹅绒竹芋、花叶荨麻、花叶大吴风草、柊叶、花叶良姜、艳山姜、闭鞘姜、砂仁、水塔花、鸭跖草、蓝猪耳、秋海棠类、红花酢浆草、紫茉莉、虎耳草、垂盆草、紫堇、黄堇、翠云草、观音莲座蕨、华南紫萁、金毛狗、肾蕨、巢蕨、苏铁蕨、桫椤类、三叉蕨、沙皮蕨、岩姜及星蕨等。

另外还可利用茎花植物及具有板状根的植物、榕树等来制造景观效果,如番木瓜、杨桃、水冬哥、树菠萝、大果榕、木棉、高山榕、落羽松(植在水边也可出现板根状现象及奇特的膝根)等。热带特有的附生植物景观也可运用其中,如蜈蚣藤、石蒲藤、岩姜、巢蕨、气生兰、凤梨科一些植物、麒麟尾等。还可大量应用花大、色艳、具有香味及彩叶的木本植物种类,如凤凰木、木棉、洋金凤花、红花羊蹄甲、山茶、红花油茶、广玉兰、紫玉兰、厚朴、莫氏含笑、石榴、杜鹃类、扶桑、黄槿、悬铃花、拱手花篮、吊灯花、红千层、蒲桃、黄花夹竹桃、栀子花、黄蝉、软枝黄蝉、夹竹桃、鸡蛋花、凌霄、西番莲、紫藤、禾雀花、常春油麻藤、香花鸡血藤、三角梅、炮仗花、含笑、夜合、白兰、鹰爪花、大叶米兰、红桑、金边桑、洒金榕、红背桂及浓红朱蕉等,按其习性及观赏特性分别可作为花篱、彩叶篱、行道树、树丛及孤立树等。

重点运用棕榈科、竹类、木质大藤本及蕨类植物来营造浓厚的南国风光,棕榈科中的大王椰子、枣椰子、长叶刺葵、假槟榔都可作为姿态优美的孤立园景树,有些可片植成林,如椰子林、大王椰子林、油棕林、桄榔林;有些可作行道树,如蒲葵、鱼尾葵、皇后葵,大王椰子等;一些灌木,如散尾葵、棕竹、棕榈、软叶刺葵、香桃榔、燕尾棕、华羽棕、单穗鱼尾葵等都可作耐阴下木进行配置。丛生竹可片植成竹林,或丛植于湖边。园林中竹林夹道组成通幽的竹径,加深景深。竹与通透、淡雅、轻巧的南国园林建筑配置,也极相宜。植物通过与水、石、建筑等配置成景观小品以丰富园景。

8.3　建筑外环境植物造景

8.3.1　建筑外环境

建筑既是一个实体概念,又是一个空间概念。建筑实体有墙、屋顶、门、阶、窗等构件;从空间角度说,又分为内部空间和外部空间。一座建筑,既存在提供场所的实用功能,又以其自身艺

术构造及其与周围自然巧夺天工般的融合成就其成为一个精神文化载体、社会文明发展的象征。一处完美的景观应是建筑与周围自然环境相互合理映衬、协调展现,植物自然素材的合理点缀和装饰会增加建筑艺术的表现力。现代园林,虽强调植物造景,园林意境表达以植物为主,建筑为辅,但常常在现实情况中受到空间的限制,因而以建筑为主,植物为辅的配置造景方式仍占主导地位,特别是在城市行政商业区、居住区建筑等地。

　　建筑外环境泛指由实体构件围合的室内空间之外的一切活动领域,如建筑附近的庭院、街道、广场、游园、绿地、露天场地、河岸等可供人们日常活动的空间。同时也包括单一建筑实体部分以及单一建筑面积内的微小空间,如建筑的墙体、窗台、台阶以及建筑的墙基、转角的敞廊等建筑实体周围的局域空间及中庭、内天井、屋顶花园、露台等非封闭性围合。这些由建筑物所控制的周围范围就构成了建筑的外环境。建筑环境是整个城市景观环境中的基本组成部分,也是重要组成部分,决定了景观环境的最终效果,建筑外环境的绿化包括建筑自身的装饰及建筑外部空间的绿化。建筑外环境绿化本身有一定的功能并表达某种空间意义,为人们一定的行为目的而服务,受建筑的影响较小,具有独立的空间意义。建筑外环境处理的好坏程度直接关乎建筑整体的表达,直接影响到与周边环境的融洽程度。它是人工形式的建筑与自然形式的植物的交界处,是建筑与自然的融合边界过渡带。所以,建筑外环境的绿化有着特殊意义和作用,需选择适当的处理方式才能更好地承启这份重要性。

8.3.2　建筑外环境的类型和特点

　　从空间上讲,建筑外环境分为两种类型:一种是建筑实体外部界面,如建筑的屋顶、外墙窗台、台阶等,一种是建筑周围附属的局域小环境,如建筑附近的庭院、街道、广场、游园、绿地、露天场地、河岸等可供人们日常活动的空间。建筑外环境的特点主要有以下几点:

　　① 建筑外环境是建筑的实体外部界面和附属空间的综合,是整体环境的一部分,其空间存在形式上依靠建筑物和其他主要空间表述。建筑外环境主要是为衬托主体的建筑形象或融合建筑与自然的调和性,其空间特征是由建筑物的形态特征决定的。

　　建筑外环境空间不是由环境设施构成的实用空间,本身不具有实用功能的独立性。虽然其表达了某种空间意义,但并非为人们的行为目的而服务,其对建筑物是绝对的附属关系。

　　② 建筑外环境的艺术性有其特殊性。作为环境,其表达是有一定艺术性的。环境艺术和其他艺术一样,有自身的独立的组织结构,利用空间环境的构成要素的差异性和同一性,通过形象、质地、肌理、色彩等向人们传递某种情感,同样包含一定的社会文化、地域、民族的含义,是自然科学和社会科学的综合,也是哲学和艺术的综合。然而,建筑外环境艺术有其局限性,它是通过植物的色彩、光线与尺度的协调统一,参考建筑形式美原则来反映建筑艺术的表达内涵。建筑小环境绿化是建筑艺术空间的凸显和缺陷的遮掩。

　　③ 受建筑的影响。一般建筑的外环境都有不同的小气候生态环境,这是由建筑物的实体与风、光照等自然因子的相互影响而形成的。建筑物的朝向以及围合的程度极大地影响着小环境生态因子的改变。

8.3.3　建筑外环境绿化特点

建筑外环境是对建筑及其空间表达的附属空间,所以其绿化装饰强调整体性原则。首先,绿化装饰的方式或风格要与建筑风格力求一致;其次,绿化装饰效果的主题要围绕建筑及其空间的含义,绿化装饰仅作为点缀、衬托或掩映,或者作为建筑空间表达的艺术手段。绿化装饰的色彩、线条、纹理及配置方式要与建筑和谐统一。巧妙处理建筑与植物搭配间的关系,运用各种艺术手法,或隐或显,方能创造出更好的衬托效果。

不同类型的外环境空间绿化具有不同的功能,如美化装饰、掩障景观、隔音降噪以及遮阳庇荫等,因此要根据要求选择不同的植物及配置方式。根据外环境的生态小气候,选择适宜的植物是景观生成的首要考虑因素。

8.3.4　不同类型建筑外环境绿化

1)建筑基础绿化

建筑基础是建筑实体与大地围合形成的半开放式空间,是连接建筑与自然的枢纽地带。凡在建筑物的基础部分种植植物,都称为基础栽植植物种植。栽植时主要考虑建筑的采光通风问题。一般的基础绿化是以灌木、花卉等进行低于窗台的绿化布置(图8.1);在高大建筑天窗的地方也可栽植乔木。适宜的植栽能够减少建筑和地面因日晒产生的辐射热,避免地面扬尘。在临街建筑面进行基础栽植还可以将道路有所隔离,降低噪声。因此,基础绿化也是美化建筑及其环境,强化绿化功能性的重要手段。基础绿化适宜与否极大程度上决定和影响了建筑与周围环境的融洽性。

图8.1　建筑基础绿化

(1)栽植位置

基础绿化主要针对主视面,美化功能占主导地位。建筑的高低不同,基础绿化选择的植物不同,绿化方式和效果也各异。一般的基础绿化以灌木、花卉等进行低于窗台的绿化。建筑后沿及两侧可适当选择树冠宽大且高大的乔木。对于临街建筑的隔音防噪功能也不可忽视(尤其是居住区)。基础栽植不可离建筑太近,除攀缘植物外,为保持室内通风透光,灌木要保持1 m以上,乔木要在5 m以上。

(2)植物选择

受建筑物的影响,不同朝向的基础形成不同类型的小气候,植物选择上也要注意。在建筑南面,为了不影响室内采光,在离建筑较近的距离内不宜植高大乔木,以花灌木和地被植物为

主;建筑北面,因环境阴蔽,可植一些耐阴的地被植物如玉簪、沿阶草、万年青、杜鹃、山茶等。

（3）注意事项

绿化装饰要与建筑风格表现一致,巧妙运用植物色彩、质地、形状合理配置,或显或隐,不可喧宾夺主。

（4）基础绿化装饰常用方式

① 花境:自然式花境,因其比较低矮,色彩绚丽,季相明显,装饰效果突出,故常用于低矮建筑的主视面基础。在别墅花园、低矮办公庭院中常采用,表达自然、宁静的气氛。

② 花台:在具有高差的建筑物周围,随地形建构台阶式花台,有选择地种植不同高度、花色、叶色的植物,迎合建筑环境的主题表达。

③ 花坛:多用于商业性建筑的前立面基础栽植,以表达热闹、繁荣的景象。

④ 树丛:多用于高大建筑的基础栽植,或在临街建筑周围形成树屏,不仅可以把建筑与道路隔离,有效地防止噪声,还能使建筑掩映在树丛中,增强美感。

⑤ 绿篱:修剪整齐的绿篱紧密围绕建筑基础,能与建筑和谐统一。

2）建筑墙体绿化

墙的功能是承重和分隔空间。墙体绿化是增大城市绿化面积的有效措施,具有点缀、烘托、掩映的效果。古典园林常以白墙为背景,通过植物自然的姿态与色彩作画,营造有画意的植物配置。常用植物有紫荆、紫玉兰、榆叶梅、红枫、连翘、迎春、玉兰、芭蕉、竹、山茶、木香、杜鹃、枸骨、南天竹等。

现代的墙体常配置各类攀缘植物进行立体绿化,或用藤本植物,或经过整形修剪及绑扎的观花、观果灌木,辅以各种球根、宿根花卉作基础栽植,形成墙园。其中常用的种类有紫藤、木香、蔓性月季、地锦、五叶地锦、深山木天蓼、猕猴桃、葡萄、山荞麦、铁线莲属、美国凌霄、凌霄、金银花、盘叶忍冬、华中五味子、五味子、素方花、盖冠藤、钻地风、常春油麻藤、鸡血藤、禾雀花、绿萝、崖角藤、西番莲、炮仗花、使君子、迎春、连翘、火棘、平枝枸子等。植物为墙面增添了自然生动的气息。

黑色的墙面前宜配置些开白花的植物,如木绣球,使硕大饱满圆球形白色花序明快地跳跃出来,也起到了扩大空间的视觉效果。如片植葱兰、白花鸢尾、白晶菊等,使白色形成强烈对比,绵延于墙前起到延伸视觉的效果。如木香,白花点点,清秀可爱,并伴随有季相变化。若山墙、城墙有薜荔、何首乌等植物覆盖遮挡,则会充满自然情趣。

在一些花格墙或虎皮墙前,宜选用草坪和低矮的花灌木以及宿根、球根花卉。如用高大的花灌木会遮挡住墙面,反而影响欣赏墙面本身的美,而且也可能会显得过于花哨,影响整体效果,喧宾夺主。另外为加深景深,还可在围墙前做出高低起伏的地形,将高低错落的植物植于其上,使墙面若隐若现,产生远近层次延伸的视觉。

墙面绿化还应考虑墙面朝向的问题,不同的朝向,光照、湿度条件都有所差异,植物选择也不同。例如,喜阳植物不适宜配置在光照时间短的北向或遮阴面,适合在南向或东南向墙前种植。此外,还可以利用建筑的南墙面背风、小气候较好的特点引种栽植观赏性高但耐寒性较差的植物。

3）亭的植物配置

在园林建筑中亭与植物的配置是常见的,亭在中国古典园林中普遍存在,现代应用仍非常广泛。其形式多种多样,选址灵活,或伫立山冈,或依附建筑物,或临水,与植物配合形成各种生动的画面。亭的植物配置应和其造型和功效取得协调和统一。如在亭的四周广植林木,亭在林中,有深幽之感,自然质朴。也可在亭的旁边种植少数大乔木作亭的陪衬,稍远处配以低矮的观赏性强的木本草本花卉,亭中既可观赏花,又可庇荫休息。又如树木少而精,以亭为重点配置,树形挺拔,枝展优美,保持树木在亭四周形成一种不对称的均衡,3株以上应注意错落层次,这样乔木花卉与亭即可形成一幅美丽的图画。

从亭的结构、造型、主题上考虑,植物选择与之取得一致,如亭的攒尖较尖、挺拔、俊秀,应选择圆锥形、圆柱形植物,如枫香、毛竹、圆柏、侧柏等竖线条为主的植物;从亭的主题上考虑,应选择能充分体现其主题的植物,如"竹栖云径"3株老枫香和碑亭形成高低错落的对比;从功效上考虑,碑亭、路亭是游人多且较集中的地方,植物配置除考虑其意境外,还考虑遮阴和艺术构图的问题。花亭多选择和其题名相符的花木。

4）茶室的植物配置

茶室周围植物配置应选择有香味的花灌木。如南方茶室前多植桂花,九月飘香,还可配植白兰花、栀子花、茉莉花等,创造香气宜人的氛围。

5）水榭的植物配置

水榭前植物配置多选择水生、耐水湿植物,水生植物如荷、睡莲;耐水湿植物如水杉、池杉、水松、旱柳、垂柳、白蜡、柽柳、丝棉木、花叶芦竹等。

6）公园服务性建筑的植物配置

公园管理处、厕所等观赏价值不大的服务性建筑,不宜选种香花植物,而选择竹、珊瑚树、藤木等较合适,通过列植或篱植起到屏障作用。

7）建筑细部的植物配置造景

(1)入口

园林中多门,院落和建筑空间均有入口,其植物配置应具有便于识别、引导视线和提供阴凉等实用功能,通过造型及周围环境的设计变化满足人们审美需求及空间尺度上的需求。

建筑物入口的植物配置是视线的焦点,通过植物的精细设计,可美化入口,对建筑起画龙点睛的作用。在以休闲功能为主的建筑物、庭院入口处,可配置低矮的花坛,自然种植几株树木,显得轻松愉快;在纪念性或性质严肃的建筑前,可种植排列整齐的树木,烘托庄重的气氛。

建筑入口处植物造景的方法一般有诱导法、引导法和对比法。诱导法是在入口处种植具有鲜明特征的绿化植物,植物配置也常采用对植或列植等对称的种植方式,让人在远处就能判断出此处入口。如种植可观赏的高大乔木或设置鲜艳的花坛等。引导法是在道路两旁对植乔

灌木或花卉,使人在行进过程中视觉被强化与引导。植物选择上考虑树形、树高和建筑相协调,种植上应和建筑有一定的距离,并应和窗间错种植,以免影响通风采光。

通常进口处植物配置首先要满足功能的要求,不阻挡视线,不影响人流、车流的正常通行;在特殊情况下可故意用植物挡住视线,使出入口若隐若现,起欲扬先抑的作用。充分利用门的造型,以门为框,通过植物配置,与路、石等进行精细地艺术构图,不但让景观入画,还可以扩大视野,延伸视线。

(2)台阶

建筑外围通常有台阶,需要对台阶进行绿化装饰。在与周围建筑融洽,满足环境要求、配置目的的前提下,美观、安全通常是考虑的重点,通常选用一些观花的草本,如白花三叶草、沿阶草、兰草等。

(3)窗

窗框的尺度是固定不变的,植物却不断生长,随着生长,体量增大,会破坏原来的画面。因此,园林建筑窗外的植物配置要注意选择生长缓慢、变化不大的植物,如芭蕉、孝顺竹、梅、蜡梅、碧桃、苏铁、棕竹、刺葵、南天竹等,近旁再配些尺度不变的剑石、湖石,增添其稳固感,与窗框构成框景,是相对稳定持久的画面。为了突出植物主题,窗框的花格不宜过于花哨,以免喧宾夺主。

(4)建筑的角隅

角隅线条生硬,而转角处又常成为视觉焦点。通过植物配置进行缓和点缀最为有效。应多种植观赏性强的园林植物,如可观花、观叶、观果、观干等植物种类,可成丛配置,并且要有适当的高度,最好在人的平视视线范围内,以吸引人的目光。也可放置一些山石进行地形处理配合植物种植,如用丛生竹、芭蕉、蜡梅、含笑、南天竹、丝兰、十大功劳、大叶黄杨等。在较长的建筑与地面形成的基础前宜配置较规则的植物,以调和平直的墙面,可展现统一规整的美,如用栀子花、山茶、四季桂、杜鹃、金边女贞、小蜡树、红花檵木等。

8)道路边缘绿化装饰

园林中道路的铺设材料十分丰富,有木质、石质、植物等,质地不同,效果不同。而与道路相接的路缘景观设计容易忽视,色彩丰富的植物景观变化以及路和路缘的自然过渡是极为重要的,如用白花三叶草、沿阶草、紫花地丁等。

9)屋顶

屋顶绿化在国际上的通俗定义是一切脱离了地气的种植技术,它涵盖面不单单是屋顶种植,还包括露台、天台、阳台、墙体、地下车库顶部、立交桥等一切不与地面自然土壤相连接的各类建筑物和构筑物的特殊空间的绿化。它是根据屋顶的结构特点及屋顶上的生境条件选择生态习性与之相适应的植物材料,通过一定的技术手法,在建筑物顶部及一切特殊空间建造绿色景观的一种形式。

现如今,城市地面可绿化用地少而价高,占城市用地 60% 以上的建筑屋顶的绿化,则是对城市建筑破坏自然生态平衡的一种最简捷有效的补偿办法,是节能环保型绿色建筑的重要内容,是有生命的城市重要的基础设施建设。除地面绿化形式外,其他的立体绿化形式如棚架、墙

体、阳台等都在城市绿地系统构成中发挥着各自的作用。棚架绿化的作用往往局限于一点,墙体绿化的作用是在一个面上,屋顶绿化则是在城市的立体平面上发挥作用。

(1)屋顶绿化方式

由于建筑物的多样性设计,造成面积大小、高度不一,形状各异的各种屋面,加上新颖多变的布局设计,以及各种植物材料、附属配套设施的使用,形成类型多样的屋顶绿化。

① 屋顶绿化按高度可分为低层建筑屋顶绿化和高层建筑屋顶绿化2种;按空间组织状况可分为开敞式、封闭式和半封闭式3种。

② 从建筑荷载允许度和屋顶生态环境及功能的实际出发,屋顶绿化可分为2种形式:

a.简式轻型绿化,以草坪为主,配置多种地被和花灌木等植物,讲求景观色彩。用不同品种植物配置出图案,结合步道砖铺装出图案。

b.花园式复合型绿化,近似地面园林绿地。乔灌花草、山石水、亭廊树合理搭配组合,可以点缀园艺小品,但硬铺装要少,且要严守建筑设计荷载、支撑允许的原则。

③ 从植物造景的方式来看,屋顶绿化可分为5种形式:

a. 地毯式:在承载力较小的屋顶上以地被、草坪或其他低矮花灌木为主进行造园。一般土屋厚度为5~20 cm。选择抗旱、抗寒力强的低矮植物。

b. 群落式:对屋顶的荷载要求较高,不低于400 kg/m²,土层厚度应达70 cm以上,配置时考虑乔灌草的生态习性,按自然群落的形式营造植物景观,生态功能很强,植物选择范围可适当扩大。乔木的选择多局限于生长缓慢的裸子植物或小乔木,且裸子植物多经过整形修剪。

c. 中国古典园林式:在一些宾馆的顶层常参照我国传统山水园要素建造屋顶花园,构筑小巧的亭台,或是堆山理水、筑桥设舫,以求曲径通幽之效。这类屋顶花园的植物配置要从意境上着手,小中见大,如作一丛矮竹表示高风亮节,用几株曲梅写意暗香浮动。

d. 现代园林式:在造园风格上变化多端,有的以水景为主体并配上大色块花草组成屋顶花园;有的把雕塑和枯山水等艺术融入屋顶花园;有的设花坛、花台、花架,进行空间的组合和划分。也可在种植槽内种上色彩鲜艳的草本花卉,并设置喷泉及叠水;还可利用低矮的彩叶植物,依建筑的自然曲线修剪成型。

e. 花圃苗圃式:在种植池内成片种植草花或瓜果蔬菜。

(2)屋顶绿化植物的选择

目前种植基质主要包括改良土和人工轻量种植基质两种类型。水的供应受到限制,不可能利用地下水通过毛细管上升作用供给植物。需要根据各类植物的生长特性,选择适合屋顶生长环境的植物品种。屋顶上的风力大,土层太薄,选用植株矮、根系浅的植物容易被风吹倒;若加厚土层,便会增加重量。而且,乔木发达的根系往往还会影响防水层而造成渗漏。因此,屋顶花园一般应选用比较低矮、根系较浅的植物。对于大面积屋顶覆土绿化,由于覆土厚度浅及屋顶负荷有限,加之屋顶日照足、风力大、湿度小、水分散发快等特殊的因素,要求植物需要具备根系浅、矮生、生长慢、耐瘠薄、耐干旱、耐寒冷、耐风飕、宿根、喜阳等特点,体量也不能太大,以适应某一具体屋顶生态环境条件、在屋顶上生长安全可靠为首选。

草坪与地被植物常用的有佛甲草、黄花万年草、垂盆草、卧茎佛甲草、天鹅绒草、酢浆草、虎耳草、美女樱、太阳花、遍地黄金、澎蜞菊、马缨丹、红绿草、吊竹梅、凤尾珍珠、三七景天、八宝景天、德国小景天、红景天、德景天、太平花等。特别是目前运用比较成熟的佛甲草、黄花万年草、垂盆草、卧茎佛甲草等,它们同属景天科地被植物,有如下特点:绿色期较长,一年四季仅年底年

初两个月茎叶枯萎,根部嫩芽碧绿;抗旱、抗寒能力强;冬季干茎抓地牢,不扬尘;所需营养基质薄,3~5 cm厚即可;根系浅,弱且细,网状分布,没有穿透屋面防水层的能力;管理粗放,具有一定的经济价值。例如,佛甲草是外敷清热解毒的中草药,垂盆草内服可清热解毒,且是可食用的保健凉菜。

草本花卉常用的有天竺葵、球根秋海棠、风信子、郁金香、金盏菊、石竹、一串红、旱金莲、凤仙花、鸡冠花、大丽花、金鱼草、雏菊、羽衣甘蓝、翠菊、千日红、含羞草、紫茉莉、虞美人、美人蕉、萱草、鸢尾、芍药、葱兰等。

灌木和小乔木常用的有雪松、桧柏、罗汉松、沙地柏、侧柏、龙爪槐、大叶黄杨、女贞、紫叶小檗、西府海棠、樱花、紫叶李、竹子、红枫、小檗、南天竹、紫薇、木槿、贴梗海棠、蜡梅、月季、玫瑰、山茶、桂花、牡丹、结香、红瑞木、平枝栒子、八角金盘、金钟花、栀子、金丝桃、八仙花、迎春花、棣棠、枸杞、石榴、六月雪、荚莲、苏铁、福建茶、黄心梅、黄金榕、变叶木、鹅掌楸、龙舌兰、假连翘等。

藤本植物常用的有洋常春藤、茑萝、牵牛花、紫藤、木香、凌霄、蔓蔷薇、扶芳藤、五叶地锦、葛藤、金银花、常绿油麻藤、葡萄、爬山虎、炮仗花等。其对于屋顶设备和广告架的覆盖有独到之处,可在屋顶建筑物承重墙处建池种植,也可在地面种植使其向屋顶攀爬。

果树和蔬菜常用的有矮化苹果、金橘、葡萄、猕猴桃、草莓、黄瓜、丝瓜、扁豆、番茄、青椒、香葱等。

屋顶绿化一般用草坪、地被、灌木、藤本植物较多。小乔木作为孤赏树可适当点缀,大乔木极少应用。在具体的植物设计中,要综合考虑以下因素:

a.屋顶高度——通常距地面越高的屋面,自然条件越恶劣,植物选择要更为严格。

b.应尽可能地选用适应性强、生长缓慢、病虫害少、浅根性植物材料。

c.考虑布局设计的需要、功能发挥和观赏效果、防风等安全性的要求、水肥供应状况。

d.退台式屋面还要考虑墙体材料和受光条件等。

(3)种植方式

屋顶绿化植物的种植方式主要有地栽、盆栽、桶栽、种植池栽和立体种植(棚架、垂吊、绿篱、花廊、攀缘种植)等。选择种植方式时不仅要考虑功能及美观需要,而且要尽量减轻非植物重量(如花盆、种植池少种);垂直绿化可以充分利用空间,增加绿量。绿篱和棚架不宜过高,且其每行的延伸方向应与常年风向平行。如果当地风力常大于20 m/s,则应设防风篱架,以防风害。

(4)屋顶绿化建造关键技术

在屋顶上绿化造园,一切造园要素都受到支承它的屋顶结构限制,不能随心所欲地挖湖堆山、改造地形。与陆地建园有共同处,可运用一般的园林造园构景手法;同时也受到处所居高临下、场地狭小、四周围绕建筑墙壁所限,在建造过程中重点要考虑的是防水防渗漏和承重的问题。

a.选择小型空心砌块、轻质墙板、塑料板材等轻质材料,减轻屋顶负荷;

b.采用科学方法,如使用双层防水层法和硅橡胶防水涂膜处理,做好防水;

c.注意在承重墙或支柱上设计花池、种植槽、花盆等构筑物;

d.屋顶绿化的养护应由拥有园林绿化种植管理经验的专职人员承担。

9 公园绿地植物造景

根据我国 2017 年颁布实施的《城市绿地分类标准》,公园绿地是向公众开放,以游憩为主要功能,兼具生态、景观、文教和应急避险等功能,有一定游憩和服务设施的绿地。它是城市建设用地、城市绿地系统和城市市政公用设施的重要组成部分,是衡量城市整体环境水平和居民生活质量的一项重要指标。根据各种公园绿地的主要功能、服务人群和内容形式等条件的不同,将公园绿地分为综合公园,社区公园,专类公园和游园四类。

9.1 综合公园植物造景

9.1.1 综合公园概述

综合公园作为城市主要的公共开放空间,是城市绿地系统的重要组成部分,对城市景观环境塑造、城市生态环境调节、居民社会生活起着极为重要的作用。综合公园内容丰富,适合开展各类户外活动,具有完善的游憩和配套管理服务设施的绿地,规模宜大于 10 hm^2,以便更好地满足其应具备的功能需求。考虑到某些山地城市、中小规模城市等由于受用地条件限制,城区中布局大于 10 hm^2 的公园绿地难度较大,为了保证综合公园的均好性,可结合实际条件将综合公园面积下限降至 5 hm^2。

1873 年美国著名风景园林设计者奥姆斯特德在美国纽约建成第一座综合公园,成为纽约市民游憩、娱乐的理想去处,为现代公园绿地系统的发展奠定了基础。自此之后,在短短的一个多世纪里,世界上各个国家都投入到综合公园的建设之中,如英国伦敦的利奇蒙德公园、莫斯科的高尔基中央文化公园、美国亚特兰大的中心公园、澳大利亚的堪培拉联邦公园、朝鲜的平壤城市公园、韩国的奥林匹克公园等。如今世界各国通常将城市拥有的公园数量、面积、人均占有的公园面积,以及公园面积与城市用地面积之比等,来反映城市公园绿化的水平与现状。综合公园的建设情况已成为衡量城市现代化建设的指标之一。

9.1.2　综合公园分区

综合公园向不同年龄、不同爱好的游人开放,园内设施多种多样,公园必须进行科学合理的功能分区。

综合公园一般可分为:安静休息区、观赏游览区、文化娱乐区、体育运动区、儿童活动区、老年人活动区、园务管理区等。各区域相对独立,以便各类活动的展开,避免相互干扰。在规划公园功能分区时,要因地制宜,合理地设计功能空间形态,与环境有机联系,巧妙组景,增添文化情趣,便于游人游玩和休憩。种植设计时应考虑各个区域的性质、使用功能、用地要求和游客量等,以及乔灌草的比例,实现各个区域植物最优化配置。

1)安静休息区

安静休息区是通过营造宁静、自然的环境,供人们休息散步、欣赏自然风景之处,是综合公园中占地面积最大,而游人密度最小的一个活动区域。该区一般位于原有树木较多、地形起伏多变之处,最好选在高地、谷地、湖泊、河流等风景理想之处。该区的建筑布局宜散不宜聚,宜素雅不宜华丽,可结合自然风景设亭、台、花架、曲廊等园林建筑。

2)文化娱乐区

文化娱乐区是公园中人流最为集中的区域。该区内经常开展喧哗热闹、人数众多、形式多样的文化和娱乐活动。由于群众性活动人流量较大,而且集散时间相对集中,文化娱乐区一般设置于公园主要入口附近或与出入口有方便的联系。它是全园布局的重点,园内一些主要园林建筑设置在这里,如展览室、展览画廊、露天剧场、游戏场、文娱室、阅览室、剧院、音乐厅等。为达到活动舒适、方便的要求,文化娱乐区的用地以 30 m^2/人为宜,同时考虑设置足够的道路、广场和生活服务设施,如餐厅、茶室、冷饮、厕所、饮水处,还要注意供水、供电、供暖、排水等工程设施的合理布置。

3)体育活动区

在全民健身时代,城市综合公园往往会设置开展各项体育活动的体育活动区。该区属于较为喧闹的功能区,人流量大,集散时间短,干扰大,应通过地形、建筑、树丛、树林等与其他各区有相应分隔。体育活动区宜布置在靠近城市主干道和离入口较远的公园一侧,一般专门设置主入口,以利于人流集散。区内可利用林间空地开辟小型的篮球场、羽毛球场、网球场、门球场、武术表演场、大众体育区、民族体育场地、乒乓球台等。公园中如有较大的水面,还可以开设水上娱乐活动。如经济条件允许,可设体育场馆,且要注意建筑造型的艺术性。各场地不必同专业体育场一样设专门的看台,可利用缓坡草地、台阶等作为观众席,从而增加人们与大自然的亲合性。

4)儿童活动区

综合公园的儿童活动区与儿童公园的功能一致,主要提供开展各种儿童游乐活动的场地。

儿童活动区一般可分为学龄前儿童区和学龄儿童区,也可分成体育活动区、游戏活动区、文化娱乐区、科学普及教育区等。区内设置游戏场、戏水池、运动场,或者室内活动馆等活动设施。儿童区的建筑、设施要适合儿童的尺度,并且造型新颖、色彩鲜艳;建筑小品的形式要符合儿童的兴趣,富有教育意义,如采用童话、寓言故事素材;区内道路的布置要简洁明确,容易辨认,最好不要设台阶或过大坡度。儿童活动区还应考虑成人休息、等候的场所,在儿童活动场地附近要留有可供家长停留休息的设施,如坐凳、花架、小卖部等。儿童活动区应和综合公园的其他区域隔开,并设有固定的出入口,避免游人随意穿行;区内各个小区之间也应有一定的间隔,以便于管理服务。考虑儿童的生理特性,条件许可的公园可在儿童活动区内设置厕所、洗手台等服务设施。

5)观赏游览区

观赏游览区是综合公园的重要组成部分,在公园中占地面积较大,游客密度较小,以人均游览面积 100 m^2 左右较为合适。该区以观赏、游览参观为主要功能,因此常选择地形起伏较大、植被丰富的地段,结合历史文物、名胜古迹设计布置园林景观。在观赏游览区中游览路线应设计合理,结合公园景色形成连续的动态风景序列。道路的平纵曲线、铺装材料、铺装纹样、宽度变化等都应根据景观展示和动态观赏的要求进行规划设计。

6)老年人活动区

综合公园中专设老人活动区,是供老年人活跃晚年生活,开展文化、体育活动的场所。老年人活动区在公园规划中应设在观赏游览或安静休息区附近,要求背风向阳、环境幽雅、风景宜人。地形选择以平坦为宜,不应有较大变化。老人活动区内应有必要的服务性建筑或设施,如厕所、走道扶手、无障碍通道等;还可以适当安排一些简单的体育健身设施。区内建筑设施布置要紧凑,避风雨用的小亭、小阁的布局要具有较强通透性,且有一定的耐用性,以满足老人们长期在此聊天、下棋等活动需求。另外,还要为老人提供晨练的空间,满足老人进行晨练,以及白天在公园中活动、晚上在公园中散步的需求。

7)园务管理区

公园管理区是工作人员管理、办公、组织生产、生活服务的专用区域,是为公园经营管理的需要而设置。园务管理区包括公园管理办公室、温室、花圃、仓库和生活服务管理部门等。园务管理区要与城市街道有方便的联系,设有专用出入口,不应与游人混杂,区域四周要与游人有隔离。到管理区内要有行车道相通,以便于运输和消防。本区宜隐蔽,应该尽量避开公园游览的视线,不要暴露在风景游览的主要视线上。

9.1.3 综合公园植物景观营造原则

综合公园的植物配置要符合公园规划建设的总体要求,从全园的功能要求、环境质量要求、游人活动休憩要求出发,结合当地的气候条件、园外环境、公园的立地条件和植物的生理、生态学特性,因地制宜,合理规划,既要保证良好的环境生态效益,又要达到人工艺术美与天然美的

和谐统一。总的来说,有以下几个原则:适地适树、功能满足、远近期结合、美学原则、风格统一。

1)全面规划,重点突出,近期和远期相结合

公园的植物配置规划,必须根据公园的性质、功能,科学合理地布置安排。首先,应做到适地适树,即选择与园区立地条件相适应的植物,在近期和远期都达到良好的景观效果。例如在低洼积水地段选用耐水湿的植物,如湿地松、杨、柳、水杉、枫杨、西府海棠、重阳木等;在光照不足的地段或群落下木层选择耐阴植物如香樟、三角枫、广玉兰、石楠、大叶黄杨、山茶花等。其次,以乡土树种为主,并充分利用公园用地内的原有树木,尽快形成公园的绿地景观骨架。最后,将速生树种与慢生树种相结合,常绿树种与落叶树种相结合,针叶树种与阔叶树种相结合,乔、灌、草相结合,尽快形成绿色景观效果。

规划中应注意近期绿化效果要求高的地段,植物选择应以大苗为主,适当密植,待树木长大后再移植或疏伐。树种选择既要满足观赏价值,又要具有较强抗逆、抗病虫害的能力,易于管理;不得选用有浆果和招引害虫的树种。主要树种有2~3种,林下部分种植耐阴性植物以适宜下层阳光较少的特点。

2)全园风格统一和各景区特色营造

综合公园的植物景观营造应该遵循一个共同的主题。首先,植物配置方式应该与造园风格协调统一。如营造自然式风格的公园在植物景观营造时应多采用自然式配置方式。其次,可利用基调树种统一全园风格,形成全园与各区之间在景观上的合理过渡。

公园中各景区的植物配置除选用全园基调树种以外,可另选定主调树种或营造专类园,突出各区风格。如北京颐和园以油松、侧柏作为基调树种遍布全园,每个景区又都有其主调树种,后山后湖景区以海棠、平基槭、山楂作主调树种,以丁香、连翘、山桃等少量树种作配调树种,使整个后山后湖景区四季常青,季相景观变化明显。又如上海中山公园内设牡丹园、月季园,开花时节花繁叶茂、色彩艳丽,成为吸引游人的观赏胜景。

3)充分满足公园功能要求

综合公园作为城市公共绿地的一个重要组成部分,其主要功能之一就是满足市民业余时间休闲、游憩、社会交往等要求。公园植物配置应该充分考虑绿地功能,如通过植物配置使空间有开有合,种植有疏有密。开阔的空间便于人们谈心、交流以及开展一些集体性的娱乐活动;郁闭的小空间则适合人们独处、静思、放松。利用植物配置改善公园小气候,如在冬季有寒风侵袭的地方,考虑设置防风林带。主要建筑物和活动广场,要考虑遮阴和观赏的需要,配置乔灌花草。

因为公园各区的服务对象和功能各异,故在植物景观营造时要区别对待,以充分发挥各区功能。例如在安静休息区和老年人活动区,可利用绿、蓝、紫等冷色调植物营造清雅幽静环境气氛;儿童活动区可选用红、橙、黄暖色调植物突出活泼生动的气氛;公园游览休息区的植物配置要满足春季观花、夏季遮阳、秋观红叶、冬有绿色,形成季相动态构图,以利于游览、观赏和休息。

4)符合园林美学原理

公园植物配置应结合公园中建筑、小品、山石、水体等其他造景元素,运用艺术构图原理,创

造优美雅致的公园景观。园林植物配置既要展现植物个体和群体的形式美,又要注意营造意境美,赋予植物景观更深层次的含义。植物配置要巧妙利用公园地形、空间、游览路径和植物季相及生命周期的变化,组成一幅有生命力和感染力的动态构图。

9.1.4 公园出入口规划与植物配置

公园出入口一般包括主要出入口、次要出入口和专用出入口3种。主要出入口临城市主干道或商业区这类人流量密集的区域;次要出入口则一般与城市次干道相邻;专用出入口主要供园区内部人员及体育运动区使用。出入口的植物景观营造主要是为了更好地突出、装饰、美化出入口,使公园在入口处就能引人入胜。通常采用色彩鲜艳、层次丰富、形体优美的植物营造公园入口景观空间,强调公园的出入口,加强标志性,起到引导游人的作用。同时,还可以利用植物景观弱化公园入口处墙基、角隅的生硬,或与公园入口广场、景石、水景组景,共同点缀入口景观。

主要出入口人流量较大,面积也较大,常设计有具有集散功能的广场,因此,主要出入口的植物配置应充分考虑与广场景观的呼应;次要出入口面积较小,植物配置应注意选择体量与空间尺度相协调的品种;专用出入口的植物配置要注意绿化的遮挡作用以及方便消防、管理车辆出入。

公园出入口处的植物配置要与公园大门相互协调,突出公园的特色,展示造园风格。如果公园大门高大、现代,可以采用规则式的绿化配置,或营造层次丰富的植物景观,如设置花坛、花架或利用植物与水池、喷泉组景,意在突出园门特征;如果公园大门内外空间相对狭小,如规模较小的综合公园大门或公园的次入口,则可以利用高大乔木配以美丽的观花、观叶灌木或草花,以营造出清新优雅的小环境。公园大门前的停车场四周可以用乔、灌木来绿化,以便于夏季遮阴并起到隔离环境的作用。

公园出入口处的植物景观还应该与入口区城市街道景观相互协调,丰富城市街景,并且展示公园特色。

9.1.5 园路规划与植物配置

园路是公园的重要组成部分之一,它承担着引导游人、连接各区、分隔空间等方面的功能。园路的植物配置既不能妨碍游人视线,又要起到点缀风景的作用。园路按其作用及性质的不同,一般分为主要道路、次要道路、游步道3种类型。

1)主要道路

主要道路是形成道路系统的主干,它依地形、地势、文化背景的不同而作不同形式的布置。公园主路的宽度为4~6 m,道路纵坡不大于8%,主路不设置台阶。其绿化可列植高大、浓荫的乔木,树下配置较耐阴的花灌木,园路两旁也可以用耐阴的花卉植物布置花境。如果不用行道树,则可以结合花境和花坛布置自然式的树丛和树群。主路两边要设置座椅供游人休息,座椅附近种植高大的阔叶树种以利于遮阴。以水面为中心的传统园林,主路多沿水面曲折延伸,如北海公园、颐和园、紫竹院的主要道路布局依地势布置成自然式。

2）次要道路

次要道路宽度一般为 2 ~ 3 m，地形起伏可比主要道路大，坡度达时可设置平台、踏步。次要道路的布置要利于便捷地联系各区，沿路又要有一定的景色可观。可以沿路布置林丛、灌丛、花境美化道路，做到层次丰富，景观多变，达到步移景异的效果。

3）散步小道

散步小道分布于全园各处，是园林中深入山间、水际、林中、花丛的供人们漫步游赏使用的园路，其布置形式自由，行走方便，安静隐蔽，一般宽度在 1.5 ~ 2 m。两旁的植物景观应该给人亲近之感，可布置一些小巧的园林小品，也可开辟小的封闭空间，结合各景区特色细致布景，以乔、灌、草结合形成丰富的层次、色彩。

园路植物配置还要根据地形、建筑、风景的变化而变化。平地的园路可用乔灌木树丛、绿篱、绿带分割空间，使园路时隐时现，产生高低起伏之感。山地的园路要根据地形的起伏，疏密相宜地设计种植。在有风景可观赏的山路外侧，宜种矮小的花灌木和草花，不影响游人观景；而在无景可观的山路两列，可以密植或丛植乔灌木，使山路隐蔽在丛林之中，形成林间小道。园路转弯处和交叉口是游人游览视线的焦点，是植物造景的重点部位，可用乔木、花灌木点缀，形成层次丰富的树丛、树群。公园中的机动车辆通行道路两侧不得有低于 4.0 m 高的枝条；方便残疾人使用的园路边缘，不得选用有刺或硬质叶片的植物；植物种植点距园路边缘不小于 0.5 m。

9.1.6　各功能区规划与植物景观营造

综合公园各功能区的植物配置要在全园统一规划的基础上，根据各区不同的自然条件和功能要求，与环境、建筑合理搭配，展现各功能区的特点，以满足游客游览、休憩、交往等不同需求。在种植设计时要注意考虑各区性质、功能要求、人流分配量、公园用地要求以及乔、灌、花、草的比例，因地制宜，实现各区植物配置的最优化。

1）文化娱乐区

文化娱乐区是公园中人流最为集中的区域地形较为平坦，区内常设有比较大型的建筑物、广场、雕塑等，是公园的构图中心，其植物配置要注意以下几个方面：

（1）便于人流集散和游乐活动的展开

文化活动区内经常开展人数众多、形式多样的文化娱乐活动，游客流量大且集散时间相对集中。植物配置方式应以规则式或混合式为主，在游人活动集中的地方可设置开阔的草坪，以低矮的花坛、花境作为点缀，方便游人集散和游乐活动的展开。区内可以适当点缀高大的常绿乔木，树木枝下的净空间不小于 2.2 m，保证视野的通透性，以免影响人流通行或阻挡交通安全视距。

（2）利用植物配置分割活动区域

文化娱乐区的植物配置还应考虑减少活动项目之间的相互干扰。可以利用高大乔木形成围合、半围合空间，使活动区域与其他场地保持一定距离。如韩国某公园的文化娱乐区内，在茶座周围种植一些高大乔木,使其成一个相对独立的空间。日本某公园在常绿针叶林中开出大片空地,做成水体、山丘等微地形,成为音乐爱好者的乐园。

2)观赏游览区

观赏游览区以游览、参观为主要功能,是公园中景色最优美的区域,在植物配置方面要注意植物、环境、建筑物的艺术搭配,营造层次丰富、变化多样的公园植物景观。

(1)营造地形起伏的韵律感

观赏游览区植物景观营造要体现出地形的起伏和天际线的变化,多采用自然式配置类型,组成树丛、树群和树林,使得空间层次清晰,疏密有致。在地形较为平坦的区域,可利用植物烘托地形的变化,如在低矮的土丘顶部种植长尖型植物以增强起伏感,或利用植物栽植的疏密变化使园路产生蜿蜒之感。

(2)结合园林小品营造植物景观

观赏游览区面积较大,可在林地空间内建造一些园林小品,如亭、廊、水体、花架、园椅等,并与植物配合形成生动画面。如在亭的四周错落有致地点缀几株大乔木作为衬景,在稍远处种植低矮的花灌木,使游人在亭中既可赏花,又可庇荫休息;或在廊道曲折处点缀一叶芭蕉,几竿修竹,有步移景异之妙;在公园水体内栽植睡莲、荷花等水生植物,丰富水景变化;在水体沿岸栽植垂柳、迎春等垂枝植物或利用花灌木增添景色和趣味,使岸线柔软多变。

(3)丰富群落美感,设置专类花园

观赏游览区以营造植物景观为主,在植物配置时不仅要展示植物的个体美,还要善于体现植物群落的群体美。区内可选择几种生长健壮的树种作为骨干树种,配以其他植物组成不同外貌的群落,随着四季变化和生命进程发展中形成不同效果的景观,丰富群落美感,提高观赏价值。还可以将盛花植物配置在一起,形成花卉观赏区或专类花园,如月季园、杜鹃园等,在盛花时节形成花海连绵、引人入胜的景观。

3)安静休息区

安静休息区一般与公园出入口较远,且与公园的其他活动区间有自然的阻隔。为营造幽静的休憩场所,安静休息区内多采用密林式的绿化,尽量多用高大的树种,密植树木和栽植成年的树木可以提高游人的视觉兴趣。在密林之中分布着供游人散步的小路和林间草地,也可开辟专类花园和休憩空地。植物配置方式以自然式为主,塑造自然质朴的休憩空间。也可以设置空旷草坪或疏林草地,为游人提供更大的自由空间。

4)儿童活动区

儿童活动区是供儿童游玩、休息、锻炼身体、提高技能、培养兴趣和意志品质的场地空间。儿童活动区的植物配置应注意以下几点:

(1)利用植物与其他活动区域形成隔离

儿童活动区周围应用紧密的林带或绿篱、树墙与其他区分开,为儿童提供单独的活动区域,提高安全性。

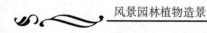

（2）植物种类丰富，种植形式多样

儿童活动区的植物种类丰富，有助于引起儿童对大自然的兴趣，在玩乐中增长知识。区内可选择色彩鲜艳、形体优美和具有奇特花、果、叶的植物进行配置，如元宝枫、鹅掌楸、紫薇、广玉兰、羊蹄甲等，激发儿童的好奇心；也可栽植香榧、女贞、郁李、四照花、石斑木、八角金盘、黄连木、含笑、金橘等植物招引鸟类和蝴蝶；还可以种植较为低矮粗壮的树种，便于儿童攀爬。

儿童活动范围内宜选用萌芽力强、直立生长的中、高类型的乔木，分枝点应高于1.8 m。在儿童游乐设施附近宜栽植生长健壮、冠大荫浓的落叶乔木，为儿童活动和家长看护提供庇荫之处，夏季庇荫面积应大于活动范围的50%。家长看护、等候区内不宜栽植妨碍视线的植物。活动区内铺设草坪时应选用耐践踏的草种。

本区植物栽植以自然式绿化配置为主，种植疏密有致，可在疏林草地上设置游乐设施，在密林中设置儿童探险区，以激发儿童活动的兴趣。区内的植物布置最好能体现童话色彩，配置一些童话中的人物、动物雕像、茅草屋、石洞等，营造出活泼欢快的气氛。

（3）选择安全的树种

在儿童活动区内不宜种植花、果、枝、叶有毒、气味难闻或者容易引起过敏症的开花植物，如凌霄、夹竹桃、苦楝、漆树等。忌用带刺的植物，如蔷薇、刺槐、枸骨等。有强烈刺激性、粘手的、种子飞扬的树种也要避免使用，如杨柳、悬铃木等。忌用容易招致病虫害及浆果植物，如乌桕、柿树等。

5）老人活动区

老人活动区的植物景观营造应考虑老人的怀旧心情和健康需要，选择合适的树种和栽植方式。

（1）用植物营造时间的永恒感

老人活动区的植物配置以落叶阔叶林为主，它们不仅在夏季产生丰富的景观和阴凉的环境，而且在冬季能使场地有充足的阳光。植物季相的变化还可以强化人们对生命节奏与循环的认识，结合一两株苍劲的古树点明岁月的主题。

（2）选择有益健康的树种

老人活动区应选择一些有益于人们身心健康的保健树种，如银杏、柑橘等；也可以选择有益消除疲劳的香花植物如栀子花、月季、桂花、茉莉花、玉兰、蜡梅等；还应该选择一些具有杀菌能力的植物，如桉树、侧柏、肉桂、柠檬、雪松等，它们能分泌杀菌素，净化活动区的空气。

（3）选择有指示、引导作用的树种

为帮助老人辨别方向，在一些道路的转弯处，应配置色彩鲜明的树种如红枫、黄栌、金叶刺槐等，起到点缀、指示、引导的作用。

6）体育运动区

（1）植物配置应便于场地内开展比赛和观众观看比赛

区内绿化基本上采用规则式的绿化配置。选择的树种色调要求单一化，植物也不宜有强烈的反光，以免影响运动员或者观众的视线。可选择速生、强健、发芽早、落叶晚、高大挺拔、冠大

整齐的乔木树种栽植于场地周围,在夏季为观众提供庇荫。植物种植点离运动场地 6 ~ 10 m,以成林后树冠不伸入球场上空为宜。运动场地内尽量用耐践踏的草坪覆盖,在游泳池附近可以设置一些花廊、花架,日光浴场周围应铺设柔软而耐踩踏的草坪。

(2)选择安全的树种

区内不宜种植落花、落果、飞絮的植物,如悬铃木、杨树、柳树等。不要种植带刺、易染病虫害、树姿不齐的树种。

(3)利用植物与其他活动区域形成隔离

在体育运动区外围栽植隔离带或疏林将其与其他活动区域分割,可减少运动区对外界的影响,同时也可减少受外界的干扰。

7)公园管理区

一般多设在园内较隐蔽的角落,不对游人开放。管理区的植物配置多以规划式为主,当然也可以自然方式布置,面向公园景区的一侧可栽植常绿乔灌木,形成隔离带,以遮蔽公园内游人的视线。

9.1.7　《公园设计规范》(GB 51192—2016)中的种植设计规定

1)一般规定

(1)植物配置应以总体设计确定的植物组群类型及效果要求为依据。

(2)植物配置应采取乔灌草结合的方式,并应避免生态习性相克植物搭配。

(3)植物配置应注重植物景观和空间的塑造,并应符合下列规定:

① 植物组群的营造宜采用常绿树种与落叶树种搭配,速生树种与慢生树种相结合,以发挥良好的生态效益,形成优美的景观效果;

② 孤植树、树丛或树群至少应有一处欣赏点,视距宜为观赏面宽度的 1.5 倍或高度的 2 倍;

③ 树林的林缘线观赏视距宜为林高的 2 倍以上;

④ 树林林缘与草地的交接地段,宜配植孤植树、树丛等;

⑤ 草坪的面积及轮廓形状,应考虑观赏角度和视距要求。

(4)植物配置应考虑管理及使用功能的需求,并应符合下列要求:

① 应合理预留养护通道;

② 公园游憩绿地宜设计为疏林或疏林草地。

(5)植物配置应确定合理的种植密度,为植物生长预留空间。种植密度应符合下列规定:

① 树林郁闭度应符合表9.1 的规定;

② 观赏树丛、树群近期郁闭度应大于0.50。

(6)植物与架空电力线路导线之间最小垂直距离(考虑树木自然生长高度)应符合表9.2 的规定。

（7）植物与地下管线之间的安全距离应符合下列规定：

① 植物与地下管线的最小水平距离应符合表9.3的规定；

② 植物与地下管线的最小垂直距离应符合表9.4的规定。

（8）植物与建筑物、构筑物外缘的最小水平距离应符合表9.5的规定。

（9）对具有地下横走茎的植物应设隔挡设施。

（10）种植土厚度应符合现行行业标准《绿化种植土壤》（CJ/T340）的规定。

（11）种植土理化性质应符合现行行业标准《绿化种植土壤》（CJ/T340）的规定。

表9.1　树林郁闭度

类　　型	种植当年标准	成年期标准
密　　林	0.30～0.70	0.70～1.00
疏　　林	0.10～0.40	0.40～0.60
疏林草地	0.07～0.20	0.10～0.30

表9.2　植物与架空电力线路导线之间最小垂直距离

线路电压（kV）	<1	1～10	35～110	220	330	500	750	1 000
最小垂直距离（m）	1.0	1.5	3.0	3.5	4.5	7.0	8.5	16.0

表9.3　植物与地下管线最小水平距离（m）

名　　称	新植乔木	现状乔木	灌木或绿篱
电力电缆	1.5	3.5	0.5
通信电缆	1.5	3.5	0.5
给水管	1.5	2.0	—
排水管	1.5	3.0	—
排水盲沟	1.0	3.0	—
消防龙头	1.2	2.0	1.2
燃气管道（低/中压）	1.2	3.0	1.0
热力管	2.0	5.0	2.0

注：乔木与地下管线的距离是指乔木树干基部的外缘与管线外缘的净距离。灌木或绿篱与地下管线的距离是指地表处分蘖枝干中最外的枝干基部外缘与管线外缘的净距离。

表9.4　植物与地下管线最小垂直距离（m）

名　　称	新植乔木	现状乔木	灌木或绿篱
各类市政管线	1.5	3.0	1.5

表9.5 植物与建筑物、构筑物外缘的最小水平距离(m)

名　称	新植乔木	现状乔木	灌木或绿篱
测量水准点	2.00	2.00	1.00
地上杆柱	2.00	2.00	—
挡土墙	1.00	3.00	0.50
楼　房	5.00	5.00	1.50
平　房	2.00	5.00	—
围墙(高度小于2 m)	1.00	2.00	0.75
排水明沟	1.00	1.00	0.50

注:乔木与建筑物、构筑物的距离是指乔木树干基部外缘与建筑物、构筑物的净距离。灌木或绿篱与
建筑物、构筑物的距离是指地表处分蘖枝干中最外的枝干基部外缘与建筑物、构筑物的净距离。

2)游人集中场所

(1)游憩场地宜选用冠形优美、形体高大的乔木进行遮阴。

(2)游人通行及活动范围内的树木,其枝下净空应大于2.2 m。

(3)儿童活动场内宜种植萌发力强、直立生长的中高型灌木或乔木,并宜采用通透式种植,便于成人对儿童进行看护。

(4)露天演出场观众席范围内不应种植阻碍视线的植物。

(5)临水平台等游人活动相对集中的区域,宜保持视线开阔。

(6)园路两侧的种植应符合下列规定:

① 乔木种植点距路缘应大于0.75 m;

② 植物不应遮挡路旁标识;

③ 通行机动车辆的园路,两侧的植物应符合下列规定:

a. 车辆通行范围内不应有低于4.0 m高度的枝条;

b. 车道的弯道内侧及交叉口视距三角形范围内,不应种植高于车道中线处路面标高1.2 m的植物,弯道外侧宜加密种植以引导视线;

c. 交叉路口处应保证行车视线通透,并对视线起引导作用。

(7)停车场植物种植应符合下列规定:

① 树木间距应满足车位、通道、转弯、回车半径的要求。

② 庇荫乔木枝下净空应符合下列规定:

a. 大、中型客车停车场:大于4.0 m;

b. 小汽车停车场:大于2.5 m;

c. 自行车停车场:大于2.2 m。

③ 场内种植池宽度应大于1.5 m。

3）滨水植物区

（1）滨水植物种植区应避开进、出水口。

（2）应根据水生植物生长特性对水下种植槽与常水位的距离提出具体要求。

4）苗木控制

（1）苗木控制应包括下列内容：

① 应规定苗木的种名、规格和质量，包括胸径或地径、分枝点高度、分枝数、冠幅、植株高度等；

② 应根据苗木生长速度提出近、远期不同的景观要求和过渡措施，或预测疏伐、间移的时期；

③ 对整形植物应提出修整后的植株高度要求；

④ 对特殊造型植物应提出造型要求。

（2）苗木种类的选择应考虑区域立地条件和养护管理条件，以适生为原则，并符合下列定：

① 应以乡土植物为主，慎用外来物种；

② 应调查区域环境特点，选择抗逆性强的植物。

（3）苗木种类的选择应考虑栽植场地的特点，并符合下列规定：

① 游憩场地及停车场不宜选用有浆果或分泌物坠地的植物；

② 林下的植物应具有耐阴性，其根系不应影响主体乔木根系的生长；

③ 攀缘植物种类应根据墙体等附着物情况确定；

④ 树池种植宜选深根性植物；

⑤ 有雨水滞蓄净化功能的绿地，应根据雨水滞留时间，选择耐短期水淹的植物或者生、水生植物；

⑥ 滨水区应根据水流速度、水体深度、水体水质控制目标确定植物种类。

（4）游人正常活动范围内不应选用危及游人生命安全的有毒植物。

（5）游人正常活动范围内不应选用枝叶有硬刺和枝叶形状呈尖硬剑状或刺状的植物。

9.1.8 公园绿地的种植施工应注意的地方

1）公园种植特点的立地条件

立地条件的好坏，是影响乔、灌木和花草成活的重要条件之一。在一般情况下，公园的立地条件往往是不太好的，需要人为创造种植条件。种植前需要对种植点进行整地。如果在石砾较多、土层较薄的地方，则要施以客土，进行客土植树，为植物的后期生长创造一个良好的生境条件。

2）公园绿化大树移植注意事项

一般在公园的重要地区，如大型建筑附近、庇荫广场、儿童活动区等，往往采用 10 年生长以

上的大树来绿化。移植大树除要严格按照移栽大苗的技术要求进行外,在种植后要特别注意大树的固定捆绑,尤其是大树根系尚未牢固扎实之前,一定要用支架扎缚,此项工作在大风多的地区尤其要多加注意。

3)在北方降雨量较少地区的植树绿化

一般都需要进行灌溉,尤其是植树后第一次灌水一定要灌足、灌透,合理地进行灌水管理。

4)公园的病虫害防治

最理想的是采用生物防治的办法。如果必须进行化学防治,应注意游人的安全。

9.1.9 案例分析——成都浣花溪公园

浣花溪公园是古蜀历史文化风景区的核心区域,位于成都市西南方的一环路与二环路之间,北接杜甫草堂,东连四川省博物馆,占地 32.32 hm²,园内绿化面积达 21 hm²,建设总投资 1.2 亿元,是成都市迄今为止面积最大、投资最多的开放性城市森林公园,被评为成都市唯一的五星级公园。浣花溪公园依靠城西得天独厚的自然条件和人文底蕴,建成了由万树山、沧浪湖和白鹭洲 3 大景区组成的城市综合公园(图 9.1、图 9.2)。

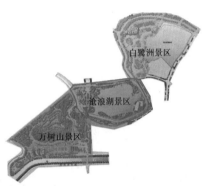

图 9.1　浣花溪公园三大景区示意图

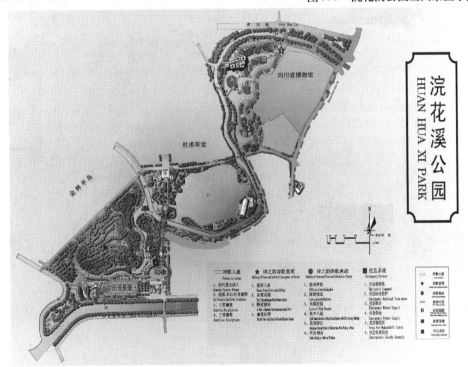

图 9.2　浣花溪公园总平面图

1)万树山景区

万树山景区位于公园西南部,以一座人造山为主,植入密林,占地6.5 hm²,共分为主入口功能区、休闲活动区、山林区3个部分。整个园区以山林为主,以锦水绕行期间,山体形态变化丰富,绿化分为春、夏、秋、冬4景辅以阳光草坪和花卉相衬,营造出"绿竹通幽径,青萝拂行衣"的意境,植物配置以高大乔木为主,为鸟类提供了良好的栖息地,也为游人提供了开阔的林下活动空间。

（1）主入口功能区

该区由万竹广场、竹静、玉垒浮云组成。万竹广场是市民及游客的主入口集散广场。广场北侧设有小卖部及旅游服务等建筑用房,此处植物主要以观音竹、粉单竹、凤尾竹配置以麦冬形成幽静清新的休闲空间。广场中央为竹艺休闲区,以凤尾竹作为诗歌墙的绿色背景,公园铭牌前的花池以金叶女贞、矮牵牛丰富入口景观。东侧为竹林隔离的相邻地块带状绿化空间中以麦冬作为地被,上植金叶女贞、红花檵木球、杜鹃作灌木带,以银杏、广玉兰散植其间。西侧为地下车库及后勤管理办公室,种植以高大的黄葛树,配以南天竹、红花檵木球、金叶女贞等色彩鲜艳的灌木。整个万竹广场植物配置清新素雅,色彩丰富醒目。竹静主要以主干通直、叶片宽阔的慈竹、粉单竹作为诗人雕像的背景,并将南天竹、杜鹃丛植于雕像后,以凸显雕像,给人庄重却不失亲和的感受(图9.3—图9.8)。

图9.3　万竹广场1

图9.4　万竹广场2

图9.5　指示牌融入公园环境

图9.6　竹与雕像1

图9.7 竹与雕像2

图9.8 彩叶植物与雕像相得益彰

（2）休闲活动区

该区分为川西文化观演广场、网球场、坝调茶园3个部分。川西文化观演广场外围绿化主要以银杏—桂花—红花檵木—杜鹃—肾蕨—麦冬进行配置，广场中央的花池种植修剪规整的金叶女贞。网球场周边的隔离带植物配置丰富，形成栾树—棕榈—红枫—龙舌兰—红花檵木—肾蕨—混播草坪的配置形式，将丰富的植物进行合理密植，使网球场形成一个较封闭的隔离空间（图9.9—图9.11）。

图9.9 川西文化观演广场1

图9.10 川西文化观演广场2

图9.11 川西文化观演广场3

图9.12 山林区树群

（3）山林区

山林区在保留山体原有树种的基础上增植了许多珍奇树种，其中有国家一级保护树种红豆杉,还有楠木、香樟、大罗汉、桂花等名贵树木。一条游览道蜿蜒绕山而过,更加衬托出山林的静谧幽深。游览道主要以植物造景吸引游人,紧靠山体一侧植物配置以芙蓉作为背景树种,混播草坪上以杜鹃花和肾蕨带状丛植,其间散植紫叶李、红枫丰富植物景观的色彩,并点缀以垂枝槐丰富树冠形状,增加游人兴趣。道路另一侧则形成杜英—紫薇—含笑—海桐球—麦冬的配置形式(图9.12—图9.14)。

图9.13　游览道路两侧植物配置1　　　　图9.14　游览道路两侧植物配置2

　　山林区植被丰富,乔木高大通透,灌木茂盛丰富,形成相对安静亲和的游览空间。在植物配置中,多选用叶片宽阔、树干光滑的常绿乔木,配以色彩丰富的彩叶植物或有明显季相的开花灌木,如紫叶李、红枫、白兰花、杜鹃等,使整个林区既静谧幽深又不失趣味。

2)沧浪湖景区

　　沧浪湖景区位于公园的中心地带,是由湖岸、浅滩、湖水、小岛组成的一片人工水景区,水面面积约4.3 hm²。该景区分为花滩区、沧浪区、活动区3个部分,营造出"两水夹明镜,双桥落彩虹"的意境。

　　(1)花滩区

　　花滩区主要由诗歌大道和新诗小径组成。诗歌大道南端多植以慈竹,中段以树池种植红豆杉,其果实宛如南国的相思豆,外红里艳,喻以寄托人们的相思。诗歌大道北端以香樟树种植成为树阵。新诗小径植物配置较为丰富,主要有以下几种配置形式:杜英—红枫—蒲葵—紫薇—红花檵木—肾蕨—混播草坪;凤尾竹—南天竹—金叶女贞—红花檵木—一叶兰—麦冬;慈竹—南天竹—杜鹃—肾蕨—混播草坪(图9.15—图9.18)。

图9.15　诗歌大道红豆杉林　　　　图9.16　新诗小径植物配置1

图9.17　新诗小径植物配置2

图9.18　新诗小径植物配置3

花滩区多选择植株枝繁叶茂的植物,例如楠木、天竺桂、紫玉兰、罗汉松等,浓密的枝干和重叠的叶片有效地使新诗小径形成曲径通幽的意境,同时为了凸显园林建筑小品,集中游人的视线,也选择了大量精致细腻的灌木,例如紫薇、碧桃、红枫、红花檵木等,植物的个体姿态可观赏性高,起到了画龙点睛的作用。

(2)沧浪区

沧浪区是整个公园活动区域最大、水面最宽、视野最开阔的景区,此处的植物配置注重植物群体的整体树冠形态而可以忽略个体姿态。湖岸区多选用树干通透、枝干柔美的银杏、黄葛树、垂柳、垂丝海棠、碧桃等乔木营造柔美的林冠线和开阔的视觉效果,搭配红枫、南天竹、紫叶李等彩叶植物使湖岸色彩更加丰富,同时配置以水竹、芦苇等水生植物,增加人工湖的野趣(图9.19、图9.20)。

图9.19　湖岸植物配置1

图9.20　湖岸植物配置2

(3)活动区

以杜甫草堂前广场为中心的活动区植物配置相对简单,以高大的香樟树种植成树阵,为游人提供开敞的林下活动空间的同时又起到遮阴纳凉的作用。

3)白鹭洲景区

白鹭洲位于公园北侧,杜甫草堂和四川省博物馆之间,目前是成都市唯一的人工城市湿地。除注重景观设置外,该区还特意营造适宜白鹭生活的生态环境,以吸引鸟类到此生活,形成人与自然和谐相处的生活空间。白鹭洲以湿地为主,包括入口的菁华广场、湿地区、一座地下车库和一幢景观建筑"观鹭轩"。

（1）菁华广场

菁华广场位于公园北大门入口,设有休息座椅及儿童游乐区。此处植物多选用叶形圆润、枝干无刺的乔木和花色鲜艳美丽、色彩丰富的灌木进行合理配置。

菁华广场东侧树种选用黄葛树和桂花这两种枝密叶茂的乔木为游人提供开阔的树下空间以便游人休息乘凉。广场中央花池内围合种植南天竹簇拥中央的桂花树,给人清新醒目的感觉。广场西侧的儿童游乐区周围种植叶形优美且具有明显季相变化的银杏,花池内种植花色鲜艳的杜鹃和酢浆草。这些植物都能有效吸引儿童的注意力(图9.21、图9.22)。

图9.21 中央花池内的桂花树

图9.22 儿童游乐区

（2）湿地区

湿地区主要以湿地景观为主,注重景观设置的同时也注重营造适宜鸟类生存的生态环境。湿地区按其功能主要分为招引区、观鹭区、隔离区3个部分,其植物配置模式也分为湿生植物配置和水生植物配置模式两种。

招引区的植物多选择鸟类喜爱的水生植物,例如芦苇、伞草、肾蕨、一叶兰、狗尾草、唐菖蒲、荷凤眼莲等,以便于鸟类觅食、玩耍和栖居。观鹭区靠近四川博物馆,该区植物选择有香樟、法国冬青、雪松、女贞、三叶树等枝叶浓密的树种与博物馆间隔,更选用银杏、石榴等孤植树和缓坡草坪丰富景观层次。隔离区以高大植物为主,选用天竺桂、紫叶李、女贞、法国冬青、海桐、紫薇、黄葛树、毛叶丁香等种植成林带,起到了很好的隔离作用(图9.23—图9.25)。

图9.23 招引区水生植物

图9.24 观鹭区植物配置

① 湿生植物的配置模式主要有:

• 乔木—灌木:垂柳—迎春;垂柳—南天竹;栾树—金叶女贞;香樟—南天竹—金叶女贞;水杉—决明—丝兰;栾树—决明—金叶女贞;垂柳—樱花—杜鹃—金叶女贞—红花檵木。

• 乔木—草坪或地被:垂柳—蝴蝶花;垂柳—肾蕨;银杏—杜鹃;垂柳—蝴蝶花—玉簪;刚竹—蝴蝶花—肾蕨。

• 灌木—草坡或地被:杜鹃—麦冬;金叶女贞—麦冬。

• 乔木—灌木—草坪或地被:紫薇—丝兰—马蹄金;香樟—杜鹃—麦冬;紫荆—海桐—蝴蝶花;紫薇—杜鹃—红花檵木—麦冬;樱花—金叶女贞—马蹄金;樱花—杜鹃—藤本;香樟—石榴—玉簪;香樟—山茶—麦冬;香樟—樱花—杜鹃。

图9.25　隔离区植物配置

• 高层乔木—低层乔木—灌木—草坪或地被:栾树—紫薇—杜鹃—马蹄金;栾树—紫薇—金叶女贞—马蹄金—藤本;银杏—樱花—山茶—马蹄金;香樟—海桐—八角金盘—麦冬;紫荆—紫薇—玉簪;二乔玉兰—山茶—红花檵木—马蹄金;银杏—金叶女贞—红花檵木—杜鹃。

② 水生植物的配置模式:

• 沿溪流带状配置。根据湿地植物随水分梯度变化呈现水平带状分布的特点,依照水的深度变化依次配置不同的植被,如岸缘成排栽植水杉、柳树,湿地边缘润泽区连片种植芦苇、芭茅等。

• 镶嵌配置。整个白鹭洲的湿地被分割成无数形状各异的"小岛",相似的生境配置相应的植物群落,使湿地植物呈水平块状镶嵌分布。由于白鹭洲面积受限,大型群落大片分布于其中的现象很少,而小型群落如香蒲以小片分布于芦苇群落或蓼、菱蒿等镶嵌于苔草、荻群落的现象却很多。白鹭洲岸缘也配置有镶嵌的植物群落,即一定数量的常绿、落叶阔叶林及灌木丛呈小块状、不规则交错分布,如女贞、柳树、云南黄素馨等植物群落。

9.2　纪念性公园的植物造景

9.2.1　纪念性公园的性质、任务

纪念性公园是为纪念历史事件,或为纪念历史名人等而建造的公园,其功能是激发人们的思想感情,供后人瞻仰、凭吊、开展纪念性活动等。纪念性公园作为城市公园绿地的一种,还可供游人游览、休息和观赏。

9.2.2　纪念性公园的内容及布局特点

由于纪念性公园具有不同于一般城市公园的性质,在其内容及布局形式上通常具有以下特点:

1)采用规则式布局

纪念性公园的总体规划常采用规矩式布局手法,其平面具有明显的主轴线干道,主体建筑、纪念形象、纪念雕塑等通常布置在主轴的制高点上或视线的交点上,以突出主体。其他附属性建筑物一般也受主轴线控制,对称布置在主轴两旁。

2)以纪念性建筑或雕塑作为公园主体

纪念性公园通常用纪念性建筑物、纪念形象、纪念碑等来体现公园主体,以此渲染突出主题,展现历史事件和英雄人物的风貌,如南京雨花台烈士陵园以"殉难烈士纪念群像"为主景,长沙烈士公园以烈士纪念塔为主景等。

3)以纪念性活动和游览休息等不同功能划分空间

为方便群众的纪念活动,园中通常利用建筑、山体或植物将纪念区和园林区划分开,使其不受其他活动的干扰。

9.2.3　纪念性公园的类型

面积较小的纪念性公园常附属于综合公园之中,以公园的一个分区或景点形式出现,如长沙岳麓公园的蔡锷、黄兴墓庐,成都望江公园内的薛涛井等。面积较大的纪念性公园以独立公园的形式存在,按照公园内容可分为以下3类:

① 为纪念具有重大意义的历史事件的纪念性公园,如为胜利、解放纪念日等而建造的公园。
② 为纪念革命伟人而修建的公园,如故居、生活工作地、墓地等。
③ 为纪念为国牺牲的革命烈士而修建的公园,如纪念碑、纪念馆等。

9.2.4　纪念性公园的功能分区及其设施

纪念性公园在分区上不同于综合公园,根据公园主题和内容一般可分纪念区和园林区。

1)纪念区

该区用于开展纪念性活动,由纪念馆、纪念碑、纪念塑像、纪念活动广场等组成。该区内不论主体建筑组群,还是纪念碑、塑像等在平面构图上均采用对称的布置手法,其本身也多采用对称均衡的构图手法,用以烘托主体形象,体现庄严肃穆的气氛。

2)园林区

该区主要是为游人创造良好的游览、观赏景观,为游人休息和开展游乐活动服务。全区多采用自然式的布置手法,因地制宜,在区内不规则地摆置亭、廊、景石等园林小品,创造活泼自然的气氛。

9.2.5　纪念性公园的植物造景

1）植物在纪念性公园中的作用及意义

植物是纪念性公园中极其重要的素材,它构成公园的景观元素,而且还通过不同造景形式创造出更丰富的景观内涵。

(1)植物的象征意义

植物有象征性作用,古今中外人们都借用不同的植物来表达特殊的情感。例如垂柳被赋予了一种依依惜别的情调;松柏自古以来便代表亘古长青之意;枫树代表晚年的能量;银杏象征稳固持久的事物等。由于这些含义被广泛地认同和接纳,在纪念性公园中使用这些植物可以烘托纪念气氛和抒发追古思今的情怀。

(2)植物的空间建造功能

在纪念性公园中,植物的景观对总体布局和空间的形成非常重要。大型的乔木或树林可以构成纪念性公园中的主景或标志物。地被、灌木、攀缘植物通常用来暗示空间的边界或设置障景。

(3)用植物营造意境

建造纪念性公园的目的是满足人们的某种纪念情感的需要,所以纪念性公园的本质是物化形态的精神象征物,以物质传达精神是它的首要任务。纪念性景观的宗旨就在于塑造纪念性氛围,传达纪念性情感。这种传达,可以通过植物造景创造一种意境,激起人们感情上的波澜。纪念性公园中常将植物拟人化,或利用植物的形态和色彩烘托公园的主题和意境。如种植松、柏、银杏等以象征伟人的精神品质永垂不朽;尖塔形的植物常被栽植在陵墓或陵园中来体现庄重肃穆的氛围;通常栽植色彩深暗、花色朴素的树种以营造庄重、严肃、恭敬的意境。植物的荣枯以及季相变化也可以引起参观者对生、死、轮回的联想。

2）植物选择

纪念性公园是通过形象思维而创造的一种激起人们思想感情的精神环境,主要任务是供人们瞻仰、凭吊、开展纪念性活动和游览、休息、赏景等。因此,在纪念性公园中大多以树形规整、枝条细密、色泽暗绿的常绿针叶树种做主调树,营造出一种庄严肃穆的气氛。在园林区内还可配置一些常绿阔叶树种、竹林以及花灌木,形成郁郁葱葱、疏密有致、层次分明、季相明显的林木景观。纪念性公园的植物选择可根据不同功能区的要求分别考虑。

(1)纪念区植物选择

① 以松柏类为主要建群树种,广泛运用常绿树种:大量针叶树种的运用为纪念区奠定四季常青的景观基调,纪念区内常选用雪松、圆柏、赤松、龙柏、马尾松等,体现伟人精神的高洁和永垂不朽,也代表了人们对伟人的无限敬仰之情。除松柏类植物以外,纪念区还可大量种植山茶、桂花、石楠、大叶黄杨、八角金盘等常绿乔灌木,构成不同的植物造景形式,丰富园区的景观效果。

② 栽植落叶乔木及观花、观果植物,丰富植物群落季相变化:通过在园区栽植落叶乔木及

观花、观果植物,增加园区植物群落的季相变化,丰富植物景观。纪念区植物景观主要突出雄伟庄重之感,但过多的常绿树种难免会显压抑、呆板。为了打破这种单调,采用落叶乔木来丰富四季色调。如在纪念广场栽植高大的悬铃木,松柏与枫香、银杏间植,红枫与鸡爪槭在常绿树种的衬托下丛植。迎春、杜鹃、火棘、凤尾兰等花灌木的种植也可使园区景观色彩分明。

③ 选用古树名木点缀园区:《中国大百科全书》农业卷对"古树名木"定义是:"树龄在百年以上,在科学或文化艺术上具有一定价值,形态奇特或珍稀濒危的树木。"古树名木苍劲古雅,姿态奇特,令游人流连忘返。在纪念区中用古树名木点缀园景,不仅提升了园区植物配置的观赏性,更进一步深化了园区植物景观的丰富内涵,象征着伟人的精神和形象流芳百世。古树名木,或具有某种特定的历史纪念意义的树种可作为园区的独立景点展示。如中山陵景区内陵门前广场上的千头赤松,碑亭旁的线柏、日本冷杉,祭堂广场上的龙爪槐、龙柏等,古老苍劲,见证了中山陵八十余年的变迁,具有较高的观赏价值和纪念意义。又如陕西黄陵"轩辕庙"内的两棵古柏,一棵是"黄帝手植柏",高近 20 m,下围周长 10 m,是中国最大的古柏之一;另一棵"挂甲柏",相传为汉武帝挂甲所植,枝干"斑痕累累,纵横成行,柏液渗出,晶莹夺目",令游人无不称奇。

(2)园林区植物选择

园林区以供游人休息、游览、观赏为其主要功能,应通过植物配置营造出轻松愉悦、富有生气的氛围。在植物选择上可以高大的常绿树群作为背景,以达到全园风格的统一协调。同时,可选用树形挺拔、枝叶秀美、冠幅开阔的落叶阔叶树、秋色叶树种、观花树种等,如黄连木、枫香、麻栎、榉树、银杏、玉兰、迎春、桃花、栀子花、紫薇等,丰富园中的季相变化和景观效果。园中也可以设置疏林草地,营造出安静、休闲、舒适的空间环境。

3)种植设计

纪念性公园的植物造景应与公园的内容和性质相协调。纪念性公园在功能分区上由纪念区和园林区两个区域组成,两区的种植设计和植物选择有着明显的差异。

(1)公园出入口

纪念性公园的大门一般位于城市主干道的一侧。为了突出公园的位置和纪念性质,常在纪念性公园大门两侧用规则式的种植方式对植一些常绿树种。公园出入口是游人集散的地方,游客量多,集散时间较为集中。出入口需要为游客提供开阔的场地和视野,因此,公园出入口处常设有铺装广场或草坪,以方便游客停车和集散。出入口广场中心的雕塑或纪念形象周围可以用花坛来衬托主题,主干道两旁多用排列整齐的常绿乔灌木配置,突出庄严、肃穆的气氛。

(2)纪念区

纪念区包括纪念碑、纪念馆、雕塑、基地等。在布局上,通常以规矩的平台式建筑为主。纪念碑、墓一般位于纪念性广场的几何中心或台地的最高点。为了突出主体建筑的崇高、雄伟之意,在纪念碑、墓前的主干道(或墓道)上,常以规则式的植物配置手法为主,采用行列式种植形式,形成整齐、统一又极具博大气势的景观。为体现稳定的节奏,加强秩序性,多选择统一规格的植物材料,并进行统一的养护管理,表现出较强的一致性,这样的植物造景方式具有强烈的节奏感和纵向序列感。在纪念碑四周可以布置草坪,并适当种植一些具有规则形状的常绿树种如桧柏、黄杨球等,周围种植常绿针叶乔木作为背景,营造庄严肃穆的纪念环境。场地周围可点缀红叶树种或红色花卉,与深绿色的植物形成强烈对比,寓意先烈用鲜血换来今天的幸福生活,激

发人们的爱国精神。

纪念馆常位于广场一侧，植物造景在风格上沿承了纪念碑庄严古朴的气氛，采用乔灌草多层次造景，注重园林植物的形式美。在树种选择上延续以常绿针叶植物为主的风格，其中可以加入观赏性强的乔灌木，如五针松、鸡爪槭、山茶、石榴、梅花、白玉兰、迎春等，营造挺拔秀丽而又富于变化的植物景观。纪念馆是展示历史人物风貌或历史事件的场所，在植物营造时要注重对意境美的追求，植物选择上注重意境深远、含蓄、内秀，情景交融，寓情于景，例如配置梅花、圆柏、五针松、红枫等。

（3）园林区

园林区主要用于游人观赏、游览、休憩、放松心情。植物配置上采用丛植为主，辅以孤植、对植、列植、群植、带植、花坛、花台、花丛、花带等多种形式，结合植物的形、色、声、香之美，形成具有特色的树丛、绿丛、"香丛"、"色丛"、"声丛"等多种组合的栽植方式。植物布局手法可以因地制宜，乔、灌、草、地被结合，形成丰富多彩的植物群落景观。注意色彩的搭配和季相的变化，可多选用观赏价值高、开花艳丽、树形树姿富于变化的树种，通过丰富的色彩和自然式种植的植物群落，调节人们紧张低沉的心情，创造欢乐的气氛，满足人们一年四季前来观赏、休憩、游览的需求。

9.2.6 案例分析——南京中山陵植物造景

南京中山陵园风景区位于东经118°，北纬32°，处于钟山风景名胜区的钟山南麓。该地区四季分明，年温差大，4—11月平均气温都在20 ℃以上。中山陵园风景区全区面积约31 km²，接近南京城市市区面积的1/5，它既是南京城市自然风貌和人文景观的集中体现，又是南京历史文化名城的重要组成。

中山陵园风景区在植被区域中属北亚热带落叶常绿阔叶混交林地带，植被资源丰富。风景区植物景观主要有森林型（钟山、富贵山等以松林或针阔混交林为主，尤其在紫金山植物的配置上为纪念中山先生而呈松柏常青之势）和园林型（如樱花园、万株桂园等），其植物配置无论在群落结构，还是季相美及生态功能上，其艺术效果均十分得体且多具特色。

风景区内中山陵墓是民国初年我国自行设计、建造的一项重大工程。它结合山势，在一条中轴线上把一个个孤立的建筑用宽广的石阶、平台，大片的绿化连成整体，设计精巧，匠心独运。其空间系列的组织对主体建筑——祭堂和墓室进行了有力地烘托，为陵墓建筑中出类拔萃之作。中山陵平面图呈警钟形，给人以警钟长鸣，发人深省之感。设计师吕直彦也因中山陵之建设而彪炳史册。

1）中山陵入口

中山陵景区入口以入口花坛与组合花坛为景，它们是中山陵窗口标志之一。入口花坛直径约为17 m，花坛内保留了原有的枫香等高大乔木，林下布置有龙柏、红花檵木、小叶栀子、南天竹等围合而成的灌木带，最外围根据季节的变化选用一二年生草花，如万寿菊、矮牵牛、羽衣甘蓝等。

入口花坛的植物配置充分考虑高大乔木与不同灌木之间的搭配，既具有近距离细部观赏尺度，又具有全景观赏尺度。树种选择上，既考虑利用常绿树种与主体景区环境相适应，又注重丰富色彩与季相变化,配置了一些色叶树种与观花植物,营造出以绿色为基调,秋季突出枫香叶色变化并衬以黄色系为主的草本植物的优美景观效果。植物群落垂直结构层次丰富,原有的 4 株枫香高约 15 m,集中配置;下层为 13 m 的香樟和 2 m 的山茶,灌木层分别用 0.4~1 m 高度不等的灌木进行围合,形成了以枫香为中心,结构紧凑、整体性强的植物景观(图 9.26、图 9.27)。入口花坛植物种类组成见表 9.6。

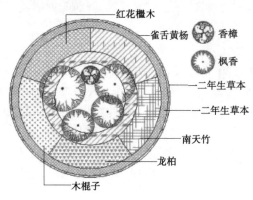

图 9.26　入口花坛平面图

图 9.27　入口花坛

表 9.6　入口花坛植物种类组成

植物种类	学　名	科	属	数量	生活型	类型	形态	胸径/cm	冠幅/m	高度/m
枫　香	*Liquidamba formosana*	金缕梅科	枫香属	4	乔木	落叶	单干	35	8	16
香　樟	*Cinnamomum camphora*	樟科	樟属	1	乔木	常绿	单干	20	2.7	13
山　茶	*Camellia japonica*	山茶科	山茶属	1	灌木	常绿	多干	4	2.5	2
龙　柏	*Sabina chinensis 'Kaizuka'*	柏科	圆柏属	40	灌木	常绿	丛生	—	—	0.6
水栀子	*Gardenia jasminoides var. radicana Makino*	茜草科	栀子属	80	灌木	常绿	丛生	—	—	0.4
红花檵木	*Lorpetalum chinense var. rubrum*	金缕梅科	继木属	20	灌木	常绿	丛生	—	—	1
南天竹	*Nandina domesdica*	小檗科	南天竹属	80	灌木	常绿	丛生	—	0.8	0.8
雀舌黄杨	*Buxus bodinieri*	黄杨科	黄杨属	120	灌木	常绿	丛生	—	—	0.5
万寿菊	*Tagetes erecta*	菊科	万寿菊属	—	草本	落叶	丛生	—	—	0.3
矮牵牛	*Petunia hybrida*	茄科	矮牵牛属	—	草本	落叶	丛生	—	—	0.2

组合花坛将商业走廊与中山陵景区加以分隔。组合花坛内种植了大量色彩明快的花灌木,配合形态秀丽的高大乔木,与商业街环境相互呼应,为中山陵增加一抹亮色。造景方式以传统手法为主,配以山石,运用五针松、铺地柏、羽毛枫等形成一组小型植物景观(图 9.28)。组合花

图9.28　组合花坛平面图

坛适宜近景观赏,所选植物高度适中,注重植物姿态美观与季相丰富,使整体效果显得更加丰满饱满。春季的海棠、八仙花相继开放;夏初水栀子发出沁人的芳香;秋末羽毛枫开始转红,火棘的红果挂满枝头;深冬五针松、铺地柏愈发青翠,加之以沿阶草铺地,使整个景观充满了生机(图9.29)。组合花坛植物种类组成见表9.7。

图9.29　组合花坛秋景

表9.7　组合花坛植物种类组成

植物种类	学　名	科	属	数量	生活型	类型	形态	胸径/cm	冠幅/m	高度/m
五针松	*Pinus parviflora*	松科	松属	4	乔木	常绿	单干	15	2	1.6
羽毛枫	*Acer palmatum 'Dissectum Ornatum'*	槭树科	槭树属	1	乔木	落叶	单干	15	2.5	1.6
海　棠	*Malus spectabilis*	蔷薇科	苹果属	1	乔木	落叶	单干	15	2	2.5
铺地柏	*Sabina procumbens*	柏科	圆柏属	3	灌木	常绿	丛生	—	1.5	—
龙　柏	*Sabina chinensis 'Kaizuka'*	柏科	圆柏属	15	灌木	常绿	丛生	—	0.6	0.6
火　棘	*Pyracantha fortuneana*	蔷薇科	火棘属	1	灌木	常绿	丛生	12	2.3	2
栀子花	*Gardenia jasminoides*	茜草科	栀子属	7	灌木	常绿	丛生	—	1.2	1.2
八仙花	*Hydrangea macrophylla*	虎耳草科	八仙花属	5	灌木	落叶	丛生	—	1.2	1.6
洒金东瀛珊瑚	*Aucuba japonica f. variegata*	山茱萸科	桃叶珊瑚属	2	灌木	常绿	丛生	—	1	1.2
沿阶草	*Ophiopogon japonicus*	百合科	沿阶草属	—	草本	常绿	丛生	—	—	—

2) 陵前广场

陵前广场位于中山陵的正南端,平面呈半圆形,虽然面积不大,但却为陵墓增添了无穷气势(图9.30)。以半圆形广场、牌坊和坡道限定的空间表现出开阔广博的个性,而松柏等常绿树种与低矮开阔的地被与灌木树种的配置,又衬托出空间庄严肃穆的氛围,与风景区的纪念主题相一致,反映了孙中山先生开阔的胸襟、平实的性格。陵前广场的植物造景包含了陵前大道与广场花坛两部分。

图9.30　陵前广场

1929年,从中山门到陵园的大路两侧引种栽植了直径5 cm、高4 m的悬铃木1 034株,时隔80多年,这些悬铃木早已葱茏翠绿,绿冠连云,从而成为陵园一条绿色长廊。陵前大道上的悬铃木既是中山陵标志性景观之一,又是南京这座古城的绿色象征。悬铃木下层配以八角金盘,这样既使树木周围的土壤免遭践踏,确保其正常生长,又形成稳定的植物景观。该组植物景观结构简单,层次分明。悬铃木冠幅均在14 m左右,间距8 m,体现了视觉上的连续性,并预留了一定的生长空间,不仅提供了浓密的绿荫,也给游人极其强烈的视觉享受。经过80多年的生长,悬铃木树高均在30 m左右,形成了整齐划一的天际线,使游人在游览中山陵的同时,感受到雄伟庄重的气氛。就其个体而言,斑驳的树皮、粗壮有力的树干、绿荫浓密的树冠,无论是远观还是近赏,均显示出浑厚凝重的特质,充分体现出植物自身特有的自然美,这种朴素却又持久的自然美带给人们喜悦与舒适。行道树植物种类组成见表9.8。

表9.8　行道树植物种类组成

植物种类	学　名	科	属	数量	生活型	类型	形态	胸径/cm	冠幅/m	高度/m
悬铃木	*Platanus acerifolia*	悬铃木科	悬铃木属	30	乔木	落叶	单干	45	14	30
八角金盘	*Fatsia japonica*	五加科	八角金盘属	—	灌木	常绿	丛生	—	1	0.8

广场从东到西弧形排列着6个长方形花坛,形成了一个半开敞空间,将游人的视线集中到中山陵主轴线上。东西两端的花坛里分别种植着大石楠各一株,每当秋末,整株石楠挂满了鲜红的果实,甚为美丽;当中的4个花坛各有2株高大的雪松,每株雪松树干挺拔,枝如蛟龙腾云,叶则四季常青。8株高大的雪松屹立于陵墓前,为陵墓增添了一股豪迈雄壮的气氛。结合外围的悬铃木作为天然背景,更加衬托出陵园雄伟肃穆氛围,丰富了植物景观层次,给人以明朗、开阔之感。虽然石楠、雪松均为常绿树种,但配合悬铃木的季相变化,尤其进入秋季悬铃木树叶渐渐变黄,站在博爱牌坊前,远景的悬铃木金黄色树叶在阳光的照耀下,影色斑驳,而前景的青松苍翠,在悬铃木的衬托下,越发显得高耸挺拔。陵前广场植物种类组成见表9.9、表9.10。

表 9.9　陵前广场植物种类组成 1

植物种类	学　名	科	属	数量	生活型	类型	形态	胸径/cm	冠幅/m	高度/m
雪松	*Cedrus deodara*	松科	雪松属	8	乔木	常绿	单干	40	12.5	13
八角金盘	*Fatsia japonica*	五加科	八角金盘属	—	灌木	常绿	丛生	—	1	0.8

表 9.10　陵前广场植物种类组成 2

植物种类	学　名	科	属	数量	生活型	类型	形态	胸径/cm	冠幅/m	高度/m
石楠	*Photinia daviosoniae*	蔷薇科	石楠属	2	乔木	常绿	多干	65	9	6
珊瑚树	*Viburnum awabuki*	忍冬科	荚蒾属	6	灌木	常绿	丛生	25	3.3	2.2
八角金盘	*Fatsia japonica*	五加科	八角金盘属	—	灌木	常绿	丛生	—	1	0.8

3）墓道

由广场拾级而上,墓道入口处是一座冲天而立的花岗岩牌坊。牌坊上端正中的横楣上镶嵌有石额一方,上面镌刻着孙中山手书的"博爱"二字,因此,这座牌坊又称作"博爱坊"。"博爱"两字的含意,是指对人类普遍的爱。牌坊之后,是一条长约 480 m、宽约 40 m 的墓道。它起自博爱坊,直达陵门。中山陵的墓道分成 3 条平行的路面。中间的一条宽约 12 m,左、右两条各宽 4.2 m。中道和左、右两道之间,由南向北对称地排列着 5 对长方形的绿化带,长约 60 m,宽约 20 m,其间整齐种植了雪松与圆柏。规则式的布局手法在整体上取得统一的效果,突出了纪念性景观主题,充分体现庄严、肃穆的气氛。植物垂直向上的姿态引导着人们的视线向上延伸,激发了高洁、崇高、庄严的情感。墓道上的雪松伴随着中山陵经历几十年的风雨,目前已高达 17 m 左右,冠幅达 7～8 m,每一棵树既具备良好的观赏效果,又具有整体的视觉效果,当游人行于墓道上的苍松翠柏之间,对孙中山先生的崇敬之情,不禁油然而生。在墓道的左、右两道旁,分别以银杏、枫香间植,既体现了陵园植物配置庄严、肃穆的特点,也进一步丰富了植物景观色彩,四季分明,富于变化(图 9.31—图 9.34)。墓道植物种类组成见表 9.11。

表 9.11　墓道植物种类组成

植物种类	学　名	科	属	数量	生活型	类型	形态	胸径/cm	冠幅/m	高度/m
雪松	*Cedrus deodara*	松科	雪松属	8	乔木	常绿	单干	40	12.5	13
圆柏	*Sabina chinensis*	柏科	圆柏属	264	乔木	常绿	单干	35	6	9
银杏	*Ginkgo biloba*	银杏科	银杏属	55	乔木	落叶	单干	88	9	17
枫香	*Liquidamba formosana*	金缕梅科	枫香属	26	乔木	落叶	单干	45	8	15

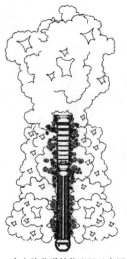

中山陵墓道植物配置示意图

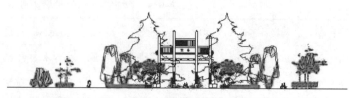

局部立面

雪松　　茶梅　　构树
圆柏　　女贞　　南天竹
银杏　　日本冷杉　木槿
柏木　　广玉兰　石楠
栓皮栎　白玉兰　卫矛
榔榆　　龙柏　　海桐
枫香　　龙爪槐　紫薇
侧柏　　红枫　　桂花
黄连木　鸡爪槭　铺地柏
合欢　　悬铃木　珊瑚树

图 9.31　中山陵墓道平面图

图 9.32　博爱坊

图 9.33　侧墓道的香樟与银杏

图 9.34　墓道雪松

图 9.35　千头赤松

　　墓道尽端是陵门前广场,其中轴线两侧对称栽植了 6 株千头赤松,它们被列为古树名木,是南京市重点保护的名贵树种之一。该树树高平均 5 m,冠幅约为 5 m,树形优美,针叶浓绿色,发出油亮的光泽;树冠顶部平截,呈一个平面,自顶端往下呈倒圆锥形,形成一个伞房形树冠;小枝繁多,但都规则地向上生长,多而排列整齐,像一个个正在深情瞻仰的崇敬者,又像一位位昂首挺胸的忠诚卫士。6株赤松与墓道两侧的参天松柏相呼应,把墓道点缀得更加庄严肃穆。与绿色草坪相称的是对称分布的大叶黄杨,这些大叶黄杨经修剪后有一人高,浑圆翠绿,这些特殊加工的绿色植物保持四季常青的色彩,对周围建筑物是一种绝佳的衬托,令平台的景致变得异常优美(图9.35)。陵门前广场植物种类组成见表9.12。

表9.12　陵门前广场植物种类组成

植物种类	学　名	科	属	数量	生活型	类型	形态	胸径/cm	冠幅/m	高度/m
千头赤松	*Pinus densiflora* 'Umbraculifera'	松科	松属	6	灌木	常绿	单干	50	5	5
大叶黄杨	*Euonymus japonicus*	卫矛科	卫矛属	8	灌木	常绿	丛生	40	4	3

4)陵门—碑亭—石阶

中山陵陵门坐北朝南,有3个拱门,每个拱门都装有一扇对开的镂花铜门。陵门平面为长方形,宽27 m,高16.5 m,进深8.8 m,全部用福建花岗岩石建成。陵门南面正中门的上方镶有一方石额,上刻"天下为公"4个金字,是孙中山先生的手迹。陵门之后是一座方形的碑亭,边长12 m,高约7 m。碑亭也全部是由花岗岩石建造,重檐歇山顶,盖蓝色琉璃瓦。亭的四面各有一个拱门,但北侧的拱门下设有石栏,不能通行,游人可在此凭栏眺望中山陵祭堂。

陵门前的集散广场布置了时令花卉的花坛,由孔雀草、矮牵牛(紫色、红色)、五彩石竹、雪叶莲、雏菊等组成,添加了几分节日的气氛。在陵门入口处,有卫矛整齐而庄严相对而植,起到强调入口、增加纪念性景观严肃气氛的效用。进入陵门,在陵门与碑亭之间分别种植着日本冷杉、线柏、白玉兰、龙柏、茶花、梅花、桂花、南天竹以及乌敛梅、三色堇等,古树参天,层次分明,色彩丰富。

过碑亭再往上,坡度显著提高,层层石阶尽头巍然矗立着雄伟的中山陵祭堂。石阶两侧以山造势,植物配置去细碎、重整体、略雕凿、求气势,植物的选择以求强化陵园常绿常青的景观,采用大面积风景林种植的形式。石阶由下至上依次种植着桂花、圆柏、侧柏、雪松、石楠、马尾松等,以常绿乔木为主,突显四季常青的造景风格,注重层次的搭配,高大的马尾松配以中层的雪松、圆柏、桂花等,下层的石楠、侧柏树形浑圆饱满,给人以古朴、庄重之感(图9.36、图9.37)。

图9.36　石阶植物配置1

图9.37　石阶植物配置2

拾级而上,依山就势以列植形式分别种植的大叶黄杨球、红枫、海桐、石楠、枇杷、圆柏等,越发工整,更富气势。整齐的株行距,顺次迭升的造景形式,也将游人的敬仰之情步步升华。

5)中山陵祭堂

石阶直抵陵墓的最高处平台。平台东西宽达162 m,南北进深38 m,而祭堂就位于平台的正中。祭堂又称陵堂,是一座融合中西建筑风格的宫殿式建筑,长30 m、宽25 m、高29 m,外壁用香港花岗石建造。中山陵祭堂是瞻仰、缅怀孙中山先生的场所,乃是中山陵核心部分,而游人对孙中山先生的无限敬仰之情也在此达到了高潮,无论是建筑风格还是周围环境都要体现出博大、宏伟之气势。因此,在植物配置方面,着重以古树名木来衬托外环境的雄伟与庄重,以常绿针叶树为主,规则式的乔灌草对称种植,四季景观统一,体现出纪念性园林庄严、稳重的特点,使外部空间与祭堂成为一个有机的整体。值得说明的是,这里的每一株植物都具有悠久的历史:高大整齐的龙柏已有百年树龄,列植于平台四周,不仅阻隔了两侧拥壁,起到障景作用,而且形成一道天然的绿色屏障;沿祭堂两侧平行布置了4个花坛,用龙柏修剪成绿篱作为基础种植,其间配置雪松,树龄最长的一株约有90年,虽同为常绿树种,但以龙柏的黄绿色为底,更加显示出雪松的苍翠、挺拔;祭堂门口6株球形龙柏,树龄约80年,经过精心养护与修剪,依旧长势旺盛;祭堂平台的最外围,列植了14株造型优美的龙爪槐,树龄约80年,树下配以坐凳供人休息,龙爪槐虽为落叶乔木,但枝干卷曲,垂枝茂密,即使在枝叶落尽后的冬季,依然如简笔画般表现出特有的线条美(图9.38、图9.39)。

图9.38　祭堂外的龙柏

图9.39　华表与松相得益彰

6)陵寝后花园

祭堂墓后建有花园,植有广玉兰、梅花、桂花等花木。较之中山陵主轴线上的植物景观,陵寝后花园的植物造景较为接近自然。在植物材料方面,已看不到松柏类植物,取而代之的是中国古典园林的常用花木,如桂花、山茶、梅花、杜鹃等,气氛也随之活跃起来,此处植物还用来组织与划分空间,使游人置身于绿色的包围之中,在追思先人之后感受到一份轻松与宁静。整个后花园平面呈环形,内层用珊瑚树作为高篱,中层分为5组花坛,以观赏花木为主。外围的桂花已高达6 m,秋季满园桂花飘香,而春季的梅花枝条斜伸出路面,山茶、杜鹃次第开放,较好地兼顾了四季景观(图9.40、图9.41)。陵寝后花园植物种类组成见表9.13、表9.14。

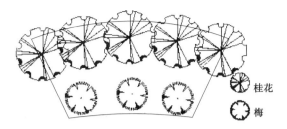

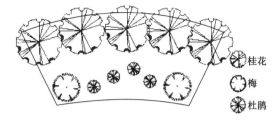

图9.40 陵寝后花园植物配置平面图1

图9.41 陵寝后花园植物配置平面图2

表9.13 陵寝后花园植物种类组成1

植物种类	学 名	科	属	数量	生活型	类型	形态	胸径/cm	冠幅/m	高度/m
桂花	Osmanthus fragrans	木犀科	木犀属	5	乔木	常绿	多干	40	5.7	6
梅花	Prunus mune	蔷薇科	梅属	3	乔木	落叶	多干	30	3.3	4
八角金盘	Fatsia japonica	五加科	八角金盘属	—	灌木	常绿	丛生	—	1	0.8
沿阶草	Ophiopogon japonicus	百合科	沿阶草属	—	草本	常绿	丛生	—	—	0.2
吉祥草	Reineckia carnea	百合科	吉祥草属	—	草本	常绿	丛生	—	—	0.3

表9.14 陵寝后花园植物种类组成2

植物种类	学 名	科	属	数量	生活型	类型	形态	胸径/cm	冠幅/m	高度/m
桂花	Osmanthus fragrans	木犀科	木犀属	5	乔木	常绿	多干	40	5.7	6
山茶	Camellia japonica	山茶科	山茶属	2	灌木	常绿	多干	8	1	2
梅花	Prunus mune	蔷薇科	梅属	2	乔木	落叶	多干	30	3.3	3.8
杜鹃	Rhododendron simsii	杜鹃花科	杜鹃花属	4	灌木	常绿	丛生	2	1.5	1.5
八角金盘	Fatsia japonica	五加科	八角金盘属	—	灌木	常绿	丛生	—	1	0.8
沿阶草	Ophiopogon japonicus	百合科	沿阶草属	—	草本	常绿	丛生	—	—	0.2
吉祥草	Reineckia carnea	百合科	吉祥草属	—	草本	常绿	丛生	—	—	0.3

7)音乐台

除中山陵墓以外,中山陵园还包含音乐台、孙中山纪念馆等重要景区。音乐台依山而筑,俯瞰音乐台如同一把开张的宝扇,扇面朝阳,扇面圆心处建造舞台,舞台后面是一堵用以汇集音浪的大照壁。舞台前端种植着大量观花植物,展现出春季百花盛开的美丽景象和夏季绿荫环绕的宜人景色;高大的水杉林形成了舞台天然的背景。扇形的扇面上是成坡状的大型草坪,半径为56.9 m,草坪间隔有2 m宽的水泥步道,把整个草坪分割成12块,每一块绿草如茵的草坪,犹如

一片观众席,举行大型歌舞演出时,观众可以在此席地而坐。音乐台的外缘,地势较高,沿草坪圈筑有一道半圆形的宽 6 m,长 150 m 的回廊。廊架两侧有紫藤扶柱而上,绕于梁架之上,形成一条绿色走廊,软化了硬质景观生硬的线条,无论开花、展叶都具有十分优美的景色。回廊外侧近 10 m 的绿化带内种植了白玉兰、桂花、桃、紫薇、金钟等观花植物,极大地丰富了景观效果,尤其在春季,次第开放的白玉兰、金钟、紫藤顺次更替着观赏焦点。音乐台周边采取自然式混栽的密林,不仅强化围合整体空间效果,同时密林中枫香、银杏等秋色叶树种也丰富了秋季景观,使其具有颇为壮观的秋色。随着季节的变迁,整个音乐台处于绿色环绕之中,时至秋冬落叶季节,又能够提供充足的阳光,利于游人开展户外活动(图9.42、图9.43)。音乐台植物种类组成见表9.15。

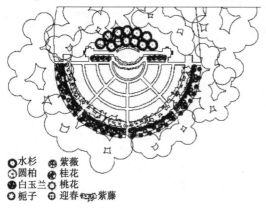

图9.42　音乐台平面图

图9.43　音乐台草坪

表9.15　音乐台植物种类组成

植物种类	学　名	科	属	数量	生活型	类型	形态	胸径/cm	冠幅/m	高度/m
桂　花	*Osmanthus fragrans*	木犀科	木犀属	15	乔木	常绿	多干	40	5.7	3.4
白玉兰	*Magnolia denudata*	木兰科	木兰属	22	乔木	落叶	单干	18	4	1.2
桃	*Prunus persica*	蔷薇科	梅属	30	乔木	落叶	多干	15	5	3.5
紫　薇	*Lagerstroemia indica*	千屈菜科	紫薇属	32	乔木	落叶	单干	25	4	11
栀子花	*Gardenia jasminoides*	茜草科	栀子属	102	灌木	常绿	丛生	—	1.5	1
金　钟	*Forsythia viridissima*	木犀科	连翘属	18	灌木	落叶	丛生	—	1.6	1.6
紫　藤	*Wisteria sinensis*	豆科	紫藤属	22	藤木	落叶	丛生	28	—	—
水　杉	*Metasequoia glyptostroboides*	杉科	水杉属	10	乔木	落叶	单干	69	10.3	33
圆　柏	*Sabina chinensis*	松科	圆柏属	2	乔木	常绿	单干	31	4.6	7.3

8) 孙中山纪念馆

孙中山纪念馆又名藏经楼,与中山陵紧密结合,其主体建筑由藏经楼、《三民主义》石刻碑廊、中山书院3部分组成(图9.44)。

孙中山纪念馆东侧入口以高大针叶树种、落叶小乔木、常绿灌木和地被结合配置为主,配以假山,颇具江南古典园林特色。高约14 m的圆柏与中层3~5 m的中层乔木,结合微地形,层次错落有致。而圆柏—梅花—南天竹的配置模式是以"岁寒三友"的寓意来衬托孙中山先生高贵的品质。为避免给人枯燥、严肃之感,以常绿植物周围种植少许石榴,丰富了整组植物景观,并增加了季相变化。

孙中山纪念馆东北角毗邻石刻碑廊,游人可于碑廊内远眺纪念馆。因此,植物景观以高大乔木配合花灌木疏散点植,主要突出植物的个体美,并结合起伏的地势营造悠然而宁静的景观。远处榔榆疏朗的枝干既不会遮挡游人的视图,而斑驳的枝干本身又具较高的观赏价值;近处的石榴、梅花、木槿较好地兼顾了春夏季的景色;而鸡爪槭的运用,保持了在季节上观赏的连续性,使观赏焦点随着四季景色发生转移(图9.45—图9.47)。孙中山纪念馆植物种类组成见表9.16、表9.17。

图9.44 孙中山纪念馆植物配置1

图9.45 孙中山纪念馆植物配置平面图1

图9.46 孙中山纪念馆植物配置2

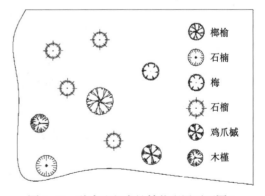

图9.47 孙中山纪念馆植物配置平面图2

表 9.16　孙中山纪念馆植物种类组成 1

植物种类	学　名	科	属	数量	生活型	类型	形态	胸径/cm	冠幅/m	高度/m
圆　柏	*Sabina chinensis*	松科	圆柏属	1	乔木	常绿	单干	45	7	14
榧　树	*Torreya grandis*	红豆杉科	榧树属	1	乔木	常绿	单干	6	2	3.5
梅　花	*Prunus mune*	蔷薇科	梅属	2	乔木	落叶	多干	16	4	5
石　榴	*Prunus granatum*	石榴科	石榴属	9	乔木	落叶	单干	5	1.7	3
阔叶十大功劳	*Mahonia bealei*	小檗科	十大功劳属	1	灌木	常绿	丛生	—	1.2	1.3
铺地柏	*Sabina procumbens*	柏科	圆柏属	4	灌木	常绿	丛生	—	1.5	—
凤尾兰	*Yucca gloriosa*	百合科	丝兰属	32	灌木	常绿	丛生	—	1.2	0.8
南天竹	*Nandina domesdica*	小檗科	南天竹属	3	灌木	常绿	丛生	—	1.5	1.3
沿阶草	*Ophiopogon japonicas*	百合科	沿阶草属	—	草本	常绿	丛生	—	—	0.2

表 9.17　孙中山纪念馆植物种类组成 2

植物种类	学　名	科	属	数量	生活型	类型	形态	胸径/cm	冠幅/m	高度/m
榔　榆	*Ulmus parvifolia*	榆科	榆属	1	乔木	落叶	单干	32	11	15
石　榴	*Prunus granatum*	石榴科	石榴属	4	乔木	落叶	单干	5	1.7	3
梅　花	*Prunus mune*	蔷薇科	梅属	1	乔木	落叶	多干	16	4	4.3
木　槿	*Hibiscus syriacus*	锦葵科	木槿属	1	乔木	落叶	多干	15	2	4.5
石　楠	*Photinia daviosoniae*	蔷薇科	石楠属	1	乔木	常绿	多干	30	7	8.5
鸡爪槭	*Acer palmatum*	槭树科	槭树属	1	乔木	落叶	单干	20	4	3.5
沿阶草	*Ophiopogon japonicas*	百合科	沿阶草属	—	草本	常绿	丛生	—	—	0.2
葱　兰	*Zephyranthes candida*	石蒜科	葱兰属	—	草本	常绿	丛生	—	—	0.2

9.3　植物园的植物造景

　　植物园是以植物科学研究、科学普及为主,以引种驯化、栽培实验为中心,从事国内外及野生植物物种资源的收集、比较、保存和育种,并扩大在各方面的应用的综合性研究机构。

　　植物园不仅传播植物学知识,也以其丰富的植物景观,多样化的园林布局形式,为广大群众提供了一个良好的游览休息绿地。因此,植物园是集科研、科普和游览于一体,以科普为主的公共绿地形式。据《公园设计规范》(GB 51192—2016):植物园应创造适于多种植物生长的环境条件,应有体现本园特点的科普展览区和科研实验区;面积宜大于 40 hm^2,其中专类植物园面积宜大于 2 hm^2。

　　植物园有着悠久的发展历史,现在公认的西方植物园起源于 5—8 世纪。当时一些修道院

的僧侣们建起了菜园和药草园,其中药草园除有药用植物外,还有观赏植物,可供品评、识别。这便是西方植物园的雏形。16 世纪中叶,在意大利的帕多瓦城诞生了第一座药用植物园,被认为是世界上现存最古老的植物园之一。之后又出现了意大利佛罗伦萨(Florence)植物园、北欧芬兰莱顿(Leiden)植物园。17 世纪建起了荷兰首都阿姆斯特丹(Amsterdam)植物园、法国巴黎(Paris)植物园、英国爱丁堡(Edinburgh)植物园。1759 建成了著名的英国皇家植物园邱园,后经 1841 年扩建后形成了今日宏大的规模。植物园自 16 世纪初的药用植物园转化成为十七八世纪的普通植物园后,先后在欧洲各国大城市纷纷兴起。

我国现存最早的植物园是南京中山植物园,建于 1929 年,面积约 187 hm^2。它的建成为以后各地植物园的建立奠定了基础。后来我国相继建成的植物园中比较著名的有北京植物园、上海植物园、杭州植物园、西安植物园、武汉植物园、华南植物园等。

9.3.1 植物园的功能及组成

1) 植物园的功能

科学研究:科学研究是植物园的主要任务之一。在现代科学技术蓬勃发展的今天,利用科学手段挖掘野生植物资源,调查收集稀有珍贵和濒危植物种类,驯化野生植物为栽培植物,引进、驯化外来植物,培育新的优良品种,丰富栽培植物种类和品种,为生产实践服务,为城市园林绿化服务。研究植物的生长发育规律,植物引种后的适应性、经济性状和遗传变异规律,总结提高植物引种的理论和方法,建立具有园林外貌和科学内容的各种展览和试验区,作为科研科普的园地。

科学普及:植物园通过露地展区、温室、标本室等室内外植物材料的展览,结合植物挂牌介绍、图表说明和解说员讲解,丰富广大群众的自然科学知识。

科学生产:科学生产是科学研究的最终目的。植物园经过科学研究得出的技术成果将推广应用到生产领域,创造社会效益和经济效益。

观光游览:植物园还应结合植物的观赏特点、亲缘关系及生长习性,以公园绿地的形式进行规划设计和分区,创造优美的植物景观环境,供人们观光游览。

2) 植物园分类

植物园按其性质可分为综合性植物园和专业性植物园。

(1)综合性植物园

综合性植物园兼备科研、科普、游览、生产等多种职能,一般规模较大,占地面积在 100 km^2 左右。它是将科学研究同对外开放结合起来,把植物的生态习性与美学特性融为一体的植物园,也是目前世界上较普遍的一种类型。如英国的邱园,其建园目的首先是为了进行植物分类和植物系统发育方面的科学研究,但它同时也注重植物的经济用途和景观设计。

目前我国综合性植物园中有归科学院系统的,以科研为主,结合其他功能,如北京植物园(南园)、武汉植物园、昆明植物园、南京中山植物园;有归园林系统,以观光游览为主要功能,结合科研、科普、生产功能,如北京植物园(北园)、青岛植物园、上海植物园、杭州植物园、厦门植

物园、深圳仙湖植物园等。

（2）专业性植物园

专业性植物园又称附属植物园，多隶属于科研单位、大专院校。它是根据一定的学科、专业内容布置的植物标本园、树木园、药圃等，如浙江农业大学植物园、武汉大学树木园、广州中山大学标本园、南京药用植物园等。

3）植物园的组成

综合性植物园可分为4个部分，即：以科普为主，结合休闲游览的科普展览区；以科研为主，结合生产的苗圃试验区；以科教为主，结合科研的科普教育区；以及用于生活服务的职工生活区。

（1）科普展览区

科普展览区是植物园的主要组成部分，它以满足植物园的观赏功能为主，向游人展示植物世界的客观规律、人们利用植物和改造植物的知识以及美丽的植物景观等。

（2）苗圃试验区

苗圃试验区是专门进行生产和科学研究的用地，仅供专业人员参观学习。为了减少人为的破坏和干扰，苗圃试验区应与展览区隔离，应设有专用出入口，并且要与城市交通有方便的联系。该区对植物景观要求不高，主要考虑实验及生产功能，在植物配置上以方便管理的行列式种植为主，除科研要求种植的植物种类外，办公区域参考后面章节的居住区附属绿地植物造景配置。

该区主要包括：

① 苗圃区：苗圃区一般不对游人开放。该区一般地形平坦、土壤深厚、水源充足、排水及灌溉方便、用地集中，靠近实验室、研究室、温室。同时还设有荫棚、种子、球根储藏室、土壤肥料制作室、工具房等设施。植物园的苗圃，包括实验苗圃、繁殖苗圃、移植苗圃、原始材料苗圃等。

② 温室及引种驯化区：该区设有一系列引种驯化、杂交育种及生物实验等场地和设施，以及实验室、温室等建筑。

③ 植物检疫区：该区与其他区有所隔离，对新引种的植物进行隔离、检疫。

（3）科普教育区

该区是集中设置科学普及教育设施的区域，一般建在全园比较安静的地方，主要供植物学工作者学习研究之用。该区所包含的内容有：少年儿童园艺活动区、图书馆、标本馆、植物博览馆、报告厅等。

（4）生活服务区

一般植物园多位于市郊，离市区较远。为满足职工生活需要应设有相应的生活服务区。区内建筑和生活服务设施应齐备，包括行政办公楼、宿舍楼、餐厅、托儿所、理发室、锅炉房、银行、邮局、医院、综合性商店等。其布置与生活居住区相同。

9.3.2　植物园的植物造景

1）植物选择

植物园作为一个集科研、科普、游览为一体的园地，应根据各地各园的具体条件，尽量使收

集的品种丰富,特别是一些珍稀、濒危的植物品种。

2)种植布局

植物园的种植设计应在满足其性质和功能需要的前提下,讲究景观的艺术构图,使全园具有绿色覆盖和较稳定的植物群落。在形式上,以自然式为主,配置密林、疏林、群植、树丛、草坪、花丛等景观,并注意乔、灌、草本植物的搭配。

植物园主要针对科普展示区进行植物景观营造。一般可将科普展示区划分为以下几个展区:

(1)植物进化系统展览区

该区是按照植物进化系统,分目、分科布置,反映出植物由低级到高级的进化过程,使参观者不仅能学习到植物进化系统方面的知识,而且对植物的分类和各科属种的特征有一个大概的了解。因造园国家所采用的分类系统不同,这类展区布置的形式也有差异,我国在裸子植物区多采用郑万钧系统,被子植物区多采用恩格勒或哈钦松系统。

这类展区在景观营造时,首先要考虑生态相似性,即在一个系统中尽量选择生态上有利于组成一个群落的植物。其次要尽量克服群落的单调性,把观赏特性较好的植株布置在展区的外围,如在布置裸子植物展区时,可把金叶松、洒金侧柏等彩叶植物布置在外面,林内种植常绿的乔木,以增加展示区的美观性。另外,还要使反映进化原则的不同植物尽量按不同的生态条件配置成合理的人工群落,以增加该区物种的多样性。由于在配置时很难同时满足上述条件,故这种展区一般占地面积很小,通常不超过 $5 \sim 10 \ hm^2$。

(2)经济植物展览区

该区是展示经过搜集来的植物,认为可以利用并经过栽培试验属于有价值的经济植物,为农业、医疗、林业和化工等行业提供参考。一般可分为:药用植物区、香料植物区、油料植物、橡胶植物、含糖植物、纤维植物、淀粉植物等。区内多用绿篱或园路对各小分区进行隔离。

以药用植物区为例:

乔木:厚朴、凹叶厚朴、苦楝、杜仲、银杏、红豆杉、山尖沙、喜树、女贞、山茱萸、枫杨、枫香、香椿、桂花、杨梅、木瓜、枇杷、槐、紫薇、枣树、柿树等。

灌木:粗榧、牡丹、十大功劳属、枸杞、贴梗海棠、木姜子、木芙蓉、连翘、百里香、毛冬青、南天竹、玫瑰、胡颓子、接骨木、紫珠、火棘、石楠、夹竹桃、金丝桃、结香等。

藤本植物:木桶、五味子、绞股蓝、何首乌、啤酒花、丝瓜、雷公藤等。

草本植物:麦冬、沿阶草、玉簪、菊花、鸢尾、芍药、草芍药、长春花、党参属、桔梗、败酱属、黄芩、乌头属、曼陀罗、淫羊藿属、薄荷、留兰香、水仙、野菊、玉竹、万年青、荷花、菖蒲、天南星、石蒜属等。

(3)植物地理分布和植物区系展览区

这种植物展览区的规划依据是以植物原产地的地理分布或植物的区系分布为原则进行布置的。一般占地面积较大,多见于国外少数大型植物园中,如莫斯科植物园的展览区曾分为:远东植物区系、俄欧部分植物区系、中亚细亚植物区系、西伯利亚植物区系、高加索植物区系、阿尔泰植物区系、北极植物区系等 7 个区系。按区系布置展览区的植物园还有加拿大的蒙特利尔植物园、印度尼西亚的爪哇茂植物园等。

（4）植物的生态习性、形态与植被类型展览区

这类展览区是按照植物的生态习性、植物与外界环境的关系以及植物相互作用而布置的展览区。

① 植物生态习性展区：植物的生态因子主要有光、温度、水分和土壤，植物通过对生态因子的长期适应，形成不同的群落。该展区按生态因子布置展区，并通过人工模拟自然群落进行植物配置，表现出此生境下特有的植物景观。如水生植物展览区，可以创造出湿生、沼生、水生植物群落景观；岩石植物展览区和高山植物展览区是按照岩石、高山、沙漠等环境条件，布置高山植物群落和沙漠植物群落。由于园区立地条件的限制，在按生态因子布置展区时不能面面俱到，只能根据当地的气候环境特点突出表现一两种生态类型的群落景观。

以水生植物园为例：

水边绿化树种：水杉、桧柏、枫香、重阳木、香樟、垂柳、合欢、台湾相思、樱花、含笑、夹竹桃、四照花、贴梗海棠、西府海棠、云南黄素馨、杜鹃等。

水际植物：菖蒲、花叶菖蒲、石菖蒲、水芋、燕子花、慈菇、变色鸢尾、花叶灯心草、宽叶香蒲、小香蒲、婆婆纳等。

水中植物：荷花、睡莲、凤眼莲、芦苇、伞草、芡实、萍逢草等。

② 植物形体展示区：按照植物的形态分为乔木区、灌木区、藤本植物区、球根植物区、一二年生草本植物区等展览区。这种展览区在归类和管理上较方便，所以建立较早的植物园展览区通常采用这种方式，如美国的阿诺德植物园。但这种形态相近的植物对环境的要求不一定相同，如果绝对地按照此方法分区，在养护和管理上就会出现矛盾。

③ 植被类型展示区：世界范围的植被类型很多，主要有热带雨林、季雨林、亚热带常绿阔叶林、暖温带针叶林、亚高山针叶林、寒带苔原、草甸草原灌丛、温带草原、热带稀树草原、荒漠带等。要在某一地点布置很多植被类型的景观，只能借助于人工手段去创造一些植物所需的生态环境，目前常用人工气候室和展览温室相结合的方法。展览温室在我国可布置热带雨林景观，也可布置以仙人掌及多浆植物为主题的荒漠景观；人工气候室在国外多有应用，可用来布置高山植物景观。

（5）观赏植物以及园林艺术展览区

我国植物资源十分丰富，观赏植物种类众多，这为建立各类观赏专园提供了良好的物质条件。在植物园中可将一些具有一定特色、品种及变种丰富、用途广泛、观赏价值高的植物，辟为专区集中栽植，结合园林小品、地形、水景、草坪等形成丰富的园林景观。

本区布置的形式有：

① 专类花园：大多数植物园内都有专类园，它是按分类学内容丰富的属或种专门扩大收集，辟成专园展出，常常选择观赏价值较高、种类和品种资源较丰富的花灌木。在植物景观营造时要结合当地生态、小气候、地形设计种植。还可以利用花架、花池、园路等组成丰富多彩的植物景观。常见的专类花园有山茶园、杜鹃园、丁香园、牡丹园、月季园、樱花园、梅花园、槭树园、荷花园等。以木兰、山茶园为例：

乔木：白玉兰、朱砂玉兰、广玉兰、厚朴、凹叶厚朴、木莲、红花木莲、深山含笑、乐昌含笑、醉香含笑、杂种鹅掌楸、厚皮香、山茶、红花油茶等。

灌木：紫玉兰、夜合、含笑、茶梅等。

草本植物：中国水仙、雪滴花、雪钟花等。

② 专题花园:将不同科、属的植物配置在一起,展示植物的某一共同观赏特性,如以观叶为主的彩叶园,以体现植物芳香气味为主题的芳香园,以观花色为主的百花园,以观果实形体、颜色为主的观果园等。在植物配置时要考虑各种植物的观赏特性是否与主题相合,其次要注意植物季相的变化。以芳香园为例:

乔木:合欢、月桂、香樟、暴马丁香、柑橘、中华椴、心叶椴、刺槐等。

灌木:含笑、花椒、狭叶山胡椒、竹叶椒、夜合、百里香、大花栀子、月季、兰香草等。

藤本植物:金银花、木香等。

草本植物:薄荷、留兰香、玉簪、地被菊等。

③ 园林应用展览区:该区是指在植物园中设立的可为园林设计及建设起到示范作用的区,向游人展示园林植物的绿化方法及在其他方面的用途,达到推广、普及的目的。一般包括花坛花境展览区、庭院绿化示范区、绿篱展示区、整形修剪展览区、家庭花园展示区等。这类展览区在种植设计时既要有普遍性,又要有新颖性。普遍性是指植物材料要有一定的代表性,取材较为普遍。新颖性是指绿化的方法及造景方式要有创新,至少与当地常见的应用方法有所区别。

④ 园林形式展览区:展示世界各国的园林布置特点及不同流派的园林特色。常见的有中国自然山水园林、日本式园林、英国自然风景林、意大利建筑式园林、法国规整式园林及近几年出现的后现代主义园林、解构主义园林等。这类展区重点是抓住各流派的特色,展示区面积不一定很大,但要让游人一目了然。如中国古典园林可用一架曲桥或一座古塔点题,日本园林可利用几平方米的地面设一组枯山水景色。

(6)树木园区

树木园区是植物园不可或缺的一个重要组成部分。它是植物园中最重要的引种驯化基地,以展览本地区和国内外露地生长的乔灌木树种为主。一般占地面积较大,其用地应选择地形地貌较为复杂、小气候变化多、土壤类型变化大、水源充足、排水良好、土层深厚、坡度不大的地段,以适应各种类型植物的生态要求。随着植物园观赏、游览功能的日益加强,树木园在景观设计上的要求也逐渐提高。营造树木园要在生态学、分类学的前提下,充分考虑植物的形态、色彩、花果等观赏价值,造出优美的人工林地景观。

树木园区植物分布形式可以有3种:

① 按地理分布栽植:便于了解世界各地木本植物分布的大致轮廓。

② 按分类系统布置:便于了解植物的科属特征和进化规律。

③ 按植物的生态习性结合园林景观效果布置:把不同的树种组成各种植物群落,形成自然式复层混交的林相,并为之创造适宜的生态环境,种植类型有密林、疏林、树群、树丛和孤植等,结合山水地形,再配置一些建筑小品、景石和草地。

(7)温室植物展览区

温室是以展示本地区不能露地越冬,必须有温室设备才能正常生长发育的植物。由于有些植物体形高大以及游人观赏的需要,这种温室比一般温室高大宽敞,体量也大,外观雄伟,是植物园中重要的建筑物。温室根据植物对温度的不同需要,可分为高温、中温、低温温室。温室面积的大小和展览内容的多少、品种体量的大小及园址的地理位置等因素有关,如北方天气寒冷,进温室的品种必然多于南方,所以温室的面积就要相应大一些。从世界范围看,现代温室的展览内容一般包括热带雨林植物、棕榈科植物、沙生植物、食虫植物、热带水生植物、室内花园等,有些温室还有蕨类室、阴生植物等展览。

（8）自然保护区

在我国一些植物园内，有些区域被划为自然植被保护区，这些区域禁止人为的砍伐与破坏，不对群众开放，任其自然演变，主要进行科学研究。如对自然植物群落、植物生态环境、种植资源及珍稀濒危植物等项目的研究，如庐山植物园内的月轮峰自然保护区。

在进行具体的综合性植物园设计时，并非必须把上述 8 类展览区都包括在内，只需涉及其中大部分展览即可。另外，各展区在营造景观时不应该孤立对待，应该根据园林艺术的美学要求将它们结合起来，提高植物园的观赏和游览价值。

除此以外，展览区的园路布置也是营造植物景观的一个关键环节。尽管它和综合公园有很多相似之处，但由于植物园的植物种类和数量明显多于综合公园，故园路又有其特殊的作用，例如用于分隔各种类型的展区。因此在营造园路时宜曲不宜直，园路两旁一般采用与相邻展区相关的树种，而不再另外选择其他树种绿化。有些园路可以直接用草坪铺设或石条与草坪间隔铺设，以突出植物园种植设计的特色。另外，在较为狭长的园路两端，可以用树形优美的植物形成夹景。

9.3.3 《植物园设计标准》中的种植设计规定

1）一般规定

① 植物种植设计应符合下列规定：

a. 应遵循科学性、植物多样性、艺术性和文化性原则，满足植物园科研、科普及观赏的需要；

b. 应明确本地植物区系特征，开展本底植被调查，筛选具有较高自然保护价值、科研价值、观赏价值、利用价值与人文价值的本土植物，以及适合当地气候条件的引入植物；

c. 应有利于营造植物的生长空间和生长环境，满足珍稀、濒危、野生植物的生存环境，体现原有植物的生存空间、环境及利用价值。

② 引种植物应具备原生地记录、物候记录、生物学特性记载和栽培技术资料。

③ 种植土壤的理化性状应符合相关的土壤标准，满足植物生长和雨水渗透的要求，其指标可按现行行业标准《绿化种植土壤》（CJ/T 340）的有关规定执行。

2）露地专类园种植设计

① 露地专类园的植物选择应符合下列规定：

a. 应选择符合植物系统分类的专类植物；

b. 应选择具有良好观赏特性和特殊生态价值的专类植物；

c. 应选择符合地域性区系的植物或植物群落；

d. 应选择具有城市绿化应用功能的植物；

e. 应选择具有重要的科研、科普、生态、经济、人文价值及珍稀濒危的植物；

f. 应选择经过引种隔离、驯化繁育，基本适应本地区环境、无入侵风险的引入植物。

② 露地专类园的植物应包括野生种及种以下单位、栽培品种以及有特殊价值的种质资源。

③ 对有毒有害的植物应设立警示标志，并应采取防护和隔离措施。

④ 盲人植物园应选择具有特殊形态、有触摸感和具挥发性芳香物质的植物,在园路两侧盲人可触摸的区域宜重点配置。

⑤ 药用植物园宜根据植物的药用价值、药效特点及生长习性配置植物,宜融入医药文化,结合岩石、水体等进行设计。

⑥ 植株迁地保护数量宜为乔木每种 8 ~ 10 株、灌木每种 8 ~ 20 株、珍稀木本植物每种 3 ~ 8 株、草本植物每种 2 ~ 10 m²,乔灌木每种应有 1 ~ 2 株孤赏的标本树。

3)展览温室种植设计

① 展览温室内的种植设计应根据温室规模和特色定位、温室植物种类选择及室内环境条件,模拟自然界植物群落和植物景观特点进行种植设计。

② 展览温室按温室观赏花园种类可分为热带雨林花园、棕榈植物花园、沙生植物花园、兰花凤梨蕨类植物花园、热带水生植物花园、高山植物花园等。

9.3.4　案例分析——成都植物园

以研究植物资源为对象,融科研、科普、旅游服务于一体的成都植物园位于成都市北郊天回镇(104°10′E,30°40′N),是目前四川省规模最大、种类最多、功能齐全的植物园。占地面积 42.89 hm²(643 亩),紧靠川陕公路,距离成都市中心区仅 10 km,交通便利(图 9.48)。成都市植物园于 1983 年筹建,1985 年正式对外开放,1987 年与成都市园林科学研究所合署办公,是四川省内第一个建成开放的植物园。园内绿树成荫、花繁叶茂、景色宜人,是一座具有园林外貌的多功能植物园。是学生和广大群众认识自然、了解自然、学习植物科学知识的科普教育基地。

全园共有木本植物 2 000 余种(品种),其中国家重点保护植物 60 余种。园区主要由木兰、

图 9.48　成都市植物园总体平面图

梅花、山茶、桂花、海棠、樱花、竹类、柏类、藤本、蜡梅等10余个专类园,占地2 hm² 的大草坪,占地4.15 hm²的科研苗圃和后山生态区组成。位于园区中心的青少年植物科普馆于2007年竣工开放,占地面积3 000 m²,建筑面积6 400 m²,室内展区面积约2 100 m²。离中心区不远建有沙生温室植物馆1个,占地面积580 m²。作为教育基地,同时又融科研、科普、旅游服务于一体的植物园,其植物配置也颇具代表意义。

植物园西大门入口处植物配置主要模式有:在左右两侧相呼应的为小叶榕—红花檵木—爬山虎,在左右两侧花坛同样相对应的为贴梗海棠—山茶球—美女樱,正中位置花坛片植三色堇,花卉因时令而更换。配置效果美观大方、协调鲜明,很好地烘托了入口位置建筑物(图9.49)。

园区道路是全园的骨架,具有组织游览路线、连接景观区等重要功能。道路植物配置无论从植物品种的选择上还是搭配形式上都丰富多样、自由生动。园区主干道较有代表性的配置方式有:栾树—千层金—红花檵木—西洋杜鹃—雏菊—绣球(散植)(图9.50);香花槐—南天竹—杜鹃—红花檵木—洒金桃叶珊瑚—红花檵木球—细叶十大功劳—黑麦草(图9.51);香花槐—南天竹—杜鹃—红花檵木—洒金桃叶珊瑚—法国冬青—细叶十大功劳—黑麦草;梨树—鹅掌柴—杜鹃—山茶—黑麦草;紫薇—山茶—红花檵木—杜鹃(图9.52)。植物配置不仅起到美化的效用,种植植物本身还有着强调主干道边界轮廓,对游客的指示引导作用等。

图9.49　成都植物园西大门入口

图9.50　园区主干道植物配置1

图9.51　园区主干道植物配置2

图9.52　园区主干道植物配置3

植物园管理区入口植物配置应具有标志性等特点,但同时又应与周围景观相融合,因此,此处植物配置也是重点考虑的部分。成都植物园公园管理区入口植物配置形式为:左侧用置景石搭配枫杨—广玉兰—罗伞—桂花—棕竹—鹅掌柴—杜鹃—红花檵木—雏菊;右侧则为栾树—贴梗海棠—千层金—棕竹—红花檵木—雏菊（图9.53、图9.54）。门前棕竹左右两侧相对植，整体配置使管理区不高的建筑灵巧生动地掩映其中。

图9.53　公园管理区入口植物配置

图9.54　公园管理区门前棕竹

植物园园区内不时有溪流穿插而过，伴随着水流轻敲卵石叮咚之声，植物配置方面也是相应突出自然野趣，主要采用红枫—红花檵木—天竺葵—万年青—肾蕨—雏菊（图9.55）或黄葛树—小叶榕—山茶—金叶女贞—十大功劳—肾蕨—三色堇交互配置的配置方式，俯仰之间，相映成趣。

位于园区中心的青少年植物科普馆前小广场植物配置需要突出其标志性作用以及满足游人观赏游玩休憩的需要，故植物配置色彩斑斓、层次丰富（图9.56），主要采用榕树—黄葛树—红枫—南天竹—山茶—孔雀草—三色堇；杨树—无花果—龙牙花—小叶女贞；三叶木—鸡爪槭—红枫—红花檵木—小叶女贞；桂花—南天竹—金叶女贞—小丽花（图9.57）等植物配置形式，极具观赏性。

图9.55　园区内植物的配置

图9.56　园区青少年植物科普馆前小广场
植物配置1

各专类园主要采用某一科植物群植于大面积混播草坪的配置方式，主要突出专类植物（图9.58—图9.65），并且可供游人自由地娱乐休憩。

大草坪处作为游人喜爱的自由活动场地（图9.66、图9.67），主要采用了疏林草地的模式，散植黑荆树、紫叶李、楠木、桉树、蒲葵等，同时偶有片植三角梅、三色堇等做花境造型，增添色彩和趣味性。

图 9.57 园区青少年植物科普馆前
小广场植物配置 2

图 9.58 海棠园

图 9.59 梨园

图 9.60 梅花园

图 9.61 樱花园

图 9.62 竹园

图 9.63 木兰园

图 9.64　藤本园 1

图 9.65　藤本园 2

图 9.66　大草坪 1

图 9.67　大草坪 2

　　沙生温室植物馆为植物园园区增添温室珍稀植物,不仅具有科普教育意义,还为植物园平添了一道亮丽的风景线。温室展馆内,沙生植物种类繁多,在设计好的种植区内互相搭配种植展示,层次丰富、色彩鲜艳。温室入口(图 9.68)采用 2 株霸王鞭相互对植,在下面配以黄花三色堇这类草花,再衬以温室玻璃,简洁明了,通透绚丽。温室内植物搭配展示的主要形式有:翡翠盘—金琥—怒琥—莺鸣玉—金冠球—绯牡丹(图 9.69);龙血树—单刺团扇—金琥—莺鸣玉—不夜城芦荟—趣蝶莲—金冠球—芦荟(图 9.70);龙血树—酒瓶兰—龙舌兰—熊童子锦—怒琥—黑法师—不夜城芦荟—红毛掌、黄毛掌—红缘莲花掌(图 9.71);龙血树—金边虎尾兰—金琥—条纹十二卷—不夜城芦荟(图 9.72);龙血树—龙舌兰—吹上—半岛玉—金琥—裸琥—雷神(图 9.73);大戟阁锦—大凤龙—怒琥—狂刺金虎—日出—蓝云—碧云—翠云—金晃(图 9.74);三角树状大戟—大戟阁锦—金琥—春峰(图 9.75),采取各个种之间散植,同种植物丛植的形式,达到生动活泼、种类鲜明的效果。

　　成都植物园的风景林区采用了以川西植被为特色的建设方式,把能反映自然环境特点的优势物种和地带性植被——偏湿性低山常绿阔叶林作为园林风景林的主要类群,如木兰科、槭树科、杜鹃科等。如今园内的马尾松林、栎树林林木高达 10 余米,林冠郁闭度几乎达 100%。风景林区内的香樟、银杏、红豆、喜树、岩桑、野茉莉等人工林已培育 20 多年,林内层次分明,纵横有序,各具特色,它为科研院所及高等院校人员从事科研、教学和科普活动提供了理想的园地。

图 9.68　温室入口

图 9.69　温室内植物配置 1

图 9.70　温室内植物配置 2

图 9.71　温室内植物配置 3

图 9.72　温室内植物配置 4

图 9.73　温室内植物配置 5

图 9.74　温室内植物配置 6

图 9.75　温室内植物配置 7

9.4　动物园的植物造景

9.4.1　动物园的类型及分区

动物园是搜集饲养各种动物,进行科学研究和迁地保护,供公众观赏并进行科学普及和宣传保护教育的场所,同时也可提供游人休息、游览、观赏的城市公园绿地。根据《公园设计规范》(GB 51192—2016):动物园应有适合动物生活的环境;有游人参观、休息、宣传科普知识的设施,安全、卫生隔离的设施和绿带,后勤保障设施;面积宜大于 20 hm², 其中专类动物园面积宜大于 5 hm²。

一般来说,动物园有以下主要任务:

科学研究:动物园是研究动物习性与饲养、驯化和繁殖、病理和治疗方法的试验基地。其收集、记录、分析动物资料所得的科研成果用于解决动物人工饲养、繁殖和改善饲养管理的问题,并为野生动物的保护提供科学依据。

科普教育与教育基地:动物园应向游人普及动物科学知识,宣传生物进化论,使游人认识动物,了解动物种类、动物区系、生活习性,了解动物的发展演化过程以及动物的经济价值,动物、人与环境的相互关系等,从而起到教育人们热爱自然,保护动物资源的作用。同时,动物园还可以作为中小学生动物知识的直观教材和相关专业大专院校学生的实习基地。

实现异地保护:动物园是野生动物,尤其是濒临灭绝的珍稀动物的庇护场所,是保护野外趋于灭绝的动物种群,并使之在人工饲养的条件下长期生存繁衍下去的有效措施。动物园还起到动物种质资源库的作用。

可提供观光、游览及休憩的园林绿地:动物园属于城市园林绿地的一种,它以公园绿地的形式,让丰富多彩的植物群落和千姿百态的动物相映成趣,构成生机盎然、鸟语花香的园区景观,为游人观光、游览、休憩提供良好的景观及环境。

1)动物园类型

依据动物园的位置、规模、展出的形式,一般将动物园划分为 3 种类型。

(1)城市动物园

城市动物园一般位于大城市的近郊,用地面积多数大于 20 hm², 展出的动物品种和数量相对较多,展出形式集中,以人工兽舍与动物室外运动场为主。按其规模又可分为以下几类:

① 全国性大型动物园:用地面积不小于 60 hm², 展出动物品种近千个,如北京动物园、上海动物园等。

② 综合性中型动物园:用地面积 20～60 hm², 展出动物品种可达 500 种左右,如西安动物园、成都动物园、哈尔滨动物园等。

③ 特色性动物园及专类动物园:用地面积 5～20 hm², 以展出本省、本区特产的动物品种为主,或按动物类型特点展出专类动物。展出品种以 200～500 种为宜,如北京八达岭熊乐园、南京玄武湖鸟类生态园以及各地的海洋世界、水族馆、蝴蝶公园、百鸟苑等均属于此类。

④ 小型动物园:附设于中小城市的综合公园内,一般以动物展览区形式存在,也称为附属动物园或动物角。用地面积小于 15 hm²,展出动物品种 200～300 种,如南京玄武湖动物园、西宁市儿童公园内的动物角、咸阳市渭滨公园的动物区等。

(2)人工自然动物园

该类型动物园一般位于大城市的远郊区,用地面积较大,多上百公顷。动物的展出种类不多,通常为几十余种。一般将动物封闭在范围较大的人工模拟的自然生存环境中,以群养、敞开放养为主,富有自然情趣和真实感。此类动物园在世界上呈发展趋势,全世界已有 40 多个,我国已有 15 个以上,如深圳野生动物园、重庆永川野生动物世界、台北野生动物园均属此类。

(3)自然动物园

一般位于自然环境优美、野生动物资源丰富的森林、风景区及自然保护区。用地面积大,以大面积动物自然散养为主要展出形式。游人可以在自然状态下观赏野生动物,富有野趣。我国四川都江堰龙池国家森林公园就是以观赏大熊猫、小熊猫、金丝猴、扭角羚、天鹅为主的森林野生动物园。要说明的是,此类动物园在绿地分类标准中不属于公园绿地,而属于风景游览绿地中的自然保护区类别。

2)动物园的组成部分

动物园要有明确的功能分区,各区既互不干扰,又要有方便的联系;既要便于饲养、繁殖和管理动物,又能保证动物的展出和游人的参观休息。一般来说,大、中型综合动物园由以下 4 个功能区组成:

(1)科普、科研活动区

科普、科研活动区是全园科普活动的中心,一般布置在出入口地段,为对游人展开动物进化、种类、习性等方面的科普教育提供便利的交通和足够的场地。区内一般设有动物科普馆,馆内可设标本室、解剖室、化验室、研究室、宣传室、阅览室、录像放映厅等。

有的动物园还设有科研区,从事对野生动物的生态习性、驯化繁殖、寄生病理、遗传分类等方面的研究,这部分通常不对游人开放。

(2)动物展览区

动物展览区是动物园的主要组成部分,其用地面积最大。动物展览区由各种动物笼舍以及动物活动场地组成,并为游人参观、游览提供足够的活动空间。一般按照以下 5 种方式组织布局区域空间。

① 按动物的进化顺序安排:我国大多数动物园采用这种方式布置展览区,即突出动物的进化系统,由低等动物到高等动物,经历无脊椎动物—鱼类—两栖类—爬行类与鸟类——哺乳类的过程。在此顺序下,结合动物的生态习性、地理分布、游人爱好、地方珍贵动物、艺术布局等作局部调整。这种排列方式的优点是科学性强,便于游人了解动物进化概念和认识动物。但由于同类动物的生活习性有时有较大差异,给管理工作带来诸多不便。如北京动物园就采用的这种方式布置展区。

② 按动物的地理分布安排:按照动物原产地的不同,结合原产地自然环境及建筑风格来布置展示区,如按亚洲、欧洲、非洲、美洲(北美、南美)、大洋洲等地区布置排列。其优点是有利于创造鲜明的景观特色,并使游人清晰地了解动物的地理分布及生活习性特点,缺点在于投资大,不便于动物的饲养和管理,也不便于向游人介绍动物的进化系统。如加拿大多伦多动物园和日

本东京动物园就采取的这种布局方式。

③ 按动物的生态习性安排:根据动物生活的环境布局,如水生、草原、沙漠、冰山、疏林、山林、高山等。动物园通过模拟动物生存的不同环境,将各种生态习性相近且无捕食关系的动物布置在一起,并以群养为主,减少种群的单调与动物的孤独感并利于动物的生长与自然繁衍,形成自然生动的动物景观,是一种较理想的布置方式。其缺点在于人为创造景观环境的造价高,需要园区空间大。

④ 按游人喜好、动物珍贵程度和地区特产动物安排:将群众喜闻乐见的动物,如大象、长颈鹿、狮子、老虎、猩猩、猴子等布局在全园中的主要位置,或将珍稀动物安排在突出地段上。也可以将地区特产动物,如成都动物园中的熊猫安排在动物园入口附近的重要位置上。

⑤ 混合安排:融合上述多种布局方式,兼顾动物进化系统、地理分布和方便管理等进行灵活布局。

(3)服务休息区

服务休息区包括为游人设置的休息亭廊、接待室、餐厅、茶室、小卖部等服务网点及休息活动空间。可采取集中布置服务中心与分散服务点相结合的方式,均匀地分布于全园,便于游人使用,常常随动物展览区协同布置。

(4)经营管理区

对动物园事务集中管理的区域,包括行政办公室、饲料站、兽疗所、检疫站等,一般设在隐蔽处,单独分区,有绿化隔离,与动物展览区、动物科普馆等有方便的联系。此区应设专用入口,以方便运输和对外联系。

为了避免干扰和卫生防疫,动物园职工生活区通常设在园外。

9.4.2　动物园植物景观营造

现代的动物园规划设计日渐趋向自然式风格,动物园内的绿化也要求尽量仿造各类动物原产地的自然生态环境和自然穴巢来布置,包括植物、气候、土壤、地形、水体等环境。首先,动物园的植物景观营造应为园中的各类动物创造接近自然的生态环境,以保证来自世界各地的动物能安全、舒适地生活;其次,植物景观还为动物笼舍和陈列创造衬托背景,应注意植物在形、色、量上的协调以及植物与其他景观要素的协调,以形成一个良好的景观背景;再次,植物景观营造还应考虑为游人观赏动物创造良好的视线、遮阴条件等,并为游人休息提供优美的景观空间;最后,在动物园的外围还应设置一定宽度的防污隔噪、防风、防菌、防尘、消毒的卫生防护林带。

1)动物园植物景观营造原则

一般来说,动物园植物景观营造要注意以下4个原则:

(1)安全性原则

一方面要考虑某些动物有跳跃或攀缘的特点,种植植物时要注意不能为其所用,避免造成动物逃逸,对人畜构成伤害,如像猴类这种攀缘和跳跃能力很强的动物,要防止其借助猴舍四周种植的树木攀登逃逸;另一方面要注意利用植物配置阻隔动物之间的视线,尤其是存在捕食关系的动物,以减少动物之间相互攻击的可能性,保障动物安全。

（2）生态相似性原则

生态相似性原则指依据展览动物在原产地的生态条件,通过地形改造与植物配置,创造出与原产地相似的生态环境条件,以增加动物异地生存的适应性,并提高展出的真实感和科学性。如骆驼原产于热带沙漠,为创造沙漠地带的生境,比利时安特卫普动物园就在骆驼园里铺了大量的黄沙,并结合地势造出沙丘、绿洲、小溪等原产地的自然景观,营造出良好的栖息环境。

（3）美观实用原则

动物园绿化的目的是为动物创造原生活地特有的植物景观,为建筑物创造优美的衬景以及为游人创造参观休息时良好的游览环境。绿化时既要考虑到动物的要求,也要照顾到游人在欣赏动物时良好的观赏视线、背景和遮阴条件,如可以在兽舍附近的安全栏内种植乔木或与兽舍组合成的花架棚等。兽舍外环境能绿化的要尽量绿化,其绿化风格及色调使兽舍内外连成一片,形成一个风格,同时也给游人休息和遮阴提供一个良好的条件。

（4）卫生防护隔离原则

卫生防护隔离原则即利用植物隔离某些动物发出的噪声和异味,避免相互影响和影响外部环境。动物园的周围要设立卫生防护林带,林带宽度可达到 30 m,组成疏透式结构林带。卫生防护林带起防风、防尘、消毒、杀菌的作用。在园内可以利用园路的行道树作为防护林带。按照有效防护距离为树高的 20 倍左右计算,必要时园内还可增设一定的林带,真正解决动物园的风害问题。在一般情况下,利用植物的绿化作为隔离,解决卫生保护问题是有效的,但对于一些气味很大的动物房舍光靠绿化隔离带是不行的,还要靠在规划时把这类笼舍安排在下风方向,并在其周围栽植密林适当地隔离这些笼舍。

2）植物种类选择

动物园的绿化植物种类选择,除了应具备同其他公共绿地选择植物的一般规定,如:适地适树;具有相应的抗病虫害、抗逆性;能适应栽植地的养护管理条件等要求外,还需要具备以下几点要求:

（1）选择适宜动物生物习性,利于展示区组景的植物

在前文生态相近性原则中已经提到,在动物园内创造动物原产地的生境和植被景观,不仅是满足动物生活习性的需要,同时也是增加动物展出的真实性和科学性的有效手段。在营造动物原产地相似的生境时,并不能照搬原产地的植物品种,因植物的适应性有限度,引种驯化也是比较复杂的事情,可以选用植物群体景观或个体形态相似于原产地的植物品种,营造出稳定性较强的人工群落。如北京动物园就采用代用树种的方法,用适应北京地区生长的合欢,代替我国南方的凤凰木,用青桐代替了热带梧桐科苹婆属的植物。

（2）种植对动物无毒、无刺,萌发力强,病虫害少的树木种类

在配置动物运动范围内的植物时,不仅要选择有较高观赏价值的植物,同时这些植物对于动物不能引起伤害。在动物活动场上不能种植叶、花、果有毒或有尖刺的树木,以免动物受到伤害。如构树对梅花鹿有毒害,熊猫误食槐树种子易引起腹泻,核桃等对食草动物有害等。其他植物如茄科的曼陀罗、天南星科的海芋、石蒜科的水仙、夹竹桃科的夹竹桃等均含有对动物有毒害的物质。

（3）选择的植物具有长期性

植物配置的长期性是指所选用的植物的茎、叶应是动物不喜欢吃的树种,否则易被啃食。

例如,鹿不吃罗汉松的树叶,则可以在鹿舍周围种植罗汉松。但也有相反的情况,如在食草性动物展区内种大面积的动物可食的草本植物,或者在其他展区内种植果实能被动物采食的树木,如在鸟园中种桑棍等,以更好地为动物创造大自然的气息。

3)种植布局

动物园的规划布局中,植物种植起着主导作用,不仅创造了动物生存的环境,也为游人游览创造了良好的游憩环境,统一园内的景观。

(1)植物造景与分区结合,形成各区特色

动物园的植物种植应服从动物分区的要求,配合动物的特点和分区,通过植物种植形成各个展区的特色。即结合动物生活习性和原产地的地理景观,通过植物种植创造动物生活的环境气氛。另外,可以根据展示动物选择合适的植物品种,按照群众喜闻乐见的方式组合起来,如在猴山周围种植桃、李、杨梅、金梅等,以营造"花果山"的景致;在百鸟园栽植桂花、茶花、碧桃、紫藤等营造出"鸟语花香"的景色;又如在熊猫馆附近多种竹子,爬虫馆可多选用蔓藤植物,狮虎山可设计以松树为主的植物群落等。

动物展区的植物景观按动物生活环境配置的主要景观形式如下:

① 丛林式:高大茂密的乔木丛林可以营造出一定的自然环境,这类景观形式适用于喜欢安静的动物,为它们提供理想的藏身之处。

② 湖泊溪流式:适用于两栖动物、水生动物及一些水鸟展区,岸边植低矮的灌丛,为动物提供休息场所。

③ 沼泽式:用于鳄鱼、河马等动物的展区,以沼生植物为主,用石块把深水、浅水区分开,也可以完全模仿自然滩涂地景观,种植野生植物。

④ 开阔疏林式:用于性情温顺的食草动物展区,植物配植应有利于空间的通透性,一般以草本植物为主,再配植分枝点较高的乔木。

(2)应根据动物习性选择动物喜爱的植物合理配置

如猴园中可选柔韧性较强的藤本植物以利于猴子玩耍;喜阳光的动物展区可种植大面积的草坪,喜阴凉环境的动物展区内多种植高大的乔木等。

(3)植物的种植布置要利于为动物创造更好的生活环境

可利用植物起到遮阴、避雨、防风、调节气候和避免尘土的作用。如动物兽舍迎风面的绿化多种植常绿树种减小风力,而在笼舍和活动场地多种植落叶阔叶树种,保证冬天的日照。

(4)动物园园路绿化

动物园的园路绿化也要求达到一定的遮阴效果,可布置成林荫路的形式。陈列区应有布置完善的休息林地、草坪用作间隔,便于游人参观动物后休息。建筑广场道路附近应作为重点美化的地方,充分发挥花坛、花境、花架及观赏性强的乔灌木风景装饰的作用。

(5)防护林布置

动物园的周围应设有 30 m 的防护林带。在陈列区与管理区、兽医院之间,也应配置栽植隔离防护林带。

9.4.3　案例分析——成都动物园

　　成都动物园位于四川省成都市北二环与三环路之间,川陕路右侧,紧邻昭觉寺汽车中心站。全园占地面积 17.73 hm²,是成都市唯一一座综合性城市动物园,年接待游人 150 万人次,同时也是成都市野生动物救护中心。成都动物园始建于 1953 年,原址百花潭,1974 年迁入现址,1976 年元旦正式开放。经过 30 多年的建设与发展,动物园内绿树成荫、湖光潋滟、鸟语花香、风景诱人,绿化覆盖率达为 88.41%。成都动物园全园分为入口广场区、主题展馆区、科普活动区、服务休息区和经营管理区等功能服务区(图 9.76)。园内常年展出各种兽类、两栖爬行类、鸟类以及观赏鱼类等国家保护的珍稀濒危野生动物 300 余种,3 000 余只(头)。成都动物园不仅是动物移地保护和展出的场所,也是对公众进行野生动物科普宣传教育的基地和繁育研究野生动物的科研单位。

图 9.76　成都动物园总平图(2009)

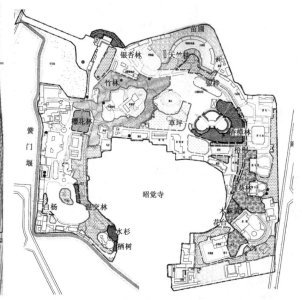

图 9.77　成都动物园植物分布现状图

1)入口绿地广场

　　成都动物园植物分布现状如图 9.77 所示。其主入口改造工程于 2010 年 1 月完成,如今游客踏入动物园的大门,首先映入眼帘的是开阔的绿地广场。广场绿树成荫,繁花似锦。平整干净的柏油路面两侧植物群落层次丰富,色彩艳丽,景观优美。由上往下依次可欣赏到银杏、水杉的巍峨之姿,红叶李、紫薇、丹桂的娇媚之态。乔木下还配置着高低不等、形状优美的灌木带,海桐、千层金、八角金盘、西洋杜鹃间植其中。灌木下铺种着时令的草花,红似火,黄似金,白似雪,色彩斑斓,十分烂漫。

　　穿过宽阔的绿地广场,来到动物园入口售票处。入口花坛上置放着约 4 m 的白色景石,上面刻着"成都动物园"和动物园园标的镏金图样,花坛内一串红花开正艳,映衬着白色景石分外清新夺目。售票入口处的波浪形拱顶上伫立着岩羊立柱,这"一横"和"一竖"分别代表了成都动物园波浪形前进与发展的曲折历程和成都动物园勇攀高峰、蓬勃向上的企业精神。岩羊站在立柱上,寓意着野生动物的生存空间因人类的活动而变得狭小,希望能唤起人们热爱自然、保护动物的意识;另一方面,岩羊也代表了动物保护工作者不畏艰难、逆势而上的工作态度和崇高品质(图9.78、图9.79)。

图9.78　动物园入口干道植物配置

图9.79　动物园入口

2)动物主题展馆

　　成都动物园内动物主题展馆采用混合排布方式,兼顾动物进化系统、游人喜好、动物珍贵程度、地理分布等灵活布局。各个主题馆舍针对动物有限的生活空间,采用多种绿化配置方式来模拟动物野外生存环境,既增添了游客观赏的趣味性,又为园中动物创造了亲近自然的生态环境和良好的遮阴条件,使动物们能够安全、舒适地生活。近年来馆舍内新栽贴梗海棠、桃树、象牙红、紫薇、红叶李、石榴、天竺桂、罗汉竹、含笑、栀子花、杜鹃等植物40余种,为改善动物生存环境,提高动物的繁殖能力起到了很大作用。

　　(1)松鼠猴馆舍绿化

　　松鼠猴馆内有松鼠猴20余只。考虑到松鼠猴爱攀爬,活泼好动的习性,馆舍内用山水壁画取代了苍白的水泥墙壁,与馆内的花草树木相互映衬,其间点以景石,为动物营造出了自然而充满活力的空间。在植物造景方面采用了乔木、灌木、地被植物、藤本植物相结合的配置方法。馆内散植了几株高大的法国梧桐,其树冠开展,枝叶茂密,为松鼠猴提供了良好的遮阴环境和嬉戏打闹的树上空间。馆内还种有天竺桂等小型乔木,树下配置着针葵、八角金盘、花叶鸭脚木、南天竹、夏威夷椰子等灌木和地被,进一步丰富了馆舍内植物群落和动物活动空间的垂直层次。地上草坪发出的嫩叶为松鼠猴提供了自然的新鲜食物。墙上爬山虎葱郁纵横,起到分隔馆舍空间的作用。整个馆舍在树木花草的掩映中如同一个微缩的小森林,动物们仿佛又回到了大自然当中(图9.80)。

　　(2)环尾狐猴馆馆舍绿化

　　环尾狐猴馆内有猴10余只,由于环尾狐猴较松鼠猴的数量少,但个头更大,因此在植物配置主要以小型乔木为主,如大叶女贞、法国梧桐、鸭脚木、肾蕨、连翘。通过观察和研究,馆舍内还特意种植了一些可食性植物,如本地树种大叶女贞和小叶女贞,方便动物取食并增加了观赏的趣味性。由于环尾狐猴和松鼠猴的笼舍相邻,馆舍采用了藤本植物种植隔离带,形成了两面绿墙,既起到了隔离作用,又使景观效果柔和统一,并具有显著的遮阴效果(图9.81)。

图9.80　松鼠猴馆馆舍绿化

图9.81　环尾狐猴馆馆舍绿化

（3）百鸟苑

百鸟苑占地面积 2 850 m²，园中两条参观道围绕着高达 25 m 的立柱形成架空立交式参观廊桥，打破了传统囚禁式饲养展出模式，使人能游步园中，在开阔的环境中与自由飞翔的鸟类亲密地接触。苑内饲养展出鸣禽、雉鸡、涉禽、水禽共计 60 余种数百只禽鸟。为了营造出"鸟语花香"的自然生境，在植物配置方面着重强调了乔灌木地被的生态立体搭配和植物种类多样性及植物群落季相变化的丰富。百鸟苑中绿树成荫、花团锦簇，山石错落、溪水潺潺，地势起伏有致，四季色彩分明。苑中栽种着黄葛树、小叶榕、银杏、贴梗海棠、蜡梅、紫茉莉、南天竹、八角金盘、杜鹃、玉竹、大叶麦冬、栀子花、洒金珊瑚、茶梅等乔、灌、地被植物 40 多种 3 000 余株。迎春、龙爪槐、决明、肾蕨等多种水生植物倒影池里。落叶树种与常绿树种有机搭配，彩叶植物和香花树种交相辉映，林下姹紫嫣红，步移景异，营造出"一年不与四时同"的动态季相景观，最大限度地还原了鸟类的野外栖息地环境（图9.82—图9.86）。

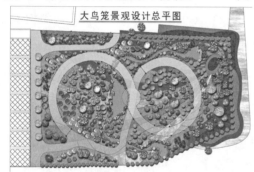

图9.82　大鸟笼

图9.83　大鸟笼植物配置图例

（4）金丝猴馆

金丝猴是我国特产物种，是世界珍稀动物之一，为国家Ⅰ级重点保护动物。成都动物园中金丝猴馆位于全园的心脏部位。该馆包括一个内展厅和两个外展的活动场，分别居住着川金丝猴的三口之家和小金丝猴兄妹。外展活动场采用仿生态设计，场内绿树成荫，植被丰富，较好地体现了动物和环境的融合。场内种植着几株高大的法国梧桐、桑树、朴树和一些中小型的乔木，如天竺桂、石榴、山茶、女贞、文母。林下配置着南天竹、海桐、小叶女贞等灌木。场内还种有箬竹、罗汉竹等竹类植物，最下层生长着观音草、麦冬等地被。除此以外，馆内还参差不齐地生长着一些野生植物。丰富的植被为金丝猴的活动和取食带来充足的选择，同时考虑到了动物对植物的破坏程度，丰富了植物种类多样性，为植物的生长和修复提供了时间（图9.87）。

图9.84 百鸟苑入口

图9.85 百鸟苑内绿化1

图9.86 百鸟苑内绿化2

图9.87 金丝猴馆馆舍绿化

（5）猩猩馆

猩猩生活在热带雨林，并有擅长攀爬的特点。猩猩馆馆舍内布置着木架、树桩栖架、攀爬网、轮胎吊绳等设施，方便猩猩玩耍和休憩。考虑到猩猩对植物的破坏力较强，在植物选用方面以灌木和地被为主，再配以少许景石。馆内主要栽植着针葵、春羽、龟背竹、袖珍椰子、鸭脚木、花叶良姜、鸟巢蕨等热带植物，结合南天竹、三颗针、十大功劳、冬桂等植物，并铺设了耐践踏的结缕草草坪（图9.88—图9.90）。

图9.88 黑猩猩活动场绿化

图9.89 红猩猩活动场绿化

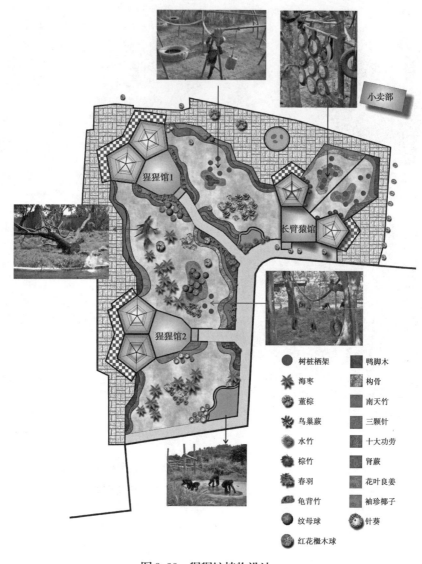

图 9.90　猩猩馆植物设计

3) 园内其他绿地植物造景

　　为了给游人营造一个四季常青、花香四溢的公园环境,提高全园绿化环境质量和植物景观效果,成都动物园对园内猴山、狮虎馆、大象馆、大鹿园、北大门等周边空白绿地进行了大面积的植物景观改造。对部分绿化植物配置品种单一、绿化空间层次较差的景点新栽入白玉兰、红叶李、石榴、木芙蓉、贴梗海棠、广玉兰、美人梅、日香桂、金叶槐、红花檵木、六月雪球等20余种乔灌木,丰富植物物种多样性和植物群落的垂直层次;对园内绿化景点色彩较单一的植物景点,加强了彩叶植物、四季花木、花香植物在园林绿化中的应用,新栽了红叶李、红叶桃、红花槐、洒金榕、红花檵木、金叶女贞、红王子锦带、荚蒾绣球、铁梗海棠、栀子花等20种色彩植物、四季花木和花香植物,不但美化、绿化了环境,清新了空气,还改善了绿化视觉效果,丰富了人们的视野,给人以清馨舒适的享受。

此外,园内还加大了花卉摆放力度,购进盆栽花卉作为地被植物进行大面积的色块组合。通过柔和而鲜艳的色彩和自然式曲线的色块组合方式,不仅给人以轻松、愉快的感觉,还营造了自然整洁、舒适优美的绿化环境。

(1)园内道路植物景观

园内道路植物景观有:银杏、紫薇、红花槐、红叶李、荚蒾、芙蓉、杜鹃、细叶十大功劳、花叶黄杨、广玉兰、天竺桂、万年青、红花檵木、一串红、矮牵牛、台湾海棠(图9.91)。

(2)大象房草坪植物景观

大象房草坪植物景观有:蒲葵、青枫、石榴、海枣、芙蓉、山茶、杜鹃、贴梗海棠、南天竹、金叶女贞、红花檵木、金叶黄杨、一串红、孔雀草、三色堇、台湾海棠(图9.92)。

图9.91 动物园内道路绿化

图9.92 大象房草坪景观

(3)猴山草坪植物景观

猴山草坪植物景观有:香樟、蒲葵、红叶李、荚蒾、贴梗海棠、垂丝海棠、南天竹、硬叶十大功劳、波斯菊、金盏花、台湾海棠(图9.93)。

图9.93 猴山草坪景观

图9.94 管理处周边植物景观

(4)管理处周边植物景观

管理处周边植物景观有:苏铁、雪松、紫薇、芙蓉、红叶李、棕竹、细叶十大功劳、八角金盘、山茶、杜鹃、马尾松、柿子树、冬青、红花檵木、万年青、一串红、金叶黄杨、三颗针、孔雀草、台湾海棠(图9.94)。

9.5 竹主题公园的植物造景

竹主题公园指以竹文化为主题,以竹子造景为主要特色的城市公园。竹主题公园的类型既可以是单独设置的市级、区级、居住区级公园或街头小游园,也可是附属于综合公园或专类公园的园中园。竹主题公园因竹成景,以竹取胜,运用现代园林造景手法科学地组织观赏竹种的形式美要素,同时结合必要的人文景观,创造出深远的园林意境,全面展示竹子外在的秀美风姿和内在品质,集自然景观和人文景观于一体。

9.5.1 竹主题公园的分类

竹主题公园为竹类植物的收集提供了适宜的生境,同时也具有相关科普、教育功能。按照竹主题公园的主题和功能不同,可将其分为以下 3 类。

1)竹文化为主题

竹文化景观是中华民族为了特定的实践需要而有意识地用竹创造的景象,现有以竹文化造园的代表是历史名竹园和博览会中的竹园。历史名竹园通常是历史悠久、知名度高,曾为以竹景著称的私家园林,属于全国、省、市、县级文物保护单位,如上海古猗园、扬州个园。以文化为主题的竹类公园多采用人工写意式的表现手法和古典式园林的设计风格,以人工造景为主,天然景观为辅,古建筑、置石、水景配以翠竹点缀其间,通过"竹径通幽""移竹当窗""粉墙竹影""竹石小品"等手法表现中国古典园林的精髓。

各届世博园通常设有竹类植物专题园,集中展示各种竹类植物的应用形式,让人们在欣赏竹类植物景观的同时,认识和了解竹类植物的价值和文化。

1999 年昆明世界园艺博览会上,作为六大主题园之一的竹园,收集了来自世界各地的 41 属 318 种竹类植物。2011 年西安世界园艺博览会上,位于五洲园内的国际竹藤组织园,占地 1 450 m²,种植了近 30 种竹类植物,铺设高耐户外竹地板,搭建了 3 个由德国歌德学院赠送的竹亭,展示了竹类植物在园林景观、环境保护等方面的作用。

2)竹品种与科普教育为主题

中国目前有竹子 40 多属 500 多种。由于各类竹对生长环境的要求不一样,生态环境的破坏威胁到许多野生竹类的生存,建造竹品种多而全的公园即是竹类的天然基因库,再加上竹具有经济、社会、环境、科研的价值,有"以竹代木"的广阔前景,所以很多地方出现了以科普教育、科研培育、种质收集为主题的竹主题公园。有在城市的郊野修建的大型竹种园,如浙江的安吉竹种园,以竹类植物为主要构景元素的综合性公园,如北京紫竹院公园,以及植物园中的竹园,如华南植物园竹园和北京植物园的集秀园等。这类公园通常以竹为基调,以竹文化为主线,设立观赏竹区、竹子引种分类区和科技示范区三大功能区,集科研生产、科普教育、观光旅游等功能为一体。

3)竹林生态旅游为主题

2006年"中国竹子之乡"增至30个,各地纷纷以竹海的资源优势发展生态旅游,其中典型的有四川蜀南竹海、沐川竹海,贵州赤水竹海等。它们紧跟市场步伐向着集观赏旅游、生态保护及竹产品开发为一体的方向发展。此类竹园拥有大面积竹林形成广袤的"竹海",与大自然的山水相结合,其中或有林泉丘壑、悬崖峭壁、瀑布彩虹、湖泊峡谷,自成天然之趣。竹海景观的设计依承自然山水式园林风格,以天然景观为主,人工景观为辅,利用大自然丰富的自然景观资源,经过巧妙设计,使竹林景观与地形起伏、建筑布局相映成趣,构成了生动的园林景观。

9.5.2 竹主题公园的总体布局

1)总体规划

竹主题公园的总体布局应运用形式美规律处理景区、园林景点和风景透视线的布局结构和相互关系,使全园既有景区特色的变化,又有统一的艺术风格。如上海万竹园规划有"竹与生活展示区""竹与名人展示区""竹品种展示区""竹与文化展示区"和"竹与民族展示区"五大景区,各个景区之间既有分隔又有联系,并且相互呼应衬托,从各个侧面体现了竹子造景的人文景观和自然景观。

竹主题公园总体布局应遵循因地制宜的原则。宜山则山,宜水则水,以利用原地形为主,进行适当的改造。如北京紫竹院公园筠石苑原为公园花圃,地势平坦,造园者并没有一味地挖湖堆山,简单刻板地模仿古典园林"一池三山"的自然山水园林形式,而是基于引水入园和造景的需要,将地形做成缓坡和山丘,以竹、石、水面和轻巧的建筑穿插于起伏的地形之中,形成一组优雅的园林景观。

2)分区规划

分区规划是将竹主题公园分成若干个小区,然后对各个小区进行详细规划。根据分区标准和要求的不同,分区有两种形式:景观分区和功能分区。其中,景观分区作为中国古典园林独特的规划手法,被广泛应用于现代公园的规划中。景观分区主要是将园中自然景色与人文景色突出的某片区域划分出来,并且拟订某一主题进行统一规划,这种规划手法是从艺术形式的角度来考虑公园的布局,其特点是含蓄优美,富于趣味。功能分区主要强调宣传教育与游憩活动的完美结合,更着重体现其综合性和功能性,这种规划手法是基于实用的角度来安排公园的活动内容,具有简单明确、实用方便的特点。

竹主题公园的分区规划要使各分区的功能、活动内容互不干扰,突显主题。所以,要根据自然环境与现状特点分区布置,且必要时进行穿插安排,始终坚持因地制宜、宜曲不宜直的原则。通常情况下,考虑起点—高潮—结尾三段式的处理方式,以形成游赏景点的情节变化。总体来讲,分区规划应该遵循以下原则。

① 依托资源原则:资源特点是分区规划的主要依据,功能分区的划分必须依托资源的比较优势进行,最大限度地挖掘资源价值,要科学利用、合理规划,避免对场地内资源的浪费。

② 功能复合原则:根据各分区的环境特点,规划不同的活动内容以及项目,使其形成有效的互补关系,避免重复建设与盲目开发,并能体现多样化。例如打造多样化的竹文化产品,包括科普教育、休闲体验、美食与旅游等。

③ 完整性原则:分区规划既要考虑各分区资源性质、环境的不同,又要兼顾各分区相互配合、相互补充的协调性、统一性与连接性,形成统一完整的概念。

④ 突出主题原则:分区规划既要突显各自主题特色又不能与整体文化主题相偏离,规划上应力求功能与艺术的有机统一。在具体规划中功能分区主要结合主题公园的类型进行划分,使各个功能分区的建筑、景点及基础设施与主题环境相协调。例如,与城市生活联系密切,以游览观光型和文化体验为主的竹主题公园,其功能区划分与一般性综合公园相似,通常可以划分为观赏游览区、文化娱乐区、安静休息区、竹文化展览区、竹类专题体验区、老人儿童活动区、公园管理区等;以生态旅游和科普教育为主的竹主题公园,其功能区一般可以划分为观赏游览区娱乐活动区、竹文化展示区、主题体验区、公园管理区、旅游接待服务区、科研科普及生产区等。

3)景点规划

景点是构成竹主题公园景区的基本单元,它具有一定的独立性,若干个景点构成一个景区。景点设计考虑中外结合、古今结合的理念,将技术与创意相融合。要充分利用景观轴线的衔接,建造出主题鲜明、特色明显的景观体系。因此,景点规划的重点在于选景与景观轴线两个方面。

为了充分展示园林景点的静观和动观效果,景点的布设既要注意提供游人驻足留憩、细细欣赏的观赏点,也要善于运用风景透视线来联络组织各个景点。如筠石苑规划有 10 处景点,即"清凉罨秀""友贤山馆""江南竹韵""斑竹麓""竹深荷净""松筠间""翠池""绿筠轩""湘水神"和"筠峡"。游人沿着竹径通幽的导游路线前进,感到景色时隐时现、时远时近、时俯视时仰望,不断变化,层层展开,领略步移景界的动观效果。

9.5.3 竹类公园的造景原则

1)主题性原则

植物造景时,主题性原则起着纲领性作用。主题性原则也是竹主题公园植物造景中心思想的体现。首先要确定一处植物景观需要表现什么样的主题,其次再考虑如何根据主题来表现景观。

植物造景的主题往往因为环境和景观功能不同而不同,观赏竹造景也是如此。中国古典园林中,由于讲究静坐细品,追求层次丰富、诗情画意、意境深远的植物景观,常常会营造"竹径通幽,曲折多变"的竹景观,达到"小中见大"的艺术效果。现代公园是为广大市民服务的,其功能主要是改善和美化城市环境,植物造景强调突出自然的植物群体景观,表现植物层次、轮廓、色彩、疏密和季相等,所以竹景观营造要求自由流畅、简洁明快、立意新颖,除了传统的意境,还可创造大色块、大效果,具有现代感的竹林景观。

2)美学性原则

观赏竹要么竿型挺拔多变,要么枝叶色彩缤纷,风韵独特,颇具美感,可通过姿态、色彩、声

音、韵律等方面体会和感受竹的美与趣味。因此竹主题公园观赏竹的配置与造景在遵循基本的造园美学原则的同时，更应当展现竹的独特之美，即形态美、色彩美、意境美。

观赏竹具有丰富的种类，不同的种类具有不同的外在形态。竹的形态美主要由竹竿、枝叶、竹笋来体现：有的竿型小巧，姿态玲珑，如菲白竹；有的竿为方形，节上布刺，如方竹；有的竿如翡翠，鲜绿可人，如翡翠倭竹；有的竹节大小不均，有如人脸，如人面竹；有的竹节膨大，状如算盘子，如筇竹；有的节间缩短倾斜，相互交叉，曲折生长，节间突出，如佛肚竹；有的枝干细柔如柳，有的秆矮叶大，有的竹梢垂悬，等等。

竿、枝、叶均为绿色的竹最多，绿色能唤起人们心理上的舒适感、希望感，但竹景中若只见一片翠绿，则难免单调。可以选择明暗和深浅有差异的竹种搭配形成单色调和。同色相调和的竹景，意象和缓、柔谐。另有许多竹种具有鲜艳的色彩，如凤凰竹、金丝竹、黄竿竹，竹竿为黄色；花叶摆竹、菲白竹黄绿色交替变化，翠绿叶片上间有宽窄不一的黄色条纹；小琴丝竹、黄皮花毛竹黄色的竹竿上有绿色纵条纹，而玉镶金竹、黄槽石绿竹的绿色竹竿上有黄色纵条纹。竹子落叶和新栽竹换叶时，大多数竹叶都将由绿变黄再变红。利用这些特点，可以创造出色彩富于变化，四季均有景可赏的竹景观。

意境美是竹景观造景的最高境界。观赏竹造景，适当利用观赏竹的美学特性，营造诗情画意，可为游人带来身临其境的感官体验，例如"竹风声若雨，山虫听似蝉"等。

3) 艺术原则

同理造型艺术，观赏竹造景的艺术原则也主要体现在变化与统一、协调与对比、韵律与节奏，以及均衡四个方面。

4) 生态性原则

竹性喜温暖湿润的气候，一般要求阳光充足，年平均气温 12 ~ 22 ℃，月平均气温 5 ~ 10 ℃以上，年降水量 1 000 ~ 2 000 mm，年平均相对湿度 64% ~ 82%。竹对土壤的要求比较高，因为竹子根系密集，竹竿生长较快，蒸腾作用强且生长量大，喜深厚肥沃、排水良好的微酸性或酸性土。一般而言，丛生竹的根系和竹竿非常密集，耐水能力较散生竹强，但对土壤和施肥的要求则高于散生竹；散生竹的根系入土较深，鞭根和竹竿也较稀疏分散，适应性较丛生竹强，分布范围也较大。在园林观赏用竹的选择或引种时，必须充分考虑不同竹种的生物学特性与当地自然条件和造景功能的对接。

例如，刚竹属的竹种一般都有较强的耐寒性，如京竹、罗汉竹、粉绿竹、毛金竹、紫竹、淡竹；巴山木竹属、大明竹属和箬竹属的部分竹种也具有很强的耐寒性，如巴山木竹、苦竹等。这些竹子现已经被成功引种到北京地区。中国西部高山地区的竹种十分丰富，其中兼具观赏性和耐寒性的竹种较多，如箭竹类的部分竹种、金佛山方竹、筇竹、寒竹等，但这些竹种对大气湿度要求较高，若引种至海拔较低的地区，宜在林下或背阴处栽培。

矮小型的观赏竹，如鹅毛竹、菲白竹、菲黄竹、铺地竹、翠竹，以及箬竹属的大多数竹种，其耐阴性相对较强，在长江流域生长良好，非常适合用作公共绿地的地被植物，或用于点缀山石。青皮竹、孝顺竹、小琴丝竹等丛生竹耐寒性较强，喜土壤深厚疏松湿润之地，可与荷花、迎春等水生、阴生植物在池畔溪边配置成景。琴丝竹、凤尾竹、石竹、葱竹、淡竹等对二氧化硫抗性较强，

可种植在工厂、路旁等有害气体污染较严重的地方来改善环境。

5)文化性原则

进行植物景观营造时,往往都会有指导思想,而这个思想通常来自某种文化,竹是在传统上被赋予丰富文化内涵的植物,竹文化就是竹主题公园的灵魂。

将竹子作为称颂对象的绘画和文学作品在中国文化史上比比皆是,有关竹的诗、词不胜枚举。竹主题公园中植物配置的意境之美往往需要通过文化美来表达。文以景生,景以文传,文景相依,意境美与文化美的有机结合方能营造出诗情画意的意境。另外,植物配置的效果也应跟随现代社会的发展,适当地在发展中求创新,如创造直观、简洁的景观效果,使竹景观在具文化性的基础上也富有现代气息,风格多样,雅俗共赏。

9.5.4　竹主题公园植物选择

1)以乡土竹种为主,引进竹种为辅

竹主题公园中以竹造景,应以乡土竹种为主,兼引进具有奇美观赏价值竹种,形成地方特色。各竹种均分区栽植,挂牌简介;园内可广置凤尾竹、小琴丝竹、紫竹、观音竹制作的竹盆景,更加引人入胜。

2)根据造景主题选择竹种

在竹类主题公园中选择观赏竹种进行造景时,可以根据造景主题下观赏目的的不同进行选择。如果以观赏竹竿为主要目的,那么可以选择竿色鲜艳的竹种,例如黄竿哺鸡竹、黄金间碧玉竹、紫竹等,或者选择竿型奇特的竹种,如龟甲竹、佛肚竹等;以观赏竹叶为主要目的,可选择菲白竹、阔叶箬竹、凤尾竹等;以观赏竹笋为主要目的,可选择红竹、花哺鸡竹等。在进行竹种选择时,还应注意竹种在形状、高矮、排列、光泽、质感上的变化,如泰竹枝柔叶细,孝顺竹密集下垂,凤尾竹枝叶呈羽毛排列,阔叶箬竹植株低矮茂盛、叶片宽大,麻竹、粉麻竹、撑篙竹等竿高叶大。此外,除了选择传统的竹种来展现竹子风采,还可以在"珍""奇"上做文章,例如选用一些国内的珍稀竹种,如安吉金竹、茶竿竹等。

3)根据造景环境选择竹种

竹种的选择应根据造景的地理位置、各竹种的生态特性,以及观赏价值的高低等因素,进行合理的配置与布局。例如,在有人工堆筑的土丘上进行竹种布置,在土丘顶部宜种植大径竹,中部宜种植观赏价值高的大径竹和中径竹,底部则宜以丛生竹和混生竹为主。在竹种的具体配置上,着重做到适地适竹。较耐旱、耐瘠薄的竹种如红竹、刚竹宜配置在顶部迎风地段;孝顺竹、方竹等喜潮湿环境的竹种,则种植在底部低洼地段;而一些竹种不耐寒或者对土壤和水分要求不高,则应该种植在便于维护的向阳之地。

4)根据造景方式选择竹种

(1)孤植造景的竹种选择

观赏竹孤植,用以鉴赏其形态美感,可点缀园林空间,形成景观焦点,可孤植给予其足够的空间显示其特性。孤植并不是仅仅指只种植一株植物,而是一个小的植物单元。例如可以将两株或者三株紧密地种植在一起,形成与单株相同或者相似的效果。孤植竹应该选用能够充分展现竹子风格的竹种,还可以与二年生草花进行搭配种植,并配置一些造型多变的景石,在最大限度上利用空间形成变化丰富的景观。孤植竹也可搭配相映成趣的白粉墙或清水砖墙,主要竹种选择有孝顺竹、花孝顺竹、凤尾竹、佛肚竹、黄金间碧玉慈竹、崖州竹、大琴丝竹、银丝竹等。

(2)丛植造景的竹种选择

观赏竹丛植是指将三株以上的同种或者不同的观赏竹配置在一起,良好地将个体美和群体美结合起来。同种观赏竹类多丛种植,疏密有致,再配以球形灌木或草坪,是观赏竹类植物配置上常用的方法。

竹丛在园林中的作用可以归纳为以下三点:

① 可以灵活地分隔、遮挡空间。此时,可以采用枝叶较紧凑的中小型竹,形成实的空间分隔,利用形态较稀疏的高大型竹种,形成若隐若现的虚的空间分隔,还可以通过使用框景、借景等造景手段,形成相互渗透的空间格局。

② 竹丛与其他多种元素搭配,如建筑、水体、山石等,可以彼此掩映,营造出充满情致与生机的园林景观。

③ 密实、安全的竹丛还是鸟类及很多小动物乐于栖息的场所,对提高园林的生物多样性和生态稳定性具有一定的作用。主要可选用斑竹、紫竹、短穗竹、寒竹、方竹、螺节竹、龟甲竹、罗汉竹、黄皮乌哺鸡竹、筠竹、金竹、大明竹等。通过观赏竹丛植的造景方式,可进行景观的空间划分。这种人工形成的植物群落其设计手法跳出了模仿自然的框架,展现了现代园林简洁大方的设计风格。

(3)列植造景的竹种选择

观赏竹列植是沿着规则的线条等距离栽植,是快速营造竹景观环境的最佳途径。如采用品字形的列植方式,在平面造型上行与列有序地交错,在立面造型上也形成交叉,景观有趣通透。同时,观赏竹列植可协调空间,强调局部风景,一般用于园林区界四周。可选择高大的竹种如粉单竹等,列植可形成竹篱夹道、幽篁成荫的美景。可选用中等高度的竹如花竹等作为绿篱,用于遮挡视线、划分空间。竹篱的用竹以丛生竹、混生竹为宜,常用的有花枝竹、凤尾竹、秀箭竹矢竹、孝顺竹、青皮竹、茶竿竹、大节竹、大明竹、慈竹、苦竹等。

(4)林植造景的竹种选择

观赏竹林植可营造出幽邃的竹林景观。"独坐幽篁里,弹琴复长啸,深林人不知,明月来相照",从古至今,竹林一直是中国园林中独具魅力的审美空间。利用大中型观赏竹营造竹林景观也是观赏竹类一项重要的应用形式。竹林适用的竹种有毛竹、麻竹、灰金竹、方竹及桂竹、龙竹、慈竹等竹种。

(5)地被造景的竹种选择

将观赏竹作为地被植物,进行下层空间的填充,可丰富景观的立面层次。植株高度在 0.5 m 以下的观赏竹种类适宜作地被植物或在树木下层配置,与自然散置的观赏石相结合,部分花

叶种类还可作配色之用。可选择的竹种主要有铺地竹、箬竹、菲白竹、鹅毛竹、倭竹、菲黄竹、翠竹、狭叶倭竹等。

（6）盆栽造景的竹种选择

观赏竹盆栽造景的手法主要有"全竹盆景"和"竹石盆景"两种。盆栽竹种以竿形奇特、枝叶秀丽的中小型、矮生型及地被竹类为主。适宜进行观赏竹盆栽造景的竹种有佛肚竹、凤尾竹、菲白竹、菲黄竹、筇竹、罗汉竹、金镶玉竹、黄金间碧玉竹、斑竹、紫竹、龟甲竹、肿节竹、螺节竹、井冈寒竹、鹅毛竹、倭竹、翠竹、方竹属、苦竹属中的中小型竹种，以及箬竹属、赤竹属的矮小竹种等。在各类盆栽竹中，对那些植株矮小者，如菲白竹、凤尾竹、小佛肚竹、翠竹、菲黄竹、铺地竹、鹅毛竹、倭竹等，可以直接进行盆栽；对于一些大、中型竹类，如罗汉竹、龟甲竹、大佛肚竹、斑竹、紫竹、黄金间碧玉竹、孝顺竹、小琴丝竹、筇竹、箬竹、赤竹等，一方面可选择体形相对较小的竹（竹丛）用大盆直接盆栽（盆径大于 49 cm）；另一方面可将其进行矮化处理后，再进行盆栽。

5）竹类与其他园林植物的搭配

竹类公园因竹成景，以竹为主，追求清静幽雅的园林创作意境。在竹子景观整体布局的条件下，竹子也可与其他植物配置组景。我国古典园林中竹子与其他园林植物形成了一些固定的配置模式，如"三益之友""岁寒三友""四君子"等，奇松、古梅在竹类公园中不可缺少，也可制作成花台或大型盆景形式。南京情侣园一片竹林边几株桃花，"竹外桃花三两枝"，富于诗情画意，营造出宁静幽远的园林意境。中国古典园林艺术讲究"外师造化，内法心源"，现代园林竹子造景更应师法自然，竹类公园除应保留原址的古树名木之外，竹林景观应形成人工栽培群落，尤其选择观花或观果类植被，如毛竹林下可配置杜鹃、油茶、紫金牛、珍珠莲、新木姜子等。如成都望江公园中的竹林景观，竹林中除有各类观赏竹种外，还配置有落叶树种。林中小溪蜿蜒，竹林下、溪流边有耐阴的蕨类和观花草本，极大丰富了竹林景观的层次和色彩。

9.5.5　竹类公园的植物造景方式

1）观赏竹与建筑

竹与园林建筑的配合是互相补充、刚柔并济的。竹与建筑的配置常用的手法有四种：

① 竹作为主景配置园林建筑。如将廊、榭、轩、斋等景观建筑点缀于大片竹林之间，以营造优雅的清幽环境与气氛。建筑以翠竹为背景，散布在竹林间，营造幽静的休憩空间，此手法在竹主题公园中应用较为常见，如成都望江楼公园、安吉竹博园就常见古亭旁翠竹环绕。

② 竹作为配景与园林景观建筑配置。如在较高大的现代园林建筑或亭、台、楼、阁、榭等古典园林建筑周围，配置几丛翠绿修竹，通过竹子的绿来衬托建筑色彩，又可以通过竹子的自然形态去软化建线条。

③ 竹与其他植物或山石搭配以映衬建筑。如将竹子与苍松、兰花、红梅、黄菊等植物搭配种植，或加上山石点缀，与建筑共同构成具有画面感的丰富景观。

④ 竹与建筑搭配时位置不同则效果也不同。如江南园林中的"粉墙竹影""漏窗竹景"就营造出了含蓄美的意境。可在园墙、园门、角隅、花架、雕塑等处栽植竹子，形成点景、衬景、框

景、竹石小品等经典的竹景观。又如位于北京紫竹院公园的"八宜轩",前临荷塘,背依竹林,景色充满了诗情画意。

2)观赏竹与山石

假山、景石常作为庭园小品。土层深厚、面积较大的土山,适宜片植修竹或将竹子杂陈于其他乔灌花木之中,将山体成片覆盖,能制造层林叠翠的竹景观;假山若为石山,则多选用形体细小的竹种,如黄纹竹、小琴丝竹、黄甜竹、淡竹等,配于山脚,以显示山之峭拔,突出假山之变化。

在墙边角隅堆置石块或假山,再栽种数竿竿型中小而色泽鲜美的竹子则可形成竹石小品,其情状类似盆景,是园林中障景、框景、漏景的构景方式。扬州个园的竹石小品就颇有特色:园内的四季假山都配置了不同的竹种,春景以刚竹与石笋相配,夏景以水竹与太湖石组合,秋景以大明竹配以黄石,冬景以斑竹、蜡梅配宣石。

竹与石搭配,要根据石的特点进行。石拙而高大,竹宜挺直高耸;石巧而润,竹宜枝梢低垂、轻扶石面。如在公园入口以竹与石的搭配作为标志,层层掩映着刻有园名的假山石,引人入胜。

3)观赏竹与水体

观赏竹应用于静态水体,可植于岸边,也可栽于水中小土丘上。静水常以湖、池等形式出现,水面平静,周围景物倒映水中。湖边植竹,多采用环水栽植竹,且成片而植。为增加景观的空间层次,所选竹种宜高大挺拔、伟岸修长,如毛竹麻竹、撑篙竹、斑竹、慈竹等。池边植竹,则宜选择中小型竹种,如紫竹、方竹、花竹、湘妃竹等,可使池水更显深邃幽远。白居易所描写的"竹径绕荷池,萦回百余步",在北京紫竹院"筠石苑"中的"竹深荷净"景点中有充分表现。水池中种满荷花,夏日香气连连;池岸边种植层层绿竹,千竿挺拔,倒影水中;水面上波光粼粼的光影变化,与池边竹林随风摇曳的身姿相互呼应。

观赏竹也可应用于动态水体中,与溪、泉、瀑布等配合。如驳岸曲折自然、参差错落,沙沙竹叶伴着涓涓水流,更添幽静风凉之感。

4)观赏竹与园路

古典园林中的道路一般强调"曲径通幽",竹林小径力求曲折、含蓄、深邃,忌讳用直的园路,忌讳路面太宽,力求路面窄小。在园路两侧种竹,形成竹径,竹旁再点缀石笋数片,产生竹林小径通幽的效果。为了丰富还可增加一些其他有色彩的植物进行点缀。上海古城公园中,道路设计与地形设计巧妙结合,曲折有致、起伏顺势,形成了动态的浏览路线。道路两侧丛植毛竹与刚竹,与朴素的路面相互掩映,并在路边适当点缀了景石。漫步于小路之中,游人能够感到周围景色时隐时现、或明或暗,别有一番情趣。在上海现代公园绿地中,竹子在道路中的应用主要体现在两个方面:一方面是比较宽阔的道路两侧或是中间的隔离绿化带用一些高大的乔木状竹类进行绿化,可以起到形成绿化块的时间短又具有绿化效果的作用;另一方面是在公园绿地用一些中等高度的竹类与小品进行搭配,形成竹林小径。

9.5.6 竹类公园的艺术特色

1)观赏竹的园林艺术特色

竹类在我国园林造园的应用历史悠久,具有独特的艺术风格。竹之美,体现于姿、色、声、韵诸方面,在园林绿化中观赏价值极高。历代名园中以竹为题材的数不胜数,竹子的诗情画意与造园的意境相互渗透融合,创造了众多园林佳景。典籍如《群芳谱》《园冶》中,对竹子的审美价值与用竹造景都有精辟论述。以竹造园,可以竹造景、借景、障景,或用竹点景、框景、移景,风格多种多样,形成诸如竹篱夹道、竹径通幽、竹亭闲逸、竹圃缀雅、竹园留青、竹外怡红、竹水相依等景观,常见于中国传统园林。

竹类在园林置景中,可以左右逢源。如寺庙园林喜植紫竹、观音竹、圣音竹等;一般园林中的墙根、假山坡脚与筑篱,多取矮生形的箬竹;景区、景点的曲折通幽之处,往往取用密集多姿、秀雅宜人的凤尾竹、琴丝竹等;居住生活区庭院、公共绿地等常用"岁寒三友",不但取其形美,更重其意美。

2)观赏竹在古典园林中的造景艺术手法

以竹造景,竹因园而茂,园因竹而彰;以竹造景,竹因景而活,景因竹而显。竹类因其特殊的美感在中国园林景观设计中成为独具特色、不可缺少的植物造景材料。

(1)竹里通幽

计成在《园冶》"相地篇"中多提及竹林景观,如"槛逗几番花信,门湾一带溪流,竹里通幽,松寮隐僻,送涛声而郁郁,起鹤舞而翩翩";在"园说"中有"结茅竹里,浚一派之长源,障锦山屏,列千寻之耸翠,虽由人作,宛自天开。"可以看出,"竹里通幽"包括竹林的静观和动观两个方面。竹林的静观,颇负盛名的是辋川别业里的竹里馆。诗人"独坐幽篁里,弹琴复长啸;深林人不知,明月来相照",尽情享受竹林的静观之美。竹林的动观,著名的是杭州西湖小瀛洲的"曲径通幽"。它位于三潭印月的东北部,竹径两旁临水,长50 m,宽1.5 m,刚竹高度2.5 m左右。游人步入竹径,感觉清静幽闭。沿竹径两侧是十大功劳绿篱,沿阶草镶边,刚竹林外围配置了乌桕和重阳木,形成了富有季相变化的人工植物群落。特别是竹径在平面处理上采取了3种曲度,两端曲度大,中间曲度小,站在一端看不到另一端,使人感到含蓄深邃,竹径的尽头布置了一片开敞虚旷的草坪,营造出一处符合奥旷交替的园林审美空间。

(2)移竹当窗

《园冶》中对"移竹当窗"的深远意境表述为"移竹当窗,分梨为院,溶溶月色,瑟瑟风声;静扰一榻琴书,动涵半轮秋水,清气觉来几席,凡尘顿远襟怀。"本义是窗前种竹,后引申特指竹子景观的框景处理,通过程式取景框欣赏竹景,恰似画幅嵌在框中。移竹当窗以窗外竹景为画心,空间相互渗透而产生幽远的意境,几竿修竹顿生万顷竹林之画意。同时,这种框景并不是静止不变的,随着欣赏者位置的移动,竹子景观也随之处于相对的变化之中。倘若连续地设置若干窗口,游人通过一系列窗口欣赏窗外竹景时,随着视点的移动,竹景时隐时现,忽明忽暗,画面呈现一定的连续性,具有明显的韵律节奏感。

（3）粉墙竹影

这是传统绘画艺术写意手法在竹造景中的体现。将竹配置于白粉墙前组合成景,恰似以白壁粉墙为纸、婆娑竹影为绘的墨竹图。"藉以粉壁为纸仿古人笔意,植黄山松柏、古梅、美竹,收之圆窗,宛然镜中游也。"若再适当点缀几方山石,则使画面更加古朴雅致。

（4）竹石小品

竹石小品指将竹与石通过艺术构图,组合而成的景观。其在中国古典园林中常作为点缀,布置于廊隅墙角,既可独立成景,又可遮挡、缓解角隅的生硬线条。如庭院中的天井,空间封闭压抑,若配以竹石小品,则可使人在有限的空间里感受到勃勃生机。竹和石是江南名园"个园"的两大特色。个园的假山都配置了不同的竹种。春景以刚竹和石笋为主,背景是白壁粉墙,仿佛粉墙为纸,竹笋为绘的雨后春笋图,特别是春天发笋之际,竹笋和石笋相映成趣,呈现出一派春意盎然的景象;夏景由柔美纤巧的水竹与玲珑剔透的太湖石组合成景,配以紫薇、广玉兰等,渲染出夏季的清丽秀美;秋景是全园的高潮,以大明竹配置黄石,加之红枫等秋色叶树种,营造出了萧瑟的秋日景象;冬景则宣石叠掇,配以斑竹、蜡梅,冷清之感油然而生。

9.5.7 案例分析——成都望江楼公园竹造景艺术

"少陵茅屋,诸葛祠堂,并此鼎足而三"之成都望江楼公园是纪念唐代诗坛女杰薛涛的西蜀名人纪念性园林。全园以竹造景,栽植观音竹、黄金间碧竹、大眼竹、乌芽竹、佛肚竹等约192种,诗、竹、人、园融合,运用竹海幽悠、翠竹长廊、劲竹奇石等竹造景手法,舒展竹径翠廊、幽篁深竹、劲竹奇石画卷,吟竹作赋,凭吊流连,意境幽远。

1）望江楼公园植竹史

望江楼公园大门对联"此女校书旧日枇杷门巷;为古天府第一郊外公园"道明该园为唐代女诗人薛涛故居旧址。园居成都锦江河畔,占地 12 hm^2。望江楼公园因薛涛而建,因薛涛而名。薛涛一生爱竹,"虚心能自持""苍苍劲节奇",诗如其人,托物言志,以竹自况。后人怀念凭吊女诗人,在望江楼遍植翠竹,以竹造景。

自明代以来,已有竹林环护薛涛井;至清代乾隆年间,已是一径幽簧万竿绿之景象。清乾隆吴升诗云:"我昔寻此井,一径入深竹。萧然半弓地,围以万竿绿。"1928 年此处辟为成都郊外公园,园内仅有苦竹、慈竹、白夹竹 3 种;1953 年更名为望江楼公园;1954 年至 1958 年先后引进四川境内竹种 35 种;1960 年后陆续引进广东、广西、湖北、湖南、江浙、海南、云南等省的省外竹种,以及德国、日本、东南亚等国的国外竹种共 200 余种。经引种驯化淘汰部分竹种,公园有成活竹种 24 属 192 种,面积 188 亩。

2）望江楼公园造景竹资源

望江楼公园有丛生竹区、散生竹区、观赏竹区和竹圃共三区一圃。丛生竹区分布于休闲开放区,散生竹区主要分布于文物保护区,观赏竹区分别分布于文物保护区和休闲开放区,并以文物保护区为主,竹圃位于薛涛广场西侧条状地块。全园以乡土慈竹为基础,汇金镶玉竹、人面竹、黑毛巨竹、花毛竹等珍奇佳竹等约192种(图9.95、图9.96),详见表9.18。

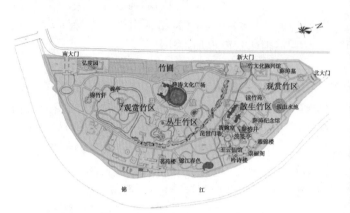

图9.95　望江楼公园平面图

金镶玉竹　　　人面竹

黑毛巨竹　　　花毛竹

图9.96　望江楼公园部分观赏竹

表9.18　成都望江楼公园部分竹品种名录

种　名	拉丁名	科属	种　名	拉丁名	科　属
斑箨酸竹	*Acidosasa notata*	酸竹属	花巨竹	*Gigantochloa vericillata*	巨竹属
黎　竹	*A. venusta*	酸竹属	巴山木竹	*Bashania fargesii*	巴山木竹属
印度刺竹	*Bambusa arundinacea*	簕竹属	饱竹子	*B. qingchengshanensis*	巴山木竹属
妈　竹	*B. boniopsis*	簕竹属	短穗竹	*Brachystachyum densiflorum*	短穗竹属
牛角竹	*B. cornigera*	簕竹属	刺黑竹	*Chimonobambusa neopurpurea*	寒竹属
粉单竹	*B. chungii*	簕竹属	方　竹	*C. quadrangularis*	寒竹属
料慈竹	*B. distegia*	簕竹属	金佛山方竹	*C. utilis*	寒竹属
大眼竹	*B. eutuldoides*	簕竹属	吊丝球竹	*Dendrocalamopsis beecheyana*	绿竹属
青丝黄竹	*B. eutuldoides var. viridi-vittata*	簕竹属	大绿竹	*D. daii*	绿竹属
小勒竹	*B. bambos*	簕竹属	吊丝单竹	*D. vario-striata*	绿竹属
坭　竹	*B. gibba*	簕竹属	马来甜龙竹	*Dendrocalamus aspera*	牡竹属
鱼肚腩竹	*B. gibboides*	簕竹属	椅子竹	*D. bambusoides*	牡竹属
绵　竹	*B. intermedia*	簕竹属	麻竹(甜竹)	*D. latiflorus*	牡竹属
花眉竹	*B. longispiculata*	簕竹属	吊丝竹	*D. minor*	牡竹属
小琴丝竹	*B. multiplex var. multiplex cv. Alphonse-karr*	簕竹属	花吊丝竹	*D. minor var. amoenus*	牡竹属
观音竹	*B. multiplex var. riviereorum*	簕竹属	大叶慈	*D. farinosus*	牡竹属
凤尾竹	*B. multiplex var. multiplex cv. Fernleaf*	簕竹属	龙丹竹	*D. rongchengensis*	牡竹属
牛儿竹	*B. prominens*	簕竹属	黄古竹	*Phyllostachys angusta*	刚竹属
甲　竹	*B. remotiflora*	簕竹属	石绿竹	*P. arcana*	刚竹属

续表

种　名	拉丁名	科　属	种　名	拉丁名	科　属
木　竹	B. rutila	簕竹属	篊　竹	P. nidularia	刚竹属
锦　竹	B. subaequalis	簕竹属	实肚竹	P. nidularia f. farcta	刚竹属
信宜石竹	B. subtruncata	簕竹属	紫　竹	P. nigra	刚竹属
硬头黄竹	B. rigida	簕竹属	毛金竹	P. nigra var. henonis	刚竹属
花　竹	B. albo-lineata	簕竹属	灰　竹	P. nuda	刚竹属
崖州竹	B. textilis var. gracilis	簕竹属	紫蒲头灰竹	P. nuda cv. Localis	刚竹属
撑篙竹	B. pervariabilis	簕竹属	黄杆京竹	P. aureosuleata f. Aureocaulis	刚竹属
小佛肚竹	B. venticosa	簕竹属	黄槽石绿竹	P. arcana cv. Luteosulcata	刚竹属
大佛肚竹	B. vulgaris cv. Wamin	簕竹属	乌芽竹	P. atrovaginata	刚竹属
黄金间碧竹	B. vulgaris cv. Vittata	簕竹属	罗人面竹	P. aurea	刚竹属
爬　竹	Drepanostachyum scandeus	镰序竹属	黄槽竹	P. aureosuleata	刚竹属
油竹子	Fargesia angustissima	箭竹属	京　竹	P. aureosuleata cv. Pekinensis	刚竹属
金镶玉竹	P. aureosuleata cv. Spectabilis	刚竹属	早　竹	P. praecox	刚竹属
毛环水竹	P. aurita	刚竹属	真水竹	P. stimulosa	刚竹属
桂　竹	P. bambusoides	刚竹属	苦　竹	Pleioblastus amarus	大明竹属
斑　竹	P. bambusoides f. lacrima-deae	刚竹属	狭叶青苦竹	P. chino var. hisauchii	大明竹属
寿　竹	P. bambusoides f. shouzhu	刚竹属	大明竹	P. gramineus	大明竹属
黄纹竹	P. vivax cv. Huangwenzhu	刚竹属	黄条金刚竹	P. kongosanensis f. aureostriatus	大明竹属
毛　竹	P. heterocycla cv. Pubescens	刚竹属	斑苦竹	P. maculatus	大明竹属
红壳雷竹	P. incarnate	刚竹属	实心苦竹	P. solidus	大明竹属
假毛竹	P. kwangsiensis	刚竹属	菲黄竹	Sasa. auricoma	赤竹属
美　竹	P. mannii	刚竹属	菲白竹	S. fortunei	赤竹属
龟甲竹	P. heterocycla	刚竹属	翠　竹	Sasa. pygmaea	赤竹属
淡　竹	P. glauca	刚竹属	无毛翠竹	S. pygmaea var. disticha	赤竹属
筠　竹	P. glauca var. glauca cv. Yunzhu	刚竹属	阔叶箬竹	Indocalamus latifolius	箬竹属
水　竹	P. heteroclada	刚竹属	箬叶竹	I. longiauritus	箬竹属
天目早竹	P. tianmuensis	刚竹属	巫溪箬竹	I. Wuxiensis	箬竹属
乌哺鸡竹	P. vivax	刚竹属	晾衫竹	Sinobambusa intermedia	唐竹属
黄竿乌哺鸡竹	P. vivax cv. Aureocanlis	刚竹属	唐　竹	S. tootsik	唐竹属
花毛竹	P. heterocycla cv. Tao Kiang	刚竹属	红舌唐竹	S. rubroligula	唐竹属
白哺鸡竹	P. dulcis	刚竹属	芸香竹	Monocladus amplexicaulis	单枝竹属
角　竹	P. fimbriligula	刚竹属	月月竹	Menstruocalamus sichuanensis	月月竹属

续表

种　名	拉丁名	科　属	种　名	拉丁名	科　属
金竹	P. sulphurea	刚竹属	新小竹	Neomicrocalamus prainii	新小竹属
绿皮黄筋竹	P. sulphurea cv. Houzeau	刚竹属	慈竹	Neosinocalamus affinis	慈竹属
刚竹	P. sulphurea cv. Viridis	刚竹属	黄毛竹	N. affinis cv. Chrysotrichus	慈竹属
早园竹	P. propinqua	刚竹属	辣韭矢竹	Pseudosasa Japonica var. tsutsumiana	矢竹属
安吉金竹	P. parvifolia	刚竹属	筇竹	Qiongzhuea tumidinoda	筇竹属
灰水竹	P. platyglossa	刚竹属	鹅毛竹	Shibataea chinensis	倭竹属
高节竹	P. prominens	刚竹属	倭竹	S. kumasasa	倭竹属
花毛竹	P. heterocycla cv. Tao Kiang	刚竹属	狭叶倭竹	S. lanceifolia	倭竹属
红边竹	P. rubromarginata	刚竹属	白纹阴阳竹	Hibanobambus tranpuillans f. shiroshima	阴阳竹属

望江楼公园内竹种类繁盛,形神各异,有竹叶如阔掌或细长似针,有竹色若乌墨或粉白清灰,有竹形近尺方或稍圆如珠,有竹竿奇现佛手或纹似人面。有粉白玉立之粉单竹、奇节满布之人面竹、躯干高大之鸡爪竹、飘逸潇洒之凤尾竹,文雅娟秀之观音竹……或浓荫幽径,或成丛成林,人们誉之为"竹的公园"。其造景竹按观形、观秆、观叶、观笋等观赏性分类如图9.97所示。

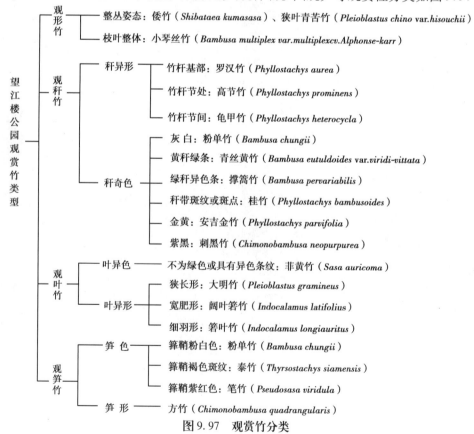

图9.97　观赏竹分类

3)望江楼公园竹造景手法

成都望江楼公园不仅继承了传统竹造景手法,还运用竹海幽悠、翠竹长廊、劲竹奇石、幽篁诗魂、红墙竹影、竹径通幽等创新手法,以达到纪念名家、展示竹种、弘扬竹文化之目的。

（1）竹海幽悠

望江楼公园以竹为基调树种,通过片植、丛植、孤植、对植、列植竹种,运用主与从、藏与露、稀与疏、虚与实、曲与直等造园思想,以及障景、夹景、借景、框景、漏景、透景、对景等艺术手法,将竹与建筑、山石、水体、林木巧妙搭配,造全园四季苍翠、幽悠绿海。苑内"竹修林茂"（图9.98）,凤尾森森,浓绿似海。

图9.98　望江楼公园竹修林茂

图9.99　翠竹长廊

（2）翠竹长廊

至北门入口,翠竹长廊清秀满眼,两行观音竹夹道迎宾。列植翠竹障景,虚实变幻、收放自如、明暗交替、欲现欲掩,竹竿竹梢婆娑成拱形,竹叶竹韵幽深迷离（图9.99）。欲扬先抑,含蓄的空间处理在先,循序起伏,跌宕高潮在后,寻幽而去豁然开朗。

（3）劲竹奇石

古代文人喜玩竹赏石,常在庭院以竹石相配,独立成景或墙隅点缀。唐代诗人白居易《北亭》有"上有青青竹,竹间多白石";《北窗竹石》有"一片瑟瑟石,数竿青青竹,向我如有情,依然看不足"。

望江楼公园读竹苑以石为山,以竹为林,劲竹奇石,仿若大自然万物山石丛林之浓缩景致（图9.100）。人面竹、金镶玉竹、斑苦竹、佛肚竹、凤尾竹等,与置石、石刻相配,墨绿苍劲的翠竹与米褐色奇峰怪石有如阴与阳、虚与实,形、色、姿、韵对比互补。

（4）幽篁诗魂

望江楼公园主要纪念景点均以竹为背景,薛涛像、薛涛墓、玩竹吟风等也如是,构图层次丰富、色彩清爽和谐、主题烘托明确、意境升华高远。薛涛像两侧和背景围以翠竹,背景竹高大、青翠、直耸、茂密,左侧配以体量适中竹丛植,右侧辅以匍匐灌木状竹于薛涛像基部,温润婉约汉白玉薛涛像立于丛丛英姿飒爽翠竹间,人格、竹品、诗魂共鸣（图9.101）。玩竹吟风红沙石刻对植苏铁两侧,杜鹃、灌木状丛竹为前景,飒爽挺直竹种植后,置石书墨点景点题,意境悠长。薛涛墓静隐于西水角竹林深处,墓碑上题有"唐女校书薛洪度墓。"墓周细草生深,竹墨绿高大营造凭吊氛围（图9.102）。

图9.100 劲石奇竹

图9.101 幽篁诗魂

图9.102 薛涛墓

图9.103 薛涛井

（5）红墙竹影

"峭壁山者,靠壁理也。藉以粉壁为纸,以石为绘也。理者相石皴纹,仿古人笔意,植黄山松柏、古梅、美竹,收之圆窗,宛然镜游也"是《园冶·掇山》"粉墙竹影"造景艺术手法,即粉墙为纸,竹影绘之,灵动潇洒,清雅悠然。陈从周《园林谈丛》就苏州沧浪亭也有此描述:"粉墙竹影,天然画本,宜静观、宜雅游、宜作画、宜题诗。"

望江楼公园造景手法与之有异曲同工之妙而又独具匠心,红墙黛瓦弄竹影,曲环青衣画中行。竹或丛植缀于墙垣前,翠竹倚红墙,朱红墙垣为背景,墨绿修竹来绘景;或片植衬于曲径后,修竹、红墙、黛瓦、竹影虚实相生;或孤植框景于园门,竹伴同行。

薛涛井碑后以嵌书画红墙和碧竹青梢围之,层次丰富分明,烘托纪念氛围(图9.103)。吟诗楼西南方有枇杷门巷,依诗人王建《寄蜀中薛涛校书》"万里桥边女校书,枇杷花里闭门居。扫眉才子知多少,管领春风总不如"而建。青茂麦冬植墙基,框景巧纳盈竹景,翠碧竹、青麦冬、朱门巷、粉黛瓦,色彩丰润和美,远近虚实各方,透景婉约疏朗(图9.104、图9.105)。

（6）竹径通幽

《园冶·相地》有"槛逗几番花信,门湾一带溪流,竹里通幽,松寮隐僻,送涛声而郁郁,起鹤舞而翩翩"之美景。"曲"和"幽"是竹径通幽两大特点,竹径流畅含蓄,优雅深邃,游人寻幽释然,继而通往清旷,豁然一片明朗(图9.106)。

望江楼公园读竹苑建于1995年,位于公园北门水池假山附近,为散生竹品种区。苑内集硬头黄竹、吊丝单竹、菲黄竹、鸡爪竹等众珍品,沿悠悠曲径夹道而植。满眼绿海劲竹直耸,两侧佳竹良草片植,森森翠竹叠石配景,青石方板蜿蜒至远,汉白玉碑刻集名人咏竹佳作,融竹品种展示、竹形态观赏、竹置石奇景于一体。

图 9.104 翠竹置于红墙后

图 9.105 翠竹框景于枇杷门巷

图 9.106 读竹苑之竹径通幽

4)望江楼公园竹造景特点

(1)竹文化底蕴深厚

文人墨客常以竹之坚、直、劲、空自喻,其坚贞、虚心、高直、旷远之精神内涵恰与仁人志士文化心理相投,故蜀人有种竹以示雅致性情之传统。《诗经》有"秩秩斯干,幽幽南山。如竹苞矣,如松茂矣",杜甫咏"无数春笋满林生,柴门密掩断人行,会须上番看成竹,客至从嗔不出迎",苏轼曰"可使食无肉,不可居无竹。无肉令人瘦,无竹令人俗"。

望江楼公园以竹闻名,一是竹品种繁盛,二是竹文化底蕴深厚。全园以竹为脉,诗、竹、人、园自然融揉。园内遍植翠竹,以竹为观赏对象并成为植物造景特色。以女诗人薛涛爱竹之人文典故和精神气质融汇表现竹文化并贯穿各景点,以丛竹烘托楼景,以竹筇点缀亭、馆、池、桥,以竹篱植于路旁增添稀疏古意,有竹林、竹径、竹雕、竹牌、竹篱(图 9.107),从而形成竹海深深、竹影重重、竹径萧萧、竹丛扶疏之独特景致。竹造景延伸至竹诗词、竹绘画、竹编刻、竹全宴,丰富拓展了望江楼公园竹文化内涵与外延。

图9.107　望江楼公园竹雕、竹牌、竹篱

（2）观赏竹品种繁盛

望江楼公园以竹造园，经几十年的引种栽植，现有人面竹、弥勒竹、方竹、观音竹、鸡爪竹等竹约192种，是我国竹品种最多、竹面积最大之竹专类公园。公园以本土名竹慈竹为主，同时广植江浙粤桂，以及海外名竹，如原产于日本的黄条金刚竹、辣韭矢竹，从陕西引进的乌芽竹等。孤植竹景有质地坚韧之方竹，躯干高大之鸡爪竹，文雅娟秀之观音竹，风姿各异而和谐共融；还有片植、丛植、散植、盆植等竹林景观，造景手法独特，意境幽远。正因公园内竹品种繁盛且观赏形态丰富，为竹造景提供了丰富素材（图9.108）。

图9.108　望江楼观赏竹品种繁盛

（3）竹配置手法考究

望江楼公园运用主与从、藏与露、稀与疏、虚与实、曲与直等，以及障景、夹景、借景、框景、漏景、透景、对景等艺术手法，通过片植、丛植、孤植、对植的运用，使竹与建筑、山石、水体和谐共融（图9.109）。

（4）公园功能复合多元

望江楼公园是集唐代女诗人薛涛之纪念、观赏竹造景展示、蓉城城市形象标志、城市生态竹海绿洲、市民文化娱乐休闲、竹栽植科普教育、竹文化传播发扬等于一体的西蜀名园，同为伴随市民成长记忆、提供文化娱乐休闲的城市客厅（图9.110）。望江楼公园设有3个观赏竹品种区和一个竹圃，在保存竹种质基因，扩大竹种群落，研究竹种生物生态学特性及探索竹栽培方法等方面发挥重要作用，使之成为竹栽植科普教育基地。

图9.109 望江楼公园竹与建筑

图9.110 2008年望江楼公园第十五届竹文化展

（5）竹意境独特幽远

意境是人在审美过程中由客体的形象、内涵、神韵等激发出的情感的联想与共鸣,是"实境与虚境"的统一。游人通过观竹形、竹竿、竹叶、竹笋,品竹色、姿、韵,悟生活哲思。

入大门,幽篁夹道,苍翠竹径尽头的假山犹如屏风障景将薛涛纪念核心主景遮掩,而又若隐若现。古建隐于竹海深处,愈是激发游人寻幽访古,缅怀诗人之心情。公园西一隅,翠竹深处,有薛涛墓。此墓为后人补建,供人追思凭吊。墓四周植草坪,墓后配置桃花两株,姿态优美,四周有小桃红围绕,和四周成片的慈竹混为一体,有"昔日桃花无剩影,到今斑竹有啼痕"和"渚远江清碧簟纹,小桃花绕薛涛坟"之意。吟诗楼外一池清水蜿蜒向西,最后汇于一圆形荷塘。此为流杯池,池畔翠竹依依。王羲之于兰亭雅集写下《兰亭集序》,将"曲水流觞"之风雅推至高潮,历代文人争相倾慕模仿。望江楼之流杯池,茂林修竹,绿树成荫,曲水清流(图9.111),不禁想到千年前,薛涛与众多文人雅士,诗酒之聚,何其风雅。

图9.111 望江楼公园曲水流觞

第9章 彩图

10 城市道路绿地植物造景

10.1 城市道路的基本知识

10.1.1 城市道路定义与类型

城市道路是指城市建成区范围内的各种道路。

按照现代城市交通工具和交通流的特点进行道路功能分类,可把城市道路大体分为6类。

① 高速干道:高速交通干道在特大城市、大城市设置,为城市各大区之间远距离高速交通服务,联系距离 20～60 km,其行车速度在 80～120 km/h。行车全程均为立体交叉,其他车辆与行人不准使用。最少有四车道(双向),中间有 2～6 m 分车带,外侧有停车道。

② 快速干道:快速交通干道也是在特大城市、大城市设置。城市各区间较远距离的交通道路,联系距离 10～40 km,其行车速度在 70 km/h 以上。行车全程为部分立体交叉,最少有四车道,外侧有停车道,自行车、人行道在外侧。

③ 交通干道:交通干道是大、中城市道路系统的骨架,是城市各用地分区之间的常规中速交通道路。其设计车行速度为 40～60 km/h,行车全程基本为平交,最少有四车道,道路两侧不宜有较密出入口。

④ 区干道:区干道在工业区、仓库码头区、居住区、风景区以及市中心地区等分区内均存在。共同特点是作为分区内部生活服务性道路,行车速度较低,但横断面形式和宽度布置因"区"制宜。其行车速度为 25～40 km/h,行车全程为平交,按工业、生活等不同地区,具体布置最少两车道。

⑤ 支路:支路是小区街坊内道路,是工业小区、仓库码头区、居住小区、街坊内部直接连接工厂、住宅群、公共建筑的道路,路宽与断面变化较多。其行车速度为 15～25 km/h,行车全程为平交,可不划分车道。

⑥ 专用道路:专用道路是城市交通规划考虑特殊要求的专用公共汽车道、专用自行车道、城市绿地系统和商业集中地区的步行林荫路等。断面形式根据具体设计要求而定。

根据城市道路的景观特征又可把城市道路划分为城市交通性道路、城市生活性道路(包括巷道和胡同等)、城市步行商业道路和城市其他步行空间。

10.1.2 城市道路的功能

从物质构成关系来说,道路被看成城市的"骨架"和"血管",从精神构成关系来说,道路是决定城市形象的首要因素,作为城市环境的重要表现环节,道路又是构成和谐人居环境的支撑网络,也是人们感受城市风貌及其景观环境最重要的窗口。其主要功能有:

① 交通功能:城市道路作为城市交通运输工具的载体,为各类交通工具及行人提供行驶的通道与网络系统。随着现代城市社会生产、科学技术的迅速发展和市民生活模式的转变,城市交通的负荷日益加重,交通需求呈多元化趋势,城市道路的交通功能也在不断发展和更新。

② 构造功能:城市主次干路具有框定城市土地的使用性质,为城市商务区、居住区及工业区等不同性质规划区域的形成起分隔与支撑作用,同时由主干路、次干路、环路、放射路所组成的交通网络,构造了城市的骨架体系和筋脉网络,有助于城市形成功能各异的有机整体。

③ 设施承载功能:城市道路为城市公共设施配置提供了必要的空间,主要指在道路用地内安装或埋设电力、通信、热力、燃气、自来水、下水道等电缆及管道设施,并使这些设施的服务水平能够保证提供良好的服务功能。此外,在特大城市与大城市中,地面高架路系统、地下铁道等也大都建筑在道路用地范围之内,有时还在地下建设综合管道、走廊、地下商场等。

④ 防火避灾功能:合理的城市道路体系能为城市的防火避灾提供有效的开放空间与安全通道。在房屋密集的城市,道路能起到防火、隔火的作用,是消防救援活动的通道和地震灾害的避难场所。

⑤ 景观美化功能:城市道路是城市交通运输的动脉,也是展现城市道路景观的廊道,因此城市道路规划应结合道路周边环境,提高城市环境整体水平,给人以舒适、舒心和美的享受,并为城市创造美好的空间环境。

10.2 城市道路绿化的类型、功能及布置形式

道路绿化是指以道路为主体的相关部分空地上的绿化和美化。道路绿化现已由最初的行道树种植形式逐步发展为类型多样、功能多种的道路绿化。

10.2.1 城市道路绿化的类型

道路绿地是道路环境中的重要景观元素。道路绿地的带状或块状绿化的"线"性可以使城市绿地连成一个整体,可以美化街景,衬托和改善城市面貌。因此,道路绿地的形式直接关系到人们对城市的印象。现代化大城市有很多不同性质的道路,其道路绿地的形式、类型也因此丰富多彩。根据不同的种植目的,道路绿地可分为景观种植与功能种植两大类。成功的道路绿地往往能成为地方特色,如南京街道的行道树法国梧桐、雪松,南方城市的棕榈、蒲葵等。绿地除能成为地方特色之外,不同的绿地布置也能增加道路特征,从而使一些街景雷同的街道由于绿

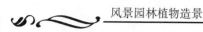

地的不同而区分开来。

1）景观栽植

景观栽植从道路环境的美学观点出发,从树种、树形、种植方式等方面来研究绿化与道路、建筑协调的整体艺术效果,使绿地成为道路环境中有机组成的一部分。景观栽植主要是从绿地的景观角度来考虑栽植形式,可分为以下几种:

(1)密林式

沿路两侧布置茂密的树林,以乔木为主结合灌木和地被植物。行人或汽车走入其间如入森林之中,夏季绿荫覆盖凉爽宜人,且具有明确的方向性,因此引人注目。一般用于城乡交界处或环绕城市或结合河湖布置。沿路植树要有相当宽度,一般在50 m以上。郊区多为耕作土壤,树木枝叶繁茂,两侧景物不易看到。若是自然种植,则比较适应地形现状,可结合丘陵、河湖布置。若是成行成排整齐种植,则反映出整齐的美感。假若有两种以上树种相互间种,这种交替变化就能形成韵律,但变化不应过多,否则会失去规律性变得混乱。

(2)自然式

沿街在一定宽度的路侧绿地内布置自然树丛。树丛由不同植物种类组成,具有高低、浓淡、疏密和形体上的变化,形成生动活泼的气氛。路边休息场所、街旁游园等均可应用自然式栽植,主要根据地形与环境条件和街景相配合,增强了道路的空间变化,但其夏季遮阴效果不如整齐式的行道树。在路口、拐弯处的一定距离内要减少或不种植灌木以免妨碍司机视线;在条状的分车带内自然式种植需要有一定的宽度,一般要求最小6 m;还要注意与地下管线的配合。

(3)花园式

该绿地方式沿道路外侧布置成大小不同的绿化空间,有广场,有绿荫,并设置必要的园林设施,如小卖部,供行人和附近居民逗留小憩和散步,也可停放少量车辆和设置幼儿游戏场等。道路绿地可分段与周围的绿化相结合,在城市建筑密集、缺少绿地的情况下,这种形式可在商业区、居住区内使用,在用地紧张、人口稠密的道路旁可多布置孤立乔木或绿荫广场,弥补城市绿地分布不均匀的缺陷。

(4)田园式

田园式道路两侧的园林植物都在视线以下,多为草地,空间敞开。在郊区直接与农田、菜田相连;在城市边缘也可与苗圃、果园相邻;用于高速路两侧,视线较好。这种形式开朗、自然,富有乡土气息,极目远眺,可见远山、白云、海面、湖泊,或欣赏田园风光。主要适用于气候温和地区。

(5)滨河式

滨河式道路一侧临水,空间开阔,环境优美,是市民休息游憩的良好场所。在水面不十分宽阔,对岸又无风景时,路侧滨河绿地可布置得较为简单,树木种植成行,岸边设置栏杆,树间安放座椅,供游人休憩。如水面宽阔,沿岸风光绮丽,对岸风景点较多,沿水边就应设置较宽阔的绿地,布置游人步道、草坪、花坛、座椅等园林设施。游人步道应尽量靠近水边,或设置小型广场和临水平台,满足游人亲水需求和观景要求。

(6)简易式

沿道路两侧各种一行乔木或灌木形成"一条路,两行树"的形式,在道路绿地中是最简单、最原始的形式。

2）功能栽植

功能栽植是通过绿化栽植来达到某种功能上的效果,如为了遮蔽、装饰、遮阴、防噪声、防风、防火、防雪、地面的植被覆盖等。但道路绿地功能并非唯一的要求,功能栽植也应考虑到视觉上的效果,并成为街景艺术的一个方面。

（1）遮蔽式栽植

遮蔽式栽植是考虑需要把视线的某一个方向加以遮挡,以免见其全貌。如道路某一处景观不好,需要遮挡;城市的挡土墙或其他构造物影响道路景观等,种上一些树木或攀缘植物加以遮挡。

（2）遮阴式栽植

我国许多地区夏天比较炎热,道路上的温度也很高,所以对遮阴树的种植十分重视。不少城市道路两侧建筑多被绿化遮挡也多出于遮阴种植的缘故。遮阴树的种植对改善道路环境,特别是夏天降温效果显著。

（3）装饰栽植

装饰栽植可以用在建筑用地周围或道路绿化带、分隔带两侧作局部的间隔与装饰之用。它的功能是作为界限的标志,防止行人穿过、遮挡视线、调节通风和局部光照、防尘等。

（4）地被栽植

地被栽植即使用地被植物覆盖地表面,如地坪等,可以防尘、防土、防止雨水对地面的冲刷,在北方还有防冰冻作用。由于地表面性质的改变,对小气候也有缓和作用。地被的宜人绿色可以调节道路环境的景色,同时反光少,不眩目,如与花坛的鲜花相对比,色彩效果则更好。

（5）其他

如防噪、防风、防雪栽植等。

10.2.2　城市道路绿化的功能

城市道路绿化以"线"的形式广泛地分布于全城,联系着城市中分散的"点"和"面"的绿地,组成完整的城市园林绿地系统,在多方面产生积极的作用:如调节道路附近地区的温度、湿度,减低风速,在一定程度上改善道路的小气候等,道路绿化的好坏对城市面貌起决定性的作用,是城市园林绿化的重要组成部分。

1）生态功能

（1）净化空气

道路绿化可以净化大气,减少城市空气中的烟尘,同时利用植物吸收二氧化碳和二氧化硫等有毒气体,放出氧气。道路的粉尘污染源主要是降尘、飘尘、汽车尾气的铅尘等,灌木绿带是一种较理想的防尘材料,它可以通过比自身占地面积大20倍左右的叶面积来减低风速,将道路上的粉尘、铅尘等截留在绿化带附近不再扩散。还有许多树种如悬铃木、刺槐林等使降尘量减少23%～52%,使飘尘量减少37%～60%。所以植物对净化空气的作用是很显著的,如北京道路绿化已取得很好的效果。据广州测定的数据,在绿化的道路上距地面1.5 m处（人的呼吸带处）空气中的含尘量比未绿化地区低56.7%。

（2）降低噪声

据调查，环境噪声70%~80%来自地面交通运输。如果在频繁的道路上噪声达到100 dB时，临街的建筑内部可达70~80 dB，给人们工作和休息带来很大干扰。当噪声超过70 dB时，就会产生许多不良症状而有损于身体健康。道路绿化好，在建筑物前能有一定宽度来合理配置绿化带，就可以大大降低噪声。所以道路绿化是降低噪声的措施之一。当然，消除噪声主要还应对声源采取措施。要达到良好的效果，就需把几方面的措施结合起来。

（3）降低辐射热

太阳的辐射热约有17%被天空吸收，而绝大部分被地面吸收，所以地表温度升高甚多。道路绿化可以降低地表温度及道路附近的气温，例如在中午树荫下水泥路面的温度，比阳光下低11 ℃左右，树荫下的裸土地面比阳光直射时要低6.5 ℃左右。此外，对于不同树种、不同质量的地面在降低气温的作用上，是有不同程度影响的。

（4）保护路面

夏季城市的裸露地表往往比气温高出10 ℃以上，路面因常受日光的强烈照射会受损。当气温达到31.2 ℃时，地表温度可达43 ℃。而绿地内的地表温度低15.8 ℃，因此街道绿化在改善小气候的同时，也对路面起到了保护作用。

2）安全功能

城市交通与道路绿化有着非常重要的关系，绿化应以创造良好环境，保证提高车速和行车安全为主。在道路中间设置绿化分隔带可以减少车流之间的互相干扰，使车流在同一方向行驶分成上下行，一般称为两块板形式。在机动车与非机动车之间设绿化分隔带，则有利于缓和快慢车混合行驶的矛盾，使不同车速的车辆在不同的车道上行驶，一般称为三块板形式。在交叉路口上布置交通岛、立体交叉、广场、停车场、安全岛等，也需要进行绿化，都可以起到组织交通、保证行车速度和交通安全的作用。

3）美学功能

道路绿化可以点缀城市，美化街景，烘托城市建筑艺术，也可以遮挡不令人满意的建筑地段。道路绿化增强了道路景色，木、花草本身的色彩和季相变化，使得城市生机盎然、各具特色。例如：南京市被称作道路绿化的标兵，市内有郁郁葱葱的悬铃木行道树和美丽多姿的雪松；湛江、新会的蒲葵行道树，四季景色都很美丽；北京挺拔的毛白杨，苍劲古雅的油松、槐树，使这座古城更加庄严雄伟；合肥市把整个道路装饰成花园一样。

4）增收副产

我国历史上有不少道路两侧种植既有遮阴观赏效果又有副产品收益的树种的例子。如唐朝在长安、洛阳城的道路两侧种植果树为行道树；北宋的开封（东京）宫城正门御道两侧种植果树使春夏之间有繁花似锦、秋季有果实累累。

如今我们进行道路绿化，首先要满足道路绿化的各种功能要求，同时也可根据各地的特点，种植具有经济收益的树种。如广西南宁道路上种植四季常青、荫浓、冠大、树美的果树——扁桃、木菠萝、人面果、橄榄等；陕西省咸阳市在市中心种植多品种的梨树，年年收益；甘肃兰州的

滨河路种植梨树也取得了很大的收益;广东新会的蒲葵作日用品如牙签等畅销国内外;北京的道路也种植了一些粗放管理的果树如核桃、梨、海棠、柿子等,槐树、合欢、侧柏也可被采集大量果实种子入药。行道树绿化线长、面广、数量很大,在增收副产品上有很大潜力。

5)防灾功能

城市道路绿地在城市中形成了纵横交错的一道道绿色防线,可以减低风速、防止火灾的蔓延;地震时,道路绿地还可以作为临时避震的场所,对防止震后建筑倒塌造成的交通堵塞具有输导作用。

10.2.3　城市道路绿地布置形式

城市道路绿地断面布置形式是规划设计所用的主要模式,常用的有一板二带式、二板三带式、三板四带式、四板五带式及其他形式。

① 一板二带式:道路绿地中最常用的一种形式。在车行道两侧人行道分割线上种植行道树,简单整齐,用地经济,管理方便。但当车行道过宽时行道树的遮阴效果较差,不利于机动车辆与非机动车辆混合行驶时交通管理。

② 二板三带式:在分隔单向行驶的2条车行道中间绿化,并在道路两侧布置行道构成二板三带式绿带。这种形式适于宽阔道路,绿带数量较大,生态效益较显著,这式多用于高速公路和入城道路。

③ 三板四带式:利用2条分隔带把车行道分成3块,中间为机动车道,两侧为非机动车道,连同车道两侧的行道树共为4条绿带。虽然占地面积大,却是城市道路绿地较理想的形式。其绿化量大,夏季庇荫效果较好,组织交通方便,安全可靠,解决了各种车辆混合互相干扰的问题。

④ 四板五带式:利用3条分车绿带将车道分为4条,连同车道两侧的行道树共为5条绿带,使机动车与非机动车辆上行、下行各行其道,互不干扰,利于限定车速和交通安全。若城市交通较繁忙,而用地又比较紧张时,则可用栏杆分隔,以便节约用地。

⑤ 其他形式:按道路所处地理位置、环境条件等特点,因地制宜地设置绿带,如山坡、水道等的绿化设计。

10.3　城市道路绿地植物造景的原则及植物选择

绿地是道路空间的景观元素之一。道路绿地植物造景不仅需要考虑功能上的要求,作为道路环境中的重要视觉因素也需要考虑现代交通条件下的视觉特点,综合多方面的因素进行协调。

10.3.1　城市道路绿地植物造景的原则

1) 与城市道路的性质、功能相适应

城市从形成之日起就和交通联系在一起,交通的发展与城市的发展是紧密相连的。现代化的城市道路交通已成为一个多层次、复杂的系统。由于城市的布局、地形、气候、地质、水文及交通方式等因素的影响,会产生不同的路网,这些路网由不同性质与功能的道路所组成。

道旁建筑、绿地、小品以及道路自身设计都必须符合不同道路的特点。交通干道、快速路的景观构成,汽车速度是重要因素,道路绿地的尺度、方式都必须考虑速度因素。商业街、步行街的绿化,假如树木过于高大,种植过密就不能反映商业街繁华的特点。又如居住区级道路,与交通干道相比,由于功能不同,道路尺度也不同,因此其绿地树种在高度、树形、种植方式上也应有不同的考虑。

2) 起到应有的生态功能

参考 10.2.2 中 1) 生态功能的内容。

3) 设计符合用路者的行为规律与视觉特性

道路空间是供人们生活、工作、休息、相互往来与货物流通的通道。为了研究道路空间的视觉环境,需要对道路交通空间活动人群根据其不同的出行目的与乘坐(驾驶、骑坐)不同交通工具所产生的行为特性与视觉特性加以研究,并从中找出规律,作为道路景观与环境设计的依据。

(1) 行为规律

出行方式有乘坐公共交通工具如公交车、电车、地铁等,有乘坐私人机动交通工具如小汽车、摩托车等,还有骑自行车的人和步行者。人们的出行方式还因不同国家经济发展水平不同而不同,这也是考虑道路视觉环境设计时应注意的因素。

道路上出行居民中步行者有过路者、购物者、散步休闲与游览观光者。上班、上学、办事的过境人员行程往往受时间限制,较少有时间在道路上停留,争取尽快到达目的地。他们注意的是道路的拥挤情况、步道的平整、道路的整洁、过街的安全等,除此之外,往往只有一些意外变化或吸引人的东西,才能引起他们的关注。购物者多数是步行,一般带有较明确的目的性,他们注意商店的橱窗和招牌,有时为购买商品在道路两边来回穿越(过街)。而游览观光者,他们游街、逛景、观看熙熙攘攘的人群,注意其他行人的衣着、店面橱窗、街头小品、漂亮的建筑等。散步休闲的人多带有悠闲的锻炼性质,他们更希望有一个有益于身心健康、整洁优雅的道路环境。

骑车者每次出行均带有一定的目的性,或赶路或购物或娱乐。平均车速每小时 10 ~ 19 km。上下班骑车者处于如水车流之中,一般目光注意道路前方 20 ~ 40 m 远的地方,思想上关心着骑车的安全,偶尔看看两侧景物,并注意自己的目的地,因此很难注意到周围景观的细节,更不会左顾右盼。而悠闲自得的骑车者多看路边 8 m 远的地方。由于行进速度的差别,骑车者与步行者对于街景细部的观察上有一定区别,且骑车者因受到自行车行驶位置的限制,对道路及视觉环境的印象具有明确的方向性,这也导致了骑车者与步行者脑中的视觉环境印象也有所不同。

对于乘公交车或旅游客车等的乘客来讲,在车辆运行过程中,正好可以透过宽敞明亮的车窗,浏览沿街景色,欣赏城市风光。尤其对外地乘客或观光者,更应注意满足他们在这方面的视觉与心理要求。

综上可知,道路上的人流、车流等,都是在动态过程中观赏街景的。而且由于各自的交通目的和交通手段的不同,产生了不同的行为规律和视觉特性,设计应以人为本,这些因素都是我们在进行道路景观规划设计时所必须考虑的。

(2)视觉特性

不同用路者的视觉特性也是进行道路景观设计时的重要依据。在道路上行走或车辆低速行驶时,最强视力看到物体细节的视场角为3°,如集中精力观察某物体时人眼的舒适角度大约为18°,有些情况下我们观察物体时头部不动而需转动眼球,一般眼睛容易转动的角度为30°,其最大界限为60°。如果看不清,在身体不动情况下转动头部,视场角范围可扩大至40°~120°,在街上行走或乘车者有时为了扩大观察范围,还可以转动身体以扩大视场范围。

用路者在道路上活动时,俯视要比仰视来得自然而容易,站立者的视线俯角约为10°,端坐俯角为15°,如在高层上对道路眺望,8°~10°则是最舒服的俯视角度。在速度较低的情况下,速度对视场角没有明显的影响,因此对路面以上一定高度内的景物,用路者印象较清晰,而对上部则景物印象较为淡薄。

道路上的用路者是进行有方向性的活动,特别是车辆驾驶者,在速度逐渐增高的情况下,头部转动的可能性也渐渐变小,注意力被吸引在车道上,视线集中在较小的范围以内,注视点也逐渐固定起来,此时视野很窄而形成所谓的隧道视。且车速越大,驾驶员对前面不容易注意到的范围越大。驾驶员只有在行车不紧张的情况下,才可能观察与道路交通无关的事物或注意两旁的景物。行车过程中两侧景物在中等车速情况下,驾驶员或乘客需有1/16 s的时间,才能注视看清目标,视点从一点跳到另一点时中间过程是模糊的,如要看清则需相对固定,当两侧景物向后移动得很快时,一旦辨认不清,就失去了再次辨认的机会。同时外界景物在视网膜上移动过快时,则视网膜分辨不清,景物就会模糊。可见,运动过程中视野的大小随车速在变化,而视野中画面也随着道路周围环境而变化。路面在驾驶员的视野中的比例也因车速增加而变大。

据资料表明:汽车行驶时车速提高,视野变小,注意力集中点距离变大(表10.1)。

表10.1 行车速度对驾驶员注视点距离和可视范围的影响

行车速度/(km·h⁻¹)	驾驶员注视点距离/m	驾驶员可视范围/(°)
40	180	95
60	250	75
70	360	65
80	380	60
100	600	40

在各种不同性质的道路上,要选择一种主要用路者的视觉特性为依据。如步行街、商业街

行人多,应以步行者视觉要求为主。有大量自行车交通的路段,环境设计要注意骑车者的视觉特点。交通干道、快速路主要通行机动交通,它们的环境设计也要充分考虑到行车速度的影响。设计人员要考虑到我国城市交通的构成情况和未来发展前景,并根据不同的道路性质、各种用路者的比例,做出符合现代交通条件下视觉特性与规律的设计,以提高视觉质量,设计出具有时代气息的道路景观。

4)注重多种元素的整体协调

街景由多种景观元素构成,各种景观元素的作用、地位都应恰如其分。一般情况下绿地应与道路环境中的其他景观元素协调,单纯地作为行道树而栽植的树木往往收不到好的效果。道路绿地的设计应符合美学的要求。通常道路两侧的栽植应看成是建筑物前的种植,应该让用路者从各方面来看都有良好的效果。有些道路树木遮蔽了一切,绿化成了视线的障碍,用路者看不清道路面貌,从道路景观元素协调看就不适宜。道路绿地除具有特殊的功能方面的要求以外,应根据道路性质、道路建筑、气候及地方特点要求等作为道路环境整体的一部分来考虑,这样才能收到好的效果。

某些学者提出构成人们对城市印象的心理因素有 5 个方面:路(Path)、边界(Edge)、区域(District)、节点(Node)、标志(Landmark)。这 5 个因素构成城市特性,是分析城市的尺度,而给人第一印象的是路,因此可以说对于一个城市的环境绿化,其第一印象就是道路绿地。现代的道路环境往往容易雷同,采用不同的绿化方式将有助于加强道路特征,区分不同的道路,一些道路也往往以其绿地而闻名于世。在现代交通条件下,要求道路具有连续性,而绿地则有助于加强这种连续性,同时绿地也有助于加强道路的方向性,并以纵向分割使行进者产生距离感。

道路绿地的布局、配置、节奏以及色彩的变化都应与道路的空间尺度相协调。切忌过分追求技巧、趣味而纠缠于细节,使道路两侧失去合理的空间秩序。高大的栽植对道路空间有分隔作用,在较宽的道路中间分隔带上种植乔木,往往可以将空间分隔开。如西安的长安路中间原栽有毛白杨,现已砍伐,用路者对砍伐前后的道路空间就有不同的感受。这种高大栽植可将一元化的空间变为二元化。若道路边界视线涣散,也可用种植使用路者视线集中。

在条件允许的情况下,道路与建筑连接处可用绿化作为缓冲带(过渡带)使之有机地连接,如在人行道与建筑之间的绿地中铺装草皮、种植鲜花。从道路美学的观点看,这就是所谓的外部秩序与内部秩序的过渡带,这种绿地既是道路绿地又是住宅或其他公共建筑前的绿地,这样处理的空间是富有魅力的。公共建筑前的绿地要与其协调,或者利用反差来突出其特征。

城市地形的特征会给城市景观带来个性,而道路作为一个城市的骨架,须与地形尽量融合,以形成道路与地形特点相适应的视觉特征。道路绿地应与周围的地形协调,对靠近山地、河流、丘陵的绿地应有不同的处理。道路绿地在配合道路交通功能的前提下,还需与城市自然景色(地形、山峰、湖泊、绿地等)、历史文物(古建筑、古桥梁、塔、传统街巷等)以及标志性建筑有机地联系在一起,把道路与环境作为一个景观整体加以考虑进行一体化的设计,从而兼顾使用功能与城市特色。

5)物种选择需因地制宜

道路绿地直接关系着街景的四季变化,要使春、夏、秋、冬均有相宜的景色,应根据道路景观

及功能要求考虑不同用路者的视觉特性及观赏需求,需要多品种配合与多种栽植方式的协调,处理好绿化的间距、树木的品种、树冠的形状以及树木成年后的高度及修剪等问题。

一些城市的市花、市树均可作为当地景观的象征,如南京的雪松、南方的棕榈树都使绿地富于浓郁的地方特色。这种特色使本地人感到亲切,外地人也特别喜欢。但是在选择一个城市的绿化树种时也应避免单一化,不要搞成"悬铃木城""雪松城""银桦城",等等,这不但在养护管理上造成困难,还会使人感到单调。一个城市中应结合不同的立地条件以某几个树种为主,分别布置在几条城市干道上,同时也要有一些次要的品种。例如,北京市城区主要城市干道的行道树以毛白杨、槐树为主,次要品种还有油松、元宝枫、银杏、合欢等。

城市道路的级别不同,绿地也应有所区别。主要干道的绿化标准应较高,在形式上也应较丰富。如北京的东直路、长安街、三里河路均为城市主要干道,也是首都机场通向国宾馆的大道,就采用了较高水平的道路绿化。在次要干道上的绿化带相应可以少一些,有时只种两排行道树。

6)传承城市历史文化与可持续发展并重

一方面,道路绿地景观应在尊重传统的基础上进行创新设计,从而延续城市历史、传承城市文脉,体现城市特色文化。另一方面,道路绿地规划设计应充分考虑到未来的发展,将可持续发展的理念深入到实践。道路绿地的建设应尽量减少对原有环境的破坏,充分利用自然可再生能源,节约不可再生资源的消耗,同时植物群落结构多样、协调、富有弹性,适应未来变化,满足可持续发展。

7)与地面上交通、建筑、附属设施、管理设施和地下管线、沟道等配合

为了交通安全,道路绿地中的植物不应遮挡汽车司机在一定距离内的视线,不应遮蔽交通管理标志,要留出公共站台的必要范围以及保证乔木有适当高度的分枝点,不致刮碰到大轿车的车顶。在可能的情况下利用绿篱或灌木遮挡汽车灯的眩光。

要对沿街各种建筑对绿地的个别要求和全街的统一要求进行协调。其中对重要公共建筑的美化和对居住建筑的防护尤为重要。

道路附属设施是道路系统的组成部分,如停车场、加油站等,是根据道路网布置并依照需求服务于一定范围;而道路照明则按路线、交通枢纽布置。它们对提高道路系统服务水平的作用是显著的,同时它们的绿化配置也是道路景观的组成部分。

8)考虑城市土壤条件、养护管理水平等因素

历史悠久的城市内土壤成分比较复杂,一般不利于植物生长,而客土、施肥的量会受到限制,其他方面如浇水、除虫、修剪也会受到管理手段、管理水平和能力的限制,这些因素在设计上也应兼顾。总之,道路绿地的规划设计受到各方面因素的制约,只有处理好这些问题,才能保持道路景观的长期优美。

10.3.2　城市道路绿地植物造景的植物选择

1)栽植条件

以下是城市道路绿地栽植的各种条件,要根据这些条件来认真选择合适的栽植树种:

① 地域条件:栽植是在气候等地域的环境因素支持下生长发育起来的。根据适合生长的地域,栽植类型可分为极冷地域型、寒冷地域型、积雪地域型、温暖带型、暖带型、亚热带型等几种,应根据栽植类型来选择适当的栽植树种。

② 用地条件:一般道路的栽植宽度都很窄,栽植不可能独立地创造出自身存在发展的条件,因此要考虑到适合外围环境条件的栽植形态、选择那些可以构成这种形态的栽植树种。

③ 环境条件:对于栽植来说,道路的环境并不是很理想,因此首先要选择生命力强的树种。特别是要选定那些可长期抵抗土壤干旱、汽车排出废气和粉尘的栽植树种。

④ 效果条件:对栽植功能效果的期待,则根据道路的性质和区间、周边设施的不同而有所差异,为了充分发挥预期的功能效果,应选择那些有效的栽植形式和栽植树种。

⑤ 制约条件:道路栽植不可侵犯到建筑界限和视距空间,必须选定那些栽植枝叶的伸长界限不会超过栽植限宽的栽植树种。

⑥ 管理条件:对于栽植的管理当然希望越简单越好,为此最重要的是选择栽植管理较粗放的树种;同时,在树种的选定中,选择病虫害少、生长慢的栽植树种也是必要的。

⑦ 更新条件:随着时间的积蓄,栽植的效果会发生变化,为此更新的周期越长越好,选择寿命长的栽植树种是有效的方法。

2)树种性质

那些种植在狭窄的栽植带里很难控制其在选定地点生长发育的乔木树种,或者简单地选择一些与道路环境不相协调的树种,无论从方便利用还是景观性方面都会出现问题,类似的例子很多。相反,虽然有充足的空间却种植一些小乔木或灌木而无法提高栽植带的绿化效果的例子也存在。又如,胡乱地将大乔木树种作为小乔木树种来处理,将蔓性树种作为乔木树种的例子,以上做法都不可取。

植物选择是要按照设计的意图来选定可以合理组合栽植的树种。不违背树种的形态特征与生态习性而形成的组合栽植,既可节约管理时间,又可保持良好的生长发育,并且能发挥基于树种所具有的特性而产生的景观效果。

在栽植树种的选择过程中,应对其栽植分布、性状、特征、属性、耐性、商品性等进行分析。

① 栽植分布:保证栽植树木正常生长发育的前提条件是遵循栽植分布区域,根据使用范围事先从安全性的角度考虑是必要的。

② 性状:如果不知道树高(大乔木、小乔木、灌木、蔓性)的区别,树枝长幅的区别,常绿、落叶、半落叶的区别,树形(球形、卵形、倒卵形、圆锥形、长形、尖形、扁形、松形、竹形、覆地形、顶状、草状、蔓性、垂枝性等)、根系(深根性、浅根性)的区别,栽植则不能按照预想的那样发挥作用。

③ 特征:如果知道树形、树干(颜色、肌理、斑纹)、树叶(形态、颜色、新叶、老叶)、花(大小、形态、颜色、香味)、绿量等特征,则有实现预期景观效果的可能。

④ 属性:有必要深刻认识植物生长发育的特性(快、慢等)、迁移的特性(寿命短、不用依靠其他手段而繁茂等)、有无致命的病虫害(包括影响其他植物的中间媒体)。

⑤ 耐性:包括与气候有关的耐寒性、耐雪性、耐风性、耐潮性,与环境有关的耐阴性、耐旱性、耐湿性、耐烟性和与人的行为有关的耐移植性、耐修剪性的问题。与气候有关的耐性对于栽植地域的选择有重要的意义,耐旱性和耐烟性对于几乎所有的道路栽植都有重大的意义。

⑥ 商品性:在实施上最大的制约条件是栽植树种在市场上能提供多少和价格的高低,事先把握以上情况无论如何都是必要的。

⑦ 其他:根据是否适合进行混植、群植、孤植、树篱、组合造型、修剪等将树种分类,由此选择树种,以配合达到预期的栽植形态。

3)季节变化

道路的构成元素几乎都是无机物质,其中只有栽植是唯一的生物,随着时间改变而变化。适当地组织有季相变化的栽植能为道路景观带来不少生气。

在季节变化中最明显的是新绿、彩叶、落叶、开花、结果的变化。常绿树种也被认为存在季节变化,而落叶树种的季节感就更加丰富。

① 新绿:新绿(新的叶子长出时)不但对落叶树种而且对常绿树种来说都很显眼。特别显著的新绿是那种叶数众多、色彩鲜艳并且有独特色彩的树种。这样的树种有落叶针叶树、银杏、垂柳、榉树、桂树、樟树、枫树、白檀、大叶黄杨等。

② 彩叶:彩叶是一种异常显眼的植物景观,在街景营造中很有效。典型红叶树种有榉树、枫树类、樱树类、花楸、黄栌、山茱萸等,黄叶树种有银杏、白杨、桂树、七叶树等。

③ 落叶:一般在景观上被认同的落叶树姿具有枝密、干直的观姿属性,在形态和树干肌理上有特点的树种有落叶针叶树、白杨、榉树、白桦、七叶树等。

④ 开花:道路栽植的花卉在景观上有效果的只限于那些在树冠中花的比例比较大的树种,特别明显的是落叶树种开春时的花朵,也有在其他季节引人注目的树种。在这些树种中,春天开花的有椿树、雪柳、樱树类、海棠、连翘、丁香、山茱萸、杜鹃类等,春季至夏季之间开花的有八仙花类、麻叶绣线菊、山茶等,夏季开花的有紫薇、夹竹桃、大花六道木、金丝桃等,秋季开花的有木槿、锦带花等,冬季开花的有蜡梅、山茶等。

⑤ 果实:对于道路景观有效的仅限于那些果实色彩艳丽、数量多的树种,如花楸、火棘、阔叶十大功劳等。

4)地域性

与道路的其他构成元素相比,植物景观更能给道路带来显著的地域特色,表现方法包括乡土树种的选择、特殊的栽植形态和物种构成等。乡土植物能适应某地域的气候条件,生长发育良好;从当地的居民角度来看能产生亲切感,从其他地域游客的角度来看能产生特殊植物景观带来的新奇感。

当将表现地域特征的栽植作为道路栽植时,有必要根据实际情况改良栽植条件。例如,当

使用强调地域特征性、具有特异树形树木的栽植时要考虑这种栽植在景观上和道路整体的协调;当代表地域的树种是果树时,必须事先考虑好果树管理的问题。

10.4　城市道路绿地植物造景设计案例分析

10.4.1　案例一　林荫道

林荫道是指与道路平行并具有一定宽度的带状绿地,也可称为是带状的街头休息绿地。林荫道利用植物与车行道隔开,在其内部不同地段辟出各种不同的休息场地,并有简单的园林设施,供行人和附近居民作短时间休息之用。目前在城市绿地不足的情况下,可起到小游园的作用。它扩大了群众活动场地,同时增加了城市绿地面积,对改善城市小气候、组织交通、丰富城市街景作用很大。例如:北京复外花园林荫道、正义路林荫道、上海肇家滨林荫道等,在我国此类型的绿地正在逐渐发展。

1)林荫道布置的几种类型

(1)设在道路中间的林荫道

设在道路中间的林荫道即两边为上下行的车行道,中间有一定宽度的绿化带,这种类型较为常见。例如,北京正义路林荫道、上海肇嘉浜林荫道等,主要供行人和附近居民作暂时休息用。此类型多在交通量不大的情况下采用,出入口不宜过多。

(2)设在道路一侧的林荫道

由于林荫道设立在道路的一侧,减少了行人与车行路的交叉。在交通比较频繁的街道上多采用此种类型,同时也往往受地形影响而定。例如,傍山、一侧滨河或有起伏的地形时,可利用借景将山、林、河、湖组织在内,创造了更加安静的休息环境。如上海外滩绿地、杭州西湖畔的六公园绿地等。

(3)设在道路两侧的林荫道

设在道路两侧的林荫道与人行道相连,可以使附近居民不用穿过道路就可达林荫道内,既安静,又使用方便。此类林荫道占地过大,目前使用较少。例如,北京阜外大街花园林荫道。

2)花园林荫道设计应注意的几个问题

① 必须设置游步路。可据具体情况而定,但至少在林荫道宽 8 m 时有 1 条游步路;在 8 m 以上时,设 2 条以上为宜。

② 车行道与林荫道绿带之间,要有浓密的绿篱和高大的乔木组成绿色屏障相隔,一般立面上布置成外高内低的形式(图 10.1)。

③ 林荫道中除布置游步路外,还可考虑小型的儿童游戏场,休息座椅、花坛、喷泉、阅报栏、花架等建筑小品。

④ 林荫道可在长 75 ~ 100 m 处分段设立出入口,各段布置应具有特色。但在特殊情况下,

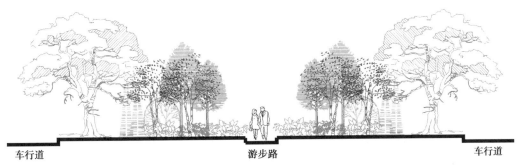

图 10.1　车行道与林荫道绿带之间的绿色屏障

如大型建筑的入口处,也可设出入口。但分段不宜过多,否则将影响内部环境的安静。同时在林荫道的两端出入口处,可使游步路加宽或设小广场。但分段不宜过多,否则影响内部的安静。

⑤ 林荫道设计中的植物配置,要以丰富多彩的植物取胜。道路广场面积不宜超过 25%,乔木应占地面积应达到 30% ~40%,灌木占地面积 20% ~25%,草坪占 10% ~20%,花卉占 2% ~5%。南方天气炎热,需要更多的庇荫,故常绿树的占地面积可大些;在北方,则以落叶树占地面积较大为宜。

⑥ 林荫道的宽度在 8 m 以上时,可考虑采取自然式布置;8 m 以下时,多按规则式布置。

3)大庆林带改造设计

(1)概况

大庆林带位于西安市西郊,始建于 20 世纪 50 年代初,时值西安进行第一轮城市建设,由苏联专家规划设计,至今仍是全国少有的规模最大、保护最为完好的城市绿化带。林带范围为西起丝路小游园,东至张骞出使西域纪念雕塑(玉祥门盘道处),全长约 4 km,南北宽为 50 m,总用地面积 20 hm²。大庆林带共分为 12 个自然段及 5 个环形交通路口。随着城市的发展及品质的提高,目前存在着由于林带的性质发生变化导致部分自然段景观各自为政、主题过多以及通达性与连续性不足等问题。据调查,林带的服务对象多为附近的居民,目前休闲与观赏功能未能得到充分的开发与利用。改造设计定位为:以改善城市生态环境为主,兼顾观赏休闲、防护功能为一体的城市景观生态廊道。

(2)设计原则

• 保持原有林带的绿化风格,通过改造使其更好地发挥改善城市生态环境的作用。

• 根据林带的实际状况,增强空间的整体连续性及通达性,并对不同的自然段植被进行适当的更新改造,使其更符合时代要求。

• 结合以人为本的设计理念,解决好设计中局部与整体的有机联系,使其真正成为集观赏、休闲、防护等多功能为一体的园林景观。

• 充分挖掘地域文化特色,体现丝绸之路的景观主题,使改造后的林带具有一定的文化品位。

• 结合自然生态要求,充分利用乡土植物,对林带的植被状况进行合理的搭配,使植物配置更加丰富。

(3)设计途径

① 通达性的提高:完善林带内步行道路系统,以保证整个林带道路的贯通,并在道路节点

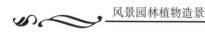

处增设无障碍设计,便于残疾人通行,以扩大服务对象,实现人性关怀。

② 开敞空间与休息空间的增加:根据现状植被状况,在适当地段增加朴素实用的休息设施,如形式多样的座椅、廊架及景观文化小品等。

③ 历史文化的表达与延续:通过适当的景观布置,营造丝绸之路沧桑巨变的历史纵深感和悠久而灿烂的文化遗韵,同时注意自然衔接当代文化,在空间设计上体现时代精神,满足现代人的审美取向和功能要求。

④ 小品设计:以通道铺装为主要设计载体,用地雕及小型雕塑方式处理相关的文化题材,并且挖掘丝路特有的生活素材,演化成景观小品,讲述丝绸之路在历史长河中对人类的贡献。

⑤ 游步路设计:利用原有道路硬化作为主路,并将行人踩出的小路整合硬化,体现其便捷、合理。主路周边树荫下设置座凳,座凳周围设置低矮节能的庭院灯,提高林带利用率和安全性。

10.4.2 案例二 步行街的绿化布置

现代城市工业发达,人口集中,车辆频繁。特别是市中心区,在繁华的道路上只适于行人而不能让车辆行驶的情况下,就形成了步行街。步行街两侧均为集中的商业和服务性行业建筑。要有一个舒适的环境供行人休息活动。许多国家都重视步行街绿化布置,我国也有一些成功的实例,例如北京王府井、前门、西单,上海的南京路,成都的春熙路等。

在步行街上可铺设装饰性花纹的地面,增加街景趣味性。在活动时间内必须有充分的灯光照明。还可布置装饰性小品和供群众休息用的座椅、凉亭、电话间等。在可能条件下,还要种植乔木做庇荫之用。总之,步行街一方面充分满足其功能需要,同时经过精心的规划与设计,能达到较高的艺术效果(图10.2、图10.3)。

图10.2 步行街1

图10.3 步行街2

唐山市增盛路步行街园林景观设计:

(1)概况

增盛路步行街是唐山市的第一条步行街,全长408 m,最宽处40 m,总面积1.4 hm²,地形起伏,北高南低,高差4.1 m。增盛路步行街东接凤南居民小区,西临金星楼小区,南起唐山市最重要的东西干道——新华道,北至凤凰道,与凤凰山相互依托(凤凰山是唐山市中心一座海拔56 m的山体,因该山而建凤凰山公园,凤凰道位于凤凰山公园南侧)。该步行街一经建成,便成为联系新华道与凤凰道的纽带。

（2）设计构思和手法

增盛路步行街园林景观设计结合了唐山的历史文化,努力做到与周围环境协调统一、构思新颖、布局合理、手法独特、材料创新,达到了理想的效果,并成为唐山市中心区的重要园林景观之一。

① 以规整和自然相结合的手法,将整条步行街分隔为"二板三带"的休闲步道,中间为一宽14 m 的绿化带,两侧为步行小路。小路外侧又添加一条绿化带,使步行街自然过渡到两侧的居民区,避免了其与居民区直接相连所产生的生硬感,创造出了一个休闲、漫步、健身等"多维"的园林小空间。

② 以整齐的几何形状,将整块绿地进行分隔,其间采用疏林草地和自然布置随意、抽象流动的色块,点缀花灌木及应时花卉,并整块铺植冷季型草坪,路边栽植遮阴的行道树。

③ 运用植物造景手法,考虑其季相变化,或点缀,或成行,或遮挡,造就一个四季常青、三季有花的丰富多彩的植物景观。特别是对原有植物景观加以保护,如靠近北端广场有一株较古老的刺槐,冠大荫浓,极具观赏价值和生态环境价值,成为步行街上一处独特的景观。

④ 设置体现自然、质朴的原石料的休息座椅和富于时代感的路灯。路灯灯头设计为梅花形,新颖、大方;道路采用彩色水磨石便道板铺砌,台阶用花岗岩砌筑,铺装形式既美观、丰富,又方便居民使用。

（3）植物配置

为了与两侧居民楼相协调,在整个步行街外侧设计栽植树形优美的玉兰和合欢。玉兰早春先花后叶,以其芳香馥郁、洁白硕大的花朵早报春讯;合欢夏开淡红色花朵,树冠形似伞盖,叶似翠羽,在柔和的绿草烘托下,更增加"绿色明珠"的感染力。另外在步行街上穿插配置色彩艳丽的应时花卉和季季开花的花灌木,其绿色葱郁、鲜花似锦的景观,更为此路增添了许多野趣与美感。为烘托全部绿色景观,增加步行街的宽阔感,以常绿的冷季型草为绿色主基调,突出了其常绿宽阔的美感。（图10.4）。

图10.4 唐山市增盛路步行街

10.4.3 案例三 路侧带状滨河绿地

滨河路是城市中临河、湖、海等水体的道路。由于一面临水,空间开阔,环境优美,再加上很好的绿化,是城市居民休息的良好场地。

滨河路一侧为城市建筑,另一侧为水体,中间为道路绿化带(图10.5)。

1）滨河绿化带景观设计注意事项

① 滨河路的绿化一般在临近水面设置游步路,最好能尽量接近水边,因为行人习惯于靠近水边行走。

图 10.5　滨河路

② 如有风景点可观时,游步路可适当拓宽设计成小广场或凸出水面的平台,以便供游人远眺和摄影。

③ 可根据滨河路地势高低设计 1 ~ 2 层或多层平台,以踏步联系,可使游人接近水面,使之有亲切感。

④ 如果滨河水面开阔,能划船和游泳时,可考虑以游园或公园的形式,容纳更多的游人活动。

⑤ 滨河林荫道一般可考虑树木种植成行,岸边有栏杆,并放置座椅,供游人休息。如林荫道较宽时,可布置得自然些,有草坪、花坛、树丛等,并有简单园林小品、雕塑、座椅、园灯等。

⑥ 滨河林荫道的规划形式取决于自然地形的影响。地势如有起伏、河岸线曲折及结合功能要求,可采取自然式布置。如地势平坦、岸线整齐、与车道平行者,可布置成规则式。

2) 宁远九亿沿江步行街风光带景观设计

(1)概况

宁远县位于湖南省南部,萌渚岭北麓,南有九疑山,北倚阳明山,东连新田、嘉禾、蓝山县,南接江华瑶族自治县,西邻道县、双牌县,北界祁阳金洞林场。宁远九亿商业步行街位于宁远县城中心,总占地面积 3 hm² 以上,其中商业步行街南面的沿江风光带占地 1.6 hm² 以上。沿江风光带全长 650 m,宽 10 ~ 30 m 不等,西起重华桥,东至五拱桥,南邻清水河,东北面是文庙广场,北面临街为步行街的黄金商铺,西北角为宁远县人民医院。项目致力于使空间中充满绿色,创造出优美的亲山、亲水、亲自然的环境。

(2)沿江风光带内景观总体设计

整体布局以商业步行街南面主马路、靠沿江护栏卵石游路以及风光带内卵石路为 3 条游览路线,将风光带内的绿地、广场、小品及所有景点相连接,形成以路为景观"线",以广场、古建、小品为景观"点",以大块绿地为景观"面"的整体布局,将园区内的建筑、小品、雕塑、植物、道路、广场、景观灯、背景音乐等融为和谐的整体。

道路设计方面,在风光带内较多采用了卵石拼花路面,部分地方用了建棱砖、火烧板、广场砖、水洗金砂等。道路是全园的骨架,在功能上能满足游人的通行,在景观上则可以连接所有景点和广场。建筑小品设计方面,因宁远的沿江风光带东北面是文庙广场,南面是清水河,因此考虑在清水河边建造了重檐亭、古轩及长廊,以同文庙取得协调一致。绿地设计方面,以大面积的

草地和大片的小灌木模纹景观作为风光带的基调,在广场的主入口和较多重要部位采用花灌木及地被植物造景和造型,使绿化与美化相结合,色彩上强调整体感。在景区的主要部位以造型树桩或特大乔木为主景,在较次要部位以密植的乔灌木群为背景;全园以植物造景为主,广场及小品造景为辅,强调俯视与平视两方面的效果。

(3)沿江风光带内的植物配置

沿江风光带在进行植物配置时,通过不同的植物搭配出丰富的色彩,借以显示季向的变化。宁远沿江风光带植物配置以常绿乔木、花灌木为主,适当采用落叶乔灌木和彩叶树木;在主要部位和入口广场种植高大名贵乔木或造型树桩,在次要的景观部位,以种植绿化中苗、小苗为主,并且保证园区四季有花可赏、有景可观,遵循经济原则和可持续原则。以绿色、生态、环保为主旋律,形成春之花、夏之绿、秋之艳、冬之劲的景观效果。

宁远沿江风光带根据各种植物的季节特点,对季向变化植物和四季观花植物做了如下配置:春季樱花、白玉兰、紫玉兰、春杜鹃、红花檵木、红叶桃、茶花、美人梅、迎春花、月季、红叶石楠、红枫、金叶女贞、花桃、垂柳、樟树、金边七里香等;夏季花石榴、栀子花、广玉兰、月月桂、鸢尾、紫薇、红花檵木、夏鹃、夹竹桃、红叶李等;秋季紫薇、桂花、红花檵木、花石榴、红枫、银杏、栾树、红叶李等;冬季蜡梅、茶梅、美女樱、雪松、黑松、红花檵木、杜英、月月桂、黄金间碧竹等。

(4)宁远九亿步行街沿江风光带的景观效果

宁远九亿步行街沿江风光带以"绿"为景观基调,借"河水"为景观背景,以"古建"等小品画龙点睛,以"游"为景观主轴,充分运用透、掩、映的造园技巧,将风光带和园林景观营造成可"居"、可"游"、可"休闲"、可"运动"的优雅生态式园林环境。同时,准确地把握了宁远的气候与人文环境特点,巧妙地将阳光、空气、水三大健康和生态的主题融入景观空间中,实现了现代景观空间观游结合的设计理念。在每个景观细节布置中,则充分考虑以人为本,注重风光带功能的实用性,做到了整体上绿化、重点上美化、局部上强化,与繁华的商业步行街有机地结合,从而使风光带的景观效果达到"四化"(即绿化、香化、净化、美化)。宁远九亿步行街沿江风光带营造了一个优质生态商业步行街,使商家、消费者及休闲人群能感受到清新的空气、和煦的阳光、芬芳的气息、悦耳的声音、流动的河水、丰富的色彩和精致的生活理念。

11 城市广场绿地植物造景

城市作为物质的巨大载体为人们提供生存的空间环境,不仅改变了人们的生活方式,也在精神上影响着生活在这个环境中的每一个人。城市广场作为城市重要的公共开放空间,是现代城市空间环境中最具公共性、最富艺术魅力,也是最能反映现代都市文明和气氛的开放空间,它在很大程度上体现一个城市的风貌,是展现城市特色的舞台,甚至可以成为城市的标志与象征。

11.1 城市广场的定义及功能

广场一般是指由建筑物、道路和绿地等围合或限定形成的开敞的公共活动空间,是人们日常生活和进行社会活动不可缺少的场所。它可组织集会,供交通疏散,也可成为车流、人流的交通枢纽或居民游览休息和组织商业贸易交流的地方。居民在广场空间中进行交流,开展各种各样的活动。现代人所追求的交往性、宽松性、多样性与广场所具有的多功能、多景观、多活动、多信息、大容量的作用相吻合。所以,人们对广场的期待越来越高,广场的吸引力和魅力也越来越大。

城市广场的主要功能有以下几点:

(1)组织交通

城市广场作为城市公共空间,它的首要功能是组织交通。城市广场通常可以快速地疏散人群,方便人流、车流的交通集散,保证车流畅通,行人安全。如大型公共建筑前的广场均起到交通疏散的作用,使人流和车流得到很好的组织,以保证广场上的车辆和行人互不干扰,畅通无阻。

(2)休闲娱乐

城市广场是最好的公共活动场所,也是最适宜的户外休闲空间。在钢筋水泥环境下生活的城市居民,更加渴望能够接触自然,感受自然。广场的建设为城市提供了更多的空气、阳光和绿地,同时也满足了人们日常集会、娱乐活动以及游览休憩等需求。

(3)文化传承

城市广场是城市中多种文化活动的载体,包含有各种特定文化的内涵。设计师将本土的文化渗透到设计的各个细节,使得广场更具有民族性和地域性,成为城市景观的一张名片。如北

京的天安门广场、上海的人民广场以及西安的世纪金花广场,都因其具有独特的风格而名扬四方。这些城市中心广场在人们的心目中已经成为所在城市的标志和象征。

(4)防灾避灾

现代城市中物质、人员和信息的过度密集,不仅使城市在各种天灾人祸面前变得脆弱,而且这种过度密集的状态本身往往就成为导致灾害及其衍生灾害的直接原因。而众多城市广场恰恰是对这种过度密集状况的有效缓解,在灾害发生时可以起到隔离、疏散、避难等作用。我国目前的广场建设在这方面的考虑还不是很充分,尤其是2008年发生的地震,使我们更加明确地意识到广场安全功能的重要性。在今后的规划中,我们要将防灾救灾作为城市各类广场的基本功能之一,在广场建设中应兼顾城市防灾救灾的需要,并据此确定城市广场的数量、分布和疏散线路网络;同时设置必要的防灾救灾设施,如取水点、消防水池、广播与引导标志、夜间照明等,并为搭建大量临时帐篷预留必要的空间。

11.2 城市广场的类型及其附属绿地的特点

11.2.1 城市广场的类型及特点

城市广场包括的类型是比较多的,用不同的分类方法可划分为不同的广场类型。

1)根据广场的使用功能及在城市交通系统中所处的位置分类

(1)集会广场

集会广场包括市政广场和宗教广场等类型。

集会广场一般都位于城市中心地区,用于政治、文化集会、庆典、游行、检阅、礼仪、传统民族节日活动等。

(2)纪念广场

纪念广场主要是为纪念某些人或某些事件的广场。它包括纪念广场、陵园广场、陵墓广场,等等。在纪念广场中心或旁边通常都设置突出的纪念雕塑,如纪念碑、纪念塔、纪念性建筑等作为标志物,其布局及形式应满足纪念气氛及象征的要求。整个广场庄严、肃穆。

(3)商业广场

商业广场包括集市广场、购物广场等,主要进行集市贸易和购物活动,或者在商业中心区以室内外结合的方式把室内商场与露天、半露天市场结合在一起。现代商业广场大多采用步行街的方式布置,使商业活动区集中,既便于购物,又可避免人流与车流的交叉,同时可供人们休息、交友、餐饮等使用。

(4)交通广场

交通广场包括站前广场和道路交通广场。它是城市交通系统的有机组成部分,起到交通、集散、联系、过渡及停车作用,并合理地组织交通。交通广场是人流集散较多的地方,如火车站、飞机场、码头等站前广场,以及剧院、体育场、展览馆、饭店等大型公共建筑物前的广场等。同时也是交通连接的场所,在设计时应考虑到人流与车流的分隔,尽量避免车流对人流的干扰。

（5）休闲广场

休闲广场是供市民休息、娱乐、游玩、交流等活动的重要场所，其位置常常选择在人口较密集的地方，以方便市民使用为目的，是广大居民喜爱的、重要的户外活动场所。它可以有效地丰富民众的业余生活，缓解精神压力和身体疲劳。这类广场的形式不拘一格，广场整体布局特征是不确定的，但设施比较齐全，常配置一些可供停留的座椅、台阶、坡地，可供观赏的花草、树木、喷水池、雕塑小品，可供活动与交往的空地、亭台、棚廊等。

（6）文化广场

文化广场应有明确的主题，以展示某种文化内涵，将其挖掘整理，以多种形式在广场上集中地表现出来。

（7）古迹（古建筑等）广场

古迹广场是结合该城市的遗存古迹保护和利用而建设的城市广场，生动地代表了一个城市的古老文明程度。我国著名古城西安、南京等城市的古城门广场正是此类古迹广场的成功案例。

2）根据广场的大小分类

（1）大型中心广场

大型中心广场指国家性政治广场、市政广场，主要用于国务活动、检阅、集会、联欢等大型活动。

（2）小型休息广场

小型休息广场指街区休闲广场、庭院式广场等，主要供居民茶余饭后休息、活动、交往等，一般面积较小，但环境幽雅，适宜人停留。

上述分类是相对的，现实中每一类广场都或多或少具备其他类型广场的某些功能。

11.2.2　城市广场绿化

1）城市广场绿化的功能

城市广场绿化是城市广场设计中不可缺少的一环，具有重要的作用。

（1）改善广场的环境条件

广场绿化可以调节温度、湿度，吸收烟尘，降低噪声，减少太阳辐射等。

（2）美化广场的环境

通过分析广场的性质、使用要求等，选择适宜的植物材料，经过科学配置和艺术加工就能创造出丰富的广场绿地景观。

（3）协助广场功能的实现

不同的广场具有不同的功能要求。如果植物配置合理得当，不仅能够给广场增添美景，在很大程度上还可以协助广场实现其他的使用功能。

2）城市广场绿化的设计手法

（1）铺设草坪

铺设草坪是广场绿化设计运用最普遍的手法之一，它可以在较短的时间内较好地实现绿化目的。

广场草坪是用多年生矮小的草本植物进行密植，经修剪形成平整的人工草地。一般布置在广场的辅助性空地，供观赏、游戏之用，也有用草坪作为广场的主景。草坪空间具有视野开阔的特点，可以增加景深和层次，并能充分衬托广场形态美感。

广场草坪选用的草本植物要求个体小、枝叶紧密、生长快、耐修剪、适应性强、易成活，常用的有：野牛草、早熟禾、翦股颖、黑麦草、假俭草、地毯草等。

（2）花坛、花池

花坛、花池是广场绿化的造景要素，可以给广场的平面、立面形态增加变化。花坛、花池的形状要根据广场的整体形式来安排，常见的形式有花带、花台、花钵及花坛组合等。其布置位置灵活多变，可根据具体情况安放在广场中心，或布置在广场边缘、四周等。

（3）花架、花廊

花架、花廊一般用于非政治性广场，多设在小型休闲娱乐广场的边缘，在广场中起点缀作用，同时也可以利用植物形成的棚架或廊道景观进行空间组合，为居民提供休息、乘凉的场所。

3）不同类型广场的绿化要点

不同类型的广场由于其使用特点、功能要求、环境因子各不相同，因而在进行绿化时，各有侧重。

（1）集会广场

集会广场一般都和政治性的活动联系在一起，具有一定的政治意义，因而绿化要求严整、雄伟，多采用对称式的布局。在主席台、观礼台的周围，可重点布置常绿树，节日时可点缀花卉，如我国的天安门广场。如果集会广场的背景是大型建筑，如政府和议会大厦，则广场应很好地衬托建筑立面，丰富城市面貌。在不影响人流活动的情况下，广场上可设置花坛、草坪等。但在建筑前不宜种植高大乔木。在建筑两旁，可点缀庭荫树，不使广场过于暴晒。

（2）纪念广场

纪念广场是为了表现某一纪念性建筑、纪念碑、纪念塔等而设立的广场，因而植物配置上也应当以烘托纪念气氛为主。植物种类不宜过于繁杂，而以某种植物重复出现为好，达到强化的目的。在布置形式上也多采用规整式，使整个广场有章可循。具体树种以常绿类为最佳，象征着永垂不朽、流芳百世。

（3）交通广场

交通广场主要为组织交通，也可装饰街景。在种植设计上，必须服从交通安全的需要，能有效地疏导车辆和行人。面积较小的广场可采用草坪、花坛为主的封闭式布置，植株要求矮小，不影响驾驶人员的视线；面积较大的广场可用树丛、灌木和绿篱组成不同形式的优美空间，但在车辆转弯处，不宜用过高、过密的树丛和过于艳丽的花卉，以免分散司机的注意力。

（4）休闲广场

这类广场是为居民提供一个娱乐休闲的场所,体现公众的参与性,因而在广场绿化上可根据广场自身的特点进行植物配置,表现广场的风格,使广场在植物景观上具有可识别性。同时要善于运用植物材料来划分组织空间,使不同的人群都有适宜的活动场所,避免相互干扰。选择植物材料时,可在满足植物生态要求的前提下体现特殊的造景目的,若想营造热闹的氛围,则不妨以开花植物组成盛花花坛或花丛;若想闹中取静,则可以依靠某一角落,设立花架,种植枝繁叶茂的藤本植物。在配置形式上没有特殊的要求,根据环境、地形、景观特点合理安排。总之,休闲广场的植物配置是比较灵活自由的,最能够发挥植物材料的美妙之处。

（5）小型休息广场

这类广场面积较小,地形较简单,因而无须用太多的植物材料做复杂的配置。在选择植物时充分考虑具体的环境条件,让植物和现有的景观有机结合。从植物种类到布置形式都要遵循少而精的原则。

另外,还有一类特殊的广场,即停车场。越来越多的停车场对城市的景观也有很大影响。现代的停车场不仅仅只为了满足停车的需要,还应对其绿化、美化,让它变成一道美丽的景致。较常采用的绿化方法是种植庭荫树、铺设草坪或嵌草铺装。要求草坪要非常耐践踏,耐碾压。如果是地下停车场,其上部可以用来建造花园。

11.3 城市广场植物造景的原则及植物选择

11.3.1 生态原则

城市广场植物造景也要将生态原则作为基础原则,满足植物正常生长的基本要求,并尽可能发挥植物改善城市环境的生态效应。要注意选择适应城市环境、抗性强、养护管理方便的植物种类。

城市广场植物造景的一个重要方面是如何有效提高绿地绿量。既要注重选择乔木、灌木及地被植物,做到多样性;也要注意乔灌草多层次配置,形成植物生态景观群落;并将植物以群体集中方式进行种植,发挥同种个体的相互协作效应及环境效益大大优于单株及零星种植方式的特点,实现绿量上的景观累加效应。

11.3.2 景观原则

城市广场植物造景的景观原则既要以基本美学原理（统一、调和、均衡和韵律）为依据,也要注意体现植物的观赏层次及色彩和季相的要求,形成美观、协调、富有特色的植物景观空间。

城市广场多位于城市主要结构轴线或交通干线上,或与之相邻,或轴向展开布局,其装饰城市街景、美化城市市容的景观功能十分突出,在一定程度上标志着城市的形象。提高广场的环境艺术质量,展示作为都市风景点的景观艺术风采,都需要注重植物造景的景观原则,做到景观上的"适地适树"。

　　城市广场的植物景观设计,首先应注重整体的美感,既有统一性又有一定节奏与韵律的变化;其次,要注意做到主次分明,并体现植物景观群落的要求。主景应选择观赏效果好、特征突出、观赏期长的种类。如以观赏效果好的乔木或灌木丛为主景,以深色调的乔木群为背景,以花卉及地被植物为前景,使植物景观丰富多彩。

　　城市广场的植物景观设计也应体现色彩和季相变化,运用植物的花、果、叶等的个体色彩,以及植物组合形成色彩构图,并注意植物的季相变化尤其是春、秋季相,营造出引人注目的植物景观。如在草坪中群植花期相近、花色鲜艳的春花花木,或群植不同叶色的秋色叶树种,都能起到强调季相观赏效果的作用。

　　城市广场植物景观设计的另一个重要内容是植物景观与其他景观要素的配置,要做到与总体环境协调统一,与水体、建筑、道路与铺装场地及景观小品等其他景观要素相得益彰。在以植物为主体的植物景观空间中,要注意根据景观立意与艺术布局的要求,与地形地貌等因素结合,利用植物材料进行空间组织与划分,形成疏密相间、曲折有致、色彩相宜的植物景观空间。

11.3.3　文化原则

　　文化内涵是园林景观的神韵所在,文化原则也是植物造景中的重要原则,必须明确园林绿地对文化因素的要求,体现不同的文化内涵和风格特色,做到文化上的"适地适树"。

　　城市广场的植物造景要体现以人为本的文化原则,与人的目的、需要、价值观、行为习惯相适应,不但使人获得视觉上的美感,更使在广场中活动的人们获得心理上和功能上的快乐。如利用植物景观组织活动空间,使广场既包含用于庆典、集会、表演等的公众活动空间,也包含用于朋友会面、情侣交谈等的私密活动空间,创造亲切、宜人、舒适的绿色空间环境。

　　城市广场的植物造景要注重继承历史文脉的文化原则。历史文脉是一个城市文化内涵的基础和出发点,是它的灵魂和精神所在、风韵和魅力所在,即一城之"神"、一城之"韵"。要从城市的历史文化背景和资源着手,注重其与自然环境条件结合,提炼、营造文化主题,强调历史文脉的"神韵"。如将植物景观组合成构图符号,与具有鲜明城市文化特征的景观小品等融合,共同体现地方文化韵味。

　　城市广场的植物造景也要重视人性化、特色化的文化原则。作为城市中重要的社会交往空间,从某种意义上讲,可以说广场是市民的精神中心,体现着城市的灵魂。因此必须融入市民的生活,为市民服务,为大众所用,渲染生活气息,成为表达城市居民日常生活的舞台。植物景观也要注意反映市民文化,体现时代气息,突出个性,营造特色植物景观。

11.4　城市广场植物造景设计案例分析

11.4.1　案例一　市政广场

　　城市中的市中心广场、区中心广场上多布置公共建筑,平时为城市交通服务,同时也供游览及一般活动,需要时可进行集会游行。这类广场有足够多的面积,并可合理地组织交通,与城市干道相连,满足人流集散要求,但不可通行货运交通。可在广场的另侧布置辅助交通网,使之不影响集会游行等活动。例如北京天安门广场、上海人民广场、西安南方广场等各大城市广场,均为供群众集会游行和节日联欢之用。在主席台、观礼台的周围,可重点配置常绿树。节日时,可点缀花卉。为了与广场气氛相协调,一般以整形式为主,在广场周围道路两侧可布置行道树。

南门广场位于西安市南门盘道,东西、南北各长约 200 m,占地面积约 4.2 hm²。作为城市标志性广场,南门广场不同于其他广场之处在于举办节日庆典的文化功能。南门广场的植物造景设计立足于古城区一城墙一城门的大环境,以文化功能为出发点,以古城墙及城楼为景观主体,以"长安龙脉"为景观轴线,采用均衡对称的规则式植物景观布局,旨在营造恢弘、和谐、典雅、简洁的城市绿色空间。城内盘道中保留、调整原有风景树,以台地式种植池调整高差,强调景观层次,骨干植物为国槐、紫荆、常绿地被植物等;城外盘道的中心环岛结合御道及活动广场配置常绿树及观赏地被植物组合,构图流畅、色彩明丽,具有较强的装饰性,骨干植物为白皮松、龙柏、丰花月季、宿根花卉等;护城河周围绿地配置地被植物组群,注重季相变化,骨干植物为白皮松、红枫、观赏地被植物等;城外两侧绿地丛植风景树,烘托整体环境气氛,骨干植物为银杏、常绿地被植物等(图 11.1)。

图 11.1 南门广场

南门广场是游客眼中古城的标志,也吸引着众多市民文化休闲,并成为举办仿古入城市活动等庆典的首选之地,其植物景观协调、优雅、大度,受到了社会各界的一致好评。

11.4.2 案例二 纪念广场(大雁塔北广场)

大雁塔位于西安南郊大慈恩寺内,是全国著名的古代建筑,被视为古都西安的象征。大雁塔北广场位于大雁塔脚下,东西宽 480 m、南北长 350 m,占地 16.8 hm²,以大雁塔为南北中心轴。前广场设有山门及柱塔作为雁塔北路与广场轴线之转接点,由水景喷泉、文化广场、园林景观、文化长廊和旅游商贸设施组成。南北高差 9 m,分级 9 级,由南向北逐步拾级形成对大雁塔膜拜的形式。广场总体设计概念上以突出以大雁塔慈恩寺及唐文化为主轴,结合了传统与现代元素构成。北广场有 4 座石质牌坊,是广场景观的标志物,均用白麻石材贴面,形成中间高两边

低的三门样式,呈现出平衡、稳定、简洁、大气的特点。牌坊题词用唐人崇尚的字体书写,中间大匾额用颜真卿楷书大字,大气磅礴;两边上下联匾额题词用王羲之、王献之行书字体,典雅生动。"大唐盛世"带来了各行各业的空前繁荣和进步,此雕塑特意从诗歌、书法、茶道、医药等领域中选定了"诗仙"李白、"诗圣"杜甫、"茶圣"陆羽、"诗佛"王维、"唐宋八大家之首"韩愈、书法家怀素、天文学家僧一行、"药王"孙思邈8个精英人物,以逼真写实的雕塑手法展现在人们的面前(图11.2、图11.3)。

图11.2　大雁塔北广场1

图11.3　大雁塔北广场2

1)分区设计

(1)前山门广场

前山门广场具备大雁塔北路端景及北广场前景的双重功能,除有彰显前门的功能外,还具有视景转换的作用。前山门广场是由东西端的山门柱、书本雕塑及石佛灯塔所共同构成的,山门连接东、西两向古文物街回廊,形成北广场之山墙,山门列柱分置中央水道之左右两侧,以唐式花样为图案装饰,除有界定广场边界之功能,还能使视觉易于透视北广场,形成隔而不挡之效,列柱上刻有佛法可使游客感受佛教的博爱慈悲胸怀。中央水景为进入北广场之视觉焦点,其左右两侧设置山门柱,柱高12 m作为进入北广场之标志,夜间光明齐放,形成极具震撼之入口标志——大唐文化柱(图11.4)。

（2）莲花花坛区

莲花花坛区是由回形路构成,中央为荷花池,也可作为游客休息场所,四周计分8格,由具有唐朝文化意象的莲花、菩提的花片叶片所转化成,其上除有常绿灌木外,还有四季花坛供游客观赏,灌木草花的花纹由唐代建筑庭院文化所产生的花格纹窗,庭园铺面所引入设计,具有唐代文化的艺术图案。

（3）唐诗园林区

唐诗园林是由园林广场所构成,故唐代诗与画高度繁荣,每处唐诗园所展示的园林景观皆不相同。为呼应大雁塔历史文化之背景与颂扬唐风文化之延续,将北广场水景两侧的带状广场发展为唐诗园林广场,以唐代著名文人及诗画为意境,配以高大的百年生银杏树,树影婆娑,绿荫成林,建构成唐诗园林广场宏观的意境,也展现北广场多元化内涵景致的风貌。

图11.4　大唐文化柱

（4）禅修林树区

禅修林树区为北广场主体树构成区,主体树以银杏为主,除彰显北广场（佛法广场）之整体气势外,并能提供游客休息、遮阴的场所,地面上的唐代文化艺术图案浮雕可使人感受到唐代文化的雅致,成为户外画廊（图11.5）。

图11.5　禅修林树区

（5）大唐精英

以唐代社会各个方面对历史文化做出贡献的精英人物李白、杜甫、僧一行、陆羽、王维、韩愈、孙思邈、怀素为主题,用大理石雕出高2.8 m的雕塑形象,以逼真写实的雕塑手法展现在人们的面前,配以对应的环境绿化小品,展现大唐文化,以供游人瞻仰、怀念。

（6）观景台区

观景台区位于北广场最南端,为广场地势最高处,两侧各以阶梯及斜坡道迎接人潮,下方空间为控制室及设备空间,位于观景台下方的瀑布水壁及后侧的浮雕墙以主题方式表现唐代的佛教文化、宫廷文化、马球、飞天等各式雕塑,前方则形成广阔的瀑布水幕墙,成为整个广场最为壮

观的端景,在台上可将北广场、雁塔北路即解放路轴线一览无遗。

　　(7)两侧商建设计及休闲咖啡区

　　建筑作为广场空间构成的重要因素,其体重、造型、色彩和立面细部均会影响到景观的整体质量。两侧商建采用唐代建筑和立面的处理,营造佛法广场的氛围,采用院落式布局方式,建筑主题以红柱、大坡屋顶为基调,强化细部处理。

　　位于北广场两侧建筑内侧,依地势以枕木架高,于绿带内形成一供游人休憩喝咖啡饮料的休闲区域,可在此区域内布置桌、椅、遮阳伞等,供游人欣赏风景及休息。

2)水景设计

　　水深不到22 cm,平时可形成平静的倒映水面,以广阔水体倒映出大雁塔宏伟的身姿及蓝天,充分利用原有南北向9 m的高差,形成9个不同的平台,每级高差5步,暗合皇家九五之尊寓意,呈矩阵排列,形成阶梯跌水。把最南端最高点设计为观景台,并形成一广阔的瀑布形式作为最南端的端景收头,广场的主水景区面积约16 000 m²,取兵马俑之意呈矩阵式布置有近2 000个涌泉喷嘴,全部单点泵控制,以各种形式的喷水形式起伏变化,配合灯光、镭射,形成多彩多姿的瑰丽景色,其规模堪为世界之最。

3)绿化设计

　　本着四季常绿、四季有花、与广场的环境氛围相协调的原则配置乔木、灌木和草皮。乔木树种包括:银杏、白皮松、圆柏、紫薇、樱花、白蜡树、杏树、槐树。灌木及地被有:黄杨、牛眼菊、千日红、荷花、结缕草、羊胡子草等。

4)灯光设计

　　灯光用高岗灯、平原灯,照明方式与传统的照明方式完全不一样。从光谱分析上可以看出,人能见度很高,昆虫能见度很低,整个广场不会有昆虫漫天飞的现象,灯具的形式运用现代材料与中国传统风格相结合,石灯粗犷,从木窗中演变出现代的玻璃木墙方窗,在国内罕见。古建筑上的照明把灯光藏在斗拱里面,朝上打亮屋檐下部和主要结构柱件,在离建筑较远的地方运用先进的蝙蝠灯聚光照射屋檐轮廓,两侧用光照射塔顶,塔座南部用万紫千红数码灯照射出万丈佛光的效果,一个立体的大雁塔矗立于夜空中的辉煌,成为绝美的古都夜景。

5)城市小品设计

　　配合周围仿唐式古建筑风貌,仍保持简洁明快的现代风格,使用金属、实木、玻璃等现代材料,饰以古典纹样,设计实用、方便、坚固、细致,令人眼前一亮又能融入整个环境中的景致小品,并于环塔东西路的散步道上,以真人大小的铜雕,复原唐代的街头情景,如街边卖艺、唐代摔跤、唐代乐队等。

11.4.3 案例三 商业广场

钟鼓楼广场位于西安市中心,钟楼与鼓楼之间,东西长 270 m,南北宽约 100 m,总面积约 2.18 hm²。钟鼓楼广场植物造景设计注重其标志性广场的性质,强调景观功能,把握历史文脉,体现朝钟暮鼓特色的文化主题,以钟楼、鼓楼为景观主体,以棋盘式路网格局为基础,以均衡的规则式植物景观布局为主,渲染古朴典雅、庄重大度、简洁明快的环境气氛。中心绿化广场中,与大面积草坪结合布置色块式时令花卉,主体突出、色彩明快,富于装饰感;内侧绿地注意与休闲空间结合,提供市民活动的绿色背景;东部下沉广场中采用立体绿

图 11.6 钟鼓楼广场

化丰富空间层次;周边绿地则采用地被植物造型,构成景观空间的前景。骨干植物为常绿地被植物、时令花卉等(图 11.6、图 11.7)。

图 11.7 钟鼓楼广场棋盘式路网格

钟鼓楼广场的植物景观能适应功能要求,体现古城神韵,但也存在着美中不足。如,以开敞式景观为主,植物层次不够丰满;植物材料以灌木及地被植物为主,品种较单一;对庇荫条件考虑不足等。

11.4.4 案例四 文化广场(长延堡广场)

长延堡广场位于西安市南郊电视塔周围,用地范围呈菱形,南北长约 1 000 m,东西宽约 230 m,总面积约 12.02 hm²。

长延堡广场是市区南北景观主轴线的南端节点,基址内建有陕西省自然博物馆,赋予其在内容与形式上新的变化。长延堡广场的植物造景设计注重景观、生态、文化的设计主题的结合,

以主体建筑为中心,以南北景观轴线为基础,与周围环境协调一致,共同营造景观优美、环境宜人、生态和谐、富于文化艺术魅力、富于个性特色、为公众认同的绿色空间环境。其植物造景的布局采用自然式与规则式构图相结合的手法,南部草坪区以观赏草坪为基调,点植常绿树,配以象形图案的大色块观花地被,暗喻中国古代天文图像,与浑天仪、日晷等标志小品呼应,主要树种有白皮松、雪松、观赏地被植物等;中部丛林区着重体现秦巴地区植物特色,集中渲染春花季相,提供游人休息、观景,主要树种有白皮松、大叶女贞、广玉兰、观赏桃花、玉兰、春花灌木等;中心绿岛区以主体建筑为中心,强调"绿""岛"的景观效果,体现水景的韵律,主要树种有雪松、海桐、南天竹、垂柳、碧桃等;北部疏林区渲染秋色叶季相,构成景观轴线的终端,主要树种有大叶女贞、银杏、元宝枫、火炬树、三角枫、紫叶李、观花地被植物等。

　　长延堡广场植物造景借鉴了城市景观广场系列的建设经验与教训,力图使其更加合理、完善、有特色。如,渲染引入自然、再现自然的"绿色景观"的景观立意;体现科普教育文化特征的独特个性;注意运用隐喻历史延续的景观构图符号;注重生态小环境的合理性;合理选择植物品种,强调景观生态配置形式;突出春秋两季的季相观赏效果,等等。

　　城市广场植物造景的关键在于强调生态原则、景观原则与文化原则结合,应从体现植物配置科学性和艺术性融合的角度出发,既立足于设计基址的环境条件,满足植物正常生长发育的环境需求,体现植物景观的生态性;也着眼于城市广场的景观特点,根据广场总体布局、景观立意进行配置,充分利用造景因素,使植物景观总体环境协调一致,并注意植物景观的层次效果与季相变化,使其具备丰富多样又完整统一的观赏特色;同时也注意挖掘广场文化内涵,使植物景观也能具备特定的文化氛围。

12 居住区绿地植物造景

城市居住区是城市集中布置居住建筑、公共建筑、公共绿地、生活性道路等居住设施，为城市居民提供生活居住、从事社会活动的场所，一般占城市总用地的35%左右，是城市的有机组成部分。可以说居住区是组成城市的基础，居住区空间是城市空间的延续，居住区环境质量的优劣是影响城市环境的重要因素。居住区环境规划的好坏直接关系到居民的生活质量，更对整个城市的环境质量产生重大的影响。而加强居住区绿地建设的首要任务是做好植物造景设计。

12.1 居住区附属绿地的类型与特点

城市居住区绿化是在居住区用地上经过现场的勘查，结合实际情况，通过合理设计地形山水，种植花草树木，在适宜之处安置小品建筑等，为居民创造优美、整洁、宁静的生活环境。居住区附属绿地是居民生活中接触最为广泛的绿地类型，所以在居民生活中扮演着十分重要的角色，是居民日常生活中重要的户外休憩、娱乐、活动空间。居住区绿地的规划设计直接表现居住区的面貌和特色，同时也直接影响居民的生活环境质量。

我国2018年制定的《城市居住区规划设计规范》规定：居住区绿地，应包括公共绿地、宅旁绿地、配套公用建筑所属绿地和道路绿地等。而居住区内的公共绿地应根据居住区不同的规划组织结构类型，设置相应的中心公共绿地，包括居住区公园（居住区级）、小游园（小区级）和组团绿地（组团级），以及儿童游乐场和其他的块状、带状公共绿地等。各中心公共绿地的设置内容应符合表12.1的要求。

表 12.1 各级中心公共绿地设置规定

中心绿地名称	设置内容	要 求	最小规模/hm²
居住区公园	花木草坪、花坛水面、凉亭雕塑、小卖茶座、老幼设施、停车场地和铺装地面等	园内布局应有明确的功能划分	1.0
小区游园	花木草坪、花坛水面、雕塑、儿童设施、铺装地面等	园内布局应有一定的功能划分	0.4
组团绿地	花木草坪、桌椅、简易儿童设施	灵活布局	0.04

12.1.1 公共绿地

公共绿地是指居住区内居民公共使用的绿地。适宜于各年龄段的居民使用,其服务半径以不超过 300 m 为宜;具体应根据居住区不同的规划组织结构类型,常与老人、青少年及儿童活动场地相结合布置。公共绿地根据居住区规划结构的形式分为居住区公园、居住小区中心游园、居住生活单元组团绿地以及儿童游戏场和其他块状、带状公共绿地等。居住区公园集中反映了小区绿地质量水平,一般要求有较高的设计水平和一定的艺术效果,是居住区绿化的重点地带。公共绿地以植物材料为主,与自然地形、山水和建筑小品等构成不同功能、变化丰富的空间,为居民提供各种特色的空间。

1)居住区公园

居住区公园为全居住区居民服务。面积较大,相当于城市小型公园。公园内的设施比较丰富,有各年龄组休息、活动用地。为方便居民使用,常常规划在居住区中心地段,与居民的距离一般在 800 ~ 1 000 m,步行约 10 min 可以到达。园内布局应有明确的功能分区、景区划分,除了花草树木以外,有一定比例的建筑、活动场地、园林小品、活动设施。最好与居住区的公共建筑、社会服务设施结合布置,形成居住区的公共活动中心,以利于提高使用效率,节约用地。

在功能上居住区公园与城市公园不完全相同,它是城市绿地系统中最基本而活跃的部分,是城市绿化空间的延续,又是最亲近居民的生活环境。因此在规划设计上有与城市公园不同的特点,不宜照搬或模仿城市公园,更不是公园的缩小或公园的一角,其功能要求为满足居民对游戏、休息、散步、运动、健身、游览、游乐、服务、管理等方面的需求。居住区公园以绿化为主,设置树木、草坪、花卉、铺装地面、庭院灯、凉亭、花架、雕塑、凳、桌、儿童游戏设施、老年人和成年人休息场地、健身场地、多功能运动场地、小卖店、服务部等主要设施,并且宜保留和利用规划或改造范围内的地形、地貌及已有的树木和绿地。

居住区公共绿地户外活动时间较长、使用频率较高的使用对象是儿童及老年人,因此在规划中内容的设置、位置的安排、形式的选择均要考虑其使用方便,在老人活动、休息区,可适当地多种一些常绿树。居住区公园内设施要齐全,最好有体育活动场所和运动器械,适应各年龄段活动的游戏场及小卖部、茶室、棋牌室、花坛、亭廊、雕塑等活动设施和丰富的四季景观的植物配置。但专供青少年活动的场地,不要设在交叉路口,其选址应既要方便青少年集中活动,又要避免交通事故;其中活动空间的大小、设施内容的多少可根据年龄不同、性别不同合理布置;植物配置应选用夏季遮阴效果好的落叶大乔木,结合活动设施布置疏林地。可用常绿绿篱分隔空间和绿地外围,并成行种植大乔木以减弱喧闹声对周围住户的影响。绿化树种避免选择带刺的或有毒、有味的树木,应以落叶乔木为主,配以少量的观赏花本、草坪、草花等。在大树下加以铺装,设置石凳、桌、椅及儿童活动设施。

所有的植物对孩子们来说都是一种潜在的资源,在选择种植的树木时有一定的标准。儿童必然会爬一些分枝低的树木,这些树是攀爬类游戏设施很好的替代品,然而,如果要这么做,就必须考虑在树下设跌落区和铺设缓冲地面。如果场地上空空荡荡的而必须种一些小树时,这些树一定要固定牢靠。最好选择落叶树,在夏天它可以提供遮阴,在冬天则可以透过阳光,还可以

显示季节的变化。儿童们夏天在户外玩耍时常需要有一片遮阴的地方,而此时有些大人们则希望能在开敞的草坪上休息。所以遮阴树木的位置应据时间精心规划,尤其是在夏天。

要在座椅和草坪上种树,从而形成有遮阴的歇坐空间。城市中如果存在大量来自周围人行道、建筑和路面上的眩光时,在公园里设置有遮阴的闲坐区是很重要的。在夏天,人们常聚集在树下,而公园大部分铺装空间较为空旷,公园内所有的树都种在地被植物上,而它们提供的遮阴人们没法享用。如果需要,可在小型公园的周围种植高大乔木,这样可以形成美观的边界,同时遮挡临近的建筑。

植物一直是最受城市居民欢迎的,在钢筋水泥的森林中,人们对城市中的小片绿地也有很深的感情。因此,草坪和繁茂的行道树应布置在公园临街的一面。所有的植物必须耐久、耐踩踏、生长迅速而且没有毒性。竹子很适合用于儿童游戏场中。因为它们具有抗性强、耐瘠薄、无毒无刺、便于管理等优点,产生景观效益的同时也具有生态效益。

在体育运动场地内,可种植冠幅较大、生长健壮的大乔木,为运动者休息时遮阴。居住区公园布置紧凑,各功能分区或景区间的节奏变化比较快,因而在植物选择上也应及时转换,符合功能或景区的要求。居住区公园与城市公园相比,游人成分单一,主要是本居住区的居民,游园时间比较集中,多在早晚,特别是夏季的晚上。因此,要在绿地中加强照明设施,避免人们在植物丛中因黑暗而造成危险;另外,也可利用一些香花植物进行配置,如白兰花、白玉兰、含笑、蜡梅、丁香、桂花、结香、栀子花、月季、素馨等,形成居住区公园的特色。自然开敞的中心绿地是小区中面积较大的集中绿地,也是整个小区视线的焦点,为了在密集的楼宇间营造一块视觉开阔的构图空间,植物景观配置上应注重平面轮廓线要与建筑协调,以乔、灌木群植于边缘隔离带。绿地中间配以大片的地被植物和草坪,在地被植物和草坪上点缀树形优美的孤植乔木或丛植灌木,或色叶小乔木,形成富有特色的疏林草地和色叶树丛等视线开阔的交往空间。人们漫步在中心绿地里有一种似投入自然怀抱、远离城市的感受。

2)小区游园

小区游园较居住区公园更接近居民,小游园面积相对较小,功能也较为简单,为居住小区内居民就近使用,为居民提供茶余饭后活动休息的场所,设置一定的文化体育设施、游憩场地、老人及青少年活动场地,如儿童游戏设施、健身场地、休息场地、小型多功能运动场地、树木花草、铺装地面、庭院灯、凉亭、花架、凳、桌等,以满足小区居民游戏、休息、散步、运动、健身的需求。居住小区中心游园位置要适中,以方便居民的使用为宜,服务半径以400~500 m为宜。小区游园既可结合地形特点设置在小区中的中心位置,以方便小区居民使用,也可以在居住区中分散设置,也可在小区一侧沿路布置以形成防护隔离带,美化街景,方便居民及游人休息,同时可减少道路上的噪声及尘土对住户的影响。当小游园贯穿小区时,居民前往的路程大为缩短,如绿色长廊一样形成一条景观带,使整个小区的风景更为丰满。由于居民利用率高,因而在植物配置上要求精心、细致、耐用。以植物造景为主,考虑四季景观,如要体现春景,可种植玉兰、连翘、海棠、迎春、垂柳、樱花、碧桃等,使得春日时节,杨柳青青,春花灼灼。而在夏园,则宜选栾树、合欢、木槿、石榴、凌霄、夏堇、矮牵牛、蜀葵等,炎炎夏日,绿树成荫,繁花似锦。在小游园因地制宜地设置花坛、花境、花台、花架、花钵等植物应用形式,有很强的装饰效果和实用效果,为人们休息、游玩创造良好的条件。起伏的地形使植物在层次上有变化,有景深,有阴阳两面,有抑扬顿

挫之感。如澳大利亚布里斯班高级住宅区利用高差形成下沉式的草坪广场,并在四周种植绿树红花,围合成恬静的休憩场所。

3) 住宅组团绿地

组团绿地是结合居住建筑组成的不同组合形式的公共绿地,是随着建筑组团的布置方式和布局手法的变化,其大小、位置和形状均相应变化的绿地。其面积大于 $0.04\ hm^2$,服务半径为 $60\sim200\ m$,居民步行几分钟即可到达,主要供居住组团内居民(特别是老年人和儿童)活动、休息之用。住宅组团绿地是最接近居民的公共绿地,以住宅组团内居民为服务对象,特别要设置老人和儿童活动、休息场所。此绿地往往结合住宅组团布置,离住宅人口最远距离在 $100\ m$ 左右。绿地内要有足够的铺装地面,以方便居民休息活动,也有利于绿地的清洁卫生。一般绿地覆盖率在50%以上,游人活动面积率50%~60%。为了有较高的覆盖率,并保证活动场地的面积,可采用铺装地面上留穴来种乔木的方法。

住宅组团绿地的形式受居住区建筑布局的影响较大,组团绿地是居民的半公共空间,组团绿化实际是宅间绿化的扩展或延伸,增加了居民室外活动的层次,也丰富了建筑所包围的空间环境,是有效利用土地和空间的办法。住宅组团绿地主要分为以下几种形式:

① 开敞式住宅组团绿地:居民可以自由进入绿地内休息活动,不用分隔物,其实用性较强,是组团绿地中采用较多的形式。

② 封闭式住宅组团绿地:被绿篱、栏杆所隔离,其中以草坪、模纹花坛为主,不设活动场地,具有一定的观赏性,但居民不可入内活动和游憩,以便于养护管理,其使用效果较差,居民不希望过多采用这种形式。

③ 半封闭式住宅组团绿地:以绿篱或栏杆与周围有分隔,但留有若干出入口,居民可出入于内,但绿地中活动场地设置较少,禁止人们入内的装饰性地带较多,常在紧临城市干道,为追求街景效果时使用。

楼宇间较为集中的绿地是兼有晨练、交往、休息功能的活动空间。居住区楼宇间绿地面积较小且零碎,要在同一块绿地里兼顾四季序列变化,不仅杂乱,也难以做到。所以,较好的处理手法是协调统一,做到一片一个季相或一块一个季相。为此,一方面,植物配置要考虑有益人们身心健康的保健植物如银杏、柑橘等,有益消除疲劳的香花植物如栀子花、月季、桂花、茉莉花等,有益招引鸟类的植物如海棠、火棘等。另一方面,强调利用生态系统的循环和再生功能,维护小区生态平衡。楼宇间植物的构成尽量考虑乔、灌、草等多层次、多种类、多组合、多变化、高密度等经过合理搭配的植物群落,以实现群落的平衡和循环的再生功能。

组团绿地供本组团居民集体使用,为组团内居民提供室外活动、邻里交往、儿童游戏、老人聚集等良好的室外条件,组团绿地距离居民居住环境较近,便于使用,居民在茶余饭后即来此活动,因此游人量比较大,利用率高,而且游人中约有一半是老人和儿童,或携带儿童的家长,所以在植物配置时要考虑到他们的生理和心理的需要。对组团绿地要精心安排不同年龄层次居民的活动范围和活动内容,以小路或种植植物来分隔,避免相互干扰,尤其对活动量较大的学龄前儿童,要注意设计安排。根据组团规模、大小、形式、特征布置绿地空间,种植不同的花草树木,可强化组团特征。绿地中通过硬质铺装、具有特色的儿童游戏设施、花坛、花架、坐凳、小型水景的设计,使不同组团具有各自的特色。组团绿地不宜建许多园林建筑小品,应该以花草树木为

主,适当设置桌、椅、简易儿童游戏设施等,以组团绿地适应居住区绿地功能的需求为设计出发点,慎重采用假山石和建大型水池。

小区的文化内涵是丰富小区生活、创造居住区活力的重要因素。因此,在组团绿化设计时,要充分渗透文化因素,形成各自特色。

利用植物围合空间,尽可能地植草种花,达到"组乔灌,草敷地,俯仰咸宜,终年保持丰富的绿貌,形成春花,夏绿、秋色、冬姿的美好景象";也可利用棚架种植藤本植物,如紫藤、木香、葡萄等,利用水池种水生植物,如睡莲、浮萍、菱等。但种植植物应避免靠近住宅,以免造成底层住宅阴暗潮湿及通风不良等负面的影响。

紧靠硬地的种植区和草地应有抬高的边界。抬高边界可以阻止儿童骑车从硬质地面穿过园圃和草地。但边沿不应太高以方便儿童从步道进入草地。

12.1.2 公建设施绿地

各类公共建筑和公共设施四周的绿地称为公建设施绿地,例如,俱乐部、展览馆、电影院、商店、图书馆、医院、学校、幼儿园和托儿所等用地的绿化。各种公共建筑的专用绿地要符合不同的功能要求,并和整个居住区的绿地综合起来考虑,使之成为有机的整体。

如托儿所、幼儿园的主要使用对象是3~6岁的学龄前儿童,因而周围的绿化要针对幼儿的特点进行。托儿所等地的植物选择宜多样化,多种植树形优美、少病虫害、色彩鲜艳、季相变化明显的植物,使环境丰富多彩、气氛活泼,同时也有助于儿童了解自然,热爱自然,增长知识。在儿童活动场地范围内,不宜种植占地面积过大的灌木,以防止儿童在跑动、跳跃过程中发生危险。可在场地四周边缘、角隅种植色彩丰富的各种花灌木。考虑到儿童户外活动多,夏天需要遮阴,冬天需要充足阳光,因而以种落叶乔木为宜。另外,不要栽植多飞絮、多刺、有毒、有臭味及容易引起过敏症的植物,如夹竹桃、悬铃木、皂角、月季、海州常山、凤尾兰、漆树、暴马丁香等。在主要出入口可配置儿童喜爱的、色彩造型都易被识别的植物,可做花架、凉棚等,为接送儿童的家长提供休息的场所。

12.1.3 居住区道路绿化

居住区道路绿化作为"点""线""面"绿化系统的"线",将居住区各类绿化用地联系起来。居住区道路是居民日常生活的必经之地,还起着引导人流、疏导空间的作用,其道路绿化对居住区的绿化面貌有着极大的影响。道路绿化有利于居住区的通风,可提供阴凉,改善小气候,减少交通噪声,保护路面,美化街景,并以少量的用地增加居住区的绿化覆盖面积。可根据道路的分级、地形、交通情况等进行布置。居住区可视为相对独立的生态系统,要充分考虑居民享用绿地的需求,尽量选用叶面积系数大、光合作用强的植物构成人工植物生态群落。变化有序的干道绿化是连接各楼宇间的纽带。平面图上这条"绿线"宜用冠大荫浓的行道树为主,依次沿路列植或群植,构成绿色长廊,将入口、中心绿地、楼宇间有机地串联起来。种植时要考虑植物特别是乔木与住宅间的关系,注意树木对住宅的采光、遮阴、挡风等的影响;树木枝叶离房屋应有一定距离,注意不让过多的树叶掉落到屋顶,以免使屋顶排水不畅;在道路交叉口及转弯处,种植

的树木不应影响行驶车辆的视距。树种的选择、树木配置的方式应不同于城市道路,形成不同于市区街道的气氛和配置方式,使乔木、灌木、绿篱、草地、花卉相结合,更具亲和力。例如,可在道路旁边种植高大的乔木、浓密的灌木、鲜艳的花卉及绿色的草坪;也可一侧以草坪为主、一侧以乔灌结合的方式进行道路绿化;沿干道配置时令开花植物、色叶景观植物,还会随季节呈现出不同季相。

12.1.4　宅旁绿地

宅旁绿地包括宅前、宅后、住宅之间及建筑本身的绿化用地,是居住区绿地中的重要部分,最为接近居民。住宅庭院绿地应紧密结合住宅建筑的规划布局、住宅类型、层数、间距及建筑的组合形式,建筑平面等因素综合考虑。在居住小区总用地中,宅旁绿地面积最大,分布最广,使用率最高,宅旁绿地面积占 35% 左右,其面积不计入居住小区公共绿地指标中,在居住小区用地平衡表中只反映公共绿地的面积与百分比。一般来说,宅旁绿化面积比小区公共绿地面积指标大 2~3 倍,人均绿地可达 4~6 m²,对居住环境质量和城市景观的影响最明显,在规划设计中需要考虑的因素也较复杂。

1)宅旁绿地的特点

(1)宅旁绿地具有多种功能

居民在这里开展各种日常活动,老人、儿童与青少年,以至婴幼儿的休息、邻里交往、晾晒衣物、堆放杂物等都经常在这里进行。宅旁绿地也是改善生态环境,为居民直接提供清新空气和优美、舒适居住条件的重要因素,可防风、防晒、降尘、减噪,改善小气候,调节温湿度及杀菌等。

(2)宅旁绿地的领有特征

领有是宅旁绿地的占有与被使用的特性。领有性强弱取决于使用者的占有程度和使用时间的长短。宅旁绿地大体可分为私人领有、集体领有和公共领有 3 种空间形式。私人领有一般在底层,是将宅前宅后用绿篱、花墙、栏杆等围隔成私有绿地,空间领域界限清楚,使用时间较长,可改善底层居民的生活条件,一户专用,防卫功能较强。集体领有如宅旁小路外侧的绿地,多为住宅楼各住户集体所有,无专用性,使用时间不连续,也允许其他住宅楼的居民使用,但不允许私人长期占有或设置固定物。一般多层单元式住宅将建筑前后的绿地完整地布置,形成公共活动的绿地空间。公共领有指各级居住活动的中心地带,居民可自由进出,都有使用权,但是使用经常变更,具有短暂性。不同的领有形态使居民的领有意识不同,离家门愈近的绿地,其领有意识愈浓。要使绿地管理得好,在设计上则要加强领有意识,使居民明确行为规范,建立居住的正常生活秩序。

(3)宅旁绿地的时空特点

庭院绿地以绿化为主,绿地率达 90%~95%。树木花草具有较强的季节性,一年四季,不同植物有不同的季相。而大自然的情趣与植物的生物学特性组成生机盎然的景观,使庭院绿地具有浓厚的时空特点,给人以生命与活力。因此,居民希望在住宅周围的绿地随着住宅建筑的多层化向空间发展,绿化向立体、空中发展,如台阶式、平台式和连廊式。住宅建筑的绿化形式越来越丰富多彩,大大增强了宅间绿地的时空性。

（4）宅旁绿地的识别性

住宅的类同、近似的建筑外形，使居民难以识别自己的"家"，所以住宅建筑要有识别性。与此同时，环境设计、庭院绿地也要有识别性。

我国传统的园林艺术与处理手法已用于庭院绿地的规划设计。在庭院绿地中以不同的植物材料，采用不同的配置方式，使绿地具有特点，在形式与内容上使居民易于识别。在宅旁绿地中，根据各个组团住宅组成形式和特点，采用不同的手法，形成不同的绿化环境，使居民收到较好的识别效果（图12.1）。

图 12.1　宅旁绿地

（5）宅旁绿地的制约性

住宅庭院绿地的面积、形体、空间性质受地形、住宅间距、住宅组群形式等因素的制约。当住宅以行列布置时，绿地为线型空间；当住宅为周边式布置时，绿地为围合空间；当住宅建筑为散点式布置时，绿地为松散空间；当住宅建筑为自由式布置时，绿地为舒展空间；当住宅为混合式布置时，绿地为多样化空间。

由于我国城市用地紧缺，居住建筑的密度较高，一般宅旁可绿化的面积小而散，因此空间构成较零散，除了沿街地段以外，宅旁绿地多属于内向型空间，限定性较强，视线较封闭。而国外经济发达国家居住区的宅旁绿地面积较宽裕，公共绿地占有面积较高，宅旁绿化空间相对丰富，形式多样，空间限定性小。随着居住区规划设计水平的不断提高，住宅建筑布置改变了过去兵营式的空间结构，建筑布局开始多样化，空间组织也逐渐多样化，宅间绿地空间的制约也在变化，将会更有利于绿地空间的形成。

2）宅旁绿地的类型

我国居住区宅旁绿地反映了居民的不同爱好与生活习惯，在不同的地理气候、传统习惯与环境条件下，不同时期出现不同的绿化类型，大致配置可以参考以下几种类型：

（1）树林型

以高大的树木为主形成树林，在管理上简单、粗放，大多为开放式绿地，居民可在树下活动。树林型对住宅环境调节小气候的作用较明显，可是缺少花灌木和花草配置，需配置不同树种，有速生与慢生、常绿与落叶，以及不同色彩、不同树形等树种的配置，避免单调。

（2）花园型

在宅间以篱笆或栏杆围合一定范围。布置花草树木和园林设施，色彩层次较为丰富。在相邻住宅楼之间，可以遮挡视线，有一定的隐蔽性，为居民提供游憩场地。花园型绿地可布置成规则式或自然式，有时形成封闭式花园，有时形成开放式花园。

（3）草坪型

以草坪绿化为主,在草坪边缘适当种植一些乔木和花灌木、草花之类。这种形式多用于高级独院式住宅,有时也用于多层或高层住宅。但草坪养护管理要求较高,在居住绿地中破坏严重,若管理跟不上,种后两三年就可能荒芜,绿化效果不理想。

（4）棚架型

以棚架绿化为主,采用开花结果的蔓生植物,有花架、葡萄架、瓜豆架,可作中药的金银花、枸橘架等,既美观又实用,较受居民喜爱。

（5）篱笆型

在住宅前后用常绿或开花的植物组成篱笆,如用高约80 cm的桧柏组成1.5~2 m的绿篱,分隔或围合成宅间绿地。还可用开花植物形成花篱,在篱笆旁边栽种爬蔓的蔷薇或直立的开花植物,如南方的扶桑、栀子花等,形成花篱。

（6）庭园型

在绿化的基础上,适当设置园林小品,如花架、山石等,近年来常运用于实际设计中。

（7）园艺型

根据居民爱好,在庭院绿地中种植果树、蔬菜,一方面绿化,另一方面生产果品蔬菜,供居民享受田园乐趣。一般种植管理粗放的果树,如枣、石榴、柿等。种植蔬菜需施肥,有碍环境卫生,因此在城市不宜多用。

3）宅旁绿化注意事项

宅旁绿地为居民的户外活动创造了良好的条件和优美的环境,满足了居民休息、儿童活动、观赏等需要。它的绿化布置直接关系到室内的安宁、卫生、通风、采光,关系到居民的视觉享受和嗅觉享受。

（1）以绿化为主

为保持居住环境的安静,种植绿篱分隔庭院,可降低噪声、降尘、挡风等,绿篱的高度与宽度按功能要求决定。宅旁绿化由于周围建筑物密集而造成遮阳背阴部位较多,要选择种植耐阴植物,以达到绿化效果。

（2）美观、舒适

绿化设计要注意庭院的空间尺度,选择适合的树种,其形态、大小、高度、色彩、季相变化与庭院的大小、建筑的层次相称,使绿化与建筑互相陪衬,形成完整的绿化空间。

根据我国居住水平与居民生活习惯,底层住宅小院分隔与组织要考虑居民堆放杂物的需要,用围墙或绿篱分隔小院,以绿化布置起到遮"丑"的作用。在居室外种植乔木时,一般要与地下管线的铺设结合设计,地下管线尽量避免横穿庭院绿地,与绿化树种之间留有最小水平净距离。乔木与住宅外墙的净距离应在5~8 m以上。乔木与外墙2~3 m时,数年后树木长大影响室内采光、通风,树木的病虫害还会影响室内卫生。在窗前不宜种常绿乔木,以落叶树木为好。

（3）内外绿化结合

宅旁绿化是住宅室内外和庭院内外自然环境与居民紧密联系的重要部分,室内外与院内外绿化的结合使居民生活在绿色空间中,享受大自然的景色。在宅旁绿地中,植物配置以孤植或

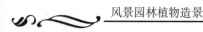

丛植的方式形成人工自然树群,除绿篱外一般不采用规则式修剪,使植物群保持自然体态。

(4)绿化布局、树种选择要多样化

行列式住宅容易造成单调感,甚至不易分辨,因此要选择不同的树种、不同的种植方式增强识别性。例如,可以用观花、观果植物来布置,如选用枸橘、桂花、柑橘、柿树、枇杷、杨梅、无花果、葡萄、草莓等,形成富有情趣的特色绿地。如日本京都某住宅旁,在石头砌成的种植槽内栽植敦实可爱的扁柏球,别具一格。

(5)栽植注意事项

住宅周围常因建筑物的遮挡造成大面积的阴影,宜选择耐阴的植物种类,如桃叶珊瑚、罗汉松、十大功劳、珍珠梅、金银木、玉簪、鸢尾、麦冬等。住宅附近管道密集,树木的栽植要算准距离,尽量减少两者之间的相互影响。树木的栽植不要影响住宅的通风采光,尤其是南向窗前不要栽植大乔木。

(6)控制尺度感

绿化布置要注意尺度感,避免由于树种选择不当而造成拥挤、狭窄的不良心理反应,并且容易形成窝藏垃圾的死角。可将乔木、灌木、绿篱、花卉相结合,形成丰富的植物景观,但又不过分拥挤,不遮挡视线。

12.1.5　居住区外围绿地

在居住区的外围设置区域性绿地,既可以成为内外绿地的过渡,也是居民放松游憩的场所,同时形成绿色隔离带,美化、净化居住区环境。居住区外围绿化时,要注意保持树木的连续性和完整性,结合造园艺术,为人们提供一个早晨晨练、饭后散步的场所。居住区外围绿地应充分考虑按其周围环境进行规划设计。有的居住区邻近城市主干道,由于车辆多、噪声大,规划时要特别重视防护林的布置,一般以冠大干高的落叶树、常绿树以及花灌木相互配置,增强其降低噪声、减弱灰尘以及安全防护作用,3行以上为好。如用地充足,应考虑在防护林带内布置小型休息绿地,以尽可能使居住建筑远离都市干道,使居民有一个良好的休息环境。同样,如果附近有工矿企业、喧闹场所等对居民休息有影响的单位,也要注意防护林的布局。

居住区外围绿地也形成城市的一道绿色景观线,其立面起伏的变化可以为城市增加景观层次,同时也丰富了居住区的整体景观风貌。

目前我国一些城市尤其一些中小城市,房地产开发商片面追求经济效益,常常很少留出足够面积的外围绿地,这种情况下则需要园林设计者在小面积上做文章,创造出优美的小区外围绿地景观,充分发挥绿地效益。

12.2 居住区绿化原则及植物选择

12.2.1 居住区绿化原则

1）注重生态效益

居住区绿化以城市生态环境系统作为重点基础,把生态效益放在第一位,以提高居民小区的环境质量,维护与保护城市的生态平衡。以生态学理论为指导,以再现自然、改善和维持小区生态平衡为宗旨,以人与自然共存为目标,以园林绿化的系统性、生物发展的多样性、植物造景为主题的可持续性为使命,达到平面上的系统性、空间上的层次性、时间上的连续性。

2）绿化与美化相结合,树立用植物造景的观念

居住环境生态需要绿色植物的平衡与调节。由于树木的高低、树冠的大小、树形的姿态与色彩的四季变化等,都能使居住环境具有丰富的变化,增加绿色层次,加大空间感,可打破建筑线条的平直、单调的感觉,使整个居住区显得生动活泼、丰富轮廓线。同时,居住区通过绿化,还能使各个建筑单体联合为一个完整的布局。从经济上来说,居住区绿化用植物造景,还可大大节省绿化费用,使有限的投资发挥出更大的绿化效益。因此,在居住区的绿化规划设计中,除集中的块状绿地可适当设置一些简单、明快的建筑小品外,一定要在植物造景上努力,充分发挥绿化的功能,为居民创造一个宜人、安静、高雅、实用美观的居住环境。

3）合理创造空间,以人为本

居民区的绿地是居民户外活动的主要场所,要留有一定面积的居民活动场地。我国居民的业余户外活动主要是体育锻炼。根据居住区的总体规划,除主干道两边的人行道早晚可被居民利用进行乘凉与就近锻炼外,活动场地一般都是以居民区提供公共绿地的形式解决。绿地面积大小要与服务半径相适应,一般以 200 ~ 300 m 为宜,可满足 20 ~ 30 人做操的要求。在规划设计中,硬覆盖地面广场与园路、建筑小品加在一起,面积一般以不超过整个小区绿地总面积的10% 为宜。

4）植物配置原则

① 乔灌草结合,常绿植物和落叶植物比例适当,速生植物和慢生植物相结合。将植物配置成高、中、低各层次,既丰富植物品种,又能使绿量达到最大化,达到一定的绿化覆盖率。居住区绿化应减少草坪、花坛面积;常绿树应多于落叶树,以保持绿视率;同时与攀缘植物配合使用能使景观更具立体性。

② 配置高大乔木时,选择树种要有针对性,种植树种应考虑植物景观的稳定性、长远性。

树种选择在统一基调的基础上,力求变化,创造优美的林冠线和林缘线,打破建筑群体的单调和呆板感,如玉兰院、桂花院、丁香路、樱花街等有特色和识别性的景观。注重选用不同树形的植物如塔形、柱形、球形、垂枝形等,如雪松、水杉、龙柏、香樟、广玉兰、银杏、龙爪槐、垂枝碧桃等,构成变化强烈的林冠线;不同高度的植物,构成变化适中的林冠线,利用地形高差变化,布置不同的植物,获得相应的林冠线变化。通过花灌木近边缘栽植,或利用矮小、茂密的海桐、杜鹃、金丝桃等密植,使之形成自然变化的曲线。配置高大乔木时,要有足够的株行距,为求得相对稳定的植物生态群落结构打下基础,也是可持续发展的需要。

③ 植物配置应体现四季有景,三季有花,适当地配置和点缀时令开花花卉草坪,创造出丰富的季相变换。在种植设计中,充分利用植物的观赏特性,进行色彩组合与协调,通过植物叶、花、果实、枝条和干皮等显示的色彩在一年四季中的变化为依据来布置植物,做到一带一个季相,或一片一个季相,或一个组团一个季相。如由桃花、迎春花、丁香等组成的春季景观;由紫薇、合欢、花石榴等组成的夏季景观;由桂花、红枫、银杏等组成的秋季景现;由蜡梅、忍冬、南天竹等组成的冬季景观。充分利用色叶植物,例如红叶李、红枫、紫叶小檗等;充分利用管理粗放、观赏期长的花卉,例如大花马齿苋、紫鸭跖草、雏菊等。

④ 居住区绿化不仅仅停留在为建筑增加一点绿色,起点缀的作用,而是应从绿化与建筑的关系上去研究绿化与居住者的关系,尤其在绿化与采光、通风、防西晒太阳及挡西北风的侵入等方面为居民创造更具科学性、更为人性化、富有舒适感的室外景观。要根据建筑物的不同方向、不同立面,选择不同形态、不同色彩、不同层次以及不同生物学特性的植物加以配置,使绿化与建筑融合在一起,周边环境协调,营造较为完整的景观效果。同时注意与建筑、地下管网有适当距离。

⑤ 因地制宜。居住区绿化应充分利用自然地形和现状条件,尽量利用劣地、坡地、洼地及水面作为绿化用地,以节约土地,有一定的经济性。对原有树木,特别是古树名木、珍稀植物应加以保护和利用,并规划到绿地设计中,以节约建设资金,早日形成绿化效果。

⑥ 经济实用性原则。植物配置时充分利用原有地形地貌,尽量减少土方工程。由于建筑施工产生的建筑垃圾的影响,居住建筑周围的土壤不利于植物的生长,需选择耐瘠薄、抗性强的树种。若居住区的物业管理水平低,会导致植物生长状况不良,选择能适应当地环境、养护管理强度低的树种更为适合。

12.2.2　居住区绿化植物选择

1) 选择具有生态效益的植物

从生态方面考虑,植物的选择与配置应该对人体健康无害,有助于生态环境的改善并对动植物生存和繁殖有利。这就要求了解植物有关方面的性能。

(1)抗污染树种的选择可以起到净化空气的作用

抗污染的树种见表12.2。

（2）选用具有多种效益的树种

即能防风、降噪、抗污染、吸收有毒物质或防火的树木,如女贞、樱花、大叶黄杨、石榴(吸收有毒物质);榆树、朴树、广玉兰、木槿(阻挡烟尘);侧柏、合坎、紫薇(含抗生素);龙柏、梧桐、垂柳、云杉、海桐(降噪);珊瑚树、苏铁、银杏、棕榈、榕树(防火)等。另外还可选用易于管理的果树(表12.3)。

表12.2　抗污染的树种

有毒气体	抗性	树　种
二氧化硫	强	构树、皂荚、华北卫矛、榆树、白蜡、沙枣、柽柳、臭椿、旱柳、侧柏、小叶黄杨、紫穗槐、加杨、枣、刺槐、大叶黄杨、海桐、蚊母树、棕榈、青冈栎、夹竹桃、石栎、无花果、凤尾兰、枸橘、枳橙、香橙、柑橘、金橘、大叶冬青、山茶、厚皮香、冬青、枸骨、胡颓子、樟叶槭、女贞、小叶女贞、丝棉木、广玉兰、印度榕、扁桃、盆架树、红背桂、松叶牡丹、小叶驳骨丹、杜果、细叶榕
	较强	梧桐、丝棉木、槐、合欢、麻栎、板栗、杉、松、柿、圆柏、白皮松、华山松、云杉、杜松、珊瑚树、朴、桑、玉兰、木槿、鹅掌楸、刺槐、紫藤、泡桐、樟树、梓、紫薇、石楠、石榴、罗汉松、侧柏、楝树、乌桕、桂花、栀子花、龙柏、菩提榕、鹰爪
氯气	强	构树、皂荚、白蜡、沙枣、柽柳、臭椿、侧柏、枣树、五叶地锦、地锦、紫薇、大叶黄杨、青冈栎、龙柏、蚊母树、棕榈、枸橘、枳橙、夹竹桃、小叶黄杨、山茶、木槿、海桐、凤尾兰、无花果、丝棉木、胡颓子、柑橘、枸骨、广玉兰、盆架树
	较强	梧桐、合欢、板栗、银杏、华北卫矛、杉、松、圆柏、云杉、珊瑚树、女贞、小叶女贞、泡桐、桑、麻栎、板栗、玉兰、紫薇、朴、楸、梓、石榴、罗汉松、榆、刺槐、栀子花、槐、榕树、蓝桉、黄槿、鹰爪、扁桃、杜果、银桦、桂花、蒲葵
氟化氢	强	皂荚、榆树、白蜡、云杉、侧柏、杜松、枣树、五叶地锦、大叶黄杨、蚊母树、棕榈、海桐、构树、夹竹桃、枸橘、枳橙、广玉兰、青冈栎、无花果、柑橘、凤尾兰、小叶黄杨、山茶、油茶、丝棉木、银桦、蓝桉
	较强	梧桐、丝棉木、槐、圆柏、杉、松、山楂、构树、臭椿、华北卫矛、榆树、沙枣、柽柳、珊瑚树、女贞、小叶女贞、紫薇、朴树、桑树、龙柏、樟、梓、楸、玉兰、刺槐、泡桐、垂柳、罗汉松、乌桕、石榴
氯化氢		小叶黄杨、无花果、大叶黄杨、构树、凤尾兰
二氧化氮		构树、桑、无花果、泡桐、石榴

表12.3　防烟、防风、防火、防湿的树种

	作　用	主要树种
防风	树群内部的风速根据树冠的密度而变化,树木越密,减速效果越明显。针叶常绿树木的密度大,在阻止空气流动方面非常有效。但由于枝叶过密、易遭风害故不适于作防风树	1.最强:圆柏、银杏、木瓜、柽柳、楝 2.强:侧柏、桃叶珊瑚、大叶黄杨、棕榈、梧桐、无花果、榆树、女贞、木槿、榉、合欢、竹、槐、厚皮香、杨梅、枇杷、榕树、鹅掌楸 3.稍强:龙柏、黑松、夹竹桃、珊瑚树、海桐、核桃、樱桃、菩提树、女贞

续表

	作 用	主要树种
防火	常绿、少蜡、表面质厚、叶富水分的树木,除观赏外,兼有防火的能力,还可以降低风速。一旦发生火灾,可免蔓延。针叶树的防火效果一般比阔叶树差	1. 常绿树:珊瑚树、厚皮香、山茶、罗汉松、蚊母树、海桐、冬青、女贞、大叶黄杨、构树、棕榈 2. 落叶树:银杏、麻栎、臭椿、金钱松、槐、刺槐、泡桐、柳树、白杨
防湿	湿气较大的居住地很容易发生疾病,为防湿气,所选树种具有的条件:① 适合于水湿地中生长;② 叶面蒸腾作用较显著;③ 叶面大的落叶植物;④ 水分吸收作用较显著	桉树、垂柳、赤杨、桦树、白杨、樟、泡桐、水青冈、水松、水杉、楝、枫香、梧桐、木棉、水曲柳、白蜡、三角枫、七叶树
防烟	树木净化大气的能力主要取决于树叶的性质,并由树种、树叶质量、树叶年龄、环境条件等而不同。常绿树木四季常青,对煤烟抵抗力较落叶树木大	1. 常绿树:青冈栎、榷树、樟树、大叶黄杨、黄杨、冬青、女贞、珊瑚树、桃叶珊瑚、广玉兰、厚皮香、夹竹桃 2. 落叶树:银杏、悬铃木、刺槐、皂荚、桦木、榆树、梧桐、麻栎、臭椿

(3)选择无飞絮、无毒、无刺激性和无污染物的树种

尤其在儿童游戏场周围忌用带刺和有毒的树种,如夹竹桃的毒汁,花椒、月季、黄刺玫的刺,杨柳的飞絮等。可选用无飞絮的杨柳雄株作为绿化树种。

(4)选用耐阴树种

由于居住区建筑往往占据光照条件好的位置,绿地受阻挡而处于阴影之中,应选用耐阴树种,如垂丝海棠、金银木、枸骨、八角金盘等。

(5)注意竖向绿化配置

乔、灌、草、藤相结合,丰富竖向空间的绿化,可使场地绿化覆盖率达到最高,发挥更大的生态效益。

(6)注意植物品种多样性

植物的品种多样性有利于动植物的生态平衡。

(7)选择根系较为发达的园林植物

植物发达的根系能吸收分解土壤中的有害物质,起到净化土壤和保持水土的作用。

2)注意事项

在绿地中,树木既是造景的素材,也是观赏的要素。由于植物的大小、形态、色彩、质地等特性千变万化,为居住区绿地的多彩多姿提供了条件。

园林植物配置是将园林植物等绿地材料进行有机结合,以满足不同功能和艺术的要求,创造丰富的园林景观。合理的植物配置既要考虑到植物的生态条件,又要考虑到植物的观赏特性;既要考虑到植物自身美,又要考虑到植物之间的组合美和植物与环境的协调美;还要考虑到具体地点的具体条件。正确地选择树种并加以理想的配置将会充分发挥植物的特性构成美景,为园林增色。在居住区绿化中,为了更好地创造出舒适、优美的生活、休息、游乐环境,要注意树

种选择和植物配置。可从以下几个方面考虑：

（1）多种植物相结合搭配配置

乔灌结合，常绿植物和落叶植物、速生植物和慢生植物相结合，适当地配置和点缀花卉草坪。在树种的搭配上，既要满足生物学特性，又要考虑绿化景观效果，创造出安静和优美的环境。

（2）植物种类不宜繁多，但也要避免单调，更不能配置雷同，要达到多样统一

在儿童活动场地，要通过少量不同树种的变化，在儿童记忆、辨认场地和道路统一基调的基础上，力求树种变化，创造出优美的林冠线和林缘线，打破建筑群体的单调和呆板感。在栽植上，除了需要行列栽植，一般都要避免等距离栽植，可采用孤植、对植、丛植等，适当运用对景、框景等造园手法，装饰性绿地和开放性绿地相结合，创造出丰富的绿地景观。在种植设计中，充分利用植物的观赏特性，进行色彩组合与协调，通过植物叶、花、果实、枝条和干皮等显示的色彩，在一年四季中的变化来布置植物，创造季相景观。

（3）常绿和落叶树种的关系

在居住区的绿化种植中，既要考虑环境景观的综合效果，又要注意绿化与住宅之间是否存在着冬遮阳光、夏挡东南风的现象。因此，居住区的绿化树种应以落叶乔木为主（如黄山栾树、白玉兰、合欢、紫玉兰、无患子、鸡爪槭等）。在不影响采光通风的情况下，适当布置常绿乔木，以渲染冬季的绿化效果。同时，落叶树种的种植可以带来富有变化的植物季相。常绿树和落叶树的比例控制在 3∶7 左右较为合理。常绿的乔木以种植在中心绿地内比较适宜，这样对居住区的环境不会产生较大的影响。

（4）乔木与灌木的关系

为了衬托上层的落叶乔木，用常绿的小乔木和灌木（如桂花、含笑、山茶、桃叶珊瑚、十大功劳、南天竹等）作为中层绿化植物，增加绿化的层次感，丰富绿化厚实感；同时，花灌木的种植可以做到四季有花，四季有景。配置一些香花植物，还能把室外优美的环境渗入到室内，增加了人与大自然的亲和力。

（5）地被植物的利用

目前居住区的绿化常用大面积的草坪，一方面给日后的养护带来很高的成本，如病虫害的防治、经常性的割草、给居民造成环境的污染等；另一方面景观效果比较单一乏味，缺少动感和乐趣。

在绿化配置中，一定要注重地被植物的应用。配置各种开花的地被植物（如鸢尾、红花酢浆草、石蒜、萱草、白花三叶草等）可以在不同时期陆续开花，形成花境不断的景象。在养护上，不用频繁割草，病虫害也较少，减少了对环境的污染，大大降低了养护管理成本，达到绿化美化的效果。

（6）种植密度

新小区的绿化还要注意植物配置密度的问题。开发商往往要求绿化效果立现，所以在植物种植时，往往加大种植密度，而没有按照设计的种植。如行列的常绿行道树，紧靠住宅楼的南侧墙面，由于前期树木较小，在短期内没有很大的问题，但若干年后，随着树木生长，就会影响住宅楼的采光和通风，使得住在低层的住户得不到充足的阳光。同时景观的效果也变得很差。

● 要考虑绿化功能的需要，不能把所有的美化置于绿化功能之上。

● 要考虑四季景观，采用常绿树与落叶树、乔木和灌木、速生和慢生、不同树形和色彩的树种配置。

● 树木花草种植形式要多种多样,如丛植、群植、孤植、对植等,打破成行成列住宅群的单调和呆板。

● 力求以植物材料形成绿化特色,使统一中有变化。

● 宜选择生长健壮、有特色的树种,大量种植宿根球根花卉及自播繁衍能力强的花卉,既能节省人力、物力、财力,也可获得良好的观赏效果,如玉簪、美人蕉、二月兰、波斯菊、芍药、蜀葵等。

● 多种攀缘植物,以绿化建筑墙面、各种围栏、矮墙,提高居住区立体绿化效果,使其具有多方位全面生动的观赏性,如凌霄、地锦、络石、常春藤、紫藤、木香、山荞麦、葡萄、木通、薜荔等。

(7)盐碱地种植

在一些居住区或其他绿地种植过程中,土地 pH 较高,肥力低,含盐量高,是典型的盐碱地,在种植时要注意对植物的选择问题。

① 抗盐碱植物的选择

盐碱地绿化树种选择原则:耐盐碱,能适应盐碱地生长;有较好的观赏性;生长迅速;具有自肥能力,能提高土壤自肥能力或改良土壤;抗污力强,净化空气效果好。在华北一带,毛白杨、构树、白蜡、合欢、沙枣、刺槐、桂柳、芦苇等都可以在盐碱地上生长。若在海边种植绿化,还要考虑抗风性。南方福建或者再往南,可以考虑木麻黄片植造林。

如浙江盐碱地树种有:先锋树种有杨树、苦槛蓝、柽柳、海滨木槿;适生树种有木麻黄、舟山新木姜子、红楠、杨梅、女贞、乌桕、构树、棕榈、紫薇、金枝垂柳、红叶乌桕、苦楝、盐肤木、柏类、水杉、池杉、落羽杉、墨西哥落羽杉、角竹、早竹、哺鸡竹、珊瑚树、夹竹桃、金叶女贞、绒毛白蜡、小叶白蜡、海桐、美人蕉、香蒲、水竹、芦苇等。

盐碱地适栽树种有:雪松、普陀樟、香樟、银杏、香榧、鹅掌楸、厚朴、桉树、乐昌含笑、乐东拟单性木兰、重阳木、含笑、广玉兰、玉兰、桂花、枇杷、枫香、黄山栾树、翔盈香槐、南酸枣、江南桤木、珊瑚树、榆树、杭州榆、榉树、元宝枫、五角枫、鸡爪槭、合欢、无患子、香椿、臭椿、杜仲、柿树、石榴、梨树、木芙蓉、南天竹、大叶黄杨、小叶黄杨小叶白蜡、紫穗槐、海桐、金叶女贞等。

② 几种典型耐盐植物

耐盐乔木:白蜡、构树、合欢、杜梨、垂柳、毛白杨、楝树。

耐盐灌木:枸橘(宁夏枸橘)、沙枣、单叶蔓荆、紫穗槐、月季、罗布麻、木槿、石榴、苹果、冬枣、葛藤、枸杞。

耐盐地被:结缕草、草地早熟禾、匍匐翦股颖、二色补血草、白刺、星星草。

12.3 居住区附属绿地景观设计案例分析

12.3.1 案例一 居住区公园(神仙树公园绿化景观规划设计)

1)概况

成都高新区神仙树滨河公园,位于成都高新区神仙树南路肖家河畔,全长约 1 000 余米,宽约 80 m,占地面积 8.1 hm²,其中水域面积约 9 000 m²,绿地面积为 5 万多平方米(图 12.2)。

图12.2　神仙树公园总平面图

公园为新型生态景观园林,其临河、亲水的风格不仅显现河的自然美,更体现了人与环境的交流与联系,充分体现了"以人为本"的现代园林空间美观与舒适并重的原则。园内地形起伏变化,山石隐现,景观层次丰富;四季花木扶疏,生机盎然;园中林木掩映,曲桥流水,散布奇异峰石,奇妙而独特,创造出既有变化又均衡统一,尺度适宜,视觉明快的优美园林空间。

2)分区植物景观设计

整个公园从南至北依次分布了神韵广场、仙桥遗址、竹苞挹翠、蜀风天籁、水石云天、公孙情重、木石良缘、神树千年八大景观节点。每个区域之间有机过渡,协调自然,同时又有各自不同的特色。前景植物枝形优美,以景观效果为主;背景植物则层次丰富,适度密植,乔木、灌木、地被、花卉巧妙结合;常绿与落叶植物合理配置,追求植物的季相变化。整个环境色彩纷呈,景观丰富而有变化,使整个河滨绿地呈现出最佳的生态效应,形成一处都市中的绿洲。

公园主入口,木质牌坊结合植物造景凸显其标志性,金叶女贞——杜鹃的层次感再与置石相搭配,简洁醒目(图12.3),入口通道两侧分别用以孤植黄葛树——金叶女贞与置石相搭配(图12.4),及丛植塔柏与金叶女贞相搭配的不对称配置手法(图12.5),增添趣味性和一定的障景效果。

图12.3　神仙树公园入口

图12.4　入口通道两侧植物配置1

图12.5　入口通道两侧植物配置2

神韵广场主要分为表演广场和游人休憩广场两部分,在表演广场圆形中心场地及弧形看台周围采用大面积混播草坪,配以金叶女贞绿篱,再弧线列植蒲葵,体现开敞感(图12.6)。游人休憩广场一侧较为开敞,一侧较为荫蔽,主要配置形式有黄葛树—红花檵木球—金叶女贞—杜鹃—女贞—酢浆草(图12.7);台湾相思—八角金盘—麦冬(图12.8);与居住区毗邻一侧的配置为秋枫—棕竹—金边吊兰(图12.9),色彩清新,整体效果较为淡雅宁静。

图 12.6　中心场地和弧形看台植物配置

图 12.7　休憩广场一侧植物配置 1　　图 12.8　休憩广场一侧植物配置 2　　图 12.9　休憩广场毗邻居住区
一侧植物配置

　　仙桥遗址景观节点靠近马路边人行道，一面临水，周围绿化配置形式主要有在小叶女贞与金边大叶黄杨绿篱围成的绿地空间中，沿人行道列植小叶榕，在白花三叶草草坪上片植马缨丹作花境（图 12.10），或者在小叶女贞与金边大叶黄杨绿篱围成的绿地空间中，散植桂花，在白花三叶草草坪中种植修剪出金叶女贞与小叶女贞拼接造型篱，再片植马缨丹（图 12.11），或者是

图 12.10　仙桥遗址景观节点靠近
马路边人行道绿化配置 1

图 12.11　仙桥遗址景观节点靠近
马路边人行道绿化配置 2

紫薇配葱兰花境（图12.12）等；在沿河临水一侧小叶女贞围成的绿地中，沿岸向人行道种植垂柳、龙牙花，再点缀种植几株丝兰，在白花三叶草草坪上片植葱兰做造型（图12.13）。植物配置在发挥一定的隔离、引导等功能的同时，着力体现了其原生态的一面。

图12.12 紫薇配葱兰花境

图12.13 仙桥遗址景观节点沿河临水侧植物景观配置

竹苞把翠景观节点植物层次丰富，其中散布多个游人休憩小广场，配套卫生间等相应设施，形式灵活多变，灵动宜人。干道植物配置的主要形式有栾树—蒲葵—红花檵木—金叶女贞与小叶女贞拼接绿篱（图12.14）；鱼尾葵—含笑—红花檵木—小叶女贞球—马蹄金（图12.15），灌木对植，植物与置石相搭配，相得益彰。在小广场旁以蚊母树围成的绿篱之中，散植天竺桂，再用小叶女贞篱圈成圆形花境的边沿内植美人蕉，片植葱兰与草坪自然融合成随意烂漫的花境（图12.16）。树阵小广场用红花羊蹄甲配麦冬（图12.17），葱茏可爱。临岸的植物配置方式主要有加拿利海枣—绣球—小叶女贞（图12.18）；垂柳—迎春（图12.19）；公园卫生间采用了下沉式的设计，顶部采用了七里香进行垂直绿化（图12.20），与周边融为一体，对面采用南天竹—天门冬—杜鹃的配置方式，弱化硬质棱角（图12.21）。

图12.14 干道植物配置1

图12.15 干道植物配置2

图 12.16　小广场湾植物配置

图 12.17　树阵小广场植物配置

图 12.18　临岸植物配置 1

图 12.19　临岸植物配置 2

图 12.20　公园卫生间植物配置 1

图 12.21　公园卫生间植物配置 2

蜀风天籁主要是儿童、老年娱乐休闲健身活动场地,场地附近的植物配置色彩丰富跳跃,配合健身器械等整体感觉活泼灵动,采用加拿利海枣和蒲葵相间种植在马蹄金草坪上(图 12.22),或以红枫散植,搭配红花檵木—金叶女贞—杜鹃的层次造型篱,结合花坛种植天门冬,层次丰富,富有观赏价值(图 12.23)。干道配置方式与相邻景点相区别,采用广玉兰—芙蓉—麦冬的搭配方式,再配以置石增添变化(图 12.24)。

图 12.22　蜀风天籁植物配置 1

图 12.23　蜀风天籁植物配置 2

图 12.24　蜀风天籁干道植物配置

图 12.25　水石云天岸边植物配置 1

图 12.26　水石云天岸边植物配置 2

图 12.27　水石云天岸边植物配置 3

　　水石云天这一景观节点是利用高差,搭配看似随意,实则精心布置于水中的置石而创造的自然式水景,岸边搭配天竺桂、垂柳、皂荚、南天竹、龙牙花(图 12.25、图 12.26、图 12.27),水中种植风车草、睡莲,与置石相搭配一叶兰等(图 12.28、图 12.29),体现一种自然野趣。与居住区入口相接小广场上,简洁地在马蹄金草坪上种苏铁搭配置石,醒目大方(图 12.30)。

图 12.28　水石云天水中植物配置 1

图 12.29　水石云天水中植物配置 2

图 12.30　苏铁搭配置石

图 12.31　公孙情重植物配置 1

图 12.32　公孙情重植物配置 2

公孙情重景观节点主要是临河沿岸游人休憩走廊,其植物配置主要模式为垂柳—南天竹(图 12.31);水杉—南天竹;乐昌含笑—金叶女贞;红花檵木球—栀子花(图 12.32)。各组配置间又相互形成层次,沿河设置的园椅等小品设施附近摆放着花盆种植的天门冬(图 12.33)。

图 12.33　花盆种植的天门冬

图 12.34　木石良缘景墙植物配置

木石良缘景观节点主要通过景墙等小品来表达主题,同时为满足功能需要,又设有休闲中心提供餐饮服务等。景墙等处植物配置相对简单,主要采用天竺桂—南天竹—马蹄金的模式(图12.34)。休闲中心外围用异国风情盆栽装点环绕,种植丝兰、龙血树等颇具热带风情的植物(图12.35),与建筑相搭配烘托。中心外场地植物搭配形式主要为广玉兰—红花檵木—片植葱兰做花境造型—马蹄金、麦冬,图案色彩颇为美观大方(图12.36)。

图12.35　木石良缘休闲中心植物配置　　　　图12.36　木石良缘中心外场地植物配置

神树千年景观节点主要凸显丰富的植物种类,植物搭配层次众多,主要有龙牙花—红花檵木—金叶女贞—蚊母树再搭配置石造景(图12.37);天竺桂—金叶女贞—杜鹃—金边吊兰(图12.38);凤尾竹—杜鹃—金边吊兰(图12.39);天竺桂—金叶女贞—麦冬再搭配置石(图12.40);朴树—金叶女贞—红花檵木—酢浆草(图12.41);罗汉松—蚊母树—杜鹃—片植葱兰作花境—马蹄金(图12.42),总体景观效果纷繁多变。

图12.37　神树千年景观节点　　　图12.38　神树千年景观节点　　　图12.39　神树千年景观节点
　　　植物配置1　　　　　　　　　　植物配置2　　　　　　　　　　植物配置3

图 12.40　神树千年景观节点
　　　　　 植物配置 4

图 12.41　神树千年景观节点
　　　　　 植物配置 5

图 12.42　神树千年景观节点
　　　　　 植物配置 6

12.3.2　案例二　小区游园——长沙报业中心办公、生活区景观绿化规划设计

1）概况

该报业中心位于长沙市展览馆路一侧,绿地总面积为 12 000 m²,其中生活区中心绿地占地面积 4 500 m²,属于居住生活区中间位置布置的游园小区(图 12.43)。

2）分区植物景观设计

(1)办公区环境规划

办公大楼前围墙为 80 cm 高的全通透式围墙,大门两侧以四季杜鹃为篱,上间植苏铁和山茶花,四季常青,花开不断,与矮墙、铁艺护栏相映生辉。

办公楼前围合广场是对外交流的主要场所,考虑到三面高层建筑围合的特殊地理位置,在规划中一改传统的广场配置雕塑、喷泉的处理方式,以植物配置为主要造景手法,力图体现以人为本的亲和感。广场中心位置以花坛、植物抽象 C,b 两个字母图案,中植多头铁树,加强广场的重心感。把建筑与广场规划综合考虑,宛如一卷报纸打开之后映入眼帘的是长沙报业(即 C,b)。

广场北端紧邻建筑物处罗汉松与红花檵木球间种,串联起一条条栩栩如生的长龙,预示着长沙报业集团的稳定发展、蒸蒸日上。

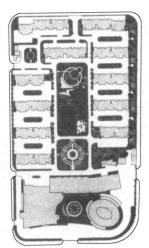

图 12.43　长沙报业中心
　　　　　 总平面图

（2）生活区环境

① 文化休闲广场：采用南北两端以欧洲园林中较规整的图案式处理手法（总平面规划图中自南向北以月、日、宇宙的抽象图案，描述着报业中心从晚报起步的辉煌前景）与中间部分中国传统的自然园林相结合，以适应文化人对不同品味、不同文化的追求。

② 生活区南端的方整地块采用绿篱、花坛与中心铺地相结合，组成"太阳"图案，"口"中植高大的雪松。考虑到南端办公楼对其部分阳光的遮挡，采取南端铺装耐阴的"美国2号"草坪，创造出一个开敞的视野空间，北边种植利于观赏的红枫、银杏、桂花等乔木，组成进入生活区的对景，且可以起到适当分隔办公区与生活区的作用。

（3）篮球场东侧及北侧生活区的文化休闲中心

采用传统风景园林的处理手法，玛瑙玉髓铺装的小径和部分条石铺地，以河沙、置石构筑出自由舒适的休憩区，配置有蜡梅、桃李、玉竹、樱花、红枫等形态婀娜植物的草坪，使人在闲暇漫步时更能体味到回归自然的情境。

（4）北端以欧式叠水庭园作为生活区又一入口的对景

给人以耳目一新的感觉，以多个圆形叠套组成"宇宙星辰"图案，加以叠水、草地、鲜花的装点，使整个环境更加清亮明快。沿汀步往南下小坡，则进入了一个安静休闲的垂钓区。形状规整的叠水池同与之形成鲜明对比的自然曲折的小池塘同处一方天地，通过周边植物、坡地的处理，拉近了距离，使其友好地交融在一起（两水池底相通）。

（5）生活区道路及周边绿化的处理

主要考虑庇荫、吸尘、降低噪声、减少污染及作为背景树，同时做到四季常青、色彩搭配合理、各季节花香不断。

上述植物景观设计中选用的树种、花卉、草种均能适应湖南地区的气候及土质条件，多具有抗污、抗尘、抗烟、耐阴等功能。

12.3.3　案例三　组团绿地——大源双河三期景观设计

1）概况

大源双河三期位于成都市高新区南部园区。项目规划建设净用地面积为 142 089.4 m²，小区景观面积 42 627 m²，划分出多个组团，小区外围市政绿化带约为 11 000 m²（图12.44）。社区建筑采用现代、简洁的高层电梯公寓形式，休闲风情浓重，宜居意味很强，是适合人居的现代化人性社区。

2）设计理念

根据建筑设计的表现形式和建筑在园区内的位置关系，考虑周边环境特点和成都的气候特点、植物生长状况、人文景观等，结合居住人群特点、人的行为活动规律以及审美情趣，确立了"运动、生态、休闲"的设计理念，旨在倡导一种健康、自然、活力、和谐为一体的社区生活方式，营造一种温馨、生态和宜居的生活空间。

图 12.44　大源双河三期总平面图

3）规划布局

设计结合建筑特点,考虑高视点景观所强调的悦目和形式美,追求景观的统一与和谐,结合"运动、生态、休闲"的设计理念,采用了点、线、面结合的景观布局形式。

（1）面——组团景观区

按照组团的划分,将全区分为以"运动""休闲"及"生态"为主题的3个景观区。每个景观区各具特色,通过各自独立又有联系的表现形式烘托出居住区健康、自然、活力、和谐的氛围,达到整体上的统一,营造出丰富的人文空间和优美的仿自然空间。

（2）线——独具特色的园路

园路在形式和铺装上富有变化,与各组团主题相契合。

（3）点——各组团中心景观区

各组团以一个中心景观区为核心,集中体现该组团的主题。以辐射和发散的形式将组团内的其他景观区联系在一起。中心景观区的确立是建立在对园区及周边环境分析的基础之上,并在其中集中体现设计理念,开辟面积较大的公共活动健身空间,满足居民活动需要并鼓励居民之间的交往。

4)分区景观设计

（1）中心景观区

每一组团的中心绿地为中心景观区，中心景观区主要满足居民的健身、交往、集会等公共活动，由3大部分组成。

① 运动中心区（图12.45）：该景观区位于场地北侧，占地面积最大，以"运动"作为主题。组团内3块中心绿地均开辟有供居民运动健身的场地。同时，考虑居民年龄层次的多样化，活动场地中不仅安排有适合各个年龄层次的健身器材，还安排有可美化环境和满足功能需求的健身步道和专为儿童设计的充满童趣的儿童活动区。

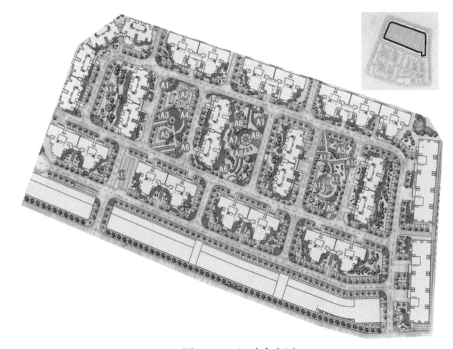

图12.45　运动中心区

② 生态中心区（图12.46）：该景观区位于场地西南侧，靠近城市生态广场，设计讲究园区与周边景观的延续性，因而赋予"生态"的组团主题。区内植物种植设计力求达到生态化和近自然化，并且以竹为基调植物，渗透地域文化，使居住者得以在其中获得清爽和幽静的心灵体验。

中心景点"思竹广场"，运用四川特色植物——竹，依托竹子"性质朴而醇厚，品清奇而典雅，形文静而依然"的特质，引入其文化寓意，如：宁折不弯的气节、中通外直的度量等，结合充满自然情趣的雕塑，引人思考又给人以安宁，为居民提供了良好的交往与活动的场所。

③ 休闲中心区（图12.47）：该组团位于场地东南侧，以"休闲"为主题。设计通过几何线条分隔空间，并结合花架、植物等元素的分割，围合出许多小巧玲珑的小空间，满足居民健身、休息、交流等需求。

中心景观区以环形健身广场和休闲广场为活动中心，以富有韵律的构图和迎合主题的雕塑和小品，渗透出休闲安居的氛围。适当的微地形设计，结合自然式的植物配置，充满情趣的趣味

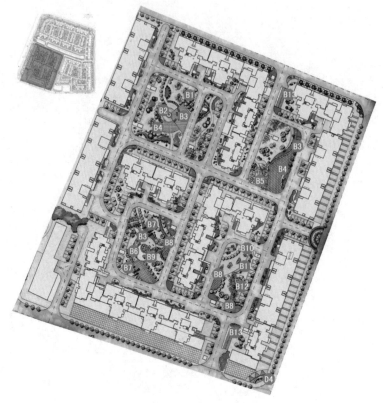

图 12.46　生态中心区

图 12.47　休闲中心区

汀步,使景观散发出鼓励居民参与活动和相互交流的亲和力,给人以轻松休闲的感受。

(2)社区入口景观

设计根据项目现状,分别对东西南北4个方向的主入口做了处理,通过铺装、小品和植物配置对入口进行强化。在商业区与住宅区的衔接入口,也通过铺装进行了区分。入口景观简洁且可识别性强。

(3)建筑附属绿地

建筑附属绿地以丰富的植物配置体现社区的生态性。落叶乔木与常绿乔木相搭配,有效地提高了建筑的采光,且层次丰富。楼前面积较小的绿地,考虑低层住户的采光,以低矮的绿篱与灌木为主,配以整形植物与具观赏性的小乔木。

(4)外围市政绿化带

毗邻城市生态广场的绿化带,植物配置以自然式配置为主,通过适当的地形处理,体现出景观的多变与对城市生态广场景观的延伸性。东北面与东面绿化带以规则式种植为主,强调其植物配置视觉上的整体性,并开辟有街边休息的场地,满足行人的需求。

5)种植设计

(1)原则

① 因地制宜,适地适树,大量使用乡土树种,适当使用引种已较为成熟的外来树种,不使用热带树种,在维持成本的前提下营造多样的植物景观。

② 注重物种多样性,形成乔木、灌木、地被结合的复层结构,常绿树种与落叶树种相结合的丰富的立面景观效果。

③ 以人为本,注重人在不同空间的心理与感受,创造丰富的植物空间围和形态,满足人视觉、触觉、嗅觉等多感觉的享受。

④ 注重植物种植的文化性原则,运用不同的种植设计手法体现文化品位。

(2)种植设计手法与特色

① 运用多种设计手法,创造多样化的植物景观:

a.道路绿化方面,根据道路走向及住宅建筑群的排列形式,采用列植的配置手法。商业街的行道树,选用桂花,配合其商业气息,并且在秋季能形成金桂飘香的独具特色的道路景观。组团内的道路行道树以及停车场绿化,选用黑壳楠,四季常绿且姿态优美。绿地内的步道及园路,选用紫薇、火棘、小叶榕、小叶女贞等具有观赏性的乔木,起到指示和引导的作用。

b.中心绿地及宅间绿地的绿化,配置手法不拘一格,以丛植为主,局部地方采用孤植和对植的手法,讲究层次感以及空间的维护感,使之组合形成错落有致、充满自然情趣且四季各异的植物景观。

c.楼前绿化方面,为了达到"一窗一景"的景观效果以及保证一楼住户的采光需求,植物配置选用紫叶李、鸡爪槭等彩叶小乔木,配以低矮耐阴的香花植物、花灌木、绿篱和球形植物,如大叶黄杨、八角金盘、美人蕉、南天竹、紫叶小檗等。

d.入口绿化方面,以具有吸引力的盛花花坛为主,配以色彩鲜艳的花灌木和具观赏性的小乔木,起到强化入口、增加入口识别性的作用。

② 紧扣组团主题,各个组团植物配置各具特色:

a."运动"为主题的组团,强调观花观果植物和香花植物的使用,以烘托其热情、健康、活力的氛围,如选用白玉兰、紫薇、火棘、合欢、木芙蓉、贴梗海棠等。

b. 以"生态"为主题的组团,选用抗性强和具有生态保健作用的树种创造绿色的天然氧吧,例如栾树、香樟、花石榴等。同时,以四川特有的植物——竹展现宁静、惬意的生活空间,如选用小琴丝竹、雷竹。

c. 以"休闲"为主题的组团,以彩叶植物、落叶植物为主,以自然式的配置,给人以轻松和休闲感受,展现秋高气爽之时植物色彩斑斓、丰富多彩的景象。如选用紫叶李、鸡爪槭、水杉、银杏、桂花等。

③ 讲究季相与色相的变化:

种植设计以女贞、桢楠、香樟、桂花、黑壳楠、天竺桂等乡土常绿乔木以及竹类植物为基调色,同时讲究植物色彩的对比与调和以及植物的季相变化,使社区一年四季都有多彩的颜色和宜人多变的景象。

a. 春季景观:贴梗海棠、白玉兰、醉香含笑、樱花、杜鹃、紫叶李、金叶女贞等。

b. 夏季景观:紫薇、花石榴、栀子花、木芙蓉、美人蕉、九里香等。

c. 秋季景观:桂花、水杉、银杏、鸡爪槭、栾树、叶子花、木芙蓉等。

d. 冬季景观:蜡梅、火棘、红梅、山茶等。

④ 有效减少日后管理维护成本:

a. 植物选择上以乡土树种为主,如桂花、天竺桂、桢楠、水杉、黄葛树、栾树等,树木栽植易于成活且病虫害较少。

b. 草坪选用混播草坪或者马蹄金,成本低廉并且易于维护。

c. 灌木层的植物配置不单单以整形绿篱的形式,还大量使用八角金盘、杜鹃、十大功劳、南天竹等易于管理的花灌木,从而有效减少日后管理维护的成本。

(3)主要配置形式

组团中主要采用的配置形式有:日香桂—马蹄金(图 12.48);桂花—绣球(图 12.49);香樟—南天竹—马蹄金(图 12.50);黄葛树—绣球—马蹄金(图 12.51);国槐—南天竹—马蹄金(图 12.52);朴树—八角金盘—马蹄金(图 12.53);栾树—四季桂—马蹄金;朴树—小琴丝竹—鸢尾—马蹄金(图 12.54);白兰—桂花—四季桂—金叶女贞—马蹄金(图 12.55);银杏—南天竹—绣球—金叶女贞—马蹄金(图 12.56);紫叶李—南天竹(图 12.57);黄葛树—金叶女贞—红花檵木—马蹄金(图 12.58);银杏—细叶榕—八角金盘—马蹄金(图 12.59);樱

图 12.48 组团绿地植物配置 1

花—八角金盘—肾蕨—四季桂(图 12.60);樱花—四季桂—红花檵木(图 12.61);香樟—金叶女贞—红花檵木(图 12.62)等。

图 12.49　组团绿地植物配置 2

图 12.50　组团绿地植物配置 3

图 12.51　组团绿地植物配置 4

图 12.52　组团绿地植物配置 5

图 12.53　组团绿地植物配置 6

图 12.54　组团绿地植物配置 7

图 12.55　组团绿地植物配置 8

图 12.56　组团绿地植物配置 9

图 12.57　组团绿地植物配置 10

图 12.58　组团绿地植物配置 11

图 12.59　组团绿地植物配置 12

图 12.60　组团绿地植物配置 13

图 12.61　组团绿地植物配置 14

图 12.62　组团绿地植物配置 15

第 12 章　彩图

13 工矿企业绿地植物造景

13.1 工矿企业附属绿地的类型与特点

13.1.1 厂前区附属绿地

工矿企业厂前区绿地主要是指出入口大门、厂前道路、厂前广场区域、厂前建筑群的附属绿地。厂前区是工矿企业与外界联系的门户,是职工上下班的必经之处,也是外来宾客参观访问获得第一印象的地点,是工厂形象的集中代表。厂前区附属绿地设计要点如下。

1)设计具有代表性与实用性

厂前区绿地的植物造景应具有很强的装饰性,如大气整齐、开朗明快、富有时代气息,以突出企业的文化和精神风貌,同时要满足功能要求,如方便车辆通行和人流集散。厂前的入口处布置要富于装饰性和观赏性,建筑物周围的绿化要讲究艺术效果,与城市道路相联系,成为城市景观的有机组成部分。

2)景观的异质性

绿地设置与广场、道路、周围建筑及有关设施相协调,一般多采用规则或混合式设置。植物配置要与建筑物的形体、色彩相协调,与城市道路相联系,种植方式多采用对植式和行列式。广场周边、道路两侧的行道树,要选用冠大荫浓、耐修剪、生长快的乔木或树姿优美、高大的常绿乔木,以形成外围景观或林荫道。花坛、草坪及建筑物周围的基础绿化带可用修剪整齐的常绿绿篱围边,并点缀色彩鲜艳的宿根花卉等。若绿化用地宽余,厂前区绿化可与小游园设置相结合,设置山泉水池、建筑小品,放置园灯、凳椅,栽植观赏花木和草坪,形成恬静、清洁、舒适、优美的环境,为职工休息、散步、娱乐提供场所(图 13.1、图 13.2)。

图 13.1 厂前区绿化 1

图 13.2 厂前区绿化 2

13.1.2 生产区附属绿地

1) 环境特点

生产区是整个工厂的主要部分,往往也是严重污染区,管线多空间小,绿化条件差,情况也很复杂。这一区域绿化的作用,一方面是为车间生产创造一个较好的劳动环境,另一方面是为职工提供短暂的休息场所。应根据其生产性质、规模、内容、生产特点、绿化面积的大小等因素采用不同的设计方法(图 13.3、图 13.4)。

图 13.3 生产区绿化 1

图 13.4 生产区绿化 2

2) 生产区的景观绿化设计应考虑的问题

① 车间职工生产劳动的特点;

② 车间出入口可做重点美化地段;

③ 车间职工对园林绿化布局及观赏植物的喜好;

④ 注意树种选择,特别是在严重污染的车间附近;

⑤ 车间对采光、通风的要求;

⑥ 考虑四季景观的需求;

⑦ 满足生产、运输、安全、维修等方面的要求;

⑧ 处理好植物与各种管线的关系。

各类车间生产性质不同,各具特点,必须根据车间具体情况因地制宜地进行绿化设计,各类生产车间周围绿化特点和设计要点见表13.1。

表 13.1 各类生产车间周围绿化特点和设计要点

车间类型	绿化特点	设计要点
精密仪器车间、食品车间、医疗卫生车间、供水车间	对空气质量要求高	以栽植藤本、常绿树木为主,铺设大块草坪,选用无飞絮、种毛、落果及不易掉叶的乔灌木和杀菌能力强的树种
化工车间、粉尘车间	有利于有害气体、粉尘的扩散、稀释或吸附,起隔离、分区、遮蔽作用	栽植抗污、吸污、滞尘能力强的树种,以草坪、乔灌木形成一定空间和立体层次的屏障
恒温车间、高温车间	有利于改善和调节小气候环境	以草坪、地被物、乔灌木混交,形成自然式绿地;以常绿树种为主,花灌木色淡味香,可配置园林小品
噪声车间	有利于减弱噪声	选择枝叶茂密、分枝底、叶面积大的乔灌木,以常绿落叶树木组成复层混交林带
易燃易爆车间	有利于防火、防爆	栽植防火树种,以草坪和乔木为主,不栽或少栽花灌木,以利可燃气体稀释、扩散,并留出消防通道和场地
露天作业区	起隔音、分区、遮阳作用	栽植大树冠的乔木混交林带
工艺美术车间	创造美好的环境,要有艺术性,以陶冶情操	木花草,配置水池、喷泉、假山、雕塑等园林小品,铺设园林小径
暗室作业车间	形成幽静、庇荫的环境	搭荫棚,或栽植枝叶茂密的乔木,以常绿乔木灌木为主

13.1.3 厂区道路、铁路附属绿地

场内道路是连接内外交通和各个生产车间的纽带,道路地上地下管网密集,也是工厂建筑空间的重要组成部分。道路绿化的主要功能除具有卫生防护、美化环境、交通运输安全作用外,还是联系、贯穿全厂各片绿地的绿线,在工矿企业绿地系统中,是不可缺少的一部分。工矿企业道路绿化设计要根据当地的自然条件和道路宽度、绿化带宽度及管线情况进行具体处理,一般可按以下要求进行综合设计(图13.5):

① 为保证交通安全,在进行道路交叉口、转

图 13.5 某工厂道路附属绿地绿化

弯处和环岛的绿化时,要留出足够的安全视距,在道路交叉点或转弯处不种植影响司机视线的各种植物,一般为两边14 m的45°等腰三角形区域内。

② 对空气污染严重的企业,道路绿化不宜种植成片过密的林带,以免造成通风不畅而对污染气流形成滞留作用,不易扩散,种植方式应以疏林草地为主。

③ 按照树木与各种管线及构筑物的规定距离进行道路绿化断面设计,在用地狭窄的地方可发展垂直绿化,土地薄的地下管线上可种花卉、草皮。结合地形情况,人行道和车行道可设在不同的标高上,这样可打破景物单调的气氛。

④ 满足道路绿化的主要功能,道路两旁的绿化应能避挡行车时扬起的灰尘及噪声作用。人们在道路这一"线"型空间中移动,基本属于动态。因此,位于这种空间的绿化布置,应侧重于连续性与流畅性,增强透视感,使分散的生产区绿地可以连成为一个和谐的整体空间。

⑤ 在钢铁、石油、化工、煤炭、重型机械等大型厂矿内除一般道路外,还有铁路专用线,厂内铁路两侧也需要绿化。铁路绿化要起到有利于消减噪声、防止水上冲刷、稳固路基的作用。

厂内铁路绿化应注意以下几点:

a. 沿铁路种植乔木时,离轨道要有一定距离,例如离标准轨外轨的最小距离为8 m,离轻便窄轨不小于5 m。种植的顺序是前排先种植灌木,然后再种乔木。植物的种植要能有效防止人们违规穿越铁路。

b. 铁路与道路交叉口处,每边至少留出20 m的空地,且不能种植高于1 m的植物。

c. 铁路转弯内侧至少留出200 m的视距,在这范围内不能种植阻挡视线的乔、灌木。

d. 铁路边装卸原料、产品等的场地,乔木的栽植距要大,且不种植灌木,以保障装卸作业的进行。

13.1.4 仓库区、原料堆场及露天作业区附属绿地

仓库、露天作业区、露天堆放场、储灌器等附属绿地,位于工矿企业中较杂乱的地段,其绿地植物配置应考虑以下几点(图13.6):

① 绿地植物配置要满足运输条件和消防要求,务必使物品装卸运输方便,仓库周围必须留出5～7 m宽的空地,以保证消防通道的宽度和净空高度。

② 选择病虫害少,树干通直,分枝点高(4 m以上)的植物。

③ 注意防火要求,要选择含水量大、不宜燃烧的树种,不宜种针叶树和含油脂较多的树种。以稀疏栽植乔木为主,树的间距要大些,以7～10 m为宜,绿化布置宜简洁。

图13.6 某工厂储灌器周围绿化

④ 地下仓库上面,根据土层厚度,可种植草坪、藤本植物、乔灌木类,防尘土。

⑤ 装有易爆物的储罐,周围应以草坪为主,防护堤内不种植物。

⑥ 露天堆场绿化,在不影响物品堆放、车辆进出、装卸的条件下,周围栽植高大、防火、隔尘效果好的落叶阔叶树。

13.2　工矿企业绿化原则及植物选择

13.2.1　工矿企业绿化原则

　　工厂绿化关系到全厂各区、各车间内外生产环境和厂区容貌的好坏,在规划设计时应遵循如下几项基本原则:

1) 自成特色和风格

　　工厂绿化是以厂内建筑为主体的环境净化、绿化和美化,要体现本厂绿化的特色和风格,充分发挥绿化的整体效果,以植物与工厂特有的建筑形态、体量、色彩相衬托、对比、协调,形成别具一格的工业景观(远观)和独特优美的厂区环境(近观)。如电厂高耸入云的烟囱和优美的双曲线冷却塔,纺织厂锯齿形天窗的生产车间,炼油厂、化工厂的烟囱,各种反应塔,银白色的贮油罐,纵横交错的管道等。这些建筑、装置与花草树木形成形态、轮廓和色彩的对比变化,刚柔相济,从而体现各个工厂的特点和风格。

　　同时,工厂绿化还应根据本厂实际,在植物的选择配置、绿地的形式和内容、布置风格和意境等方面,体现出厂区宽敞明朗、洁净清新、整齐一律、宏伟壮观、简洁明快的时代气息和精神风貌。

2) 为生产服务,为职工服务

　　为生产服务,要充分了解工厂及其车间、仓库、料场等区域的特点,综合考虑生产工艺流程、防火、防爆、通风、采光以及产品对环境的要求,使绿化服从或满足这些要求,有利于生产和安全。为职工服务,就要创造有利于职工劳动、工作和休息的环境,有益于工人的身体健康。尤其是生产区和仓库区,占地面积大,又是职工生产劳动的场所,绿化的好坏直接影响厂容厂貌和工人的身体健康,应作为工厂绿化的重点之一。根据实际情况,从树种选择、布置形式,到栽植管理上多下功夫,充分发挥绿化在净化空气、美化环境、消除疲劳、振奋精神、增进健康等方面的作用。

3) 合理布局,联合系统

　　工厂绿化要纳入厂区总体规划中,在工厂建筑、道路、管线等总体布局时,要把绿化结合进来,做到全面规划,合理布局,形成点线面相结合的厂区园林绿地系统。点的绿化是厂前区和游憩性游园,线的绿化是厂内道路、铁路、河渠及防护林带,面是车间、仓库、料场等生产性建筑、场地的周边绿化。从厂前区到生产区、仓库、作业场、料场,到处是绿树红花青草,让工厂掩映在绿荫丛中。同时,也使厂区绿化与市区街道绿化联系衔接,过渡自然。

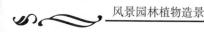

4)增加绿地面积,提高绿地率

工厂绿地面积的大小,直接影响到绿化的功能和厂区景观。各类工厂为保证文明生产和环境质量,必须有一定的绿地率:重工业 20% ,化学工业 20% ~25% ,轻纺工业 40% ~45% ,精密仪器工业 50% ,其他工业 25% 。据调查,大多数工厂绿化工地不足,特别是位于旧城区的工厂绿化远远低于上述指标,而一些工厂增加绿地面积的潜力相当大,只是因资金紧张或领导重视不够而已。因此,要想方设法通过多种途径、多种形式增加绿地面积,提高绿地率、绿视绿和绿量。

现在,世界上许多国家都注重工厂绿化美化。如美国把工厂绿化称为“产业公园”。日本土地资源紧缺,20 世纪 60 年代,工厂绿地率仅为 3% ,后来要求新建厂要达到 20% 的绿地率,实际上许多工厂已超过这一指标,有的高达 40% 左右。一些工厂绿树成荫,芳草萋萋,不仅技术先进,产品质量高,而且以环境优美而闻名。

13.2.2　工厂植物的选择

1)工厂绿化树种选择的原则

要使工厂绿地树种生长良好,取得较好的绿化效果,必须认真选择绿化树种,原则上应注意以下几点:

(1)识地识树,适地适树

识地识树就是要对拟绿化的工厂绿地的环境条件有清晰的认识和了解,包括温度、湿度、光照等气候条件和土层厚度、土壤结构和肥力、pH 值等土壤条件,也要对各种园林植物的生物学和生态学特征了如指掌。

适地适树就是根据绿化地段的环境条件选择园林植物,使环境适合植物生长,也使植物能适应栽植地环境。在识地识树的前提下,适地适树地选择树木花草,成活率高,生长茁壮,抗性和耐性就强,绿化效果好。

(2)选择防污能力强的植物

工厂企业是污染源,要在调查研究和测定的基础上,选择防污能力较强的植物,尽快取得良好的绿化效果,避免失败和浪费,发挥工厂绿地改善和保护环境的功能。

(3)满足生产工艺的要求

不同工厂、车间、仓库、料场,其生产工艺流程和产品质量对环境的要求也不同,如空气洁净程度、防火、防爆等。因此,选择绿化植物时,要充分了解和考虑这些环境条件的限制因素。

(4)易于繁殖,便于管理

工厂绿化管理人员有限,为省工节支,宜选择繁殖、栽培容易和管理粗放的树种,尤其要注意选择乡土树种。装饰美化厂容,要选择那些繁衍能力强的多年生宿根花卉。

2)工厂绿化常用树种

(1)抗二氧化硫气体树种(钢铁厂、大量燃煤的电厂等)

① 抗性强的树种:大叶黄杨、九里香、夹竹桃、槐、相思树、棕榈、合欢、青冈栎、山茶、柽柳、

构树、瓜子黄杨、银杏、枸骨、黄杨、十大功劳、蟹橙、刺槐、枳橙、重阳木、枸橘、蚊母树、北美鹅掌楸、金橘、雀舌黄杨、侧柏、女贞、紫穗槐、榕树、凤尾兰、皂荚、白蜡、小叶女贞、梧桐、无花果、海桐、广玉兰、枇杷等。

② 抗性较强的树种：华山松、杜松、侧柏、冬青、飞蛾槭、楝树、黄檀、丝棉木、红背桂、椰子、菠萝、高山榕、扁桃、含笑、八角金盘、粗榧、板栗、地兜帽、金银木、柿树、三尖杉、银桦、枫香、木麻黄、白皮松、罗汉松、石榴、珊瑚树、青桐、白榆、蜡梅、木槿、杧果、蒲桃、石栗、细叶榕、枫杨、杜仲、日本柳杉、丁香、无患子、梓树、紫荆、垂柳、杉木、蓝桉、加拿大杨、小叶朴、云杉、龙柏、月桂、柳杉、臭椿、椰榆、榉树、丝兰、枣树、米兰、沙枣、苏铁、红茴香、细叶油茶、花柏、卫矛、玉兰、泡桐、香梓、黄葛树、胡颓子、太平花、乌桕、旱柳、木波罗、赤松、桧柏、栀子花、桑树、朴树、毛白杨、桃树、榛树、印度榕、厚皮香、凹叶厚朴、七叶树、枪木、八仙花、连翘、紫藤、紫薇、杏树等。

③ 反应敏感的树种：苹果树、梅花、樱花、落叶松、马尾松、悬铃木、梨、玫瑰、贴梗海棠、白桦、云南松、雪松、羽毛槭、月季、鳄梨、毛樱桃、湿地松、油松、郁李等。

（2）抗氯气以及对氯气敏感的树种

① 抗性强的树种：龙柏、苦楝、槐树、九里香、木槿、凤尾兰、侧柏、白蜡、黄杨、小叶女贞、臭椿、棕榈、大叶黄杨、杜仲、白榆、皂荚、榕树、构树、海桐、厚皮香、蚊母树、沙枣、柽柳、枸骨、紫藤、山茶、柳树、椿树、合欢、丝兰、无花果、女贞、构橘、丝棉木、广玉兰、樱桃、夹竹桃等。

② 抗性较强的树种：桧柏、旱柳、梧桐、铅笔柏、丁香、紫穗槐、栀子花、卫矛、小叶榕、榉树、江南红豆树、水杉、朴树、人心果、梓树、银桦、红茶油茶、罗汉松、君迁子、太平花、山桃、桂香柳、紫薇、珊瑚树、重阳木、毛白杨、乌桕、油桐、接骨木、木麻黄、泡桐、细叶榕、天目木兰、板栗、米兰、扁桃、云杉、枇杷、银杏、桂花、月桂、天竺桂、蓝桉、刺槐、枣树、紫荆、樟树、鹅掌楸、黄葛树、石楠、假槟榔、悬铃木、蒲葵、凹叶厚朴、杧果、柳杉、瓜子黄杨、石榴等。

③ 反应敏感的树种：池柏、樟子松、赤杨、木棉、枫杨紫椴、薄壳山核桃等。

（3）抗氟化氢气体以及对氟化氢敏感的树种

① 抗性强的树种：大叶黄杨、侧柏、栌木、桑树、细叶香桂、构树、沙枣、山茶、柽柳、金银花、青冈栎、厚皮香、石榴、红茴香、龙柏、白榆、蚊母树、槐树、天目琼花、丝棉木、红花油茶、花石榴、棕榈、瓜子黄杨、木麻黄、海桐、皂荚、银杏、香椿、杜仲、朴树、夹竹桃、凤尾兰、黄杨等。

② 抗性较强的树种：桧柏、臭椿、白蜡、凤尾兰、丁香、榆树、滇朴、梧桐、山楂、青冈桐、楠木、银桦、地锦、枣树、榕树、丝兰、含笑、垂柳、拐枣、泡桐、油茶、珊瑚树、杜松、飞蛾槭、樱花、女贞、刺槐、云杉、小叶朴、木槿、紫茉莉、乌桕、月季、胡颓子、垂枝榕、蓝桉、柿树、樟树、柳杉、太平花、紫薇、桂花、旱柳、小叶女贞、鹅掌楸、无花果、白皮松、棕榈、凹叶厚朴、白玉兰、合欢、广玉兰、梓树、楝树等。

③ 反应敏感的树种：葡萄、慈竹、榆叶梅、紫荆、山桃、白千层、金丝桃、梅、梓树、杏树等。

（4）抗乙烯以及对乙烯敏感的树种

① 抗性强的树种：夹竹桃、棕榈、悬铃木、凤尾兰等。

② 抗性较强的树种：黑松、柳树、重阳木、白蜡、女贞、枫树、罗汉松、红叶李、榆树、香樟、乌桕等。

③ 反应敏感的树种：月季、大叶黄杨、刺槐、合欢、玉兰、十姐妹、苦楝、臭椿等。

（5）抗氨气以及对氨气敏感的树种

① 抗性强的树种：女贞、石楠、紫薇、银杏、皂荚、柳杉、无花果、樟树、石榴、玉兰、丝棉木、朴

树、广玉兰、杉木、紫荆、木槿、蜡梅等。

② 反应敏感的树种：紫藤、枫杨、悬铃木、刺槐、芙蓉、虎杖、楝树、珊瑚树、杨树、薄壳山核桃、杜仲、小叶女贞等。

（6）抗二氧化氮的树种

这类树种有龙柏、黑松、夹竹桃、大叶黄杨、棕榈、女贞、樟树、构树、广玉兰、臭椿、无花果、桑树、楝树、合欢、枫杨、刺槐、丝棉木、乌桕、石榴、酸枣、旱柳、糙叶树、垂柳、蚊母树、泡桐等。

（7）抗臭氧的树种

这类树种有枇杷、连翘、海州常山、日本女贞、黑松、银杏、悬铃木、八仙花、冬青、樟树、柳杉、枫杨、美国鹅掌楸、夹竹桃、青冈栎、日本扁柏、刺槐等。

（8）抗烟尘的树种

这类树种有香榧、榉树、三角枫、朴树、珊瑚树、樟树、麻栎、悬铃木、重阳木、槐树、广玉兰、女贞、蜡梅、五角枫、苦楝、银杏、枸骨、青冈栎、大绣球、皂荚、构树、榆树、大叶黄杨、冬青、粗榧、青桐、桑树、紫薇、木槿、栀子花、桃叶珊瑚、黄杨、樱花、泡桐、刺槐、厚皮香、石楠、苦槠、黄金树、乌桕、臭椿、刺楸、桂花、楠木、夹竹桃等。

（9）滞尘能力较强的树种

这类树种有臭椿、白杨、黄杨、石楠、银杏、麻栎、海桐、珊瑚、朴树、白榆、凤凰木、广玉兰、榉树、刺槐、榕树、冬青、枸骨、皂荚、樟树、厚皮香、楝树、悬铃木、女贞、槐树、柳树、青冈栎、夹竹桃等。

（10）防火树种

这类树种有：山茶、油茶、海桐、冬青、蚊母树、八角金盘、女贞、杨梅、厚皮香、交让木、白榄、珊瑚树、枸骨、罗汉松、银杏、栓皮栎、榉树。

（11）抗有害气体的花卉

① 抗二氧化硫：美人蕉、紫茉莉、九里香、唐菖蒲、郁金香、菊、鸢尾、玉簪、仙人掌、邹菊、三色堇、金盏花、福禄考、金鱼草、蜀葵、半支莲、垂盆草、蛇目菊等。

② 抗氟化氢：金鱼草、菊、百日草、千日红、醉蝶花、紫茉莉、蛇目菊等。

③ 抗氯气：大丽菊、蜀葵、百日草、千日红、醉蝶花、紫茉莉、蛇目菊等。

（12）分泌物能抑菌或杀菌的树种

这类树种主要有：侧柏、柏木、圆柏、欧洲松、铅笔桧、杉松、雪松、柳杉、黄栌、盐肤木、锦熟黄杨、尖叶冬青、大叶黄杨、桂香柳、胡桃、黑胡桃、月桂、欧洲七叶树、合欢、树锦鸡儿、金链花（Laburnum）、刺槐、槐、紫薇、广玉兰、木槿、楝、大叶桉、蓝桉、柠檬桉、茉莉、女贞、日本女贞、洋丁香、悬铃木、石榴、枣树、水枸子、枇杷、石楠、狭叶火棘、麻叶绣球、枸橘、银白杨、钻天杨、垂柳、栾树、臭椿、四蕊怪柳及一些蔷薇属植物。

13.3　工矿企业附属绿地景观设计案例分析

13.3.1　案例一　上海神开科技工程有限公司厂区绿化设计

1)项目概况

厂区占地近 35 000 m²，其中绿地为 22 000 m²，占总厂区面积的近 2/3；位于闵行区浦江镇工业园区内，毗邻世博园动迁安置区，紧邻规划中地铁 8 号线的出站口；是以研究、开发、制造石油勘探开发仪器为主的民营股份制企业。厂区绿化设计平面图如图 13.7 所示。

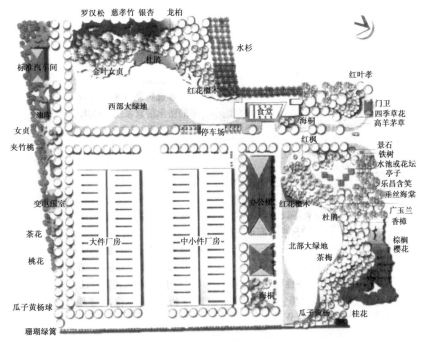

图 13.7　厂区绿化设计平面图

2)厂区绿地设计构思

(1)地形起伏、突出主景

厂区内北部和西部有两处面积较大且西部靠近主干道的绿地，设计时充分发挥这两块绿地的优势，将其设计成厂内的主要绿化景点。两块绿地均进行堆叠，最大标高 1 m，使地形起伏变化，便于突出主景。在植物配置上，高处种植高大乔木，低处种植低矮灌木或地被，使地形起伏饱满、景观错落有致。整个绿地以香樟为基调树种，观花和观叶植物相结合。观叶植物如紫红叶的红叶李、红枫，变黄叶的银杏等，和观花植物结合可延长观赏期。常绿植物如淡绿色的水杉、草坪，深绿色的香樟，暗绿色的龙柏等，选择色度对比大的种类合理配制，效

果明显。

（2）叶色季相变化明显

春季繁花似锦、夏季绿树成荫、秋季景色壮观、冬季银装素裹，使员工身临其境，充分感受大自然的生机盎然和四季变化。按季节变化而选择的树种有：春天开花的桃花、垂丝海棠、杜鹃等；初夏开花的夹竹桃以及桂花和各种草花等；秋天观叶的红枫、红叶李、银杏；冬季翠绿的慈孝竹、龙柏等。总的配置效果体现三季有花、四季有绿，即所谓"春意早临花争艳，夏季苍翠不萧条"的设计原则。在植物配置中，常绿的比例占 1/4 ~ 1/3，每一个区域突出一个季节的植物景观主题，同时少量点缀其他季节的植物，主次分明、互相映衬、和谐统一。员工漫步在林木葱葱、花草繁茂的绿地或林荫道上，心旷神怡，流连忘返。

（3）植物配置体现分层与统一

设计植物景观时，树形、色彩、线条、质地及比例等都要有一定的差异和变化，显示出多样性，但又要使它们之间保持一定的相似性，有统一感，这样，既生动活泼，又和谐统一。不同的叶色、花色与不同高度的植物搭配，使绿地色彩和层次更加丰富。如高 0.30 ~ 0.40 m 的茶梅、高 1.2 ~ 1.5 m 的樱花、高 3 m 的桂花与高 3 m 的香樟和高 5 m 的玉兰等进行配置，它们由低到高，以 4 层排列，构成多层树丛。将不同花期的种类分层配置，以延长观赏期。

3）厂大门区、厂内通道和小游园等绿化设计

（1）厂大门区

厂大门前区在一定程度上体现出工厂的面貌，是对内对外联系的纽带，常给人第一印象。厂门前东面区域的绿化植物配置设计极其精致，铁树和景石结合原木的紫藤亭组合，配以不远处隐约可见的小游园，动静结合。西面是层次感分明的植物配景，碧绿的草坪上点缀有渐变的方形与圆弧形草花，组合的色块后面是低矮的红花木色块和红叶李，后面是桂花、香樟与广玉兰的有机组合。

（2）厂内通道

厂内通道绿化是厂区环境绿化的重要组成部分，它能反映一个工厂的绿化面貌和特色。厂内通道绿化以香樟为骨架，乔木香樟栽植距离以 5 ~ 6 m 为宜，主干高度不低于 4 m。为保证行车、行人及生产的安全，在道路两侧和交叉口转弯处种植香樟，其下为常绿草坪，再配置修剪成型的低矮瓜子黄杨球，以保证车行时视距的开阔。

（3）工厂小游园

工厂小游园是职工工作之余休憩、娱乐以及进行文体活动的场所。小游园设计在厂办公楼北处，内布置 1 座水池及 5 座方形木质亭，旁边安置 2 个与水池和方亭相呼应的正方形小水坛；木质亭上种植紫藤，满亭的紫藤花开时，一派欣欣向荣的景观，预示着公司朝气蓬勃的发展前景；四周栽植了观赏价值较高的乐昌含笑、红枫、垂丝海棠等来丰富景点。小游园的地坪采用不同颜色、不同形状的彩色玻璃花岗岩，设置了供员工活动用的石凳、木凳等，可使职工在休闲、娱乐的同时，欣赏园中的美景。

4）主要绿地

公司主要制造精密的仪器设备，对环境绿化有一定的要求：

① 要确保空气清洁,故栽植茂密的乔灌木,大面积地种植香樟、广玉兰、龙柏、慈孝竹、罗汉松、棕榈等。

② 不可栽植散发花粉的植物树种,故地面采用高羊茅常绿草皮来遮蔽黄土,其植物茎叶既有吸附空气中灰粉的作用,又可固定地表尘土,使其不随风飞扬。绿化减轻了污染,更美化了环境。

5)结 语

绿色植物树种有其自身的色彩、形态之美,好的厂区绿化设计能使员工的身心愉悦、视觉舒适。园林植物不仅有美化环境的功能,还有改善工厂环境生态因子的作用,能一定程度抵御恶劣的环境因子,尤其对局部小气候的改善作用极大,因而能对员工产生良好的保健效果。

13.3.2 案例二 珠海科斯特电源有限公司绿地景观设计

1)项目概况

珠海科斯特电源有限公司位于珠海市国家高新技术新青科技园区,南靠珠峰大道,东邻伟创利集团。公司是南方建设最大的一个生产电子产品基地,其生产基地的绿地景观反映企业形象、弘扬企业文化、促进企业在南部地区的长远发展意义重大。

2)绿地景观设计的构思

由于厂区包括了公司的办公区域、生产区域和员工的生活区域,分区布局较为分散。因此在进行绿地景观设计的时候,采取了分区设计,以工厂的主干道为纽带,形成一条形象景观轴线,景观主轴串联各功能分区,整合鲜明的空间结构。办公区绿化:办公区是企业内部管理人员及业务往来人员集散之地,更是公司重要的室外展示空间,因此其景观风格应追求大气,必须充分展示企业精神和企业品牌文化形象,注意企业文化与周边环境的协调与统一。生产区绿化:生产区的景观设计风格简约、规整,运用规则、几何的线条来暗示生产过程中所必需的秩序与和谐。生活区绿化:主要包括职工宿舍楼和食堂及周边环境。生活区是职工生活休息的主要场所,主体建筑为职工提供了住宿和就餐,环境景观则应为职工提供一个休闲、娱乐、运动和交流的场所。该区域是厂区绿化的重点部位,因此其景观风格必须精致、实用,特别要重视和谐、清幽景观空间的打造,同时要注意避免食堂对宿舍区的噪声和卫生干扰。在进行设计时根据了解厂地规划的实际情况,在植物搭配上有针对性地选择了长势茂密、对有害气体抗性强、吸附作用和隔音效果好的树种。

3)植物的选择

(1)树木的选择

办公区:大王椰、狐尾椰、海南椰、盆架子、杧果、细叶榕、散尾葵、苏铁、龙柏、加拿列海枣、大叶红草、高山榕、美国槐、洋金凤、凤凰木、黄槐等。

生产区:大红花球、九里香、福建茶、黄金榕等。

生活区:黄金叶、黄金榕、大叶红草、桂花、苏铁、罗汉松、空心莲子草、杜鹃等。

（2）花卉的选择

考虑到工厂作为生产电子产品企业在车间会产生一些有害气体,因此花卉的选择上既要注重景观效果,又要考虑花卉的抗性,所以选择了花色比较丰富且抗性强的马缨丹、满天星、美人蕉。

（3）草坪的选择

考察了珠海市种植的草坪品种,比较了台湾草和马尼拉草的各方面的优缺点,选择了耐旱、耐湿、抗性强、生长茂密的台湾草。

4）结语

厂区绿地景观设计力求布局合理,自成系统。设计时充分考虑将绿化纳入工厂总平面布置中,做到全面规划、合理布局,形成点线面相结合,形成自成系统的规划布局,从办公区到生产区,从生产区到生活区,到处是绿树、青草、鲜花,绿树如茵、花香鸟语,无不体现人与自然和谐共处的主题。

13.3.3　案例三　张家口市污水处理厂植景观设计物

1）项目概况

张家口市污水处理厂是市委、市政府为了治理城市污水,在社会各界鼎力相助下,于2005年底完工的一新建厂。它位于市区东郊,占地约 10 hm²,本次景观设计旨在把园林艺术引入工厂,通过有形的景观意象来体现整洁、明朗、规范的企业风格,表现出新时代工厂的精神风貌,衬托出厂区的敞朗、整齐、宏伟,使厂容厂貌格调高雅,面目鼎新。在这样的文化环境下,员工受企业精神的指引,就会愉快地去从事各自的工作,而不再是感觉单调乏味的劳动。借助厂区周围的环境,突出和强调企业识别标志,并贯穿于周围环境当中,同时欣欣向荣的植物也反映出工厂的管理水平和职工的精神风貌,对外可树立良好的企业形象,增加客户的信任感,也是企业经济实力强大的象征。

2）设计理念

工厂绿地景观是工厂总体平面图的一个重要组成部分,绿地对工厂企业的建筑、道路、管线有良好的衬托和遮挡作用。本项厂区景观规划运用质朴、简约的设计理念,以植物造景为主,在原有规划布局的基础上,通过对地形、植物、山石、园灯等元素的合理组织,注重体现厂区环保、清新的氛围。植物造景不仅美化环境,更重要的在于创造环境。青枝绿叶、绿草如茵的植物景观,更体现了水是生命之源的主题。

3）植物选择及种植配置

根据厂内不同区域,通过不同的植物配置方式,以人工的方法形成植物群落,绿地与生产区域相间相融,起到滤尘、隔音、净化空气、减少污染的作用,更好地为生产、为职工健康服务。平面布置中,做到全面规划、合理布局,形成点、线、面相结合,自成系统的绿化布局。从厂前区到

生产区,从作业场到办公区,到处是绿树、青草、鲜花,营造出一个清新、优美、舒适的现代花园式厂区环境。

（1）植物配置

设计中注重植物的色、香、姿、韵和花木的四时变化,通过植物配置营造多变的空间感;注重利用植物材料独特的空间特性,依靠枝叶的疏密、体态的高低营造丰富的空间感。

（2）品种选择

在植物品种的选择上,选用了大量的乡土树种,也充分考虑了季节更替、色彩搭配及其遮阴效果等方面的内容,既体现了植物的多样性,又充分发挥了植物在净化环境中的作用。

（3）种植原则

通过既统一又富于变化的植物种植方式,打破厂区原有简单的方圆结合、中规中矩的平面布局,使厂区各组成元素有机地联系成一个整体,同时给厂区增加了生命与活力。种植形式以规则式为主,自然式为辅,自然式与规则式相结合的园林设计手法,在统一风格中各处都有特色,形成开朗、活泼、艳丽、简洁的景观效果。

4）设计方案

景观设计在满足基本实用功能的条件下,突出"人本思想",做到既美化环境,又能予人方便。因此对厂区的几个地段做了重点设计。

（1）厂门入口处

污水处理厂大门外原有一水渠,设计时与此结合,在门前绿地采用桧柏、紫叶小檗、小叶黄杨、金山绣线菊等植物,修剪成高低错落有致的水波纹状以及柱状造型,与碧水清泉相互因借,相得益彰,构成一幅美丽的"水之韵"画面。立面处理简洁、大方、庄重,创造出一个统一而又富有变化的景观空间,大门建筑既为背景,又纳入景中,柔和流畅的线条与刚性的建筑形成了强烈的视觉冲击。厂区内外绿化格调一致,飘逸而富有生命力的曲线,突破了有限的空间,小中见大,用极简的形式形成了鲜明的标志,使周围空间得以拓展。

（2）办公大楼前花园

办公大楼前绿地,整个地块成方形,且地势平坦,整体空间显得单调、呆板。作为厂区的重要景点,风格上强调精致、协调的景观要素组合。设计时将自然地貌引入厂区内,起伏有致、轮廓秀美的微地形处理,舒缓而流畅,配以体量适宜、姿态优美、轻盈的树种,营造亲切怡人的氛围。植物采用自然散点式布置,与石成景,主要植物品种有油松、侧柏、云杉、银杏、金丝柳、紫叶矮樱、丁香、紫叶李、木槿等,但求开阔疏朗。巧妙利用造型各异的石头,再把宿根花卉丛植点缀山石,如自然野生一般。每逢花开时节,阵阵清香,令闻者神骨俱清,身心爽朗,为职工增加亲切、雅致的心理感受,便于消除疲劳。通过运用树木、石、花、草等自然景观元素,赋予楼前绿地特有的生机与活力。植物种植设计不仅考虑到了建筑的平面布局及主体建筑的特点、色彩、风格等,还着力体现植物群落关系,植物种类丰富,层次分明,高矮不同的常绿树、落叶乔木、花灌木、宿根花卉及地被植物与微地形共同形成活泼、有趣、自然的天然图画,赋予其深远的意境,取得"言有尽而意无穷"的景观效果。

（3）生产区绿化

生产区是工厂的主体,是厂绿化的重点,应充分体现为生产和工人服务的特点。此区景观设计对提升企业形象、弘扬企业文化、促进企业在某地区的长远发展意义重大。该区的绿化

以满足功能上的要求为主,用绿化来净化空气,增加空气湿度,减少尘土飞扬,形成空气清新、环境优美的工作环境。

本设计在生产区主要道路两侧运用带状、球状、柱状等造型别致的常绿树、花灌木,或用体态高大或姿态直立的树种,沿线列植。不同颜色、不同质感的植物使人得到视觉上的享受,使绿化产生强烈的序列感和韵律感,且提高了主要通道的绿量。满足了防尘、降低噪声、保证交通运输安全的要求,同时还可软化道路的硬线条。在绿地空旷处,配置以红栌、黄栌等秋叶树种以及鸢尾、马蔺、景天等地被植物,通过植物材料形式和质地的变化,季相的变化以及春、秋的色彩构成了一幅幅小插曲,创造出格调多样、相呼应的系列园林空间。小环境良好的地方可规则式种植优良果树品种,如海棠、桃树等,利用单一植物材料组成专类植物景区,重视植物的群体美,形成独特的、经济的田园景观,使职工感受经济植物自然生长、管理、采光的过程,同时使绿化在具有基本的生态价值之外,还具有一定的经济价值,既能展现其管理水平,又可以更好地发挥园林植物在保护环境及改善环境方面的综合作用,烘托整体绿化效果。在建筑角隅处,利用植物进行空间过渡,使软、硬环境较好地结合起来。厂区南、北部围墙外采用乔木新疆杨,内采用龙爪槐、桧柏球列植,丰富天际线,与周围环境融为一体。运用色彩艳丽的应季花卉,作为衬托、补充,形成既壮观又美丽的绿色长廊,简洁的线状景观,给人以整齐美观、明快开朗的印象。

(4)增加绿地面积,提高绿地率

厂区绿化面积的大小,直接影响到绿化的功能。大多数厂区的绿化仍只停留在地面栽植,而未能充分利用厂区建筑的墙面、屋面等再生空间进行布置,使厂区绿化在形式上显得单一。为了多途径、多形式地增加绿地面积,以提高绿地率、绿视率,本次设计进行了立体的、多层次的绿化空间布置,在厂区围墙上以爬山虎等攀缘植物营造出绿色墙体,入秋之时,满区红叶,不但美观大方,而且具有良好的生态效应。本项设计充分考虑了污水处理厂厂区绿化对树种的特殊要求,即尽量少选用落叶树种,以免大量落叶落入污水处理池中,造成污染。选择抗性强的乡土常绿树桧柏、云杉为基调树种,适当配置落叶集中、无飞絮、便于清扫的落叶乔灌木品种,满足厂区环境对卫生条件的特殊要求,减少维护费用。同时地下管道纵横交叉,给绿化工作带来了一定的困难,在管线集中区域尽量少栽植大乔木,且栽植位置远离有地下管线之处,避免因树木生长给生产设施带来破坏的现象。

5)结语

此项设计力求创造内容丰富、各有特色的厂区局部景观空间,达到以绿见美,提高整体环境品位,创造人性化生产空间。规划中体现前瞻性,在外围设立种植地带,建立自我可持续发展体系。在厂区东南角专门辟出圃地,进行适当密植,既提高单位面积的绿量,又储备了充足的绿化苗木,使厂区绿化既与城市绿化系统相协调,又能自成体系,最终形成厂区坐落于园林"绿色网络"之中的秀美景色。

13.3.4 案例四 昆明钢铁集团厂区绿化植物的选择和配置

1)基本情况

昆明钢铁集团(昆钢)总部位于云南省安宁市。其地处云贵高原,这里属亚热带气候,年温

差小,日温差大,干湿季分明,雨量集中,雨热同季,年平均温度 14.7 ℃,最冷月平均气温 7.2 ℃,最热月平均气温 20 ℃,极端最高温 33.3 ℃,极端最低温-7 ℃,年平均降雨量 891.5 mm,年平均雨日为 134 d,年平均日照时数 2 089 h,年平均霜期 63.5 d,常年主导风向为西风和西南风,土壤为微酸性红壤。昆钢是云南省最大的钢铁企业,拥有云南省最大的钢铁联合生产基地,有职工家属约 10 万人。厂区有着粉尘、有害气体污染的压力,厂区绿化不仅担当排污吸毒净化空气的重任,而且要美化环境,清洁空气。

2)绿化植物配置

昆钢绿化分为生产区绿化、生活区绿化和道路绿化 3 种类型。生产区绿化主要与各新建厂区、建设工程同时进行,在各新厂区及老厂区周围进行;生活区绿化分布在各生活住宅小区周围,主要为庭园式绿化;道路绿化为昆钢各条主要生活区、生产区干道绿化。3 种绿化类型的植物配置都应遵循因地制宜、适地适树,以绿为主,绿化美化原则。

(1)生产区绿化的植物配置

生产区主要指 1993 年以来陆续建成投产的二炼钢厂、高速线材厂、机车车辆库、五十孔焦炉、铁前二厂等改建项目。各厂区绿化与建设工程同时进行。厂区绿化主要起降尘、降噪、吸收有害气体的作用,植物选择时首先考虑厂区环境条件、污染情况,以适宜的树种进行配置,其次考虑了各生产区中各车间周围、厂大门口、厂区主干道等不同区域对植物配置的不同要求,形成不同层次植物造型等。下面以两个典型绿化配置进行分析。

① 高速线材厂绿化配置在 Z2 号路及综合楼附近形成分布自由的自然式布局,形状变化多端的灌木造型及配置各异的乔木种植方式(或群植,或孤植或 2 株,或 5 株木等)给人以自由欢快、百看不厌的感觉。再适当配置四季花卉和草坪,如辛夷、蜡梅、红梅、杜鹃、茶花、紫薇等,形成了"乔、灌、花、草"四结合的多层次立体绿化。总体景观建成"四景、八园、两片林",即 15# 道路 B 段以北建成 12 000 m² 的绿色草坪,并点缀灌木造型,给人心旷神怡、豁然开朗之感觉,形成第一景"钢城大草原";在 15# 号 C 段用 40 株昆明刺柏进行不同组合,给人积极向上、不屈不挠的感觉,形成第二景"昆明刺柏绿柱群";在主厂房正南端用蜿蜒曲折的灌木带将 5 个大小、高矮、色彩不同的灌木球巧妙地围合在一起,从不同的角度观赏产生不同的遐想,形成第三景"五球环抱";在 Z2# 路以东的多层次零星绿地上,形形色色的灌木花卉造型,似卧龙、像皇冠,或曲或直、或片或丛,给人一种似进入绿色植物园的感觉,形成第四景"绿中探宝"。为充分体现某一植物的特色风格,将同品种亚乔木花卉成丛、成片种植,形成八园,即"楠木园""蜡梅园""少茶花园""垂丝海棠园""桂花园""白玉兰园""紫玉兰园"和"杜鹃园"。在厂办公楼正北侧种植 80 株大龙柏,形成 4 000 m² 的"龙柏林",主厂房与二炼钢厂交接处种植 34 株雪松,形成 84 m² 的"雪松林",两片林的建造除能防风固沙,保持水土外,还能不断吸尘吸废。氧气厂绿化,首先考虑降低噪声的功效,选择了橡皮树、紫薇、八月桂、棕竹等吸音、防噪的乔木,配以杜鹃、微型月季、毛叶丁香等灌木,绿地内全部覆盖草坪,所有墙体都采用常青藤、爬山虎等绿化形成垂直绿化,配置采用自由式及规则式布局,布景多以夹景、漏景为主,辅以障景,整个布局变化环境。

② 五十孔焦炉绿化配置首先考虑碳粉和硫化氢、氟化氢等有害气体的危害,因此在规划上重点考虑了植物最大限度抗污排污的作用,选择了龙柏、大叶女贞、法国冬青、夹竹桃、红叶李、山玉兰、大叶黄杨等极抗污染树种,并在污染相对较小的水塔旁种植了雪松作为二氧化硫的监视树种。布局上采用规则式,乔、灌、草 3 层结合密植的种植方式,地被全采用草坪覆盖,在进门

处用小叶女贞、洒金柏、塔造型形成"蒙古包""方程式赛车"两个景点;焦炉四周全部用抗污极强的夹竹桃形成障景,这样在五十孔焦炉区域,植物草坪不仅发挥了净化空间的作用,还形成了不同景观,美化了环境。

(2)生活区植物配置

生活区绿化主要指新村小区、小南新区、罗白小区、望湖小区等生活区住宅绿化。由于新建小区离厂区较远,有害气体、粉尘污染较轻,因而在规划上以美为主,选择蜡梅、雪松、杜鹃、茶花、龙柏、常青藤、夹竹桃、辛夷、香樟、海枣、苏铁、枇杷、楠木等70个品种,在零星绿地上形成各种各样的景观,绿化了小区,美化了昆钢职工家属的生活。

(3)道路绿化

道路作为城市绿化系统的重要组成部分,具有调节道路小气候、减弱噪声、净化空气等作用,还起到展示城市景观面貌的作用。昆钢目前有 72 km 公路,经多年建设,已绿化道路 49.2 km,道路绿化带达 13.4 hm²,行道树总长 98.4 km,绿化形式多为三板四带式绿化。建设街为昆钢生活区主要道路,长 1.7 km,行道树多为大树移栽的法国梧桐,间植广玉兰、小叶榕等常绿树种。望湖小区、湖光小区主干线采用了生长迅速冠幅美丽的香樟、广玉兰作行道树。新村小区主干线采用大叶女贞、香樟、天竺桂、龙柏等间植。生产区如六高炉、三炼钢、料场、三烧内等主干线选择了香樟、龙柏、大叶女贞、法国梧桐等作为行道树,树种下层间植毛叶丁香球、小叶女贞球、洒金柏球等灌木。昆钢生活区、生产区主干道道路绿化形成了以常绿树为主、落叶树为辅,常绿、落叶间种,乔木、灌木间种的多层次绿化,形成了道路绿带。

3)结语

昆钢绿化配置有以下几个特点:

① 植物配置主次分明,一个景区内,首先要确定植物的主题和主要观赏景区,确定主景树种,再去布置次要景区,选择配置材料,真正做到主题明确、重点突出、轮廓分明。

② 各景点布局及树种选择上不雷同,先从整体考虑,从大局入手,考虑在某些局部穿插细节,做到"大处添景、小处添趣"。

③ 高低结合。植物配置时先乔木,后灌木,再地被植物。先确定乔木树种、数量和分布位置,再由高到低搭配花灌木、地被,使景点具有很强的立体感和立体轮廓线,同时也增加了自由的美感。经过多年绿化建设,昆钢种植了63个科的169种植物计95万株乔灌木。在今后绿化中要进一步做到乔、灌、草多层次的植物配置,并让景点与大自然融为一体,为钢城环境锦上添花。

14 废弃地植物造景

14.1 废弃地的类型与特点

14.1.1 矿业废弃地

矿业废弃地是指为采矿活动所破坏,未经治理而无法使用的土地。矿山开采过程中,露天采矿场、排土场、尾矿场、塌陷区以及受重金属污染而失去经济利用价值的土地统称为矿业废弃地。矿业废弃地按照采集类型可分为露天开采区和非露天开采区,露天采集区对生态系统的破坏是根本性的,所有原生生态系统完全被破坏;非露天采集区对地面生态系统的破坏相对小一些。根据来源,可将矿业废弃地划分为4种类型:

① 由剥离表土、开采的岩石碎块和低品位矿石堆积而成的废石堆废弃地;

② 随着矿物开采而形成的大量的采空区和塌陷区,即采坑废弃地;

③ 开采出来的矿石经各种分选方法分选出精矿后的剩余物排放堆积形成的尾矿废弃地;

④ 采矿作业面、机械设施、矿山辅助建筑物和道路交通等先占用而后废弃的土地。

14.1.2 城市产业废弃地

城市产业废弃地是指在城市中因工业、商业发展而迁移或改建从而遗留下来的废弃地,包括工业废弃地、商业废弃地等。城市产业废弃地大多数处于城市的中心地带,因此对它进行恢复更新对城市具有十分重要的意义。由于城市的巨大影响,城市产业废弃地的再生也具有其独特之处。

(1)城市产业废弃地的生态恢复具有很大的便利性

① 城市产业废弃地的污染效应相对较小,这就避免了对土壤系统进行修复的复杂性。

② 城市产业废弃地处于城市中央,废弃地进行生态恢复后具有很大的经济利用价值和多种用途,资金比较容易筹集,运输等工程也比较便利。

（2）城市产业废弃地的生态恢复具有一定的局限性

① 生态恢复应该和城市的景观风格相适应,生态恢复的主要目标应该是人工生态系统,在利于进行管理的同时应对城市的生态、社会、经济发展都有很大的益处。

② 在城市中进行生态恢复工程也需要注意对城市居民生活的影响。目前,在城市中进行的废弃地生态恢复大多数都是将城市产业废弃地改造为城市公共空间,故此,城市产业废弃地再生的主要特点是生态和景观的设计,而不是先进工程技术方法的应用。

14.1.3 城市垃圾处理场地

伴随工业化和城市化进程的加快,工业产值不断增长,生产规模不断扩大,人们的物质生活水平和需求不断提高,人类的废弃物产生量也在不断增加,这些废弃物主要包括城市生活废弃物和工业产生的工业废弃物。人们对这些城市固体废弃物的简单处置形成了垃圾处置场地废弃地。由于对土地的占用和覆盖,城市垃圾处理填埋场会完全破坏原生生态系统,垃圾处理场的主要成分是生活垃圾,垃圾在降解的过程中,会产生垃圾渗滤液和主要成分为甲烷的溢出气体,改变了土壤的性质,影响植物的成活,并对周围的生态环境产生不良的影响。对垃圾处理场的生态设计,首先要克服填埋物的负面影响。

14.2 废弃地绿化原则及植物选择

14.2.1 废弃地绿化原则

1）恢复植物生态系统,符合景观功能

由于污染等多种原因,废弃地上的植物遭受破坏较为严重,很难形成完善的植物群落,更无法形成生态系统。因此需要改善土壤、水、植被、空气等环境因素,对因工业化生产而被毁灭的植物生长环境进行生态恢复,从而使植物系统得到恢复,形成较为完善的群落和系统。在进行植物配置时可以单群结合,合理配置,选择绿化效果好、花期长、病虫害少的各类乔灌木和地被植物,改善生态环境,营造风格不同的园林景观。选择植物相互间能共生共存的植物品种进行配置,兼顾近期与远期效果,采用速生与慢生、常绿与落叶、观花与观叶等植物的有机结合。

2）尊重地域特征,选用乡土植被

废弃地景观改造应配合当地的自然环境特征和人文风俗习惯,充分利用好地域特点。设计应充分考虑阳光、雨水、河流、土壤、植被等因素,从而维护自然环境的平衡。植物应多选择当地品种,不仅经济、容易成活,而且能营造出与当地环境相融的植物群落生态系统。同时,外来树种也应该经济合理,并且能彰显地方特色。设计作品只有和当时当地的环境融合,才能被当时当地的人和自然接收并吸纳。

3) 节约资源能源,保护原有绿色资源

工业废弃地景观改造应采取措施减少使用资源和能源。提倡节能设计,尽量减少能量消耗,提高能源使用效率,充分利用太阳能、风能、水利能等可再生的自然能源,减少石油、煤炭等不可再生资源的使用。节约用材,选择可再生、可降解、可循环利用的材料,避免产生过量的固体垃圾,破坏环境,浪费资源。在城市发展更新的过程中,总会产生很多废弃的工厂或场所,不断地拆除重建,也是一种资源浪费,这些地方稍做修改,可以被改造成新用途的工业景观。在国外,这种方式已经成为一个不小的潮流,瑞典国立艺术与设计大学学院的新校址就是斯德哥尔摩郊区的爱立信电话旧厂房。通过种植一定的攀缘植物来分隔空间等也是一种节约资源绿化环境的手段。

4) 保护生物多样性

通过生态的多样化设计为生物创造丰富的栖息环境,生物群落的成员借助能流和物质循环形成一个有组织的功能复合体,每一个物种都是整个生物链上不可或缺的一环。在水陆交界处等生态敏感区的设计应致力于保护和恢复动植物的栖息地,通过建设森林、连接绿地斑块、建设湿地等一系列措施使生物多样性得到保护。

5) 变废为宝,重新发现工业遗迹之美

废弃地是人类活动的遗存,承载着时代的文化记忆。国内外的工业废弃地改造项目,融入了现代景观设计的思想,尊重场地特征,重新发现工业废弃地的历史价值和文化价值,将工业废弃地视为工业文化遗产。经过筛选、保留和重新利用,工业废弃地能够产生新的景观形式,同样也能满足人们对休闲、娱乐的需求。需要指出的是,并非所有工业废弃地都要采用上述途径进行改造,应根据当地具体的地理、历史、文化条件,选择适宜的改造途径,进行合理的植物配置。

6) 尊重客观规律,显露自然

废弃地绿化设计中还应该尊重场地的发展过程。生态退化环境(如矿山这种极端环境)的治理,应尊重自然演替过程,通过人工手段促进生态恢复,循序渐进地改善废弃地环境,要考虑长期生态效益,不可急于求成。

14.2.2　植被的选择

在工业废弃地植被重建的初始阶段,植物种类的选择至关重要。那些在工业废弃地上自然定居的植物,能适应废弃地上的极端条件,应该作为优先考虑的植物,具体可分以下几类:

1) 固氮植物

种植固氮植物是经济效益与生态效益俱佳的土壤基质改良方法。有研究表明1 hm² 固氮植物每年可以固氮 50 ~ 150 kg。固氮植物主要有 3 类:一类是与根瘤菌共生的植物,包括刺槐

属、合欢属、紫穗槐属、锦鸡儿属、金合欢属、胡枝子属、大豆属、豌豆属、菜豆属、苜蓿属等植物;一类是与弗兰克氏菌共生的植物,包括杨梅属、沙棘属、胡颓子属、赤杨属、马桑属、木麻黄属等植物;还有一类是与蓝藻类共生的植物,包括苏铁属及少数古老物种。

2)先锋植物

原生裸地上植物群落的形成与演替是一种由先锋植物种类入侵、定居、群聚、竞争的过程。先锋植物种类凭其种群优势影响后入侵者的定居与生长发育,它往往决定裸地最初形成的群落类型。一般来说,先锋植物抗逆性强,喜阳,易于生长,而且能改善土地质量。正是由于先锋植物开路的贡献,后面更高级的植物才会陆续生长起来。

先锋植物对工业废弃地恶劣生境具较强的忍耐能力。为了改善生态环境、恢复植被,应首先种植耐性强的先锋草类,如假俭草、苇状羊茅、芒草、弯叶画眉草、狗牙根、百喜草、香根草、象草、苫草、矮象草、节节草、水蜡烛等,使裸地迅速被植物所覆盖,形成草丛群落,使土壤逐渐得到改良。草本植物群落发展到一定阶段,特别是土壤的改良程度能够适宜灌木生长时,应及时引进先锋灌木如沙棘、怪柳、柠条、紫穗槐、胡枝子等一些阳性、喜光灌木,使群落向草—灌群落转化,并逐渐加大灌木数量,促进灌丛群落的出现。灌木群落之后,生境开始适宜阳性先锋乔木树种生长,逐渐形成针叶林、针阔混交林。

3)超富集植物

近年来,许多报告指出,一些自然生长在金属污染土壤上的植物能够在它们的地上部分富集异常高的金属,如镍、锌、铜、钴和铅等。它们不但对重金属环境具有很强的适应能力,而且在体内所富集的重金属浓度是通常植物的几十乃至上百倍。利用这些植物来修复重金属污染地时,经几次收割之后,土壤中的重金属水平将显著地减少。迄今总共有415种各种金属的超富集植物被先后发现。在生态恢复实践中要重视超富集植物的使用,根据不同目的选择相应植物种类。

矿山废弃地重金属污染一般较重,目前发现的耐重金属污染的植物种类较少,因而筛选新的耐重金属污染或超富集重金属的植物物种,具有重要的理论意义和实践价值。

4)乡土植物与外来植物

这里所说的外来物种是指已证明的非乡土物种,而且在需要生态恢复的地方已有分布的物种。植被重建中是否引入外来物种是一个颇具争议的问题。一般来说,工业废弃地的植被重建过程中应该尽量避免引入外来物种,植被重建应该首先考虑的是适生的乡土物种。但是在某些矿山废弃地上一些外来物种生长良好,而且通常只有它们能最先侵入,形成群落。当然对引入的外来物种要加强管理,而且要制定一个全面的计划,否则可能引起外来物种的泛滥,甚至对当地生态系统产生破坏。最终应当恢复和重建的植物仍应是乡土物种,应尽量选择当地自然生长的植物种类,它们成活率高,生长茁壮,抗性和耐性强,绿化效果和经济性好。

5)耐瘠薄植物

那些能忍耐干旱瘠薄土壤的植物称为瘠土植物。如马尾松、侧柏、刺槐、构树、木麻黄、小

壁、锦鸡儿、荆条、金盏菊、花菱草、波斯菊、半支莲、扫帚草等。

14.3　废弃地植物造景设计案例分析

14.3.1　案例一　上海炮台湾湿地森林公园规划设计

1）项目概况

炮台湾湿地森林公园位于上海宝山钢铁厂钢渣回填滩涂的场所,曾是上海的"水上门户",有水师炮台遗址,因其地域的复杂性,使其景观再造具有非凡的意义,本案例重点介绍如何利用科学和艺术的双重手段,使滩涂湿地的场地功能得到强化,并在此基础上结合生态恢复、环境更新和文化重建,使其成为富有地标特色的重要绿地。

2）现状分析

基地东濒长江、黄浦江,南起塘后支路,北至宝杨路,占地 55 hm²,沿江岸线为 1 974.13 m,曾是长江出海口冲击形成的平原。西南角为著名的吴淞口,是上海市的"水上门户",因借地形建成水师炮台,得名炮台湾。现今成为钢铁厂钢渣回填滩涂的场所,目前是作为铁砂采砂场,对长江和黄浦江的自然生态环境产生了直接的污染。

基地处于黄浦江与长江交汇处,原是一片滩涂地。20 世纪 60 年代因备战的需要,由上海第五钢铁厂生产的钢渣下料,运往该地回填滩涂而成。场地中重要的现状构成元素有:

湿地:位于基地东南部约有 5.38 hm² 的滩涂地,其上野生水草旺盛,另有少量柳树类小乔木,是城市中难得的自然原生态湿地。

钢渣堆:基地现状多为粗粉末状钢渣,局部为块状钢渣,随意堆放于此,且有铁砂采砂场作业。基地约 43 hm² 为钢渣回填而成,钢渣填置平均深度为 8 m。

3）总体布局

炮台湾湿地森林公园的目标是改善生态环境,弘扬炮台湾的历史与文化,还其黄浦江与长江交汇处独一无二的地理优势和自然风貌,将其定性为集文化和生态于一体的综合公园。在生态恢复、环境更新、文化重建的基础上,创造出以人为本的多重含义的生态景观。

在设计中体现"融合"的理念,把现状、生态、人文、艺术 4 个层面相叠合,构建绿色生态休闲空间。通过艺术的手段解决现状中的不利因素,发扬有利因素,更好地结合生态和人文层面,使其融合成以教育、游憩、休闲为目的的综合游憩系统。

总体布局包括:

1 个中心:中心融合景观区。

2 条主线:滨江景观道、园内主环路。

4 大功能区:湿地景观区、森林景观区、田园花海景观区、教育活动区。

4）生态恢复措施

湿地为西南部的特色（湿地面积5.38 hm²），整块湿地分割成大大小小10多处的单体，湿地部分为游客营造一个都市人最大限度体验自然的环境，湿地中的木栈道以及构筑物，能提供人与自然的交流空间，让游客欣赏湿地四季不同的风貌。

景观构成：湿地景观区由水塘、各种水生植物和耐湿性强的植物为主要构成，另有生态步道和栈道上下两层人工景观，是人与自然协调共存的景观。湿地景观由栈道游线进行联系和组织，主要有起地标性作用的塔楼区，流线造型栈道与自然环境相融合的S型栈道区，色彩亮丽独特的彩色栈桥道区以及提供遮风挡雨膜结构，满足垂钓者和路人同时在阳光栈道区的活动。

景观材料：所有的构筑物尽量利用当地的原有材料，不破坏原来湿地生态。游步道都利用原有的钢渣进行一定的处理后直接作为铺路的垫层；所有的水源都来自居住区的生活废水，进行再循环利用。种植以银杏为主的景观露天休闲空间，利用原来钢渣堆积地形，形成高起的观众席，通过水景水帘，可以观看影片，在水影前的舞台上，也为自由人士提供展示自己的空间。

竖向设计：沿江滩涂高度偏低的地域在涨潮时会埋没于水下，所以沿江的栈道在各个时间可以观赏到不同的景致。

植物景观：独特的湿地植物在治理的过程中可以欣赏到从低矮地被到高大的乔木种植植物的变化过程。结合污水治理选择植物品种，如能净化水中的酚类的水葱、能祛除对水体中氮和磷的野慈菇。芦苇丛不仅是水生动物的活动场所，而且具有净化水中的悬浮物、氯化物、有机氮、硫酸盐的能力，能吸收汞和铅，对水体中磷的去除率为65%，而且其姿、叶、花有独特的美学效果，可大量种植。湿地的河底可以大面积播撒亚洲苦草等净化功能较强的沉水植物。另外，可以结合环保教育和审美效果，种植可监测空气污染的唐昌蒲、鸭跖草、牵牛花及苔藓类植物等。

14.3.2　案例二　唐山市小南湖废弃地公园绿化设计

1）项目概况

唐山市小南湖公园位于市中心区正南，建设南路西侧，规划用地面积106.5 hm²，是唐山市南部采煤塌陷区绿化改造的一期工程。该地是开滦煤矿采煤后塌陷波及区，境内有因地塌陷所形成的大水面，占地32.54 hm²，还有部分农田废弃地、果园、垃圾场。1997年唐山市开始实施南部采煤塌陷区绿化工程，重点对小南湖公园进行绿化规划设计。

2）设计构思

公园位于采煤塌陷区，今后有可能发生地形变化，因此园林景观以植物造景为主，尽量扩大绿化面积，发挥其生态环境效益。园林建筑贵在精，且体量要小而轻，起到画龙点睛的作用，并且要与环境协调。

在植物选择上，原有植物尽量保留，充分发挥植物改造城市环境的作用。绿化设计时，尽量选用乡土树种，突出本地特色。

根据现有地形条件创造富有变化的地形,利用现有水面,营造出水乡风光。

3)分区及组景

公园景观组织总体形成"四区五园"的规划结构。

游憩观赏区:位于公园东半部,与东入口广场连为一体。入口广场面积为 6 000 m²,地面绿色彩砖铺装,并有大型组合花坛,五彩缤纷,错落有致,供人们休闲观赏。广场周围是疏林草坪,草坪种植采用冷季型草,该草种绿色期长、色泽浓绿,增强了该区的观赏性(图 14.1)。

图 14.1　小南湖公园入口鸟瞰

报春园:在 7 000 m² 冷季型草坪上,按组团形式栽植碧桃、紫荆、贴梗海棠、丁香等花灌,在组团间散植悬铃木、桧柏、垂柳、雪松等高大乔木,形成疏林草坪。春天到来时,茵茵绿草百花争艳,蜂飞蝶舞,展示春天绚丽多姿的景色。其中景点有桃花芳菲、碧草茵茵。

山顶花园观景区:山顶花园是公园最高点,主峰比公园平地高约 31 m,登顶主峰,公园景色尽收眼底。植物配置也以疏林草坪为主。草坪采用野牛草种植,因山顶花园原是垃圾堆,土质条件差,而野牛草

图 14.2　垃圾山改造后的假山

生命力强、耐土壤瘠薄、抗干旱,适宜在此种植。山顶花园东面沿土山堆有假山,假山南北走向,巨石堆成雄壮惊险,错落有致,似一条巨龙横卧在冷季型草坪上。假山西侧建有六角木制仿古山亭,沿山石台阶登临亭中,向东望去,雄壮的假山、浓绿的草坪、清澈的湖面构成了一幅美丽的山水画卷(图 14.2)。

迎夏园:植物配置全部采用自然式种植,既有疏林草地,又有大片密林栽植。草坪上散植有皂荚、国槐、白皮松、云杉、桧柏,大量夏季开花的木槿、月季、紫薇则采用组团形式自然式栽植。夏季到来时,游人既有花可赏,又有大树遮阴乘凉,是一个休闲度夏的好场所。景点有百花争艳、云影情趣。

秋实园:山坡上栽植大量的火炬树。火炬树抗性强,萌蘖性强,是良好的乡土树种,也是非常好的秋色叶树种。在草坪上以疏林形式栽植秋季观果的树种,有金银木、柿树、山楂、火炬树,在其中还间植河南桧、海棠、丝棉木等树种,丰富其高低层次和色相变化。景点有红韵满岭、春华秋实。

垂钓漫游区:位于山顶花园西南。水景是公园的主体部分,也是其特色体现。充分利用水面,在岸边开展垂钓活动,在湖面上开展水上观光活动。在湖面东岸设码头一个,码头建筑外观轮船形,采用轻质材料建成,上半部白色,下半部蓝色,别具特色。码头有小广场、划船平台、荫棚、坐凳、汽艇、游船等设施。小广场周围是疏林草坪,环境优美。码头南侧湖岸用石块沿坡砌成钓台平台,开展垂钓活动。其他地方湖岸全部栽种野牛草,建成草坪缓坡入水。

碧水园:该园包括以码头为中心的水上景观和湖岸景观。岸边遍植垂柳、碧桃、海棠等树

木,形成早春桃红柳绿的景观。游人走在岸边,微风徐徐,垂柳拂面,湖面上碧波荡漾,鹭鸥飞舞,景色迷人。景点有湖波泛舟、艳堤春晓、玉池鱼跃、小桥流水。

幽静休息区:该区域位于湖面西北侧。接近水面处是大片的疏林草地,缓坡入水。浅水处生长着浓密的芦苇、香蒲、荷花等水生植物,芦苇荡中不时有水鸟飞来飞去。人鸟同欢,回归自然的感觉油然而生,一派水乡风光呈现在眼前。草坪北面是原有果园,有较大面积苹果园、桃园、杏园、山楂园、樱桃园,在保留原有树木的基础上,在空地处再栽植一定数量的梨树,开辟林中的园路,使游人游玩于各种果树之间。早春繁花斗艳,仲秋硕果垂枝,自然美景,使人陶醉。景点有芦荡鸟鸣、翠浮荷香、花海探幽、梨花伴月(图14.3)。

图14.3 小南湖公园滨水植物景观

冬韵园:该园在原有果园西侧。自然式栽植大片的油松、白皮松、桧柏等常绿乔木,周围是疏林草坪,冷季型草坪上有皂荚、梨树、金丝柳、紫叶李、金银木、黄刺玫等乔灌木点缀。在寒冷的冬季,展示给游人青松翠柏傲视冰雪、不畏严寒的景观。景点有松涛映雪。

4)植物种植

园内绿化以乡土树种为主,原有树木尽量保留。在栽植形式上,主要是大面积栽植树木和疏林草地,根据各区不同的功能,按不同的形式栽植。主要树种选择油松、桧柏、白皮松、云杉、银杏、垂柳、国槐、皂荚、合欢、洋槐、泡桐、丁香、紫薇、蔷薇、山楂、碧桃、海棠等40多种,同时保持常绿树与落叶树、乔木与灌木搭配比例适当,注意高低层次和色相变化。各主要景点根据设计意境选择树种烘托渲染气氛,公园中既有春花烂漫绿柳飞絮,又有夏木荫荫金秋红叶,随着季相的变化呈现出丰富多彩的画面。

14.3.3 案例三 南宁园博园采石场花园

1)项目概况

南宁园博园选址于城市郊区的一片滨河的丘陵农业区,总面积620 hm²。场地东南区域分布着7个采石场,由于采用的是爆破开采方式,因此开采面崖壁破碎,坑底高低不平。采石场留下的是破碎的丘陵,高耸的悬崖,荒芜的地表,深不见底的水潭,成堆的渣土渣石和生锈的采石设备。

场地内大部分是由浅丘、平畴、水塘构成的田园牧歌式的乡村景观。为了维护场地优美的自然环境并突出园博园的特色,设计师将场地内的河道、池塘、山丘、树林、栖息地、文化遗址以及重要的视景线等都作为珍贵的景观资源保护下来,形成一个以山水为骨架、自然与人工有机衔接、展览融入山水的园博园,并且重点规划了一个约35 hm²的采石场花园,其中所展现出的对于废弃采石场的态度、对各种景观要素利用的方式,以及各种植被修复的手段,具有广泛的示范意义。

2) 总体布局

采石场花园以生态修复为主题,契合场地地貌和场所精神进行规划设计,布置了落霞池、水花园、岩石园、峻崖潭、飞瀑湖、台地园、双秀园、南入口广场8个景点。

3) 部分景点设计

(1) 水花园

2号采石场面积仅为0.4 hm²,四周岩壁环绕,坑底较平缓,低处常年有积水,因废弃已有相当时日,在坡度较缓的岩壁和坑底一些地方生长着不少乡土草本植物和灌木。它被设计成了一个湿生植物花园。在平缓的坑底岩石上覆土,形成缓坡入水的土地,种植40多种水生和湿生植物,如芦苇、鸢尾、菖蒲、吉祥草、红蓼、蒲草等,它们的线性叶片和星点小花能够为水畔营造出婆娑自然的意境。在地势较高处设计了两层台地,种植樟树、山茶、三角梅、扁桃、月季等,为花园创造了背景,也遮挡了破碎的岩壁。山崖上方有路径与采石坑底部连接,最高的一段是木盒状的通道,既是安全的步行通道,也是一个空中观景台,人们可在此眺望岩壁,俯瞰花园。木盒通道下方有一个宽大的平台,平台引出的"之"字形钢格栅栈道从湿生植物种植区穿过(图14.4)。

图14.4　水花园景观

(2) 岩石园

3号采石场面积为0.4 hm²,采石活动将山体开采成了大半个碗状的空间,三面环绕岩壁,一侧地面平坦,作为堆放渣石和渣土的场地。周围嶙峋的岩石与石缝中的植物启发了设计师,花园的类型被定为岩石园,着重展现那些在瘠薄土壤上顽强生长的植物的景观。设计将原有的渣石渣土整理后塑造出地形的骨架,然后在上面覆盖种植土。微妙的地形变化不仅创造出干燥和湿润等不同的生境,为不同植物生长提供条件,也把场地雨水收集到最低的凹陷区。台地上种植了仙人掌、仙人柱、仙人球、芦荟、龙舌兰、沙蒿、柠条和多肉多浆沙生植物,营造出极富特色的沙漠植物景观。中间缓坡区展现荒原植物景观。采石场凹陷区被设计为湿生岩石园,展现在溪边、石滩和池塘环境中生长的特色植物。溪水顺地形从高处层层跌落至最低处的池塘,既形成湿生和水生的生境,也丰富了景观(图14.5)。

图14.5 岩石园景观

（3）台地园

6号采石场为山坡露天采石场，一侧是半围合的采石场崖壁，一侧是乡村水塘，面积为0.7 hm²。沿南侧崖壁设计了层层升高的石笼挡墙，形成阶梯状的台地，以满足从花卉、灌木到乔木等种植土层厚度的要求。最高的台地靠近崖壁，种植了紫穗槐，广西火桐、蚬木、柞木、柚木、亮叶木莲等，形成花园的背景，中间层台地用铁刀木、火力楠、黑木相思、任豆、南岭黄檀、印度黄檀、南方红豆杉、奇楠沉香等乔木，茶花、女贞、三角梅、栀子花、红花檵木、月季等灌木和花卉相互穿插，最下层台地植物以鸢尾、美人蕉、月季、三角梅、薰衣草、薄雪万年草、葱兰等花卉为主。按照不同的区域分别设计了以一二年生花卉、观赏草、多年生花卉、灌木花卉和多肉植物为主题的花境区，并且按照色系分区布置，形成不同色调的花卉景观区。通过设计，这个荒凉破败的采石场转变成了面崖临水、具有后工业气氛、以花境景观为主的浪漫绚丽的花园（图14.6）。

图14.6 台地园景观

（图14.4—图14.6来源于谷德网，北京多义景观规划设计事务所）

4）植物种植

　　植物的生长需要土壤,因此垫土和覆土是采石场生态修复的关键。在不同的采石坑中,利用相对平缓的区域垫土种植,恢复植被,为采石坑带来绿色和生机。没有积水的坑体通过植被恢复完全可以转变成美丽迷人的花园;季节性积水或者水位不深的坑体,可以垫土种植湿生和水生植物;深坑的坑底标高已低于地下水位,因而常年有水,可视为湖泊,通过在水体边缘或浅水处设置路径和观景台,让游人欣赏山水之色,并在情况许可下设法进行局部植被修复。

　　植物对生态系统是无比重要的,它对水体净化、重金属去除、土壤培肥、小气候改善等方面都有着卓越的贡献。目前,矿区景观修复和改造已有不少研究和应用,多数是关于工业遗址的功能整合和场所再利用、污水处理、矿区景观化处理,对其中植物景观的生态功能和群体艺术性的专项研究深度尚且不够,关于植物景观与中小尺度功能空间的结合应用研究很少。旧矿区景观恢复中的植物应用研究还有待进一步加深。

第 14 章彩图

参考文献

[1] 奥斯汀 R L. 植物景观设计元素[M]. 罗爱军,译. 北京:中国建筑工业出版社,2005.

[2] 陈有民. 园林树木学[M]. 2版. 北京:中国林业出版社,2011.

[3] 陈其兵. 观赏竹配置与造景[M]. 北京:中国林业出版社,2007.

[4] 董丽. 园林花卉应用设计[M]. 3版. 北京:中国林业出版社,2015.

[5] 房世宝. 园林规划设计[M]. 北京:化学工业出版社,2007.

[6] 冯荭. 园林美学[M]. 北京:气象出版社,1990.

[7] 蒋中秋,姚时章. 城市绿化设计[M]. 重庆:重庆大学出版社,2000.

[8] 刘金,谢孝福. 观赏竹[M]. 北京:中国农业出版社,1999.

[9] 苏雪痕,植物景观规划设计[M]. 北京:中国林业出版社,2012.

[10] 孙卫邦. 观赏藤本及地被植物[M]. 北京:中国建筑工业出版社,2005.

[11] 熊济华,唐岱. 藤蔓花卉[M]. 北京:中国林业出版社,2000.

[12] 刘少宗. 景观设计纵论[M]. 天津:天津大学出版社,2003.

[13] 刘宇. 景观园艺造景设计[M]. 重庆:西南师范大学出版社,2008.

[14] 赵世伟. 园林工程景观设计——植物配置与栽培应用大全[M]. 北京:中国农业科技出版社,2000.

[15] 谢云. 园林植物造景工程施工细节[M]. 北京:机械工业出版社,2009.

[16] 瞿辉. 园林植物配置[M]. 北京:中国农业出版社,1999.

[17] 卢圣. 植物造景[M]. 北京:气象出版社,2004.

[18] 赵建民. 园林规划设计[M]. 北京:中国农业出版,2001.

[19] 孙中山纪念馆. 中山陵史话[M]. 南京:南京出版社,2004.

[20] 郑强,卢圣. 城市园林绿地规划[M]. 北京:气象出版社,2001.

[21] 芦建国. 种植设计[M]. 北京:中国建筑工业出版社,2008.

[22] 宁妍妍. 园林规划设计学[M]. 沈阳:白山出版社,2003.

[23] 陈月华,王晓红. 植物景观设计[M]. 长沙:国防科技大学出版社,2005.

［24］何平,彭重华.城市绿地植物配置及其造景［M］.北京:中国林业出版社,2001.

［25］臧德奎.园林树木学［M］.北京:中国建筑工业出版社,2007.

［26］张培新,汪奎宏.浙江效益农业百科全书——观赏竹［M］.北京:中国农业科学技术出版社,2004.

［27］中国农业百科全书编辑部.观赏园艺卷［M］.北京:农业出版社,1996.

［28］周道瑛.园林种植设计［M］.北京:中国林业出版社,2008.

［29］朱钧珍.中国园林植物景观艺术［M］.北京:中国建筑工业出版社,2003.

［30］杨向青.高等职业技术教育园林专业系列教材——园林规划设计［M］.南京:东南大学出版社,2004.

［31］尹吉光.图解园林植物造景［M］.2版.北京:机械工业出版,2011.

［32］王钟斋.助理景观设计师［M］.北京:中国劳动社会保障出版社,2008.

［33］毛培琳,李雷.水景设计［M］.北京:中国林业出版社,1993.

［34］刘荣凤.园林植物景观设计与应用［M］.北京:中国电力出版社,2009.

［35］建设部住宅产业化促进中心.居住区环境景观设计导则［M］.北京:中国建筑工业出版社,2006.

［36］王凌晖,欧阳勇锋.园林植物景观设计手册［M］.北京:化学工业出版社,2013.

［37］陈其兵.竹类主题公园规划设计理论与实践［M］.北京:科学出版社,2014.

［38］陈教斌,陆万香,王婷婷.植物造景设计［M］.重庆:重庆大学出版社,2015.

［39］马晓雯,肖妮.景观植物造景设计原理［M］.沈阳:东北大学出版社,2016.

［40］臧德奎.园林植物造景［M］.2版.北京:中国林业出版社,2017.

［41］关文灵.园林植物造景［M］.2版.北京:中国水利水电出版社,2017.

［42］曾明颖.园林植物与造景［M］.重庆:重庆大学出版社,2018.

［43］丁绍刚.风景园林概论［M］.北京:中国建筑工业出版社,2018.

［44］唐岱,熊运海.园林植物造景［M］.北京:中国农业大学出版社,2019.

［45］祝遵凌.园林植物景观设计［M］.2版.北京:中国林业出版社,2019.

［46］陈瑞丹,周道瑛.园林种植设计［M］.北京:中国林业出版社,2019.

［47］王芳.中山陵植物造景研究［D］.南京:南京林业大学,2007.

［48］胡文芳.中国植物园建设与发展［D］.北京:北京林业大学,2005.

［49］严贤春.观赏树木在园林造景中的美学探讨［J］.西华师范大学学报:自然科学版,2005,11(1).

［50］毛建民,于博,张春学.超速行驶对交通安全的影响及其对策［J］.公路与汽运,2009,(04).

［51］肖楠,陈建伟,樊宏弛,栾祎明,邵帅,王洪俊.野生观赏植物资源及园林应用研究进展［J］.安徽农业科学,2015,43(08).

［52］王向荣,林箐.景观的发现与重构——南宁园博园采石场花园设计［J］.中国园林,2019,35

（07）.

［53］郭昊,纪鹏.岩石园发展建设现状探究综述［J］.现代园艺,2020,43（18）.

［54］北京市园林绿化局.GB 51192—2016 公园设计规范［S］.北京:建筑工业出版社,2016.

［55］北京北林地景园林规划设计院有限责任公司.CJJT 85—2017 城市绿地分类标准［S］.北京:建筑工业出版社,2018.

［56］中国城市规划设计研究院.城市居住区规划设计标准 GB 50180—2018［S］.北京:建筑工业出版社,2018.

［57］杭州园林设计院股份有限公司.植物园设计标准 CJJT 300—2019［S］.北京:建筑工业出版社,2020.